中　外　物　理　学　精　品　书　系

本书出版得到"国家出版基金"资助

中外物理学精品书系

前沿系列 · 40

理论物理及其交叉学科前沿 I

卢建新　主编

图书在版编目(CIP)数据

理论物理及其交叉学科前沿. Ⅰ/卢建新主编.—北京 :北京大学出版社,2014.12
(中外物理学精品书系)
ISBN 978-7-301-25156-0

Ⅰ.①理 … Ⅱ.①卢… Ⅲ.①理论物理学-研究 Ⅳ.①O41
中国版本图书馆 CIP 数据核字(2014)第 277442 号

书　　名:理论物理及其交叉学科前沿 Ⅰ
著作责任者:卢建新　主编
责 任 编 辑:潘丽娜
标 准 书 号:ISBN 978-7-301-25156-0/O · 1041
出 版 发 行:北京大学出版社
地　　址:北京市海淀区成府路 205 号　100871
网　　址:http://www.pup.cn
新 浪 微 博:@北京大学出版社
电 子 信 箱:zpup@pup.pku.edu.cn
电　　话:邮购部 62752015　发行部 62750672　编辑部 62752021
出版部 62754962
印 刷 者:北京中科印刷有限公司
经 销 者:新华书店
730 毫米×980 毫米　16 开本　18 印张　插页 10　340 千字
2014 年 12 月第 1 版　2014 年 12 月第 1 次印刷
定　　价:78.00 元

序　　言

物理学是研究物质、能量以及它们之间相互作用的科学。她不仅是化学、生命、材料、信息、能源和环境等相关学科的基础,同时还是许多新兴学科和交叉学科的前沿。在科技发展日新月异和国际竞争日趋激烈的今天,物理学不仅囿于基础科学和技术应用研究的范畴,而且在社会发展与人类进步的历史进程中发挥着越来越关键的作用。

我们欣喜地看到,改革开放三十多年来,随着中国政治、经济、教育、文化等领域各项事业的持续稳定发展,我国物理学取得了跨越式的进步,做出了很多为世界瞩目的研究成果。今日的中国物理正在经历一个历史上少有的黄金时代。

在我国物理学科快速发展的背景下,近年来物理学相关书籍也呈现百花齐放的良好态势,在知识传承、学术交流、人才培养等方面发挥着无可替代的作用。从另一方面看,尽管国内各出版社相继推出了一些质量很高的物理教材和图书,但系统总结物理学各门类知识和发展,深入浅出地介绍其与现代科学技术之间的渊源,并针对不同层次的读者提供有价值的教材和研究参考,仍是我国科学传播与出版界面临的一个极富挑战性的课题。

为有力推动我国物理学研究、加快相关学科的建设与发展,特别是展现近年来中国物理学者的研究水平和成果,北京大学出版社在国家出版基金的支持下推出了"中外物理学精品书系",试图对以上难题进行大胆的尝试和探索。该书系编委会集结了数十位来自内地和香港顶尖高校及科研院所的知名专家学者。他们都是目前该领域十分活跃的专家,确保了整套丛书的权威性和前瞻性。

这套书系内容丰富,涵盖面广,可读性强,其中既有对我国传统物理学发展的梳理和总结,也有对正在蓬勃发展的物理学前沿的全面展示;既引进和介绍了世界物理学研究的发展动态,也面向国际主流领域传播中国物理的优秀专著。可以说,"中外物理学精品书系"力图完整呈现近现代世界和中国物理科学发展的全貌,是一部目前国内为数不多的兼具学术价值和阅读乐趣的经典物理丛书。

"中外物理学精品书系"另一个突出特点是,在把西方物理的精华要义"请进来"的同时,也将我国近现代物理的优秀成果"送出去"。物理学科在世界范围内的重要性不言而喻，引进和翻译世界物理的经典著作和前沿动态，可以满足当前国内物理教学和科研工作的迫切需求。另一方面，改革开放几十年来，我国的物理学研究取得了长足发展，一大批具有较高学术价值的著作相继问世。这套丛书首次将一些中国物理学者的优秀论著以英文版的形式直接推向国际相关研究的主流领域，使世界对中国物理学的过去和现状有更多的深入了解，不仅充分展示出中国物理学研究和积累的“硬实力”，也向世界主动传播我国科技文化领域不断创新的“软实力”，对全面提升中国科学、教育和文化领域的国际形象起到重要的促进作用。

值得一提的是，“中外物理学精品书系”还对中国近现代物理学科的经典著作进行了全面收录。20 世纪以来，中国物理界诞生了很多经典作品，但当时大都分散出版，如今很多代表性的作品已经淹没在浩瀚的图书海洋中，读者们对这些论著也都是“只闻其声，未见其真”。该书系的编者们在这方面下了很大工夫，对中国物理学科不同时期、不同分支的经典著作进行了系统的整理和收录。这项工作具有非常重要的学术意义和社会价值，不仅可以很好地保护和传承我国物理学的经典文献，充分发挥其应有的传世育人的作用，更能使广大物理学人和青年学子切身体会我国物理学研究的发展脉络和优良传统，真正领悟到老一辈科学家严谨求实、追求卓越、博大精深的治学之美。

温家宝总理在 2006 年中国科学技术大会上指出，“加强基础研究是提升国家创新能力、积累智力资本的重要途径，是我国跻身世界科技强国的必要条件”。中国的发展在于创新，而基础研究正是一切创新的根本和源泉。我相信，这套“中外物理学精品书系”的出版，不仅可以使所有热爱和研究物理学的人们从中获取思维的启迪、智力的挑战和阅读的乐趣，也将进一步推动其他相关基础科学更好更快地发展，为我国今后的科技创新和社会进步做出应有的贡献。

“中外物理学精品书系”编委会　主任

中国科学院院士，北京大学教授

王恩哥

2010 年 5 月于燕园

内 容 简 介

本专著是国家自然科学基金委“理论物理专款”近年来启动和资助的“暗能量本质及其基本理论”研究型高级研讨班五年来(2010—2014)部分参加研讨人员对研讨班上所涉及的相关主题而撰写的有一定广度和深度,同时也包括一些最新成果的综述性的文章总结而成.具体内容包括:黑洞的全息描述;高自旋引力的新进展;四维和高维临界引力;宇宙微波背景辐射观测及其科学结果;宇宙学扰动理论;引力全息性质应用:全息超导模型;暴胀宇宙模型是可以替代的么?暗物质和暗能量相互作用;弦/M-理论中黑膜热力学及相变.

本书涉及的内容都是围绕暗能量本质以及基本理论展开的,具有相当的广度和深度,相关的主题是当今的国际研究热点,也包括一些最新的研究成果.每篇文章的主要作者是国内相关领域的专家,所撰写的有些内容在高级研讨班上经历了参会同行的广泛、深入的讨论.

本书的对象是相关领域的研究生和研究工作者,因此在研究背景、研究进展、参考文献以及内容结构方面每位作者都做了很多努力,力求通俗易懂,希望能为进入相关领域的研究生和研究者们提供方便.

致谢 我们衷心感谢夏建白老师为促成此书的出版所做的方方面面的努力.也借此机会感谢国家自然基金委和国家自然基金委理论物理专款第五届学术领导小组的专家组成员对本高级研讨班多年来的大力支持.

目　录

第一章　黑洞的全息描述①

陈　斌, 张甲举

北京大学物理学院

本章回顾了黑洞全息描述的历史并介绍其最新进展. 20 世纪 70 年代, 对黑洞热力学性质的研究导致黑洞熵面积律的发现. 长期以来, 如何在微观上解释黑洞的热力学熵是一个困扰人们的问题. 90 年代, 弦理论学家发现一些极端黑洞的熵可以通过统计相应的膜位形来给出微观解释. 近年来, 人们提出对于普通带电旋转黑洞, 可以通过二维共形场论来进行全息的描述. 在此所谓的黑洞/共形场论对应中, 黑洞热力学熵由对应共形场论在有限温度下的微观熵给出. 最近, 我们指出黑洞内外视界的热力学包含着其对偶共形场论的普适性质. 我们发展的热力学方法提供了一个简单而有效的方法来研究黑洞的全息描述. 其背后的物理内涵亟待进一步研究.

1.1　引　　言

20 世纪 70 年代初, 黑洞的存在已被人们所广为接受. 在经典物理图像中黑洞只吸收, 而不释放任何物质. 考虑把一块具有熵的普通物质扔进黑洞, 黑洞外系统的熵将会减少. 热力学第二定律要求任何宏观孤立系统的熵在演化时保持熵不变或增加. 黑洞外系统的熵减少意味着我们必须把黑洞内外做为一个系统来看待, 并探讨黑洞具有的熵. 一个有趣的问题是如果黑洞具有熵, 那它的熵是多少呢? 这是普林斯顿大学的 Wheeler 教授交给 Bekenstein 的问题. Bekenstein 通过一些理想实验得出结论: 黑洞熵应该正比于黑洞视界的面积[1,2]. 黑洞在所有的经典演化的过程中, 具有保持视界面积不变或增加的性质, 这与热力学第二定律中熵的性质极为相似. 鉴于此, Bekenstein 提出黑洞具有熵, 并且黑洞熵至少会是视界面积的正相关函数. 基于其他一些论据, Bekenstein 指出黑洞熵正比于 Planck 单位的视界面积, 其比例系数是量级为 1 的常数, 由此还得出黑洞的热力学第一、第二定律. 热力学第二定律即为黑洞及其外部的熵之和在演化时保持熵不变或增加, 这为一系列

① 感谢国家自然科学基金的资助, 项目批准号: 10975005, 11275010, 11335012, 11325522.

的假想试验所支持. 对于质量为 M, 角动量为 J, 电荷为 Q 的旋转带电黑洞, 热力学第一定律可描述为

$$\mathrm{d}M = \frac{\kappa}{8\pi G}\mathrm{d}A + \varOmega \mathrm{d}J + \varPhi \mathrm{d}Q, \tag{1.1}$$

其中 κ 为黑洞视界的表面引力, A 为视界面积, $\varOmega$ 为视界角速度, $\varPhi$ 为视界电势. 对比普通的热力学第一定律, 很自然地引入黑洞 "温度" 的概念, 黑洞的温度正比于表面引力 κ. 但是当时认为黑洞不会释放任何物质或辐射, 所以 Bekenstein 认为这里黑洞的温度并不能与普通的温度完全等同.

随后, Bardeen, Carter 和 Hawking 等人提出了黑洞的热力学第零、第三定律, 并在一般意义上证明了第零、第一定律[3]. 第零定律即热平衡定律, 表面引力在视界上为常数且处处相等. 第三定律指出不能通过有限步骤的演化使非极端黑洞变为极端黑洞. 极端黑洞表面引力, 即温度为零. 延续 Bekenstein 的看法, 他们仍然认为黑洞温度不具有实在性.

然而很快 Hawking 的工作[4,5] 根本上改变了人们对黑洞性质的看法. 通过一些半经典的计算, 考虑到一些量子效应, Hawking 发现黑洞会辐射粒子, 而且辐射谱为具有上述的黑洞温度的黑体辐射谱. Hawking 还由此确定黑洞温度 T 与表面引力 κ 的比例系数以及黑洞熵 S 与视界面积 A 的比例系数分别为

$$T = \frac{\kappa}{2\pi}, \quad S = \frac{A}{4G}, \tag{1.2}$$

其中 G 为 Newton 引力常数. 黑洞的这种自发辐射称为 Hawking 辐射, 黑洞的温度称为 Hawking 温度, 而上面的熵公式称为黑洞的 Bekenstein-Hawking 熵①. 上面的表达式使用的是自然单位, 换作国际单位可知,

$$T = \frac{\hbar\kappa}{2\pi c k_{\mathrm{B}}}, \quad S = \frac{k_{\mathrm{B}}c^3}{4\hbar}\frac{A}{4G}. \tag{1.3}$$

由此可见, 黑洞的温度和熵都是与引力的量子效应相关的. 特别是黑洞的熵正比于黑洞视界的面积而非体积这一事实有着非凡的物理意义. 它说明了量子引力应该是非局域的, 具有全息性[10,11]. 全息原理告诉我们在一个引力系统中, 区域 V 中的最大熵正比于 V 的边界面积 (Planck 单位), 而非体积. 全息原理的一个具体实现, 即 AdS/CFT 对应[12−14]. 对引力全息性的研究是过去十五年中弦理论的重要研究课题, 限于篇幅在此我们不做特别介绍.

黑洞熵以热力学熵的形式提出, 如何在微观统计的基础上解释黑洞熵的面积律是量子引力的一个重要的问题. 这是每一个量子引力的理论都需要回答的问题.

① 黑洞热力学方面的综述文章可参见文献 [6, 7], 黑洞的半经典量子物理方面的综述可参见文献 [8, 9].

1996 年在二次弦革命中, 随着对对偶性以及各种 D-膜物理的研究, 哈佛大学 Strominger 和 Vafa 首先指出弦理论中一类五维极端黑洞的熵可以通过统计对应膜位形给出[15]. 这其中用到的一个重要概念是超对称以及开弦–闭弦的等价性. 这种研究很快被推广到其他的超对称极端黑洞. 在这些研究中一个重要的结论就是这些黑洞具有二维共形场论对偶. 换句话说, 这些黑洞可以通过二维共形场论来全息地描述. 这与引力的全息原理相符合. 这些研究的另一个重要特征是它们严重依赖于弦理论的技术, 需要膜位形来实现对偶. 1998 年, Strominger 率先指出也许我们可以抛开弦理论, 而从黑洞的近视界几何出发来讨论问题. 由于这些黑洞的近视界几何都有 AdS_3 因子, 可以利用 AdS_3/CFT_2 对应来建立黑洞的全息图像. 我们将在 1.2 节中对弦理论中的黑洞进行回顾.

尽管对弦理论中很多黑洞的熵有了较好的了解, 对于通常的非超对称黑洞, 特别是我们宇宙中广泛存在的旋转 Kerr 黑洞和旋转带电 Kerr-Newman 黑洞, 它们熵的微观解释仍是一个困扰人们的问题. 近几年来, 人们提出对普通 (带电) 旋转黑洞, 同样地可以由二维共形场论来全息描述, 这被称为 Kerr/共形场论对应[16,17]. 对于极端黑洞, 可以通过对其近视界几何的渐近对称群分析给出对偶共形场论的中心荷[16]. 对于非极端黑洞可以通过其背景上标量场低频散射中的隐藏共形对称性来得到对应共形场论的温度[17]. 有了共形场论的中心荷和温度, 可以应用 Cardy 公式求出此时共形场论所具有的微观熵, 发现与黑洞的 Bekenstein-Hawking 熵相一致. 这种 Kerr/共形场论对应很快被推广到其他黑洞的情形, 所以又称为黑洞/共形场论对偶. 具体内容和文献可参见综述 [18]. 我们将在 1.3、1.4 节中介绍这方面的进展.

具有二维共形场论对应的黑洞具有一个重要性质: 其内外视界的熵乘积与黑洞的质量无关[19−22]. 与此相关的研究是黑洞的内视界 "热力学". 黑洞内视界的热力学很早就有人研究[23,24], 近两年在黑洞/共形场论对应的背景下人们重新研究这个问题[25−27]. 我们的研究发现黑洞内视界热力学在建立黑洞全息图像中发挥着重要的作用, 与黑洞相对应的共形场论的普适性质, 如中心荷和温度都可以由黑洞内外视界的热力学中得出, 这种方法被称为黑洞/共形场论对应的热力学方法[27−32]. 这种方法有很强的适用性, 对所有已知的具有全息描述的黑洞都适用, 也被用于讨论通常方法不适用的情形, 如黑环 (black ring). 我们将在 1.5 节中介绍我们的工作.

本章的最后, 我们将对黑洞物理的研究进行总结和展望. 由于篇幅所限, 无法对黑洞物理的所有方面进行介绍, 即使对黑洞的全息描述方面的介绍也谈不上全面和深刻. 我们希望我们的介绍能够抛砖引玉, 对有兴趣的读者的进一步学习有所帮助.

1.2 弦论里黑洞的统计熵

如大家所知, 一个系统的热力学熵是其内部微观自由度的反映. 黑洞具有热力学熵, 那么黑洞的微观自由度是什么呢? 这是从 20 世纪 70 年代黑洞熵提出后一直困扰人们的问题. 尤其是黑洞熵表现出来的面积律是所有已知的非引力系统所没有的, 我们无法用传统的局域相互作用来对它进行描述. 这说明量子引力应该是非局域的, 具有全息的性质[10,11]. 而寻找黑洞的全息描述就成为了研究量子引力的重要窗口.

弦理论是目前唯一能量子化引力、统一物质和相互作用的理论. 在弦理论中, 自然界的基本粒子都是尺度非常小的弦的不同振动模式, 比如传递电弱、强相互作用的规范粒子是开弦的振动模, 而传递引力相互作用的引力子是闭弦的振动模. 因此, 在弦理论中实现了四种相互作用的统一. 而且由于弦具有一个最小的尺度——弦标度, 在弦理论中相互作用都是非局域的. 在 1995 年, 弦理论迎来了第二次革命. 人们发现在弦理论中除了弦以外还存在着其他的非微扰物体 D-膜. D-膜的存在对于不同弦理论的统一至关重要, 本身也具有非常丰富的物理. 一方面, D-膜的位形是 (超) 引力的经典解, 如带荷的黑洞. 另一方面, D-膜也可以用开弦来进行描述. 这为研究黑洞的微观熵带来了机遇.

1996 年初, 哈佛大学的 Strominger 和 Vafa 教授研究了弦论中一类五维极端带电黑洞. 他们指出这类黑洞的热力学熵可以通过统计相应的膜位形来给出[15]. 这是第一次对黑洞熵给出微观统计的诠释, 被视为第二次弦革命的重要成就. 随后这项工作被推广到对其他五维和四维中的极端、近极端黑洞和非极端黑洞的研究中. 这些弦论里的极端黑洞可以看做由没有相互作用的各种膜构成, 黑洞的统计熵由对膜的各种位形统计得出. 这里我们以 D1-D5-P 系统构成的五维三荷极端黑洞[33] 为例, 阐述如何求弦论里黑洞的统计熵. 关于这方面的综述文章, 参见文献 [34–37].

这种五维带三种荷的极端黑洞具有度规[33]:

$$\mathrm{d}s_5^2 = -\lambda^{-2/3}\mathrm{d}t^2 + \lambda^{1/3}\left(\mathrm{d}r^2 + r^2\mathrm{d}\Omega_3^2\right), \tag{2.1}$$

其中

$$\lambda = \prod_{i=1}^{3}\left(1 + \frac{r_i^2}{r^2}\right). \tag{2.2}$$

黑洞视界位于 $r = 0$, 由视界面积可求得黑洞 Bekenstein-Hawking 熵

$$S_{\mathrm{BH}} = \frac{\pi^2 r_1 r_2 r_3}{2G_5}. \tag{2.3}$$

在五维里看, 黑洞是一个点, 但是在十维弦论或十一维 M–理论看, 黑洞由三种 BPS

膜组成. BPS 膜意味着其质量与携带的荷相等, 即

$$M_i = Q_i = \frac{\pi r_i^2}{4G_5}, \quad i = 1, 2, 3. \tag{2.4}$$

而且在超引力中要求它们分别保持原始理论中一半的超对称. 如果单个 BPS 膜的质量, 或者说荷为 e_i, 那么各种膜的数目为

$$N_i = \frac{M_i}{e_i}. \tag{2.5}$$

黑洞的质量为

$$M = M_1 + M_2 + M_3. \tag{2.6}$$

有多种方式把此五维黑洞嵌入到弦论或 M–理论里, 这里我们选择 IIB 型弦论在环面 T^5 上紧化的 D1-D5-P 系统. 环面的坐标选择为 $y_1, \cdots, y_5$, 半径为 $R_1, \cdots, R_5$. 对应于黑洞的膜位形可由下表给出:

IIB	y_1	y_2	y_3	y_4	y_5
D1	$\surd$	$\times$	$\times$	$\times$	$\times$
D5	$\surd$	$\surd$	$\surd$	$\surd$	$\surd$
P	–	$\times$	$\times$	$\times$	$\times$

这里符号 $\surd$ 表示与膜平行的方向, $\times$ 表示与膜垂直的方向. D1, D5 分别表示 D1-膜, D5-膜, P 表示在紧化 y_1 方向上的动量. 动量类似点, 但是这里需要符号 – 指定动量所在的方向. 十维弦论的 Newton 常数为 $G_{10} = 8\pi^6 g_{\mathrm{s}}^2 l_{\mathrm{s}}^8$, 其中 g_{s} 为弦的耦合常数, l_{s} 为弦标度. 此外我们定义 $R = R_1$ 和 $V = R_2R_3R_4R_5$, 于是五维的 Newton 常数为

$$G_5 = \frac{\pi g_{\mathrm{s}}^2 l_{\mathrm{s}}^8}{4RV}. \tag{2.7}$$

这三种膜的质量分别是

$$e_1 = \frac{R}{g_{\mathrm{s}} l_{\mathrm{s}}^2}, \quad e_2 = \frac{RV}{g_{\mathrm{s}} l_{\mathrm{s}}^6}, \quad e_3 = \frac{1}{R}. \tag{2.8}$$

容易验证

$$G_5 = \frac{\pi}{4e_1e_2e_3}. \tag{2.9}$$

所以黑洞熵可写为

$$S_{\mathrm{BH}} = 2\pi\sqrt{N_1N_2N_3}. \tag{2.10}$$

问题的关键在于这个膜位形是保持超对称的. 如果我们保持各种膜 (包括动量) 的数目不变, 然后改变紧化参数, 或者弦的耦合强度, 超对称保证态的数目不

会发生变化. 在强耦合时得到的黑洞熵由上式给出, 很明显是只依赖于各种膜的数目. 而在弱耦合时, 我们可以分析膜位形具有的自由度. 对膜位形所具有自由度的分析牵涉到很多弦理论方面的知识, 这里不再介绍, 感兴趣的读者可参阅相关的文献. 最终人们发现, 当 $N_3 \gg N_{1,2}$ 时, D1-D5-P 系统可以由中心荷为 $c = 6N_1N_2$ 二维共形场论具有级 (level) $N = N_3$ 的高激发态[33] 来描述. 这些高激发态的简并度由 Cardy 公式给出[38]. 因此系统具有的熵为

$$S = 2\pi\sqrt{\frac{cN}{6}}. \tag{2.11}$$

此即对应黑洞的 Bekenstein-Hawking 熵. 这种图像称为短弦图像. 当 $N_{1,2,3}$ 都在同一量级时, 短弦图像失效, 需要所谓的长弦图像[39]. 在长弦图像下, 二维共形场论的中心荷为 $c = 6$, 激发态处于的级为 $N = N_1N_2N_3$. 这时, 同样可由 Cardy 公式得到 Bekenstein-Hawking 熵.

从上面的讨论中可以看出这类讨论严重依赖于弦理论的技术, 也要求黑洞必须是超对称的. 但好处是其微观图像非常清楚, 相关的共形场论与膜位形间的关系很清楚. 沿着这条思路, 对弦理论中超对称黑洞的讨论是一个重要的研究方向, 也积累了丰富的经验和知识, 如黑洞熵的量子圈修正等[40]. 感兴趣的读者可以进一步学习.

弦理论中研究黑洞物理的另一个值得一提的工作是 Mathur 等人提出的关于黑洞视界的模糊 (fuzzy) 概念[41]. 在前面的讨论中, 我们得到的弦理论图像来自于耦合常数趋于零的膜位形. 一个有趣的问题是如果我们调高耦合常数慢慢到达超引力的适用范围, 这些膜位形的变化是什么呢? 只是一个黑洞还是有其他的可能? Mathur 等人的研究是很有意义的.

弦理论中讨论黑洞的另外一个重要结果来自于 1998 年 Strominger 的工作[42]. 他指出黑洞熵的信息实际上包含在黑洞的近视界几何中. 通过研究黑洞视界附近的几何, 如果这些几何是局域同构于 AdS_3, 则利用 AdS_3/CFT_2 对应关系, 对应共形场论的中心荷可以被确定. 这个讨论的两个要点是:

(1) 利用了与弦理论不同的技术建立 AdS_3/CFT_2 对应关系. 这个对应关系实际上在 1986 年 Brown 和 Henneaux 的工作[43] 就初露端倪. 在这个工作中, 作者分析了 AdS_3 时空的渐近对称群, 发现在合适的边界条件下, 边界自由度由二维共形场论来描述. 这个分析不依赖于弦理论的技术, 近年来被推广到卷曲 AdS_3/CFT 和 Kerr/CFT 对应关系的讨论中. 我们后面会有更仔细的介绍.

(2) 讨论的黑洞不限于弦理论中的超对称极端黑洞, 有更广的应用范围.

对弦理论中黑洞的讨论不仅限于黑洞熵的微观统计描述, 还包括对近极端黑洞霍金辐射的讨论. 这些讨论有的推广到非超对称黑洞 (远离极端的情形), 其散射振

幅的研究对近年来黑洞散射振幅的讨论富有启发性, 尤其是隐藏共形不变性以及内外视界面积或者熵乘积的质量无关性都有重要的应用. 我们后面将逐渐介绍这些概念及其物理意义.

1.3　Kerr/共形场论对应

通过膜位形来求黑洞统计熵仅适用于弦论里的一些特殊黑洞, 对于四维现实中存在的旋转 (带电) 黑洞并不适用. 然而, Strominger 在 1998 年的讨论极有启发性, 在 2008 年他领导的研究小组基于对极端 Kerr 黑洞视界附近的几何 (near horizon geometry of extreme Kerr, 简记为 NHEK) 渐近对称性群的分析提出了 Kerr/共形场论对应[16]. 此外通过研究低频标量场散射中的隐藏共形对称性[17], 这个对应关系被推广到非极端 Kerr 黑洞的情形. 这种黑洞与二维共形场论的对应关系实际上对其他很多带电 (旋转) 黑洞也成立, 相关的综述参见文献 [18]. 因此, 我们把这种对应关系称为黑洞/共形场论对应.

1.3.1　渐近对称群分析

在 Kerr/共形场论对应的讨论中, 大部分时候都不需要 Kerr 黑洞度规的具体形式, 这也是为什么这种对应可以推广到其他很多黑洞的原因. 所以在这里的计算中我们并不直接使用 Kerr 黑洞的度规, 而是讨论一个具有一般形式的黑洞:

$$ds^2 = -N^2 dt^2 + h_{rr} dr^2 + h_{\theta\theta} d\theta^2 + h_{\phi\phi}(d\phi + N^\phi dt)^2, \tag{3.1}$$

这里 $g_{\mu\nu}$ 不含 t, ϕ, 所以 ∂_t 和 ∂_ϕ 为黑洞的 Killing 矢量. 黑洞具有外视界和内视界 $r_\pm$, 为了后面计算方便我们有定义:

$$\begin{aligned}
N^2 &= (r - r_+)(r - r_-) f_1^2, \\
h_{rr} &= \frac{f_2^2}{(r - r_+)(r - r_-)}, \\
N^\phi &= -\Omega_+ + (r - r_+) f_3, \\
h_{\theta\theta} &= f_5^2, \\
h_{\phi\phi} &= f_6^2,
\end{aligned} \tag{3.2}$$

这里 $f_{1,2,3,5,6}$ 为 r, θ 的光滑函数. 进一步我们定义:

$$\begin{aligned}
f_4 &= \left.\frac{f_2}{f_1}\right|_{r=r_+}, \\
f &= f_3 f_4|_{r=r_+},
\end{aligned}$$

$$\begin{aligned}\alpha(\theta) &= f_2^2|_{r=r_+},\\ \beta(\theta) &= f_5^2|_{r=r_+},\\ \gamma(\theta) &= f_6^2|_{r=r_+}.\end{aligned} \tag{3.3}$$

利用黑洞的热力学第零定律可以证明 f_4 为常数, 对于极端黑洞 f 为常数[31]. 黑洞外内视界的 Hawking 温度、熵和角速度分别为

$$\begin{aligned}T_\pm &= \frac{r_+ - r_-}{4\pi}\left.\frac{f_1}{f_2}\right|_{r=r_\pm},\\ S_\pm &= \frac{1}{4G}\int \mathrm{d}\theta\mathrm{d}\phi\sqrt{h_{\theta\theta}h_{\phi\phi}}|_{r=r_\pm},\\ \Omega_\pm &= -N^\phi|_{r=r_\pm}.\end{aligned} \tag{3.4}$$

我们先考虑极端黑洞的共形场论对应, 这可以帮助我们确定对偶场论的中心荷. 这里用到的技术是对 AdS 时空或者卷曲 (warped)AdS 时空的渐近对称性群 (ASG) 分析. 对于三维 AdS 时空中的 Einstein 引力, 由于其中的引力并没有动力学自由度, 因此一直认为引力是平庸的. 1986 年, Brown 与 Henneaux[43] 通过分析 AdS 引力的边界自由度, 发现其对称性群是两份的 Virasoro 代数, 拥有中心荷 $c = 3G/2l$, 其中 l 是 AdS 半径. 他们的惊人发现实际上暗示着 AdS_3 引力与二维共形场论等价, 这个 AdS_3/CFT_2 对应在 1997 年 Maldacena 提出 AdS/CFT 对应以后人们才有了全面的认识. 在 Brown 与 Henneaux 原始的讨论中, 他们是使用 Hamiltonian 框架. 实际上, 对 ASG 的分析也可以在 Barnich, Brandt 和 Compere 等人提出 Lagrangian 框架下来讨论[44−48]. Kerr/共形场论对应的提出正是基于这种方法[16]. 本节关于渐近对称群分析的内容见文献 [16]. 这里的一些约定和定义参照文献 [31, 49]. 渐近对称群是相对于等度规群而言的, 并非整个背景时空的对称性, 而是针对渐近无穷远处满足某种边界条件的扰动而言. 具体来讲, 它是在一定背景度规 $g_{\mu\nu}$ 下满足一定边界条件 $h_{\mu\nu}$ 的变换 ζ 所组成的群. 首先我们要求

$$\mathcal{L}_\zeta(g_{\mu\nu} + h_{\mu\nu}) \sim h_{\mu\nu}. \tag{3.5}$$

在其中可能包含一些平庸的变换, 对应的整体荷为零. 因此我们需要去掉这些平庸的变换, 由此定义渐近对称群为

$$\text{渐近对称群} = \frac{\text{允许的对称变换}}{\text{平凡的对称变换}}. \tag{3.6}$$

渐近对称群与所指定的边界条件相对应, 边界条件的选取至关重要, 不能太弱或太强. 边界条件太弱, 可能会出现渐近荷发散的病态问题, 若太强可能会使渐近对称

群过于平凡. 但是现在并没有如何选取边界条件的一般指导原则, 常用的做法只能是不断修改尝试直至有满意的结果.

Kerr/共形场论对应渐近对称群分析的对象为极端黑洞的近视界几何 (NHEK 几何). 对于极端黑洞有 $r_- = r_+$, 这时定义新坐标:

$$\begin{aligned} t &\to \frac{f_4}{\epsilon}t, \\ r &\to r_+ + \epsilon r, \\ \phi &\to \phi + \frac{\Omega_+ f_4}{\epsilon}t, \end{aligned} \tag{3.7}$$

并取极限 $\epsilon \to 0$, 可得极端黑洞的近视界几何

$$\mathrm{d}s^2 = \alpha(\theta)\left(-r^2\mathrm{d}t^2 + \frac{\mathrm{d}r^2}{r^2}\right) + \beta(\theta)\mathrm{d}\theta^2 + \gamma(\theta)(\mathrm{d}\phi + fr\mathrm{d}t)^2. \tag{3.8}$$

对于固定的 θ, 这个几何是个卷曲的 AdS_3: 它可以看做是 AdS_2 时空上有一个 U(1) 纤维. 因此, 其上的等度规群是 $\mathrm{SL}(2,\mathbb{R}) \times \mathrm{U}(1)$, 其中的 $\mathrm{SL}(2,\mathbb{R})$ 来自于 AdS_2 部分, 而 U(1) 来自于沿 ϕ 方向的平移. 由卷曲 AdS/CFT 对应的研究经验, 其中的引力可能有二维共形场论的描述. 对于上述度规, 以 (t,r,θ,ϕ) 为坐标的边界条件为

$$h_{\mu\nu} = \begin{pmatrix} \mathcal{O}(r^2) & \mathcal{O}(1/r^2) & \mathcal{O}(1/r) & \mathcal{O}(1) \\ & \mathcal{O}(1/r^3) & \mathcal{O}(1/r^2) & \mathcal{O}(1/r) \\ & & \mathcal{O}(1/r) & \mathcal{O}(1/r) \\ & & & \mathcal{O}(1) \end{pmatrix}. \tag{3.9}$$

模掉一些平凡解之后的渐近对称群为

$$\zeta = \epsilon(\phi)\partial_\phi - \epsilon'(\phi)r\partial_r, \tag{3.10}$$

这里 $\epsilon(\phi)$ 是 ϕ 的任意函数. 因为坐标 ϕ 具有周期性 $\phi \sim \phi + 2\pi$, 所以有展开 $\epsilon_n(\phi) = -\mathrm{e}^{-\mathrm{i}n\phi}$, 因此,

$$\zeta_n = -\mathrm{e}^{-\mathrm{i}n\phi}(\partial_\phi + \mathrm{i}nr\partial_r), \tag{3.11}$$

这里 n 为任意整数. 这些矢量通过 Lie 导数构成 Witt 代数

$$\mathrm{i}[\zeta_m, \zeta_n] = (m-n)\zeta_{m+n}. \tag{3.12}$$

这些微分同胚生成的渐近守恒荷 Q_ζ 定义为在无穷远处空间 $\partial\Sigma$ 的积分, 即

$$Q_\zeta = \frac{1}{8\pi G}\int_{\partial\Sigma} k_\zeta[h,g], \tag{3.13}$$

其中的 2-形式 $k_\zeta[h,g]$ 为

$$k_\zeta[h,g]=\frac{1}{2}\left[\zeta_\nu\nabla_\mu h-\zeta_\nu\nabla_\sigma h_\mu{}^\sigma+\zeta_\sigma\nabla_\nu h_\mu{}^\sigma+\frac{1}{2}h\nabla_\nu\zeta_\mu+\frac{1}{2}h_{\nu\sigma}(\nabla_\mu\zeta^\sigma-\nabla^\sigma\zeta_\mu)\right]*\\(\mathrm{d}x^\mu\wedge\mathrm{d}x^\nu),\tag{3.14}$$

符号 $*$ 表示 Hodge 对偶. 这些荷的 Dirac 括号 (Dirac Bracket, DB) 构成带中心项的代数

$$\{Q_{\zeta_m},Q_{\zeta_n}\}_{\mathrm{DB}}=Q_{[\zeta_m,\zeta_n]}+\frac{1}{8\pi G}\int_{\partial\Sigma}k_{\zeta_m}[\mathcal{L}_{\zeta_n}g,g].\tag{3.15}$$

其相应的对易子代数为 Virasoro 代数, 即

$$[L_m,L_n]=(m-n)L_{m+n}+\frac{c_{\mathrm{L}}^J}{12}(m^3+\mathcal{B}m)\delta_{m+n},\tag{3.16}$$

其中中心荷为

$$\frac{1}{8\pi G}\int_{\partial\Sigma}k_{\zeta_m}[\mathcal{L}_{\zeta_n}g,g]=\frac{-\mathrm{i}c_{\mathrm{L}}^J}{12}(m^3+\mathcal{B}m)\delta_{m+n},\tag{3.17}$$

这里 $\mathcal{B}$ 是不重要的常数. 二维共形场论的中心荷为

$$c_{\mathrm{L}}^J=\frac{3f}{2\pi G}\int\mathrm{d}\theta\mathrm{d}\phi\sqrt{\beta(\theta)\gamma(\theta)}=\frac{6fS_+}{\pi}.\tag{3.18}$$

这里值得注意的有几点. 首先, 边界条件与 Brown-Henneaux 边界条件不同, 特别是 $(\phi\phi)$ 方向的扰动. 详细的讨论请参考原始文献. 其次, 这里发现的渐近对称性群来自于 U(1) 群, 只有一份 Virasoro 代数. 因此, 极端 Kerr 黑洞的全息描述刚开始被猜测为一个手征的共形场论, 即场论只有一个左行部分. 然而, 这个图像随后被发现是有问题的. 人们发现实际上存在着另一组自洽的边界条件[50], 给出另一个 Virasoro 代数, 具有相同的中心荷, 相应的扰动描述的是对极端黑洞的偏离. 同样的结论也可以通过把理论约化到 AdS_2 引力得到[51]. 因此, 一个完整的图像是对偶的共形场论并非手征的, 只不过右手的自由度在极端黑洞情形被压制了, 总是处于基态. 如果考虑近极端黑洞或者更一般的非极端黑洞, 右手的自由度就被激发, 对黑洞的熵的统计描述有不可或缺的贡献. 最后, 需要提醒读者的是, 至今尚未找到合适的边界条件同时给出两组共形对称性. 这仍是一个公开的问题[52].

黑洞的 Bekenstein 熵可以由共形场论的微观熵来计算. 此时可以利用有限温度下的 Cardy 公式:

$$S=\frac{\pi^2}{3}c_{\mathrm{L}}^JT_{\mathrm{L}}^J.\tag{3.19}$$

注意, 这里只写出了共形场论的左行部分, 假设其右行部分不存在或不贡献①. 计算共形场论的左行温度可以用 [16] 中的原始方法或者 [53] 中提供的方法, 也可以

① 由下文非极端黑洞的情形可知, 极端黑洞对应的共形场论的右行温度为零.

用隐藏共性对称性或热力学方法. 在这里将不再赘述前两种方法, 而直接给出结果, 后两种方法将在下文阐述. 极端黑洞对应的共形场论的左行温度为

$$T_{\mathrm{L}}^{J}=\frac{1}{2\pi f}. \tag{3.20}$$

所以, 对于极端黑洞的 Bekenstein-Hawking 熵可由 Cardy 公式给出. 具体来讲, 对于角动量为 J 的 Kerr 黑洞有

$$S_{+}=2\pi J,\quad c_{\mathrm{L}}^{J}=12J,\quad T_{\mathrm{L}}^{J}=\frac{1}{2\pi}. \tag{3.21}$$

从这里的讨论以及 1.3.2 小节的讨论可以看出, 黑洞的视界有着特别的物理意义. 黑洞的自由度及其物理应该是由黑洞视界附近的几何所确定. 这一点不止由黑洞熵的微观统计描述所支持, 在讨论黑洞的 Hawking 辐射时也有类似的图像.

1.3.2 隐藏共形对称性

对于一个时空流形, 对称性一般指其等度规群 Killing 矢量以及可能的 Killing 张量. 与黑洞的对称性或渐近对称性不同, 所谓隐藏共形对称性不是几何空间的对称性, 而是指在此几何背景下的标量场解空间的对称性. 最初对于 Kerr 黑洞的讨论见文献 [17], 这里对一般黑洞的讨论来自于文献 [31].

考虑一个质量为 m 的复标量场 Φ 在黑洞背景 (3.1) 式下的散射, 其 Klein-Gordon 方程为

$$\nabla_{\mu}\nabla^{\mu}\Phi=m^{2}\Phi''. \tag{3.22}$$

如果黑洞具有类时 Killing 矢量 ∂_t 和转动 Killing 矢量 ∂_ϕ, 标量场可以做展开 $\Phi=\mathrm{e}^{-\mathrm{i}\omega t+\mathrm{i}k\phi}R(r)\Theta(\theta)$. 运动方程变为

$$\begin{aligned}&\frac{1}{f_1f_2f_5f_6}\partial_r\frac{f_1f_5f_6}{f_2}(r-r_+)(r-r_-)\partial_r\Phi+\frac{(\omega+N^{\phi}k)^2}{f_1^2(r-r_+)(r-r_-)}\Phi+\\&\frac{1}{f_1f_2f_5f_6}\partial_\theta\frac{f_1f_2f_6}{f_5}\partial_\theta\Phi-\frac{k^2}{f_6^2}\Phi=\mu_4^2\Phi.\end{aligned} \tag{3.23}$$

隐藏对称性存在的一个必要条件是上述方程可以分离变量, 这要求

$$\frac{f_1f_5f_6}{f_2}=F(r)G(\theta), \tag{3.24}$$

其中 $F(r)$ 为 r 的某一函数, $G(\theta)$ 为 θ 的某一函数. 对于 $\dfrac{f_1f_2f_6}{f_5}$ 有类似要求. 隐藏对称性还要求存在 r 的单调正相关函数 $\rho=\rho(r)$ 在 $r\geqslant r_-$ 区域满足

$$F(r)(r-r_+)(r-r_-)\rho'(r)=(\rho-\rho_+)(\rho-\rho_-), \tag{3.25}$$

这里定义了 $\rho_\pm \equiv \rho(r_\pm)$. 由此可以导出 $T_+A_+ = T_-A_-$, 对 Einstein 引力此即 $T_+S_+ = T_-S_-$, 但是 $T_+A_+ = T_-A_-$ 得到满足并不能保证黑洞具有隐藏共形对称性. 可见 $T_+A_+ = T_-A_-$ 为黑洞具有隐藏共形对称性的必要非充分条件. 假设如此, 则径向方程变为

$$\begin{aligned}&\partial_\rho(\rho-\rho_+)(\rho-\rho_-)\partial_\rho R(\rho)+\frac{(\rho_+-\rho_-)(\omega-\Omega_+k)^2}{16\pi^2T_+^2(\rho-\rho_+)}R(\rho)-\\&\frac{(\rho_+-\rho_-)(\omega-\Omega_-k)^2}{16\pi^2T_-^2(\rho-\rho_-)}R(\rho)=K(\rho)R(\rho),\end{aligned}\tag{3.26}$$

这里 $K(\rho)$ 是 r 的解析函数, 所以也是 ρ 的解析函数. 我们还进一步需要 $K(\rho)$ 在某些近似下可视为常数. 实际上前文里的一系列假设, 对于 Kerr 黑洞以及很多其他黑洞都能得到满足.

对于 AdS_3 时空,

$$\mathrm{d}s^2=\frac{\mathrm{d}y^2+\mathrm{d}w^+\mathrm{d}w^-}{y^2},\tag{3.27}$$

可以定义局域的共形坐标[17],

$$\begin{aligned}\omega^+&=\sqrt{\frac{\rho-\rho_+}{\rho-\rho_-}}\mathrm{e}^{2\pi T_\mathrm{R}^J\phi+2n_\mathrm{R}^Jt},\\\omega^-&=\sqrt{\frac{\rho-\rho_+}{\rho-\rho_-}}\mathrm{e}^{2\pi T_\mathrm{L}^J\phi+2n_\mathrm{L}^Jt},\\y&=\sqrt{\frac{\rho_+-\rho_-}{\rho-\rho_-}}\mathrm{e}^{\pi(T_\mathrm{R}^J+T_\mathrm{L}^J)\phi+(n_\mathrm{R}^J+n_\mathrm{L}^J)t}.\end{aligned}\tag{3.28}$$

把参数 $T_{\mathrm{L,R}}^J$ 解释为共形场论的温度可以通过类比二维 Minkowski 时空

$$\mathrm{d}s^2=-\mathrm{d}t^2+\mathrm{d}x^2\tag{3.29}$$

到 Rindler 时空

$$\mathrm{d}s^2=\mathrm{e}^{2a\xi}(-\mathrm{d}\eta^2+\mathrm{d}\xi^2)\tag{3.30}$$

的变换

$$\begin{aligned}t&=\frac{1}{a}\mathrm{e}^{a\xi}\sinh(a\eta),\\x&=\frac{1}{a}\mathrm{e}^{a\xi}\cosh(a\eta)\end{aligned}\tag{3.31}$$

来理解. 在 Rindler 时空里静止的观测者 $\eta=\tau,\xi=0$ 在 Minkowski 时空看来以恒加速度 a 运动. 对于温度为零的 Minkowski 真空, Rinder 观测者会看到 $T=\dfrac{a}{2\pi}$ 的

温度. 所以, 类似地以 (t,ϕ) 为坐标的静止观测者观测以 $(y,\omega^{\pm})$ 为坐标的 AdS_3 真空, 将会看到 $T^J_{\mathrm{L,R}}$ 的温度.

由共形坐标可以定义矢量

$$\begin{aligned}
H_1 &= \partial_+, \\
H_0 &= \omega^+\partial_+ + \frac{1}{2}y\partial_y, \\
H_{-1} &= \omega^{+2}\partial_+ + \omega^+ y\partial_y - y^2\partial_-
\end{aligned} \tag{3.32}$$

和矢量

$$\begin{aligned}
\tilde{H}_1 &= \partial_- \\
\tilde{H}_0 &= \omega^-\partial_- + \frac{1}{2}y\partial_y \\
\tilde{H}_{-1} &= \omega^{-2}\partial_- + \omega^- y\partial_y - y^2\partial_+.
\end{aligned} \tag{3.33}$$

这些矢量为 AdS_3 时空的 Killing 矢量, 满足 $\mathrm{sl}(2,\mathbb{R})+\mathrm{sl}(2,\mathbb{R})$ Lie 代数

$$[H_0, H_{\pm1}] = \mp H_{\pm1}, \quad [H_{-1}, H_1] = -2H_0, \tag{3.34}$$

对于 $[\tilde{H}_0, \tilde{H}_{\pm1}]$ 有类似的关系. 其平方 Casimir 算子为

$$\mathcal{H}^2 = \tilde{\mathcal{H}}^2 = H_0^2 - \frac{1}{2}(H_1H_{-1} + H_{-1}H_1) = \frac{1}{4}(y^2\partial_y^2 - y\partial_y) + y^2\partial_+\partial_-. \tag{3.35}$$

如果标量场展开为 $\Phi = \mathrm{e}^{-\mathrm{i}\omega t + \mathrm{i}k\phi}R(\rho)$, 方程 $\mathcal{H}^2\Phi = K\Phi$ 给出径向方程

$$\begin{aligned}
&\partial_\rho(\rho-\rho_+)(\rho-\rho_-)\partial_\rho R(\rho) + \frac{(\rho_+-\rho_-)\left[\pi(T^J_{\mathrm{L}}+T^J_{\mathrm{R}})\omega + (n^J_{\mathrm{L}}+n^J_{\mathrm{R}})k\right]^2}{16\pi^2(T^J_{\mathrm{L}}n^J_{\mathrm{R}} - T^J_{\mathrm{R}}n^J_{\mathrm{L}})^2(\rho-\rho_+)}R(\rho) - \\
&\frac{(\rho_+-\rho_-)\left[\pi(T^J_{\mathrm{L}}-T^J_{\mathrm{R}})\omega + (n^J_{\mathrm{L}}-n^J_{\mathrm{R}})k\right]^2}{16\pi^2(T^J_{\mathrm{L}}n^J_{\mathrm{R}} - T^J_{\mathrm{R}}n^J_{\mathrm{L}})^2(\rho-\rho_-)}R(\rho) = KR(\rho).
\end{aligned} \tag{3.36}$$

将其与径向方程 (3.26) 做比较可得

$$\begin{aligned}
T^J_{\mathrm{L,R}} &= \frac{T_- \pm T_+}{\Omega_- - \Omega_+}, \\
n^J_{\mathrm{L,R}} &= -\frac{\pi(T_-\Omega_+ \pm T_+\Omega_-)}{\Omega_- - \Omega_+},
\end{aligned} \tag{3.37}$$

这里 $T^J_{\mathrm{L,R}}$ 即为共形场论的左行、右行温度.

对于质量为 M, 角动量为 J 的 Kerr 黑洞, 其 Bekenstein-Hawking 熵为

$$S_{\mathrm{BH}} = 2\pi(M^2 + \sqrt{M^4 - J^2}). \tag{3.38}$$

假设非极端黑洞对应的共形场论左行右行中心荷相等并减去与极端黑洞的情形相同的形式

$$c^J_{\mathrm{L,R}} = 12J, \tag{3.39}$$

共形场论的温度可求得

$$T^J_{\mathrm{L}} = \frac{M^2}{2\pi J}, \quad T^J_{\mathrm{R}} = \frac{\sqrt{M^4 - J^2}}{2\pi J}. \tag{3.40}$$

可以验证非手征的 Cardy 公式

$$S = \frac{\pi^2}{3}\left(c^J_{\mathrm{L}} T^J_{\mathrm{L}} + c^J_{\mathrm{R}} T^J_{\mathrm{R}}\right) \tag{3.41}$$

得到的熵与黑洞的 Bekenstein-Hawking 熵相符合.

进一步地, 对于方程 (3.26), 可以定义新坐标

$$z = \frac{\rho - \rho_+}{\rho - \rho_-} \tag{3.42}$$

来求解. 方程的解包括在黑洞视界处的内向模 (ingoing) 和外向模 (outgoing):

$$\begin{aligned} R^{(\mathrm{in})} &= z^{-\mathrm{i}\gamma}(1-z)^h F(a,b;c;z), \\ R^{(\mathrm{out})} &= z^{\mathrm{i}\gamma}(1-z)^h F(a^*,b^*;c^*;z), \end{aligned} \tag{3.43}$$

其中 $F(a,b;c;z)$ 为超几何函数, 而

$$\begin{aligned} h &= \frac{1}{2} + \sqrt{\frac{1}{4} + K}, \\ \gamma &= \frac{\pi(T^J_{\mathrm{L}} + T^J_{\mathrm{R}})\omega + (n^J_{\mathrm{L}} + n^J_{\mathrm{R}})m}{4\pi(T^J_{\mathrm{L}} n^J_{\mathrm{R}} - T^J_{\mathrm{R}} n^J_{\mathrm{L}})}, \\ a &= h - \mathrm{i}\frac{\pi T^J_{\mathrm{L}}\omega + n^J_{\mathrm{L}} m}{2\pi(T^J_{\mathrm{L}} n^J_{\mathrm{R}} - T^J_{\mathrm{R}} n^J_{\mathrm{L}})}, \\ b &= h - \mathrm{i}\frac{\pi T^J_{\mathrm{R}}\omega + n^J_{\mathrm{R}} m}{2\pi(T^J_{\mathrm{L}} n^J_{\mathrm{R}} - T^J_{\mathrm{R}} n^J_{\mathrm{L}})}, \\ c &= 1 - \mathrm{i}2\gamma. \end{aligned} \tag{3.44}$$

对于经典黑洞, 物质只能进而不能出, 因此要求我们选取内向模. 在无穷远处 $r \to \infty$, 内向模的行为

$$R^{(\mathrm{in})} \sim A r^{h-1} + B r^{-h}, \tag{3.45}$$

其中

$$A = \frac{\Gamma(2h-1)\Gamma(c)}{\Gamma(a)\Gamma(b)}, \quad B = \frac{\Gamma(1-2h)\Gamma(c)}{\Gamma(c-a)\Gamma(c-b)}. \tag{3.46}$$

于是对应于标量场的算符具有共形权 (conformal weight), 即

$$h_{\mathrm{L,R}}^{J}=h=\frac{1}{2}+\sqrt{\frac{1}{4}+K}. \tag{3.47}$$

参数 a, b, γ 可以表示为

$$\begin{aligned}
a&=h_{\mathrm{R}}^{J}-\mathrm{i}\frac{\tilde{\omega}_{\mathrm{R}}^{J}}{2\pi T_{\mathrm{R}}^{J}},\\
b&=h_{\mathrm{L}}^{J}-\mathrm{i}\frac{\tilde{\omega}_{\mathrm{L}}^{J}}{2\pi T_{\mathrm{L}}^{J}},\\
\gamma&=\frac{\tilde{\omega}_{\mathrm{L}}^{J}}{4\pi T_{\mathrm{L}}^{J}}+\frac{\tilde{\omega}_{\mathrm{R}}^{J}}{4\pi T_{\mathrm{R}}^{J}},
\end{aligned} \tag{3.48}$$

这里有 $(\tilde{\omega}_{\mathrm{L}}^{J},\tilde{\omega}_{\mathrm{R}}^{J})$ 包括三组共形场论的参数, 即微扰算符的频率 $(\omega_{\mathrm{L}}^{J},\omega_{\mathrm{R}}^{J})$、荷 $(q_{\mathrm{L}}^{J},q_{\mathrm{R}}^{J})$ 与化学势 $(\mu_{\mathrm{L}}^{J},\mu_{\mathrm{R}}^{J})$. 具体来讲

$$\tilde{\omega}_{\mathrm{L}}^{J}=\omega_{\mathrm{L}}^{J}-q_{\mathrm{L}}^{J}\mu_{\mathrm{L}}^{J},\quad \tilde{\omega}_{\mathrm{R}}^{J}=\omega_{\mathrm{R}}^{J}-q_{\mathrm{R}}^{J}\mu_{\mathrm{R}}^{J}, \tag{3.49}$$

其中

$$\begin{aligned}
\omega_{\mathrm{L,R}}^{J}&=\frac{\pi T_{\mathrm{L}}^{J}T_{\mathrm{R}}^{J}\omega}{T_{\mathrm{L}}^{J}n_{\mathrm{R}}^{J}-T_{\mathrm{R}}^{J}n_{\mathrm{L}}^{J}}=\frac{T_{-}^{2}-T_{+}^{2}}{2T_{-}T_{+}(\Omega_{-}-\Omega_{+})}\omega,\\
q_{\mathrm{L,R}}^{J}&=k,\\
\mu_{\mathrm{L}}^{J}&=-\frac{T_{\mathrm{L}}^{J}n_{\mathrm{R}}^{J}}{T_{\mathrm{L}}^{J}n_{\mathrm{R}}^{J}-T_{\mathrm{R}}^{J}n_{\mathrm{L}}^{J}}=\frac{(T_{-}+T_{+})(T_{-}\Omega_{+}-T_{+}\Omega_{-})}{2T_{-}T_{+}(\Omega_{-}-\Omega_{+})},\\
\mu_{\mathrm{R}}^{J}&=-\frac{T_{\mathrm{R}}^{J}n_{\mathrm{L}}^{J}}{T_{\mathrm{L}}^{J}n_{\mathrm{R}}^{J}-T_{\mathrm{R}}^{J}n_{\mathrm{L}}^{J}}=\frac{(T_{-}-T_{+})(T_{-}\Omega_{+}+T_{+}\Omega_{-})}{2T_{-}T_{+}(\Omega_{-}-\Omega_{+})}.
\end{aligned} \tag{3.50}$$

延时 Green 函数可以类似于 AdS/CFT 对应的讨论, 由系数 A, B 之比, 得到[54]

$$\begin{aligned}
G_{\mathrm{R}}^{J}\sim\frac{B}{A}&\propto\frac{\Gamma(a)\Gamma(b)}{\Gamma(c-a)\Gamma(c-b)}\\
&\propto\sin\left(\pi h_{\mathrm{L}}^{J}+\mathrm{i}\frac{\tilde{\omega}_{\mathrm{L}}^{J}}{2T_{\mathrm{L}}^{J}}\right)\sin\left(\pi h_{\mathrm{R}}^{J}+\mathrm{i}\frac{\tilde{\omega}_{\mathrm{R}}^{J}}{2T_{\mathrm{R}}^{J}}\right)\times\\
&\quad\Gamma\left(h_{\mathrm{L}}^{J}-\mathrm{i}\frac{\tilde{\omega}_{\mathrm{L}}^{J}}{2\pi \mathrm{T}_{L}^{J}}\right)\Gamma\left(h_{\mathrm{L}}^{J}+\mathrm{i}\frac{\tilde{\omega}_{\mathrm{L}}^{J}}{2\pi T_{\mathrm{L}}^{J}}\right)\times\\
&\quad\Gamma\left(h_{\mathrm{R}}^{J}-\mathrm{i}\frac{\tilde{\omega}_{\mathrm{R}}^{J}}{2\pi \mathrm{T}_{R}^{J}}\right)\Gamma\left(h_{\mathrm{R}}^{J}+\mathrm{i}\frac{\tilde{\omega}_{\mathrm{R}}^{J}}{2\pi T_{\mathrm{R}}^{J}}\right).
\end{aligned} \tag{3.51}$$

吸收截面可以从延时 Green 函数读出

$$\sigma^{J}\sim\mathrm{Im}G_{\mathrm{R}}^{J}\propto\sinh\left(\frac{\tilde{\omega}_{\mathrm{L}}^{J}}{2T_{\mathrm{L}}^{J}}+\frac{\tilde{\omega}_{\mathrm{R}}^{J}}{2T_{\mathrm{R}}^{J}}\right)\left|\Gamma\left(h_{\mathrm{L}}^{J}+\mathrm{i}\frac{\tilde{\omega}_{\mathrm{L}}^{J}}{2\pi T_{\mathrm{L}}^{J}}\right)\right|^{2}\left|\Gamma\left(h_{\mathrm{R}}^{J}+\mathrm{i}\frac{\tilde{\omega}_{\mathrm{R}}^{J}}{2\pi T_{\mathrm{R}}^{J}}\right)\right|^{2}. \tag{3.52}$$

这些都与共形场论预言的结果一致.

上面的讨论有几点值得注意的地方:

(1) 隐藏共形对称性要求运动方程可分解. 这实际上在两种情形下成立: 一个是在低频情形, 另一个是在超辐射 (superradiance) 限附近[54−56]. 这两种情况下散射振幅的讨论都与共形场论的预言一致.

(2) 隐藏共形对称性的讨论是相对于标量散射而言, 对于其他类型, 如矢量场、张量场和费米场在黑洞背景下散射是否存在隐藏共形对称性情况不明, 值得进一步研究. 一个可能的解决方法是讨论散射振幅的单值性[57]. 在三维中, 情况更加清楚, 我们在 [58] 中讨论了 BTZ 黑洞甚至卷曲黑洞中张量场的隐藏共形对称性, 并利用这些对称性代数地构造了黑洞的赝正则模.

(3) 隐藏共形对称性实际上在极端黑洞的散射问题中也存在. 此时, 上面的共形坐标并不适用, 我们需要重新定义一组共形坐标[59].

(4) 这里用到的计算散射振幅的方法是受 AdS/CFT 和卷曲 AdS/CFT 对应关系中实时关联函数计算的启发[60,61]. 在这些对应关系中, 计算实时关联函数是一个重要的问题, 在 AdS/CMT 中有着广泛的应用. 基本的想法是在引力中考虑的扰动, 其在无穷远的渐近行为包含着扰动部分和响应部分, 利用线性响应理论, 响应部分与扰动部分之比给出了关联函数. 考虑到响应相对于扰动的延迟性, 我们需要考虑推迟 Green 函数, 因此在黑洞视界处需要加上内向边界条件. 在 Kerr/CFT 中应用此计算方法并得到了令人满意的结果, 这说明此方法有更强的普适性, 也许可以用到更一般的情形.

(5) 在非极端情形, 并没有相应的渐近对称性群分析来给出对偶场论的中心荷. 我们假设了中心荷取与极端黑洞情形相同的形式, 除了认为中心荷对角动量或者其他物理量的依赖是连续以外, 我们没有更好的理由认可此假设. 然而最终的结果看起来上面的假设很可能是对的. 如何从别的角度来支持此结论是一个很有趣的问题.

1.4 其他黑洞的共形场论对应

这一节里我们介绍其他黑洞的共形场论对应, 包括四维 Reissner-Nordström (RN) 黑洞、四维 Kerr-Newman(KN) 黑洞和五维 Myers-Perry(MP) 黑洞[75].

1.4.1 RN 黑洞

对 Kerr/共形场论对应的一个有趣的推广是 RN/共形场论对应[62−66]: Reissner-Nordström(RN) 黑洞可以通过二维共形场论来全息描述. 在这里我们只介绍四维 RN/共形场论对应, 其高维的推广见文献 [28].

四维 RN 黑洞是 Einstein-Maxwell 理论的解. 这个理论的作用量为

$$I_4 = \frac{1}{16\pi G_4}\int \mathrm{d}^4x\sqrt{-g}R - \frac{1}{16\pi}\int \mathrm{d}^4x\sqrt{-g}F_{\mu\nu}F^{\mu\nu}, \tag{4.1}$$

其中 Newton 常数 $G_4 = l_\mathrm{P}^2$, l_P 为四维 Planck 长度. 运动方程为

$$\begin{aligned} &R_{\mu\nu} - \frac{1}{2}Rg_{\mu\nu} = 8\pi G_4 T_{\mu\nu}, \\ &T_{\mu\nu} = \frac{1}{4\pi}\left(F_{\mu\rho}F_\nu{}^\rho - \frac{1}{4}g_{\mu\nu}F_{\rho\sigma}F^{\rho\sigma}\right), \end{aligned} \tag{4.2}$$

其球对称的解即为 RN 黑洞. 四维 RN 黑洞的度规和电磁势分别为

$$\begin{aligned} &\mathrm{d}s_4^2 = -N^2\mathrm{d}t^2 + g_{rr}\mathrm{d}r^2 + r^2(\mathrm{d}\theta^2 + \sin^2\theta\mathrm{d}\phi^2), \\ &A = A_t\mathrm{d}t. \end{aligned} \tag{4.3}$$

黑洞具有电荷 Q, 在外内视界的电势为

$$\varPhi_\pm = -A_t|_{r=r_\pm}. \tag{4.4}$$

黑洞没有旋转, 所以没有角动量和角速度. RN 黑洞在外内视界处的其他量的定义与上节中 Kerr 黑洞相同.

对四维 RN 黑洞的渐近对称群分析需要将其提升到五维作为 Einstein 引力的解

$$I_5 = \frac{1}{16\pi G_5}\int \mathrm{d}^5x\sqrt{-G}R_5. \tag{4.5}$$

五维的度规为

$$\mathrm{d}s_5^2 = \mathrm{d}s_4^2 + 4\left(l_5\mathrm{d}\chi + l_\mathrm{P}A_t\mathrm{d}t\right)^2, \tag{4.6}$$

这里有周期 $\chi \sim \chi + 2\pi$, l_5 是第五维空间的尺度, 不妨将其写做 $l_5 = \lambda l_\mathrm{P}$, λ 是一个无量纲的常数. 这样, 四维 RN 黑洞变成一个五维旋转黑洞. 通过 Klein-Klein 约化得到五维和四维的 Newton 常数间的关系:

$$G_5 = 4\pi\lambda l_\mathrm{P}G_4. \tag{4.7}$$

五维黑洞和四维黑洞的视界面积关系为

$$(A_\pm)_5 = 4\pi\lambda l_\mathrm{P}(A_\pm)_4, \tag{4.8}$$

显然提升前后黑洞的内外视界的熵应该是不变的. 通过提升, 四维的电荷变为五维的角动量, 角动量的值和在外内视界的角速度为

$$J_\chi = \lambda Q, \quad \varOmega_\pm^\chi = \frac{\varPhi_\pm}{\lambda}. \tag{4.9}$$

角动量的量子化条件要求 J_χ 为整数, 所以可以确定

$$\lambda = \frac{1}{e}, \tag{4.10}$$

e 为四维 Maxwell 理论里的单位电荷. 四维里电荷的量子化提升后转化为五维里角动量的量子化, 量子化条件最终确定中心荷的未定因子. 对五维旋转黑洞的渐近对称群分析与四维 Kerr 黑洞的情形类似. 考虑极端黑洞, 取近视界极限, 选取合适的边界条件得到渐近对称群, 由渐近荷的 Dirac 括号得到中心荷. 具体过程不再赘述, 结果为

$$c_{\mathrm{L}}^{Q} = 6eQ^3. \tag{4.11}$$

对黑洞隐藏对称性的研究可以在四维或五维里进行, 这里以四维为例. 考虑质量为 m、电荷为 $q = ke$ 的标量在四维 RN 黑洞背景下做散射, 这里需要特别注意粒子的电荷是量子化的, 所以 k 而不是 q 为整数. 标量的运动方程为

$$(\nabla_\mu - \mathrm{i}keA_\mu)(\nabla^\mu - \mathrm{i}keA^\mu)\Phi = m^2\Phi''. \tag{4.12}$$

接下来的计算和讨论与四维 Kerr 黑洞类似, 可参见原始文献.

1.4.2 KN 黑洞与 MP 黑洞

在确定黑洞的参数中, 我们将质量之外的参数称为荷, 比如角动量、电荷或者磁荷等. 当考虑具有多种荷的黑洞的全息描述时, 将会遇到多种全息图像的问题[49,62,67−69,72]. 比如四维 Kerr-Newman(KN) 黑洞, 其二维共形场论对应具有角动量 (J) 图像和电荷 (Q) 图像[62,69], 五维 Myers-Perry(MP) 黑洞具有两个角动量分别记为 J_ϕ, J_ψ, 其二维共形场论对应分别有 J_ϕ 图像和 J_ψ 图像[67,68]. 另外, 对于这些带有两种荷的黑洞还有 $\mathrm{SL}(2,\mathbb{Z})$ 群生成的一般图像, 这些一般图像同样可由渐近对称群或隐藏共形对称性得出[49,72].

无论是提升后的四维 Kerr-Newman 黑洞或者是五维 Myers-Perry 黑洞, 其度规都可以写为

$$\mathrm{d}s^2 = -N^2\mathrm{d}t^2 + g_{rr}\mathrm{d}r^2 + g_{\theta\theta}\mathrm{d}\theta^2 + g_{mn}(\mathrm{d}\phi^m + N^m\mathrm{d}t)(\mathrm{d}\phi^n + N^n\mathrm{d}t), \tag{4.13}$$

其中 $\phi^m = (\phi, \chi)$. 类似之前的定义, 我们有

$$\begin{aligned} N^m &= -\Omega_+^m + (r - r_+)f_m, \\ f^m &= f_3^m f_4|_{r=r_+}. \end{aligned} \tag{4.14}$$

对于极端黑洞, 做坐标变换

$$\begin{aligned}&t \to \frac{f_4}{\epsilon}t,\\&r \to r_+ + \epsilon r,\\&\phi^m \to \phi^m + \frac{\Omega_+^m f_4}{\epsilon}t,\end{aligned} \tag{4.15}$$

取近视界极限 $\epsilon \to 0$, 得到近视界几何

$$\mathrm{d}s^2 = \alpha(\theta)\left(-r^2\mathrm{d}t^2 + \frac{\mathrm{d}r^2}{r^2}\right) + \beta(\theta)\mathrm{d}\theta^2 + \gamma_{mn}(\theta)(\mathrm{d}\phi^m + f^m r\mathrm{d}t)(\mathrm{d}\phi^n + f^n r\mathrm{d}t), \tag{4.16}$$

这里 $\gamma_{mn}(\theta) = g_{mn}|_{r=r_+}$. 上述度规可以取不同的边界条件, 从而得到不同的图像. 例如, 以 $(t, r, \theta, \phi, \chi)$ 为坐标, 取边界条件[73]

$$h_{\mu\nu} = \mathcal{O}\begin{pmatrix} r^2 & 1/r^2 & 1/r & 1 & r \\ & 1/r^3 & 1/r^2 & 1/r & 1/r^2 \\ & & 1/r & 1/r & 1/r \\ & & & 1 & 1 \\ & & & & 1/r \end{pmatrix}, \tag{4.17}$$

可以得到渐近对称群生成元

$$\zeta_n^{(\phi)} = -\mathrm{e}^{-\mathrm{i}n\phi}(\partial_\phi + \mathrm{i}nr\partial_r). \tag{4.18}$$

由此可得 J_ϕ 图像共形场论的中心荷

$$c_{\mathrm{L}}^{\phi} = \frac{6f^\phi S_+}{\pi}. \tag{4.19}$$

另一方面, 可以取边界条件

$$h_{\mu\nu} = \mathcal{O}\begin{pmatrix} r^2 & 1/r^2 & 1/r & r & 1 \\ & 1/r^3 & 1/r^2 & 1/r^2 & 1/r \\ & & 1/r & 1/r & 1/r \\ & & & 1/r & 1 \\ & & & & 1 \end{pmatrix}, \tag{4.20}$$

得到 J_ψ 图像共形场论的中心荷

$$c_{\mathrm{L}}^{\psi} = \frac{6f^\psi S_+}{\pi}. \tag{4.21}$$

对于 Kerr-Newman 黑洞, J_ϕ 图像即为角动量图像, 中心荷为 $c_{\rm L}^J=12J$, 而 J_ψ 图像即为电荷图像, 中心荷为 $c_{\rm L}^Q=6eQ^3$. 对于五维 Myers-Perry 黑洞, J_ϕ, J_ψ 图像的中心荷分别为 $c_{\rm L}^{\phi,\psi}=6J_{\psi,\phi}$.

由上面的讨论易见不同的图像实际上是不同的 U(1) 群诱导的. 对于具有多个 U(1) 对称性的情形, 我们可以考虑这些对称性的适当组合, 从而定义新的 U(1) 群, 并以之定义新的图像. 定义角

$$\begin{pmatrix}\phi'\\ \psi'\end{pmatrix}=\begin{pmatrix}a & b\\ c & d\end{pmatrix}\begin{pmatrix}\phi\\ \psi\end{pmatrix}, \tag{4.22}$$

其中

$$\begin{pmatrix}a & b\\ c & d\end{pmatrix}\in {\rm SL}(2,\mathbb{Z}). \tag{4.23}$$

这里 ϕ,ψ 为周期为 2π 的角, 经过 ${\rm SL}(2,\mathbb{Z})$ 变换, ϕ',ψ' 依然为周期为 2π 的角. 我们可以定义变换矩阵

$$\Lambda^{m'}{}_{m}=\begin{pmatrix}a & b\\ c & d\end{pmatrix},\quad \Lambda^{m}{}_{m'}=\begin{pmatrix}d & -b\\ -c & a\end{pmatrix}, \tag{4.24}$$

将度规 (4.16) 写为

$$\mathrm{d}s^2=\alpha(\theta)\left(-r^2\mathrm{d}t^2+\frac{\mathrm{d}r^2}{r^2}\right)+\beta(\theta)\mathrm{d}\theta^2+\gamma_{m'n'}(\theta)(\mathrm{d}\phi^{m'}+f^{m'}r\mathrm{d}t)(\mathrm{d}\phi^{n'}+f^{n'}r\mathrm{d}t), \tag{4.25}$$

其中有 $\phi^{m'}=\Lambda^{m'}{}_{m}\phi^{m}$, $f^{m'}=\Lambda^{m'}{}_{m}f^{m}$, $\gamma_{m'n'}=\Lambda^{m}{}_{m'}\Lambda^{n}{}_{n'}\gamma_{mn}$. 对于以 (t,r,θ,ϕ',ψ') 为坐标的上述度规施加边界条件 (4.17) 得到渐近对称群, 最终可得 ϕ' 图像的中心荷

$$c_{\rm L}^{\phi'}=ac_{\rm L}^{\phi}+bc_{\rm L}^{\psi}. \tag{4.26}$$

类似的讨论对于具有更多荷的黑洞也同样适用.

在讨论带多个荷的黑洞的隐藏共形对称性时, 要考虑带相应荷的标量场的散射. 对四维 Kerr-Newman 黑洞, 如果只考虑中性标量场对黑洞的散射, 其隐藏共形对称性将导致 J-图像[70,71], 而如果考虑带电标量场的散射并设标量场的转动量子数为零, 则其中的隐藏共形对称性会给出 Q-图像[69]. 对于五维黑洞 (4.13), 标量场带荷 k_ϕ 与 k_ψ. 设 $k_\psi=0$, 即可得到 J_ϕ 图像的隐藏共形对称性; 设 $k_\phi=0$, 即可得到 J_ψ 图像. 在定义 $\phi^{m'}=\Lambda^{m'}{}_{m}\phi^{m}$ 时, 对于 ϕ', ψ' 的标量场的荷为 $k_{m'}=\Lambda^{m}{}_{m'}k_m$. 设 $k_{\psi'}=0$, 即可得到 ϕ' 图像. 简而言之, 当我们考虑不同种类的粒子对黑洞的散射时, 从粒子的低频散射中可以读出对偶共形场论中温度的信息. 不同种类的粒子

读出不同的全息图像. 在下一节中, 我们将发现黑洞对不同粒子的扰动, 其响应是不同的, 而且这些响应反映在黑洞的内外视界热力学上, 从中我们也可以读出全息图像的信息.

1.5　黑洞/共形场论对应的热力学方法

我们通常讨论的黑洞熵和黑洞热力学都集中在黑洞的外视界上. 然而对所有已知存在全息描述的黑洞, 都存在着内视界. 如我们所知, 黑洞的热力学告诉我们黑洞对外界扰动的响应, 这些响应不仅发生在外视界上, 也同样发生在内视界上. 对黑洞内视界热力学的讨论有着很长的历史[23,24]. 然而直到最近, 人们才发现其可能与黑洞的全息图像有关. 我们在一系列文章 [27–32] 中发展了黑洞的热力学方法来读出对应共形场论的普适性质. 这种方法的有效性是让人惊叹的, 我们在这一节中将对它进行介绍.

1.5.1　内视界热力学

在 Kerr/共形场论对应和 RN/共形场论对应中一个重要特征是二维共形场论的中心荷与黑洞质量无关, 只是量子化的角动量或电荷的函数, 这种性质被认为与黑洞内外视界熵的乘积与质量无关相联系. 实际上, 在对弦论里四维和五维多荷非超对称黑洞的研究中, 很早人们就注意到对于弦论里带多种电荷的旋转黑洞, 其外视界的熵可以写做

$$S_+ = 2\pi(\sqrt{N_{\rm L}} + \sqrt{N_{\rm R}}), \tag{5.1}$$

其中 $N_{\rm L,R}$ 可以分别看做是二维共形场论左行和右行模式的贡献. 进而人们发现这些黑洞的内视界熵可以写成[19−21]

$$S_- = 2\pi(\sqrt{N_{\rm L}} - \sqrt{N_{\rm R}}). \tag{5.2}$$

由于共形场论中左右手匹配条件, $(N_{\rm L} - N_{\rm R})$ 必须是整数, 所以黑洞内外视界的熵乘积

$$S_+S_- = 4\pi^2(N_{\rm L} - N_{\rm R})$$

必须是量子化的, 因此必定是面积无关的. 我们不妨把黑洞的这种内外视界熵乘积与质量无关的性质[22,74] 作为黑洞是否具有二维共形场论对应的检验标准. 鉴于内视界熵的作用, 我们必须认真看待内视界的热力学①.

① 在 [22] 中, 对数学上有超过两个视界的黑洞的熵乘积有仔细的讨论, 似乎都可以得到面积乘积的质量无关律. 在本章中我们只讨论有两个物理视界的情形.

我们以一般的四维旋转黑洞为例. 这种黑洞具有质量 M 和角动量 J 两个独立变量. 等效地, 也可以使用另外两个独立变量 $r_\pm$. 黑洞在内外视界的物理量对 $r_\pm$ 的依赖具有对称性,

$$\begin{aligned}
M &= M|_{r_+\leftrightarrow r_-},\\
J &= J|_{r_+\leftrightarrow r_-},\\
T_- &= -T_+|_{r_+\leftrightarrow r_-},\\
S_- &= S_+|_{r_+\leftrightarrow r_-},\\
\Omega_- &= \Omega_+|_{r_+\leftrightarrow r_-}.
\end{aligned}\tag{5.3}$$

这些性质表明, 如果外视界热力学第一定律成立, 那么内视界热力学也成立, 有

$$\begin{aligned}
\mathrm{d}M &= T_+\mathrm{d}S_+ + \Omega_+\mathrm{d}J,\\
\mathrm{d}M &= -T_-\mathrm{d}S_- + \Omega_-\mathrm{d}J.
\end{aligned}\tag{5.4}$$

在内视界的热力学关系中温度看起来是负值, 所以并不能在一般热力学意义上去理解它. 更恰当的理解应该是这个关系式反映了黑洞内视界的量对扰动的响应. 但在文献中通常仍把此式称为黑洞的内视界热力学第一定律. 从此式可以看出熵乘积 S_+S_- 与质量无关的充分必要条件为[27]

$$T_+S_+ = T_-S_-.\tag{5.5}$$

我们可以定义函数

$$\mathcal{F} \equiv \frac{S_+S_-}{4\pi^2}.\tag{5.6}$$

在实际的计算中, 检验 $T_+S_+ = T_-S_-$ 是否满足比检验 S_+S_- 是否与质量无关更容易操作. 这种检验被应用到各种黑洞中[27,28]. 对 $d \geqslant 6$ 维的 MP 黑洞, $T_+S_+ \neq T_-S_-$; 对 $d \geqslant 4$ 维的 Kerr-(A)dS 黑洞, $T_+S_+ \neq T_-S_-$; 对 $d \geqslant 4$ 维的 RN 黑洞, $T_+S_+ = T_-S_-$ 恒成立; 对 $d \geqslant 4$ 维的 RN-(A)dS 黑洞, 总是有 $T_+S_+ \neq T_-S_-$.

1.5.2 从热力学到共形场论

对上述黑洞内外视界的物理量做线性组合得到右行左行部分的量[20,21,74]:

$$\begin{aligned}
S_{\mathrm{L,R}} &= \frac{1}{2}(S_+ \mp S_-),\\
T_{\mathrm{L,R}} &= \frac{T_-T_+}{T_- \mp T_+},\\
\Omega_{\mathrm{L}} &= \frac{T_-\Omega_+ - T_+\Omega_-}{2(T_- - T_+)},\\
\Omega_{\mathrm{R}} &= \frac{T_-\Omega_+ + T_+\Omega_-}{2(T_- + T_+)}.
\end{aligned}\tag{5.7}$$

以这些量表述的热力学第一定律为

$$\frac{1}{2}\mathrm{d}M = T_{\mathrm{L}}\mathrm{d}S_{\mathrm{L}} + \Omega_{\mathrm{L}}\mathrm{d}J,$$
$$\frac{1}{2}\mathrm{d}M = T_{\mathrm{R}}\mathrm{d}S_{\mathrm{R}} + \Omega_{\mathrm{R}}\mathrm{d}J. \tag{5.8}$$

二维共形场论的一个重要性质为其左行和右行部分可以相互独立, 而四维旋转黑洞具有共形场论对偶, 所以很自然将 (5.8) 式视为共形场论的左行和右行部分的热力学.

上述观点的第一个结论即为共形场论的左右部分的中心荷必须相等[27]. 从 $T_+S_+ = T_-S_-$ 可得

$$\frac{S_{\mathrm{L}}}{T_{\mathrm{L}}} = \frac{S_{\mathrm{R}}}{T_{\mathrm{R}}}. \tag{5.9}$$

左行右行的 Cardy 公式为

$$S_{\mathrm{L,R}} = \frac{\pi^2}{3}c_{\mathrm{L,R}}T^J_{\mathrm{L,R}}, \tag{5.10}$$

这里用到共形场论的微观温度满足

$$\frac{T^J_{\mathrm{L}}}{T_{\mathrm{L}}} = \frac{T^J_{\mathrm{R}}}{T_{\mathrm{R}}}. \tag{5.11}$$

由此可以得到

$$c^J_{\mathrm{L}} = c^J_{\mathrm{R}}. \tag{5.12}$$

由 (5.8) 式可得

$$\mathrm{d}J = \mathcal{R}\left(T_{\mathrm{L}}\mathrm{d}S_{\mathrm{L}} - T_{\mathrm{R}}\mathrm{d}S_{\mathrm{R}}\right), \tag{5.13}$$

其中

$$\mathcal{R} = \frac{1}{\Omega_{\mathrm{R}} - \Omega_{\mathrm{L}}}. \tag{5.14}$$

所以我们认为共形场论的微观温度 $T^J_{\mathrm{L,R}} = \mathcal{R}_J T_{\mathrm{L,R}}$, $\mathcal{R}_J$ 为共形场论所在一维空间的尺度. 这里的微观温度与隐藏共形对称性得到的结果 (3.37) 式一致, 是无量纲的. 利用 Cardy 公式 (5.10), 我们还可以进一步得到二维共形场论的中心荷[29]

$$c^J_{\mathrm{L,R}} = 6\frac{\partial \mathcal{F}}{\partial J}. \tag{5.15}$$

对于四维 Kerr 黑洞有 $\mathcal{F} = J^2$, 所以中心荷为 $c^J_{\mathrm{L,R}} = 12J$, 这与渐近对称群分析的结果一致.

从热力学方法, 我们能得到更多的共形场论的普适量[28,31]. 对热力学第一定律 (5.8) 式稍做移项可得

$$T^J_{\mathrm{L}}\mathrm{d}S_{\mathrm{L}} = R_J\left(\frac{1}{2}\mathrm{d}M - \Omega_{\mathrm{L}}\mathrm{d}J\right),$$
$$T^J_{\mathrm{R}}\mathrm{d}S_{\mathrm{R}} = R_J\left(\frac{1}{2}\mathrm{d}M - \Omega_{\mathrm{R}}\mathrm{d}J\right). \tag{5.16}$$

考虑扰动具有 $\mathrm{d}M=\omega$, $\mathrm{d}J=k$, 上式写为

$$\begin{aligned}T^J_{\mathrm{L}}\mathrm{d}S_{\mathrm{L}}&=\omega^J_{\mathrm{L}}-q^J_{\mathrm{L}}\mu^J_{\mathrm{L}},\\ T^J_{\mathrm{R}}\mathrm{d}S_{\mathrm{R}}&=\omega^J_{\mathrm{R}}-q^J_{\mathrm{R}}\mu^J_{\mathrm{R}},\end{aligned}\tag{5.17}$$

其中有

$$\begin{aligned}\omega^J_{\mathrm{L,R}}&=\frac{\mathcal{R}_J}{2}\omega=\frac{T_-^2-T_+^2}{2T_-T_+(\varOmega_--\varOmega_+)}\omega,\\ q^J_{\mathrm{L,R}}&=k,\\ \mu^J_{\mathrm{L}}&=\mathcal{R}_J\varOmega_{\mathrm{L}}=\frac{(T_-+T_+)(T_-\varOmega_+-T_+\varOmega_-)}{2T_-T_+(\varOmega_--\varOmega_+)},\\ \mu^J_{\mathrm{R}}&=\mathcal{R}_J\varOmega_{\mathrm{R}}=\frac{(T_--T_+)(T_-\varOmega_++T_+\varOmega_-)}{2T_-T_+(\varOmega_--\varOmega_+)}.\end{aligned}\tag{5.18}$$

我们把 (5.17) 式看做是共形场论的热力学, 所以 $\omega^J_{\mathrm{L,R}}$, $q^J_{\mathrm{L,R}}$, $\mu^J_{\mathrm{L,R}}$ 分别为共形场论微扰算符的频率、荷以及化学势. 这与隐藏共形对称性的结论 (3.50) 一致. 这里我们考虑的扰动具有的量子数 (ω,k), 正是我们讨论黑洞散射时标量场具有的量子数. 因此, 黑洞响应反映的共形场论的信息与标量场低频散射得到的信息完全一致.

对于电荷为 Q、单位电荷为 e 的四维 RN 黑洞, $Q=Ne$, N 是量子化的, 有 $\mathcal{F}=\dfrac{Q^4}{4}=\dfrac{e^4N^4}{4}$, 我们需要在热力学方法中施加量子化条件, 得到其对应共形场论的中心荷[28]

$$c^Q_{\mathrm{L,R}}=6\frac{\partial\mathcal{F}}{\partial N}=6eQ^3.\tag{5.19}$$

这个结果与前文一致.

多种图像的共形场论对应在热力学中仍然能够得到体现[27]. 五维黑洞 (4.13) 的外视界内视界的热力学可写为

$$\begin{aligned}\mathrm{d}M&=T_+\mathrm{d}S_++\varOmega^\psi_+\mathrm{d}J_\psi+\varOmega^\phi_+\mathrm{d}J_\phi\\ &=-T_-\mathrm{d}S_-+\varOmega^\psi_-\mathrm{d}J_\psi+\varOmega^\phi_-\mathrm{d}J_\phi.\end{aligned}\tag{5.20}$$

令 $J_\psi=0$, 应用热力学方法即可得 J_ϕ 图像; 而令 $J_\phi=0$, 即可得 J_ψ 图像. 在定义 $\phi^{m'}=\Lambda^{m'}{}_m\phi^m$ 时, 对于 ϕ', ψ' 的标量场的荷为 $J_{m'}=\Lambda^m{}_{m'}J_m$, 对化学势有 $\varOmega^{m'}_\pm=\Lambda^{m'}{}_m\varOmega^m_\pm$, 外视界内视界的热力学变为

$$\begin{aligned}\mathrm{d}M&=T_+\mathrm{d}S_++\varOmega^{\phi'}_+\mathrm{d}J_{\phi'}+\varOmega^{\psi'}_+\mathrm{d}J_{\psi'}\\ &=-T_-\mathrm{d}S_-+\varOmega^{\phi'}_-\mathrm{d}J_{\phi'}+\varOmega^{\phi'}_-\mathrm{d}J_{\psi'}.\end{aligned}\tag{5.21}$$

令 $\mathrm{d}J_{\psi'}=0$, 应用热力学方法即可得 $J_{\phi'}$ 图像. 对于更一般的图像, 我们可以考虑带有两种荷的扰动, 此时由热力学得到的共形场论的信息与通常方法得到的完全一致.

这里的基本物理图像如下:

(1) 一方面, 黑洞视界热力学反映了黑洞对外界扰动的响应. 对不同类型的扰动, 黑洞的响应是不同的, 从中可以读出全息图像的普适信息.

(2) 另一方面, 我们也可以只考虑外界扰动对黑洞的散射. 在最终的散射振幅中包含有扰动和响应, 不同的扰动得到的散射振幅不同, 但得到的全息图像与热力学方法一致.

因此, 黑洞的热力学方法与通常的散射方法互相补充. 对它们关系的细致讨论参见文献 [31]. 值得一提的是热力学方法也许更加有效, 它甚至可以处理通常的散射方法无法处理的情形, 如五维的黑环[30].

前面的讨论在四维或者四维以上时都是适用的. 对于三维的黑洞, 情况有点特殊. 这时存在着有微分同胚反常的理论, 以及相关的卷曲 AdS/CFT 对应. 限于篇幅, 我们只做简单的介绍. 卷曲 $\mathrm{AdS_3/CFT_2}$ 对应是对通常 $\mathrm{AdS_3/CFT_2}$ 对应的推广, 是指卷曲 $\mathrm{AdS_3}$ 时空, 或卷曲 $\mathrm{AdS_3}$ 黑洞所对应的二维共形场论[76]. 在 Einstein 引力下的 BTZ(Banados-Teitelboim-Zanelli) 黑洞[77,78] 所对应的二维共形场论可由热力学方法得出. BTZ 黑洞还是三维拓扑有质量引力 (topologically massive Gravity, TMG)[79,80] 和新型有质量引力 (new massive gravity, NMG)[81,82] 的解, 这时黑洞依然有二维共形场论对应, 只是共形场论的中心荷都会发生变化, 这些也都可以由热力学方法重新得到. 而对于卷曲 $\mathrm{AdS_3}$ 黑洞, 其可以为 TMG 或者是 NMG 的解, 分别对应于不同的共形场论, 依然可以应用热力学方法来得到. 特别要注意的是热力学方法在 TMG 里黑洞的应用. 因为 TMG 在边界处存在微分同胚反常, 所以其对应的二维共形场的左行右行中心荷不相等, 因此 $T_+S_+\neq T_-S_-$, 即 S_+S_- 与黑洞质量相关. 所以对此类黑洞, 并不能将 $T_+S_+=T_-S_-$ 是否满足作为黑洞是否具有二位共形场论对应的条件. 利用黑洞内外视界的热力学第一定律, 我们仍然可以得到对应共形场论的信息[32].

1.6 总结与展望

本章介绍了黑洞全息描述的历史和近年的进展. 对于弦论里的黑洞, 人们对其对偶的共形场论有比较好的理解, 但是对于普通带电旋转黑洞对应的共形场论, 人们的认识却很模糊. 人们只知道场论的一些普适性质如中心荷等, 而对如何具体构造这些共形场论却没有明确的线索. 甚至对于最简单的球对称史瓦西黑洞, 其是否存在共形场论对应也不清楚①. 一个值得探索的方向是把最近对 Kerr 黑洞或者 Kerr-Newmann 黑洞的研究与以前弦理论中黑洞的研究联系起来. 这方面已经有了一些有益的尝试[84,85]. 此外, 利用黑洞视界热力学研究黑洞的全息描述是一个简单有力而普适的方法, 其背后的物理意义并不清楚, 也许存在着一个统一的基于弦理论的图像来诠释它. 这个问题值得我们深入的思考和研究.

在已经建立的黑洞/共形场论对应中, 并非每一块基石都是那么坚实. 我们并不清楚对于一般的非极端黑洞如何导出它的中心荷. 而我们在计算共形场论微观熵时用到的 Cardy 公式实际上只是在高温或者高激发态时才适用, 但我们在应用这个公式时忽略了这个细节, 其有效性背后的原因也值得思考. 另外的一个问题是关于独立参数的个数. 对四维 Kerr 黑洞我们只有质量和角动量两个独立量子数, 但是对于二维共形场论却有中心荷、左右行温度三个参数. 这种不匹配背后的原因是什么? 此外, 对于具有多个荷的黑洞, 研究表明其可能存在多种共形场论全息图像, 每个图像分别对应于黑洞吸收某一特别种类的粒子, 如何在微观角度理解这些图像也是一个需要回答的问题.

从热力学上考虑, 一般来说黑洞都是不稳定的. 比如对于旋转 Kerr 黑洞, 当角动量较小时, 其比热为负, 表明热力学不稳定. 我们并不清楚如何从其对应共形场论的角度来理解这个不稳定性.

我们迄今讨论的引力理论都是 Einstein 引力, 具有 Einstein-Hilbert 作用量

$$I = \frac{1}{16\pi G}\int \mathrm{d}^D x\sqrt{-g}(R-2\Lambda). \tag{6.1}$$

我们前面讨论的情形都是渐近平坦的黑洞, 即上述作用量中的宇宙学常数为零. 对于具有宇宙学常数的旋转黑洞, 除了三维以外, 都无法满足熵乘积的质量无关性. 对这些黑洞即使它们在极端情形下可以讨论 NHEK 的 ASG 从而建立对偶全息图像[67,83], 在一般的非极端情形它们的全息图像都是有疑问的. 按照我们提出的判据, 这类黑洞很可能不存在全息描述. 这个问题需要更仔细地探讨. 另外, 如果考虑 α'-修正, 弦理论的低能有效作用量不止是 Einstein-Hilbert 作用量, 而应该包含高阶导数项. 对于这样的引力理论, 黑洞熵一般性地由 Wald 公式给出, 称为 Wald 熵[86−88]. 考虑一个作用量为

$$I = -\int \mathrm{d}^D x\sqrt{g}\mathcal{L} \tag{6.2}$$

① 对于球对称史瓦西黑洞的全息描述, 表面上看起来似乎可以设 Kerr/CFT 对应黑洞中的角动量等于零来得到, 然而这样做的后果是中心荷趋于零, 而温度发散. 因此这不是一个好的极限.

的引力理论, 其黑洞的 Wald 熵为

$$S = 2\pi \int_{\Sigma} \frac{\partial \mathcal{L}}{\partial R_{\mu\nu\rho\sigma}} \epsilon_{\mu\nu} \epsilon_{\rho\sigma}, \tag{6.3}$$

这里 Σ 为黑洞的视界, $\epsilon^{\mu\nu} = n_1^\mu n_2^\nu - n_1^\nu n_2^\mu$, 并且 $n_{1,2}^\mu$ 为视界的两个正交归一的法矢量. 在这类高导数引力理论中如何建立黑洞/共形场论对应是一个很有意义的问题.

黑洞物理是量子引力研究的重要窗口. 本章着重介绍了黑洞全息描述的最新进展, 主要集中在讨论黑洞熵的微观统计诠释以及黑洞散射振幅的讨论方面. 我们没有对黑洞的 Hawking 辐射进行深入地介绍, 尤其是这两年来人们广泛争议的关于黑洞视界是否如火墙 (firewall)[89,90]. 这个争议也许会彻底改变人们对黑洞量子行为的认识, 有助于解决黑洞的信息丢失问题[91]. 总之, 关于黑洞的量子行为的讨论已经有了四十余年的历史, 其中的核心问题仍然是人们研究的焦点, 也许这些问题的解决还需要若干年的努力. 我们希望本章的介绍能够吸引更多的读者对此发生兴趣.

参考文献

[1] J. D. Bekenstein, Black holes and the second law, Lett. Nuovo Cim. **4** (1972) 737–740.

[2] J. D. Bekenstein, Black holes and entropy, Phys. Rev. **D7** (1973) 2333–2346.

[3] J. M. Bardeen, B. Carter, and S. W. Hawking, The Four laws of black hole mechanics, Commun. Math. Phys. **31** (1973) 161–170.

[4] S. Hawking, Black hole explosions, Nature **248** (1974) 30–31.

[5] S. W. Hawking, Particle Creation by Black Holes, Commun. Math. Phys. **43** (1975) 199–220.

[6] R. M. Wald, Quantum field theory in curved space-time and black hole thermodynamics, The University of Chicago Press, Chicago, USA (1995).

[7] R. M. Wald, The thermodynamics of black holes, Living Reviews in Relativity **4** (2001) no. 6.

[8] R. Brout, S. Massar, R. Parentani, and P. Spindel, A Primer for black hole quantum physics, Phys. Rept. **260** (1995) 329–454, arXiv: 0710.4345 [gr-qc].

[9] T. Jacobson, Introduction to quantum fields in curved space-time and the Hawking effect, arXiv: gr-qc/0308048 [gr-qc].

[10] G. 't Hooft, Dimensional reduction in quantum gravity, arXiv: gr-qc/9310026 [gr-qc].

[11] L. Susskind, The World as a hologram, J. Math. Phys. **36** (1995) 6377–6396, arXiv: hep-th/9409089 [hep-th].

[12] J. M. Maldacena, The Large N limit of superconformal field theories and supergravity, Adv. Theor. Math. Phys. **2** (1998) 231–252, arXiv: hep-th/9711200 [hep-th].

[13] S. Gubser, I. R. Klebanov, and A. M. Polyakov, Gauge theory correlators from non-critical string theory, Phys. Lett. **B428** (1998) 105–114, arXiv: hep-th/9802109 [hep-th].

[14] E. Witten, Anti-de Sitter space and holography, Adv. Theor. Math. Phys. **2** (1998) 253–291, arXiv: hep-th/9802150 [hep-th].

[15] A. Strominger and C. Vafa, Microscopic origin of the Bekenstein-Hawking entropy, Phys. Lett. **B379** (1996) 99–104, arXiv: hep-th/9601029 [hep-th].

[16] M. Guica, T. Hartman, W. Song, and A. Strominger, The Kerr/CFT Correspondence, Phys. Rev. **D80** (2009) 124008, arXiv: 0809. 4266 [hep-th].

[17] A. Castro, A. Maloney, and A. Strominger, Hidden Conformal Symmetry of the Kerr Black Hole, Phys. Rev. **D82** (2010) 024008, arXiv: 1004. 0996 [hep-th].

[18] G. Compere, The Kerr/CFT correspondence and its extensions: a comprehensive review,Living Rev. Rel. **15** (2012) 11, arXiv: 1203. 3561 [hep-th].

[19] F. Larsen, A String model of black hole microstates,it Phys. Rev. **D56** (1997) 1005–1008, arXiv: hep-th/9702153 [hep-th].

[20] M. Cvetic and F. Larsen, General rotating black holes in string theory: Grey body factors and event horizons, Phys. Rev. **D56** (1997) 4994–5007, arXiv: hep-th/9705192 [hep-th].

[21] M. Cvetic and F. Larsen, Grey body factors for rotating black holes in fourdimensions, Nucl. Phys. **B506** (1997) 107–120, arXiv: hep-th/9706071 [hep-th].

[22] M. Cvetic, G. Gibbons, and C. Pope, Universal Area Product Formulae for Rotating and Charged Black Holes in Four and Higher Dimensions, Phys. Rev. Lett. **106** (2011) 121301, arXiv: 1011. 0008 [hep-th].

[23] A. Curir, Spin entropy of a rotating black hole, Nuovo Cimento **B51** (1979) 262.

[24] A. Curir, Spin thermodynamics of a kerr black hole, Nuovo Cimento **B52** (1979) 165.

[25] A. Castro and M. J. Rodriguez, Universal properties and the first law of black hole inner mechanics, Phys. Rev. **D86** (2012) 024008, arXiv: 1204. 1284 [hep-th].

[26] S. Detournay, Inner Mechanics of 3d Black Holes, Phys. Rev. Lett. **109** (2012) 031101, arXiv: 1204. 6088 [hep-th].

[27] B. Chen, S. X. Liu, and J. J. Zhang, Thermodynamics of Black Hole Horizons and Kerr/CFT Correspondence, JHEP **1211** (2012) 017, arXiv: 1206. 2015 [hep-th].

[28] B. Chen and J. J. Zhang, RN/CFT Correspondence From Thermodynamics, JHEP **1301** (2013) 155, arXiv: 1212. 1959 [hep-th].

[29] B. Chen and J. J. Zhang,Electromagnetic Duality in Dyonic RN/CFT Correspondence, Phys. Rev. **D87** (2013) 081505, arXiv: 1212. 1960 [hep-th].

[30] B. Chen and J. J. Zhang, Holographic Descriptions of Black Rings, JHEP **1211** (2012) 022, arXiv: 1208. 4413 [hep-th].

[31] B. Chen, Z. Xue, and J. J. Zhang, Note on Thermodynamic Method of Black Hole/CFT Correspondence, JHEP **1303** (2013) 102, arXiv: 1301. 0429 [hep-th].

[32] B. Chen, J. J. Zhang, J. D. Zhang, and D. L. Zhong, Aspects of Warped AdS_3/CFT_2 Correspondence, JHEP **1304** (2013) 055, arXiv: 1302. 6643 [hep-th].

[33] C. G. Callan and J. M. Maldacena, D-brane approach to black hole quantum mechanics,Nucl. Phys. **B472** (1996) 591–610, arXiv: hep-th/9602043 [hep-th].

[34] J. M. Maldacena, Black holes in string theory, arXiv: hep-th/9607235 [hep-th]

[35] A. W. Peet, TASI lectures on black holes in string theory, arXiv: hep-th/0008241 [hep-th].

[36] S. R. Das and S. Mathur, The quantum physics of black holes: Results from string theory, Ann. Rev. Nucl. Part. Sci. **50** (2000) 153–206, arXiv: gr-qc/0105063 [gr-qc].

[37] J. R. David, G. Mandal, and S. R. Wadia, Microscopic formulation of black holes in string theory, Phys. Rept. **369** (2002) 549–686, arXiv: hep-th/0203048 [hep-th].

[38] J. L. Cardy, Operator Content of Two-Dimensional Conformally Invariant Theories, Nucl. Phys. **B270** (1986) 186–204.

[39] J. M. Maldacena and L. Susskind, D-branes and fat black holes, Nucl. Phys. **B475** (1996) 679–690, arXiv: hep-th/9604042 [hep-th].

[40] A. Sen, Black Hole Entropy Function, Attractors and Precision Counting of Microstates, Gen. Rel. Grav. **40** (2008) 2249–2431, arXiv: 0708. 1270 [hep-th].

[41] S. D. Mathur, The Quantum structure of black holes, Class. Quant. Grav. **23** (2006) R115, arXiv: hep-th/0510180 [hep-th].

[42] A. Strominger, Black hole entropy from near horizon microstates, JHEP **9802** (1998) 009, arXiv: hep-th/9712251 [hep-th].

[43] J. D. Brown and M. Henneaux, Central Charges in the Canonical Realization of Asymptotic Symmetries: An Example from Three-Dimensional Gravity, Commun. Math. Phys. **104** (1986) 207–226.

[44] G. Barnich and F. Brandt, Covariant theory of asymptotic symmetries, conservation laws and central charges, Nucl. Phys. **B633** (2002) 3–82, arXiv: hep-th/0111246 [hep-th].

[45] G. Barnich, Boundary charges in gauge theories: Using Stokes theorem in the bulk, Class. Quant. Grav. **20** (2003) 3685–3698, arXiv: hep-th/0301039 [hep-th].

[46] G. Barnich and G. Compere, Generalized Smarr relation for Kerr AdS black holes from improved surface integrals, Phys. Rev. **D71** (2005) 044016, arXiv: gr-qc/0412029 [gr-qc].

[47] G. Barnich and G. Compere, Surface charge algebra in gauge theories and thermodynamic integrability, J. Math. Phys. **49** (2008) 042901, arXiv: 0708. 2378 [gr-qc].

[48] G. Compere, Symmetries and conservation laws in Lagrangian gauge theories with applications to the mechanics of black holes and to gravity in three dimensions, arXiv: 0708.3153 [hep-th].

[49] B. Chen and J. J. Zhang, Novel CFT Duals for Extreme Black Holes, Nucl. Phys. **B856** (2012) 449–474, arXiv: 1106. 4148 [hep-th].

[50] Y. Matsuo, T. Tsukioka, and C. M. Yoo, Another Realization of Kerr/CFT Correspondence, Nucl. Phys. **B825** (2010) 231–241, arXiv: 0907. 0303 [hep-th].

[51] A. Castro and F. Larsen, Near Extremal Kerr Entropy from AdS(2) Quantum Gravity, JHEP **0912** (2009) 037, arXiv: 0908. 1121 [hep-th].

[52] B. Chen, B. Ning, and J. J. Zhang, Boundary Conditions for NHEK through Effective Action Approach, Chin. Phys. Lett. **29** (2012) 041101, arXiv: 1105. 2878 [hep-th].

[53] S. Carlip, Extremal and nonextremal Kerr/CFT correspondences, JHEP **1104** (2011) 076, arXiv: 1101. 5136 [gr-qc].

[54] B. Chen and C. S. Chu, Real-Time Correlators in Kerr/CFT Correspondence, JHEP **1005** (2010) 004, arXiv: 1001. 3208 [hep-th].

[55] I. Bredberg, T. Hartman, W. Song, and A. Strominger, "Black Hole Superradiance From Kerr/CFT," JHEP **1004** (2010) 019, arXiv: 0907. 3477 [hep-th].

[56] T. Hartman, W. Song, and A. Strominger, Holographic Derivation of Kerr-Newman Scattering Amplitudes for General Charge and Spin, JHEP **1003** (2010) 118, arXiv: 0908. 3909 [hep-th].

[57] A. Castro, J. M. Lapan, A. Maloney, and M. J. Rodriguez, Black Hole Monodromy and Conformal Field Theory, Phys. Rev. **D88** (2013) 044003, arXiv: 1303. 0759 [hep-th].

[58] B. Chen and J. Long, Hidden Conformal Symmetry and Quasi-normal Modes, Phys. Rev. **D82** (2010) 126013, arXiv: 1009. 1010 [hep-th].

[59] B. Chen, J. Long, and J. J. Zhang, Hidden Conformal Symmetry of Extremal Black Holes, Phys. Rev. **D82** (2010) 104017, arXiv: 1007. 4269 [hep-th].

[60] D. T. Son and A. O. Starinets, Minkowski space correlators in AdS/CFT correspondence: Recipe and applications, JHEP **0209** (2002) 042, arXiv: hep-th/0205051 [hep-th].

[61] B. Chen, B. Ning, and Z. B. Xu, Real-time correlators in warped AdS/CFT correspondence, JHEP **1002** (2010) 031, arXiv: 0911. 0167 [hep-th].

[62] T. Hartman, K. Murata, T. Nishioka, and A. Strominger, CFT Duals for Extreme Black Holes, JHEP **0904** (2009) 019, arXiv: 0811. 4393 [hep-th].

[63] M. R. Garousi and A. Ghodsi, The RN/CFT Correspondence, Phys. Lett. **B687** (2010) 79–83, arXiv: 0902. 4387 [hep-th].

[64] C. M. Chen, J. R. Sun, and S. J. Zou, The RN/CFT Correspondence Revisited, JHEP **1001** (2010) 057, arXiv: 0910. 2076 [hep-th].

[65] C. M. Chen, Y. M. Huang, and S. J. Zou, Holographic Duals of Near-extremal Reissner-Nordstrom Black Holes, JHEP **1003** (2010) 123, arXiv: 1001. 2833 [hep-th].

[66] C. M. Chen and J. R. Sun, Hidden Conformal Symmetry of the Reissner-Nordstrom Black Holes, JHEP **1008** (2010) 034, arXiv: 1004. 3963 [hep-th].

[67] H. Lu, J. Mei, and C. Pope, Kerr/CFT Correspondence in Diverse Dimensions, JHEP **0904** (2009) 054, arXiv: 0811. 2225 [hep-th].

[68] C. Krishnan, Hidden Conformal Symmetries of Five-Dimensional Black Holes, JHEP **1007** (2010) 039, arXiv: 1004. 3537 [hep-th].

[69] C. M. Chen, Y. M. Huang, J. R. Sun, M. F. Wu, and S. J. Zou, Twofold Hidden Conformal Symmetries of the Kerr-Newman Black Hole, Phys. Rev. **D82** (2010) 066004, arXiv: 1006. 4097 [hep-th].

[70] Y. Q. Wang and Y. X. Liu, Hidden Conformal Symmetry of the Kerr-Newman Black Hole, JHEP **1008** (2010) 087, arXiv: 1004. 4661 [hep-th].

[71] B. Chen and J. Long, Real-time Correlators and Hidden Conformal Symmetry in Kerr/CFT Correspondence, JHEP **1006** (2010) 018, arXiv: 1004. 5039 [hep-th].

[72] B. Chen and J. J. Zhang, "General Hidden Conformal Symmetry of 4D Kerr-Newman and 5D Kerr Black Holes," JHEP **1108** (2011) 114, arXiv: 1107. 0543 [hep-th].

[73] G. Compere, K. Murata, and T. Nishioka, Central Charges in Extreme Black Hole/ CFT Correspondence, JHEP **0905** (2009) 077, arXiv: 0902. 1001 [hep-th].

[74] M. Cvetic and F. Larsen, Greybody Factors and Charges in Kerr/CFT, JHEP **0909** (2009) 088, arXiv: 0908. 1136 [hep-th].

[75] R. C. Myers and M. Perry, Black Holes in Higher Dimensional Space-Times, Annals Phys. **172** (1986) 304.

[76] D. Anninos, W. Li, M. Padi, W. Song, and A. Strominger, Warped AdS(3) Black Holes, JHEP **0903** (2009) 130, arXiv: 0807. 3040 [hep-th].

[77] M. Banados, C. Teitelboim, and J. Zanelli, The Black hole in three-dimensional space-time, Phys. Rev. Lett. **69** (1992) 1849–1851, arXiv: hep-th/9204099 [hep-th].

[78] M. Banados, M. Henneaux, C. Teitelboim, and J. Zanelli, Geometry of the (2+1) black hole,Phys. Rev. **D48** (1993) 1506–1525, arXiv: gr-qc/9302012 [gr-qc].

[79] S. Deser, R. Jackiw, and S. Templeton, Topologically Massive Gauge Theories, Annals Phys. **140** (1982) 372–411.

[80] S. Deser, R. Jackiw, and S. Templeton, Three-Dimensional Massive Gauge Theories, Phys. Rev. Lett. **48** (1982) 975–978.

[81] E. A. Bergshoeff, O. Hohm, and P. K. Townsend, Massive Gravity in Three Dimensions, Phys. Rev. Lett. **102** (2009) 201301, arXiv: 0901. 1766 [hep-th].

[82] E. A. Bergshoeff, O. Hohm, and P. K. Townsend, More on Massive 3D Gravity, Phys. Rev. **D79** (2009) 124042, arXiv: 0905. 1259 [hep-th].

[83] B. Chen and J. Long, On Holographic description of the Kerr-Newman-AdS-dS black holes, JHEP **1008** (2010) 065, arXiv: 1006. 0157 [hep-th].

[84] M. Guica and A. Strominger, Microscopic Realization of the Kerr/CFT Correspondence, JHEP **1102** (2011) 010, arXiv: 1009. 5039 [hep-th].

[85] G. Compere, W. Song, and A. Virmani, Microscopics of Extremal Kerr from Spinning M5 Branes, JHEP **1110** (2011) 087, arXiv: 1010. 0685 [hep-th].

[86] R. M. Wald, Black hole entropy is the Noether charge, Phys. Rev. **D48** (1993) 3427–3431, arXiv: gr-qc/9307038 [gr-qc].

[87] T. Jacobson, G. Kang, and R. C. Myers, On black hole entropy, Phys. Rev. **D49** (1994) 6587–6598, arXiv: gr-qc/9312023 [gr-qc].

[88] V. Iyer and R. M. Wald, Some properties of Noether charge and a proposal for dynamical black hole entropy, Phys. Rev. **D50** (1994) 846–864, arXiv: gr-qc/9403028 [gr-qc].

[89] A. Almheiri, D. Marolf, J. Polchinski, and J. Sully, Black Holes: Complementarity or Firewalls?, JHEP **1302** (2013) 062, arXiv: 1207. 3123 [hep-th].

[90] J. Maldacena and L. Susskind, Cool horizons for entangled black holes, Fortsch. Phys. **61** (2013) 781–811, arXiv: 1306. 0533 [hep-th].

[91] S. D. Mathur, The Information paradox: A Pedagogical introduction, Class. Quant. Grav. **26** (2009) 224001, arXiv: 0909. 1038 [hep-th].

第二章　高自旋引力的新进展①

陈　斌, 龙　江

北京大学物理学院

通过与引力/规范对应关系的研究结合, 高自旋引力近十年来有了突飞猛进的发展, 从而丰富了人们对引力/规范对应关系的理解, 也对黑洞物理有了更深刻的认识. 在本章中我们拟对三维和四维 Anti-de Sitter(AdS) 时空中的高自旋引力进行介绍, 特别是对三维 AdS 高自旋引力做较为系统的介绍, 并讨论其中的高自旋黑洞物理.

2.1　引　　言

迄今为止, 我们发现自然界存在四种力: 日常生活中常见的电磁力、原子核内的短程强和弱作用力、以及人类最早发现的万有引力. 这四种力的性质表面看起来完全不同, 然而经过物理学家们长期的努力研究发现强、弱和电磁力是通过自旋为 1 的粒子来传递相互作用. 这些粒子具有规范对称性, 可以由规范场论来描述它们的动力学. 而引力比较特殊, 它是通过自旋为 2 的引力子来传递相互作用. 引力子具有微分同胚不变性, 由 Einstein 的广义相对论来描述. 一个有趣的问题是自然界如果有自旋大于 2 的规范粒子, 那它们的对称性是什么, 描述它们的理论又是什么呢? 对这个问题的研究始于 20 世纪 30 年代 Fierz 与 Pauli 的工作[1].

在 20 世纪六七十年代, 高自旋引力的研究有了长足的发展. 人们发现对于自由的高自旋场理论, 可以在平坦和弯曲空间中定义. 此时, 为了更清楚地研究对称性, 最好考虑无质量全对称双无迹场 $\Phi_{\mu_1\mu_2\cdots\mu_s}$, 即其对所有指标对称且满足

$$g^{\mu_1\mu_2}g^{\mu_3\mu_4}\Phi_{\mu_1\mu_2\mu_3\mu_4\cdots\mu_s}=0,\quad s\geqslant 4. \tag{1.1}$$

对于这样的场, 其自由场规范变换为

$$\delta\Phi_{\mu_1\mu_2\cdots\mu_s}=\nabla_{(\mu_1}\xi_{\mu_2\cdots\mu_s)},$$

① 感谢国家自然科学基金委的资助, 项目批准号: 11275010, 11335012, 11325522.

这里的规范变换参数 $\xi_{\dots}$ 是对称无迹的. 在此规范变换下不变的作用量, 即所谓的 Fronsdal 作用量[2]. 关于高自旋场的另一个重要研究成果是 S. Weinberg 发现, 与其他无质量规范粒子不同, 高自旋粒子不能传递长程的相互作用[3].

尽管自由的高自旋理论可以在任何具有最大对称性的时空中定义, 人们却发现对于与引力最小耦合的高自旋场①, 规范不变的相互作用理论只能在有非零宇宙学常数的时空中定义, 无论这个宇宙学常数是正或负[4−6]②. M. Vasiliev 几乎是一个人推进了相互作用高自旋场论的研究. 他通过高自旋代数构造了理论, 提出了高自旋场的运动方程. 我们将在 2.2 节中对 Vasiliev 理论进行介绍. 然而, 由于 Vasiliev 理论的复杂性, 长期以来并没有引起大家的足够重视. 对高自旋引力理论的综述, 可参见文献 [9–15]. 一些原始的 Vasiliev 理论可参考文献 [16, 17].

实际上, 高自旋引力理论与弦理论间有着千丝万缕的联系. 长期以来, 人们就认识到弦理论有着丰富的对称性. 简单地说, 弦理论的有质量激发态可以取如下的形式:

$$|\phi\rangle \simeq \phi_{\mu_1\mu_2\cdots\mu_s}\alpha_{-1}^{\mu_1}\alpha_{-1}^{\mu_2}\cdots\alpha_{-1}^{\mu_s}|0\rangle, \tag{1.2}$$

相应的质量平方为

$$m^2 \simeq \frac{1}{\alpha'}(s-a). \tag{1.3}$$

由于弦张率 $T\sim\dfrac{1}{\sqrt{\alpha'}}$, 无质量的高自旋场可以作为弦在零张率极限下的激发出现: $m^2\propto\dfrac{1}{\alpha'}\to 0$. 更准确地说, 无质量高自旋场只是零张率极限下弦理论无质量激发的一部分. 准确的对应关系还没有建立起来.

过去十年中, 高自旋引力理论由于其在引力/规范对应关系中的应用而获得了新的生命力. 引力/规范对应关系告诉我们: 在 Anti-de Sitter(AdS) 时空中的量子引力 (弦理论) 与 AdS 边界上的共形场论是等价的[21−23]. 这其中, 研究得最透彻也最著名的是 $\mathrm{AdS}_5/\mathrm{CFT}_4$ 对应关系: $\mathrm{AdS}_5\times \mathrm{S}^5$ 中 IIB 超弦理论与大 N 极限下的 $\mathcal{N}=4$ 超对称 SU(N) 规范理论等价. 我们将在后面的讨论中对引力/规范对应关系进行更详细地介绍[24,25]. 在此等价关系中, 场论中的有效耦合常数是 't Hooft 耦合常数 $\lambda=g_{\mathrm{YM}}^2N$, 而 AdS 时空的半径以及弦耦合常数分别为

$$R=\sqrt{\alpha'}\lambda^{1/4},\quad g_s=g_{\mathrm{YM}}^2=\frac{\lambda}{N}. \tag{1.4}$$

在大 N 极限下可以忽略弦的相互作用, 而且当 $R>>l_s=\sqrt{\alpha'}$ 时, 引力是很好的近似, 但此时要求 $\lambda>>1$, 即要求场论是强耦合的. 另一方面, 当 λ 很小时, AdS

① 当然, 如果考虑非最小耦合的相互作用, 情况又有不同.

② 最近发现在三维情况下, 利用 Chern-Simons 引力理论可以得到平坦时空中的高自旋理论[7,8].

半径较小, 我们必须考虑引力的各种量子修正. 换言之, 这个对应关系是一个强弱对偶关系, 即一个理论的强耦合极限与对偶理论的弱耦合极限等价. 通常人们讨论的是强耦合场论与弱耦合引力之间的等价关系, 并应用此等价关系研究一系列场论的强耦合问题, 如 QCD 和低维凝聚态物理中的超导、非费米液体等. 然而, 人们可以问这样一个问题: 超对称 Yang-Mills 理论在自由场论极限下的对偶是什么? 如果固定 AdS 半径, 则弦的张率为

$$T = \frac{1}{\sqrt{2\pi\alpha'}} \propto \sqrt{\lambda}. \tag{1.5}$$

因此, 此时的理论可能对偶到 AdS 时空中的无张率弦. 然而, 情况并没有这么简单.

让我们更仔细地审视这个可能的对应关系. 引力/规范对应中一个一般性的结果是共形场论中的一个整体守恒流对应于引力中的一个无质量规范场. 对于自由的 $\mathcal{N}=4$ SYM 理论, 可以构造规范不变的流

$$J_{(\mu_1\cdots\mu_s)} = \sum_{i=1}^{6} \mathrm{Tr}(\Phi^i \nabla_{(\mu_1}\cdots\nabla_{\mu_s)}\Phi^i) + \cdots, \tag{1.6}$$

在大 N 极限下, 这些 twist-2 的流是守恒的, 因此在 AdS 时空中应该有对应的无质量高自旋场. 然而, 在自由的 $\mathcal{N}=4$ SYM 理论中, 可以构造更多的规范不变守恒流: twist-3,4$\cdots$

$$\mathrm{Tr}(\Phi\nabla_{(\mu_1}\Phi\cdots\nabla_{\mu_s)}\Phi)\cdots. \tag{1.7}$$

人们发现在场论中构造的守恒流数目远远大于 AdS_5 Vasiliev 理论中无质量高自旋场的数目. 这是因为在场论中的标量场处于规范群的伴随表示中, 是矩阵取值的. 如何在 $\mathrm{AdS}_5/\mathrm{CFT}_4$ 对应关系中实现高自旋理论与自由场论的对应仍是一个公开的课题.

由上面的讨论可见, 矩阵取值的场论很难与高自旋理论等价, 那么矢量取值的场论呢? 2002 年, A. Polyakov 和 I. Klebanov 提出三维 $\mathrm{O}(N)$ 矢量模型中的单态部分在大 N 极限下与 AdS_4 中的高自旋理论等价[26]. 此时, 守恒流是

$$J_{(\mu_1\cdots\mu_s)} = \phi^a\partial_{(\mu_1}\cdots\partial_{\mu_s)}\phi^a + \cdots, \tag{1.8}$$

它们与 AdS_4 里最小波色 Vasiliev 理论中无质量高自旋场的谱一一对应. 这个对偶关系在过去几年中被仔细地研究, 相关研究结果将在 2.3 节中介绍.

过去几年中, 高自旋引力理论的另一个重要进展是对 AdS_3 中高自旋理论的研究. 在三维中, 高自旋引力理论相对简单, 但也有一些与高维不同的特点. 人们发现无物质场的高自旋引力理论可以写成 Chern-Simons 引力理论的形式, 从而可以较系统地研究其中的经典解、黑洞并建立高自旋引力与二维共形场论的详细对应关系. 我们将在 2.2 节中介绍 AdS_3 中高自旋引力理论的发展.

高自旋引力理论中一个很重要的研究重点是构造高自旋黑洞以及对它们的热力学和相变进行讨论. 人们发现高自旋黑洞有一些通常黑洞没有的特点. 首先, 由于高自旋对称性与微分同胚不变性的混合, 通常关于黑洞的几何图像失去了价值. 然而这些高自旋经典解仍然可以很好地定义热力学, 并满足热力学第一定律, 因此人们仍然把它们称为黑洞. 对高自旋黑洞的研究可以帮助我们理解量子引力的一些特点, 丰富人们对黑洞微观自由度的认识. 我们将在 2.5 节中介绍这方面的进展.

本章没有对高自旋引力理论中的所有方面进行介绍, 只能挂一漏万, 希望对大家进一步的学习有所帮助.

2.2 Vasiliev 理论

Vasiliev 理论是一组自洽的方程组, 描述的是标量场和费米场 (超对称情形) 以及无穷多 $s \geqslant 1$ 的场的相互作用[10]. 具体方程会随着维数以及所要描述的场的内容稍有变化, 但构造方式基本相同. 我们以 AdS_4 空间上的 Vasiliev 理论来做说明. 因为在本章中我们也会讲 AdS_3 上的高自旋引力理论, 所以 AdS_3 上的 Vasiliev 理论会在本节最后提及. $D \geqslant 5$ 的情形也可以构造相应的 Vasiliev 理论, 有兴趣的读者可以参考相应的文献 [11].

我们知道, 引力场的描述有两种方式. 第一种是直接通过度规 $g_{\mu\nu}$ 构造克里斯托弗联络以及黎曼张量来进行, 通常这称为二阶 (second order) 方案. 另一种则是通过构造 vielbein e_μ^a 和自旋联络 ω_μ^{ab} (spin connection) 来进行, 这称为一阶 (first order) 方案. 在高自旋引力理论中也存在这两种构造方式. 比如第一种方式, 我们需要考虑 $g_{\mu\nu}, \phi_{\mu\nu\rho}$ 等物理场, 然后写出一个自洽的方程组来. 这种方法只成功地给出了自由场理论, 即 Fronsdal 方程, 而在描述相互作用方面的进展非常缓慢. 而第二种方式直接给出了非线性的高自旋理论, 也就是我们要说的 Vasiliev 方程. 一个重要的原因就是第二种方式似乎更好地体现了系统的对称性.

首先, 我们看到, 对于最大对称空间, 它的等度规群 (isometry group) 的生成元满足下面的对易关系:

$$
\begin{aligned}
&[M_{ab}, M_{cd}] = \eta_{ac}M_{bd} - \eta_{ad}M_{bc} - \eta_{bc}M_{ad} + \eta_{bd}M_{ac},\\
&[M_{ab}, P_c] = \eta_{ac}P_b - \eta_{bc}P_a,\\
&[P_a, P_b] = -\lambda M_{ab},
\end{aligned}
\tag{2.1}
$$

其中 M_{ab} 是洛伦兹转动生成元, P_a 则是平移生成元. 依赖于 $\lambda = \pm, 0$, 分别有德西特 (de Sitter), 闵可夫斯基 (Minkowski) 和反德西特 (Anti-de Sitter) 三种情况. 如果我们将自旋联络 ω^{ab} 和 vielbein e^a 与生成元 M_{ab}, P_a 组合成一个 1-形式

(one-form) A, 即

$$A = \left(\frac{1}{2}\omega_\mu^{ab} M_{ab} + e_\mu^a P_a\right) \mathrm{d}x^\mu, \tag{2.2}$$

那么下面的方程:

$$F \equiv \mathrm{d}A + A \wedge A = 0, \tag{2.3}$$

加上 e_μ^a 可逆的条件就可以描述最大对称空间①. 对于 AdS 空间, 我们可以把前述的对易关系写成更紧凑的形式:

$$[M_{AB}, M_{CD}] = \eta_{AC} M_{BD} - \eta_{AD} M_{BC} - \eta_{BC} M_{AD} + \eta_{BD} M_{AC}, \tag{2.4}$$

其中大写拉丁字母 $A = a, \hat{d}$, 其中 $\hat{d}$ 是一个新引入的指标, 使得 $\eta_{\hat{d}\hat{d}} = -1, \eta_{a\hat{d}} = 0, M_{a\hat{d}} \sim P_a$. 这实际上就是一个 $\mathrm{SO}(D-1,2)$ 群生成元满足的代数. AdS 空间中的高自旋粒子必须构成这个转动群的一个不可约表示. 转动群的不可约表示可以用杨图来表示. Vasiliev 理论中的高自旋粒子都处在 $\mathrm{SO}(D-1,2)$ 的两行长方形表示中. 用生成元 $M_{A_1\cdots A_s, B_1\cdots B_s}$ 来说明, 也就是它满足如下的限制条件:

$$\begin{aligned}
&M_{(A_1\cdots A_s), B_1\cdots B_s} = M_{A_1\cdots A_s, (B_1\cdots B_s)} = M_{A_1\cdots A_s, B_1\cdots B_s}, \\
&M_{(A_1\cdots A_s, B_1) B_2\cdots B_s} = 0, \\
&M^C_{\ C A_1\cdots A_{s-2}, B_1\cdots B_s} = 0.
\end{aligned} \tag{2.5}$$

自旋 s 的生成元与 M_{AB} 的对易关系为

$$[M_{AB}, M_{C_1\cdots C_s, D_1\cdots D_s}] = \eta_{AC_1} M_{BC_2\cdots C_s, D_1\cdots D_s} + \cdots, \tag{2.6}$$

其中加号后面省略的部分根据指标的对称性可以自行补充, 因此我们忽略不写. 至此, 我们发现要寻找的理论背后有一个代数, 称之为高自旋代数, 它里面的生成元满足上面的各种条件. 对于 AdS_4 和 AdS_3 来说, 利用同构关系 $\mathrm{so}(3,2) \sim \mathrm{sp}(4)$, $\mathrm{so}(2,2) \sim \mathrm{sp}(2) \oplus \mathrm{sp}(2)$, 这个高自旋代数能够很容易地通过谐振子来实现. 下面我们讨论 AdS_4 上的高自旋代数以及 Vasiliev 理论.

首先我们引入两组谐振子 $y_\alpha, \bar{y}_{\dot{\alpha}}$, $\alpha(\dot{\alpha}) = 1, 2(\dot{1}, \dot{2})$, 指标通过 $\epsilon_{\alpha\beta}, \epsilon_{\dot{\alpha}\dot{\beta}}$ 升降 $(\epsilon_{12} = -\epsilon_{21} = \epsilon^{12} = -\epsilon^{21} = 1, \epsilon_{\dot{1}\dot{2}} = -\epsilon_{\dot{2}\dot{1}} = \epsilon^{\dot{1}\dot{2}} = -\epsilon^{\dot{2}\dot{1}} = 1)$:

$$y^\alpha = \epsilon^{\alpha\beta} y_\beta, \quad \bar{y}^{\dot{\alpha}} = \epsilon^{\dot{\alpha}\dot{\beta}} \bar{y}_{\dot{\beta}}. \tag{2.7}$$

任意两个函数 $f(y,\bar{y})$, $g(y,\bar{y})$ 之间可以定义一个 $*-$ 乘积, 如下:

$$f(y,\bar{y}) * g(y,\bar{y}) = \frac{1}{(2\pi)^4} \int \mathrm{d}^4u \mathrm{d}^4v f(y+u, \bar{y}+\bar{u}) g(y+v, \bar{y}+\bar{v}) \mathrm{e}^{\mathrm{i}u_\alpha v^\alpha + \mathrm{i}\bar{u}_{\dot{\alpha}} \bar{v}^{\dot{\alpha}}}, \tag{2.8}$$

① 注意, 这个方程并不等价于通常的 Einstein 方程, 但是这并不妨碍它有最大对称空间的解.

则可由 $*-$ 乘积诱导对易运算:

$$[A,B]_* = A*B - B*A. \tag{2.9}$$

那么 $y_\alpha, \bar{y}_{\dot{\alpha}}$ 满足如下的对易关系:

$$[y_\alpha, y_\beta] = 2\mathrm{i}\epsilon_{\alpha\beta}, \quad [y_\alpha, \bar{y}_{\dot{\alpha}}] = 0, \quad [\bar{y}_{\dot{\alpha}}, \bar{y}_{\dot{\beta}}] = 2\mathrm{i}\epsilon_{\dot{\alpha}\dot{\beta}}. \tag{2.10}$$

很容易证明, $y_\alpha y_\beta, \bar{y}_{\dot{\alpha}}\bar{y}_{\dot{\beta}}, y_\alpha \bar{y}_{\dot{\beta}}$ 这 10 个算符生成 sp(4), 因此可以构成引力子的生成元. 而算符

$$y_{\alpha_1}\cdots y_{\alpha_m}\bar{y}_{\dot{\alpha}_1}\cdots\bar{y}_{\dot{\alpha}_n}, \quad m+n=2(s-1), \tag{2.11}$$

则构成自旋 s 的生成元. 一个高自旋代数中的元素 A 总可以展开成

$$A = \sum_{m,n=0}^{\infty} \frac{1}{m!n!} A_{\alpha_1\cdots\alpha_m,\dot{\alpha}_1\cdots\dot{\alpha}_n} y^{\alpha_1}\cdots y^{\alpha_m}\bar{y}^{\dot{\alpha}_1}\cdots\bar{y}^{\dot{\alpha}_n}. \tag{2.12}$$

以上通过谐振子的实现方式介绍了四维 AdS 时空中的高自旋代数. 事实上, 任意维数 AdS 中都可以定义高自旋代数, 有兴趣的读者可以参考相应的文献 [18]. 言归正传, 想要构造一个无质量的高自旋理论, 其实我们需要满足的条件只有三个. 首先, 它应该有一个 AdS 时空的解. 其次, AdS 时空中场的线性扰动应满足 Fronsdal 方程. 最后, 非线性的方程应该具有规范对称性. 仅仅有这几个条件实际上无法推导出 Vasiliev 理论, 但是我们可以反过来验证 Vasiliev 理论确实满足上面的条件. 下面我们具体介绍这个理论.

第一, (四维) Vasiliev 理论中的坐标为 $(x^\mu, y_\alpha, \bar{y}_{\dot{\alpha}}, z_\alpha, \bar{z}_{\dot{\alpha}})$, 其中 x^μ 为通常的时空坐标, $y_\alpha, \bar{y}_{\dot{\alpha}}$ 是实现高自旋代数时用到的谐振子坐标, 多出来的 $z_\alpha, \bar{z}_{\dot{\alpha}}$ 也是谐振子坐标, 这是所有 Vasiliev 理论中的一个有趣的现象, 即坐标的翻倍 (doubling). 这里的 $z_\alpha, \bar{z}_{\dot{\alpha}}$ 满足稍微不同的对易关系, 如下:

$$[z_\alpha, z_\beta] = -2\mathrm{i}\epsilon_{\alpha\beta}, \quad [z_\alpha, \bar{z}_{\dot{\alpha}}] = 0, \quad [\bar{z}_{\dot{\alpha}}, \bar{z}_{\dot{\beta}}] = -2\mathrm{i}\epsilon_{\dot{\alpha}\dot{\beta}}. \tag{2.13}$$

此外, 所有的 $y(\bar{y})$ 和 $z(\bar{z})$ 之间对易. 假如有一个场 A, 它是定义在所有坐标上的函数

$$A = A(x, y, \bar{y}, z, \bar{z}), \tag{2.14}$$

场 A 可以按照 $y, \bar{y}, z, \bar{z}$ 的多项式展开.

第二, 场之间的相互作用使得我们需要推广前述的 $*-$ 乘积以包含 $z(\bar{z})$. 这个推广以后的结果如下:

$$\begin{aligned} f(y,\bar{y},z,\bar{z}) * g(y,\bar{y},z,\bar{z}) = \frac{1}{(2\pi)^4}\int \mathrm{d}^4u\mathrm{d}^4v f(y+u,\bar{y}+\bar{u},z+u,\bar{z}+\bar{u}) \times \\ g(y+v,\bar{y}+\bar{v},z-v,\bar{z}-\bar{v}) \exp(\mathrm{i}u_\alpha v^\alpha + \mathrm{i}\bar{u}_{\dot{\alpha}}\bar{v}^{\dot{\alpha}}). \end{aligned} \tag{2.15}$$

第三, Vasiliev 理论包含一个 1-形式场 $W = W_\mu \mathrm{d}x^\mu$, 一个辅助的 1-形式场 $S = S_\alpha \mathrm{d}z^\alpha + \bar{S}_{\dot{\alpha}} \mathrm{d}\bar{z}^{\bar{\dot{\alpha}}}$, 以及一个 0-形式场 B. 当然所有的场都是坐标 $x, y, \bar{y}, z, \bar{z}$ 的函数.

第四, 运算 $\pi, \bar{\pi}$. 它们的定义是将 y, z 分别换成 $-y, -z$(π 运算) 或者将 $\bar{y}, \bar{z}$ 分别换成 $-\bar{y}, -\bar{z}$ ($\bar{\pi}$ 运算).

$$
\begin{aligned}
&\pi(f(y, \bar{y}, z, \bar{z})) = f(-y, \bar{y}, -z, \bar{z}), \\
&\bar{\pi}(f(y, \bar{y}, z, \bar{z})) = f(y, -\bar{y}, z, -\bar{z}).
\end{aligned} \tag{2.16}
$$

第五, 需要定义 Kleinian $\mathcal{K}, \bar{\mathcal{K}}$

$$
\mathcal{K} = \mathrm{e}^{\mathrm{i} z_\alpha y^\alpha}, \quad \bar{\mathcal{K}} = \mathrm{e}^{\mathrm{i} \bar{z}_{\dot{\alpha}} \bar{y}^{\dot{\alpha}}}. \tag{2.17}
$$

它们的一些重要性质如下:

$$
\begin{aligned}
&\mathcal{K} * \mathcal{K} = \bar{\mathcal{K}} * \bar{\mathcal{K}} = 1, \\
&\mathcal{K} * f(y, \bar{y}, z, \bar{z}) * \mathcal{K} = \pi(f(y, \bar{y}, z, \bar{z})), \\
&\bar{\mathcal{K}} * f(y, \bar{y}, z, \bar{z}) * \bar{\mathcal{K}} = \bar{\pi}(f(y, \bar{y}, z, \bar{z})).
\end{aligned} \tag{2.18}
$$

有了前面的铺垫, 我们可以直接写出波色型的 Vasiliev 方程如下:

$$
\mathrm{d}W + W \wedge * W = 0, \tag{2.19}
$$

$$
\mathrm{d}S_\alpha + W * S_\alpha - S_\alpha * W = 0, \tag{2.20}
$$

$$
\mathrm{d}\bar{S}_{\dot{\alpha}} + W * \bar{S}_{\dot{\alpha}} - \bar{S}_{\dot{\alpha}} * W = 0, \tag{2.21}
$$

$$
\mathrm{d}B + W * B - B * \pi(W) = 0, \tag{2.22}
$$

$$
\begin{aligned}
&S_\alpha * S^\alpha = -2\mathrm{i}(1 + B * \mathcal{K}), \\
&\bar{S}_{\dot{\alpha}} * \bar{S}^{\dot{\alpha}} = -2\mathrm{i}(1 + B * \bar{\mathcal{K}}),
\end{aligned} \tag{2.23}
$$

$$
\{S_\alpha, B * \mathcal{K}\}_* = 0, \quad \{\bar{S}_{\dot{\alpha}}, B * \bar{\mathcal{K}}\}_* = 0, \tag{2.24}
$$

$$
[S_\alpha, \bar{S}_{\dot{\alpha}}] = 0, \tag{2.25}
$$

其中 W, S_α, B 满足如下条件:

$$
\begin{aligned}
&\pi(W) = \bar{\pi}(W), \quad \pi(S_\alpha) = -\bar{\pi}(S_\alpha), \\
&\pi(\bar{S}_{\dot{\alpha}}) = -\bar{\pi}(\bar{S}_{\dot{\alpha}}), \quad \pi(B) = \bar{\pi}(B), \\
&W^\dagger = -W^\dagger, \quad S_\alpha^\dagger = -\bar{S}_{\dot{\alpha}}, \quad B^\dagger = \pi(B),
\end{aligned} \tag{2.26}
$$

其中前两行的条件是使得方程自洽的必要条件, 同时也说明前述的方程中只有波色型的高自旋场; 最后一行是实条件, 因为我们希望所有的高自旋场都是实的. 取 $\dagger$ 运算时, $(y_\alpha)^\dagger = \bar{y}_{\dot{\alpha}}, (z_\alpha)^\dagger = -\bar{z}_{\dot{\alpha}}$. 几点说明如下:

(1) Vasiliev 方程满足如下规范对称性:

$$\begin{aligned}
\delta W &= \mathrm{d}\epsilon + [W, \epsilon]_*, \\
\delta S &= [S, \epsilon]_*, \\
\delta B &= B * \pi(\epsilon) - \epsilon * B.
\end{aligned} \tag{2.27}$$

(2) AdS_4 是 Vasiliev 方程的解, 并且在 AdS_4 背景上的线性扰动会给出所有整数自旋的自由场方程. 因此, 这是一组包含自旋 $s = 0, 1, 2, 3, \cdots, \infty$ 相互作用的非线性方程.

(3) 上述 Vasiliev 方程并不完全唯一. 方程 (2.23) 中的 $B * \mathcal{K}$ 以及 $B * \bar{\mathcal{K}}$ 分别可以换成任意的函数 $f(B * \mathcal{K})$ 和 $\bar{f}(B * \bar{\mathcal{K}})$, 方程仍然是自洽的. 可以证明, 通过合适的规范变换, 我们可以把这个函数确定到 $\mathrm{e}^{\mathrm{i}\theta(B*\mathcal{K})} B * K$ ($\bar{f}$ 类似). 最简单的情况是 θ 为一个常数 θ_0. 在这种情况下, $0 \leqslant \theta_0 \leqslant \dfrac{\pi}{2}$. 在两个端点处, 分别给出文献中常提到的 A-模型 ($\theta_0 = 0$) 和 B-模型 $\left(\theta_0 = \dfrac{\pi}{2}\right)$.

(4) 可以通过将自旋限制到偶数自旋给出所谓的最小 Vasiliev 理论, 此时仍然可以区分出相应的 A- 模型和 B-模型.

(5) Vasiliev 理论可以有超对称和 Chan-Paton 类型的推广, 有兴趣的读者可以参考相关文献 [19].

以上是 AdS_4 中的 Vasiliev 理论的一个简单的回顾. 下面我们简要地给出 AdS_3 中的 Vasiliev 理论. 此时因为 $\mathrm{so}(2,2) \sim \mathrm{sp}(2) \oplus \mathrm{sp}(2)$ 并非半单 Lie 群, 我们需要两套 $\mathrm{sp}(2)$ 的谐振子实现. 其中第一个 $\mathrm{sp}(2)$ 通过 $y_\alpha y_\beta$ 实现, 另一个 $\mathrm{sp}(2)$ 可以引入一个平方为 1 的 ψ_1 算子, 通过 $\psi_1 y_\alpha y_\beta$ 来实现. 最终的 AdS_3 Vasiliev 理论要点如下:

(1) 坐标为 $(x^\mu, y, z, \psi_1, \psi_2, k, \rho)$. 其中 (ψ_1, ψ_2) 和 (k, ρ) 是两套 Clifford 代数,

$$\{\psi_i, \psi_j\} = 2\delta_{ij}, \quad i, j = 1, 2, \tag{2.28}$$

$$k^2 = \rho^2 = 1, \quad k\rho = -\rho k. \tag{2.29}$$

另外, k 与 y, z 反对易, 但是 ρ, ψ_i 均与 y, z 对易, 即

$$k y_\alpha = -y_\alpha k, \quad k z_\alpha = -z_\alpha k. \tag{2.30}$$

两个函数 $f(y,z), g(y,z)$ 之间仍然有 $*-$ 乘积

$$f(y,z) * g(y,z) = \frac{1}{(2\pi)^2} \int \mathrm{d}^2 u \mathrm{d}^2 v f(y+u, z+u) g(y+v, z-v) \mathrm{e}^{\mathrm{i} u_\alpha v^\alpha}. \tag{2.31}$$

(2) 场仍然为 W, S_α, B, 但是可以限制为如下形式:

$$
\begin{aligned}
W &= W(x, y, z, \psi_1, \psi_2, k), \\
S_\alpha &= \rho s_\alpha(x, y, z, \psi_1, \psi_2, k), \\
B &= B(x, y, z, \psi_1, \psi_2, k).
\end{aligned} \tag{2.32}
$$

(3) Vasiliev 方程如下:

$$\mathrm{d}W + W \wedge * W = 0, \tag{2.33}$$

$$\mathrm{d}S_\alpha + W * S_\alpha - S_\alpha * W = 0, \tag{2.34}$$

$$\mathrm{d}B + W * B - B * W = 0, \tag{2.35}$$

$$S_\alpha * S^\alpha = -2\mathrm{i}(1 + B * k\mathrm{e}^{\mathrm{i}z_\alpha y^\alpha}), \tag{2.36}$$

$$S_\alpha * B = B * S_\alpha. \tag{2.37}$$

一些说明:

① 规范对称性类似于 AdS_4 讨论, 此处不再赘述.

② 在 AdS_4 的情形, 背景 AdS_4 的出现是直接让 $B=0$ 得到的. 而在三维情形, 情况稍有不同. 背景时空 AdS_3 可以有一个单参数族的实现. 也就是说, 对于 $B=\nu$ 为常数, 我们都可以找到一个对应的 AdS_3 的解. 如果再在这个 AdS_3 上做线性扰动, ν 决定了标量场以及自旋 $\dfrac{1}{2}$ 的旋量场的质量. 同时, 高自旋代数也成为一个单参数的代数, 通常记为 $\mathrm{hs}[\lambda]$(此时实际为 $\mathrm{shs}[\lambda]$, 因为该理论天然地有 $\mathcal{N}=2$ 的超对称, 前面的 s 表示超对称), 其中 $\lambda = \dfrac{1+\nu}{2}$.

③ Vasiliev 理论可以有 $\mathcal{N}=1$ 的约化, 甚至可以进一步约化为只描述纯波色场的理论. 具体实现方式可以参考相应文献 [20].

④ 一旦我们将 Vasiliev 理论中的物质场 B 去掉, 那么 Vasiliev 方程等价于两个平坦联络方程, 因此可以用 Chern-Simons 作用量来描述. 这是我们后面要讲到的无物质场的三维高自旋理论.

2.3 AdS_4 中的高自旋引力理论与三维场论的对应

在引言中我们提到在 2002 年, Polyakov 和 Klebanov 猜测三维 $\mathrm{O}(N)$ 矢量模型中的单态部分在大 N 极限下与 AdS_4 中的最小波色 Vasiliev 高自旋理论等价[26]. 我们在这一节对这个对应关系进行更加仔细地介绍. 这方面的优秀综述可参见文献 [27].

在这个对应关系中很重要的一个概念是定义 AdS_4 中的量子引力或者高自旋引力理论需要确定场的渐近边界条件. 对于 AdS_4 中的高自旋引力而言, 标量场 Φ 具有特别的地位. 我们取所谓的 Poincaré 坐标, 则 AdS_4 时空可以由如下度规描述①:

$$\mathrm{d}s^2 = \frac{1}{z^2}(-\mathrm{d}t^2 + \mathrm{d}x^2 + \mathrm{d}y^2 + \mathrm{d}z^2), \tag{3.1}$$

这里 $z = 0$ 对应于渐近 AdS 边界. 通过求解 AdS 时空中的 Klein-Godon 方程, 我们知道标量场的渐近行为是

$$\Phi \sim Az^{3-\Delta} + Bz^{\Delta}, \tag{3.2}$$

这里 A 和 B 是常数, 而

$$\Delta = \frac{3}{2} + \sqrt{\frac{9}{4} + m^2} \tag{3.3}$$

是在共形场论中对应于标量场的算子所具有的共形量纲. 如果 $m^2 \geqslant 0$, 上面的共形量纲只能取一个值, 而渐近行为中正比于 A 的项是不可归一化的, 因此物理上不可接受. 但是, 在 AdS 空间中场的质量平方可以是负的, 即只要满足所谓的 BF-bound 就可以不破坏背景的稳定性[28]. 因此在 $-9/4 \leqslant m^2 < 0$ 时, 标量场对应共形量纲可以取

$$\Delta_{\pm} = \frac{3}{2} \pm \sqrt{\frac{9}{4} + m^2} > 0, \tag{3.4}$$

而其渐近行为也有两个可能性

$$\Phi \sim Az^{\Delta_-} + Bz^{\Delta_+}. \tag{3.5}$$

在无源情况下, 不同的渐近行为对应于取不同的边界条件.

从前面介绍的 Vasiliev 理论中我们看到其中的标量场 Φ 具有 $m^2 = -2$, 而 $\Delta_+ = 2, \Delta_- = 1$. 如果取 $A = 0$, 这对应于 $\Delta = \Delta_+$, 相应的边界条件称为 Dirichlet 边界条件; 而如果取 $B = 0$, 对应于 $\Delta = \Delta_-$, 相应的边界条件称为 Neumann 边界条件. 不同的边界条件定义不同的高自旋引力理论. 这是由于边界条件的不同不仅会改变标量场的 "边界-体" (boundary-bulk) 传播子, 也会改变标量场的 "体-体" (bulk-bulk) 传播子.

三维自由 $O(N)$ 场论可以有如下拉氏量:

$$\mathcal{L} = \frac{N}{2}(\partial_\mu \phi_i)^2, \tag{3.6}$$

这里的标量场是实场、矢量取值的, 即有 N 个分量. 所谓的单态部分指的是考虑在 $O(N)$ 变换下不变的算子, 比如算子 $\mathcal{O} = \sum_i \phi_i \phi_i$. 由于三维自由标量场具有标

① 这里我们已经取 AdS 半径为 1.

度量纲 1/2, 算子 $\mathcal{O}$ 具有量纲 1, 因此对应 AdS_4 中的标量场应该取 Neumann 边界条件. 这暗示着以下对应关系:

满足 Neumann 边界条件的 A-型 Vasiliev 理论

对偶于大 N 极限下的三维自由 $\mathrm{O}(N)$ 模型.

那么如果 Vasiliev 理论中的标量场满足 Dirichlet 边界条件时, 理论的对偶会是什么呢? 此时, 相应的算子具有共形量纲 $\Delta = \Delta_+ = 2$, 而自由 $\mathrm{O}(N)$ 模型中的算子 $\mathcal{O}$ 无法满足这个条件. 研究表明, 这时的三维场论是所谓的临界 $\mathrm{O}(N)$ 模型. 这个模型可以认为是如下非线性 σ 模型的临界点:

$$\mathcal{L} = \frac{N}{2}\left[(\partial_\mu \phi_i)^2 + \sigma\left(\phi_i\phi_i - \frac{1}{g}\right)\right], \tag{3.7}$$

这里 σ 是个拉氏乘子. 如果对 σ 积分, 我们可以发现场 ϕ_i 必须是在一个 $(N-1)$ 维球面 S^{N-1} 上. 通过大 N 展开对这个模型进行研究, 发现它具有一个临界点, 此时的理论是强耦合的共形场论. 三维临界 $\mathrm{O}(N)$ 模型也可以理解为自由 $\mathrm{O}(N)$ 模型在相干 (relevant) 算子 $(\phi_i\phi_i)^2$ 的扰动下经过重整化群流到达的红外固定点. 而算子 $\mathcal{O}$ 的量纲在临界点处获得量子修正, 变为 $2 + \mathrm{O}(1/N)$. 因此, 可以期待:

满足 Dirichlet 边界条件的 A-型 Vasiliev 理论

对偶于大 N 极限下的三维临界 $\mathrm{O}(N)$ 模型.

对这两个对应关系的第一个检验来自于场论中对称性流与 AdS_4 中高自旋场谱的比较. 如前所述, 高自旋规范场的集合对应于场论中高自旋单迹 (single-trace) 守恒流的集合. 对于三维自由 $\mathrm{O}(N)$ 模型, 不难发现这些守恒流的数目与高自旋场的数目一一对应. 注意, 对于临界 $\mathrm{O}(N)$ 模型, 高自旋流并不严格守恒, 而只是近似守恒

$$\partial^{\mu_1} J^{(s)}_{\mu_1\cdots\mu_s} \sim \mathrm{O}(1/N), \tag{3.8}$$

对应关系的进一步检验来自于关联函数的计算. 这个计算由于 AdS_4 高自旋引力的复杂性而变得很困难. 在 2009 年底和 2010 年初, S. Giombi 和 X. Yin 取得了突破[29]. 在连续两篇文章中, 他们详细讨论了高自旋理论中三点函数的计算并与三维自由 $\mathrm{O}(N)$ 模型中大 N 极限下相应流的三点函数进行了比较, 得到了令人满意的结果. 具体的细节参见他们的综述文章.

在 AdS_4 中, 除了上面的 A-型 Vasiliev 最小波色高自旋理论外, 还有 B-型 Vasiliev 理论.2003 年,Sezgin 和 Sundell 猜测[30]:

(1) 如果标量场满足 $\Delta = 2$ 边界条件, 宇称为奇, 对偶的共形场论是 N 个自由实费米子理论在大 N 极限下的 $\mathrm{O}(N)$ 单态部分;

(2) 如果标量场满足 $\Delta = 1$ 边界条件, 宇称为奇, 对偶的共形场论是 Gross-Neveu 模型.

上面的讨论中共形场论中的场都是实场, 对应的高自旋理论都是所谓的最小波色理论, 描述 $s=0,2,\cdots$ 的偶自旋场的互相作用. 如果我们放宽要求, 允许共形场论中的场是复场, 相应的模型就从 $\mathrm{O}(N)$ 变成了 $\mathrm{U}(N)$ 模型, 而对应的高自旋理论就不是最小的, 可以描述 $s=0,1,2,\cdots$ 的整数自旋场的相互作用. 对于非最小高自旋引力理论而言, 除了在标量场上可以加 Dirichlet 或 Neumann 边界条件外, 还可以在自旋为 1 的规范场上加一个单参数族的边界条件

$$aF_{zi}+b\epsilon_{ijk}F_{jk}=0, \tag{3.9}$$

这里 F_{zi} 可以被看做电场 (z 作为时间方向), 而 F_{jk} 是磁场, a,b 是常数. 对于一般的混合边界条件, 对偶的共形场论中整体 $\mathrm{U}(1)$ 对称性被局域化, 变成了一个规范场. 而且, 这个规范场的作用量取 Chern-Simons 形式

$$L_{\mathrm{CS}}=k\left(A\wedge \mathrm{d}A+\frac{1}{3}A\wedge A\wedge A\right), \tag{3.10}$$

这里 k 是 CS 场论的级 (level), 考虑量子化时要求 k 是整数取值的. 这个 CS 项的存在并不会破坏原来理论的共形不变性. 而只取 "电" 边界条件时, 对应的 Chern-Simons 场论部分的阶 (level) 为零, 即边界场论中没有规范场出现.

场论中 Chern-Simons 作用量的出现使得宇称破缺, 在引力这边, 如果放弃宇称守恒条件而允许宇称破缺, 得到的高自旋引力理论的高自旋场内容不变, 但相互作用通过一个函数 $\theta(X)=\theta_0+\theta_2X^2+\theta_4X^4+\cdots$ 来刻画. 而对偶的共形场论是大 N 极限下有限't Hooft 耦合 $\lambda=N/k$ 时的 Chern-Simons-vector 模型. 准确的对应关系如下:

(1) $\theta_0=\dfrac{\pi}{2}\lambda$ 时的高自旋理论对偶于 Chern-Simons-标量矢量模型;

(2) $\theta_0=\dfrac{\pi}{2}(1-\lambda)$ 时的高自旋理论对偶于 Chern-Simons-费米子矢量模型.

上面的构造可以进一步地推广到超对称的情形, 具体的构造参见文献 [30]. 有趣的是某些超对称高自旋理论是 ABJ 模型的极限. 此前对 M2-膜的低能有效作业量的研究已经发现: 在 $\mathrm{AdS}_4\times\mathrm{CP}^3$ 上的 IIA 型弦理论等价于 $\mathcal{N}=6$ 时的 ABJM 理论[31]. 因此, 高自旋引力理论与超对称 Chern-Simons 物质的对偶关系表明 AdS_4 中的宇称破缺的高自旋引力理论与 IIA 型超弦有着某种联系, 尽管这种关系的细节亟待研究[32].

在结束本节之前, 有必要向大家介绍最近 Maldacena 等人通过对场论中存在无穷多高自旋流时对场论进行限制, 得到了类似于 Coleman-Mandula 的 no-go 定理, 证明了在三维, 如果存在一个精确守恒的高自旋流, 那么相应的场论只能是自由场论 (自由波色或自由费米理论)[33]. 这个结论在二维场论中并不适用, 我们在下节的讨论中可以明显地看到此点.

2.4　AdS_3 中的高自旋引力理论

相较于高维中的高自旋引力,AdS_3 中的高自旋引力理论要相对简单一些. 首先, 在三维中无需引进额外的补偿场. 其次, 我们不必考虑所有的高自旋场. 换句话说, 我们可以在有一个自旋 $s > 2$ 处截断, 从而得到一个有限多个高自旋场的理论. 最后, 也许是最重要的一点, 截断的 AdS_3 中的高自旋引力理论可以写成 Chern-Simons 引力的形式.

另一方面, 三维中的高自旋引力也有其特殊性. 在三维中, 由于规范对称性的存在, 引力是没有局部物理自由度, 但却存在着边界自由度, 或者称为整体自由度. 同样, 对于高自旋的场也是如此. 在这节中我们首先介绍 AdS_3 引力的 Chern-Simons 形式, 再介绍有限个高自旋情形下的引力理论, 接下来我们简单介绍在无穷多高自旋情形下高自旋引力与共形场论的对偶, 最后介绍我们在拓扑有质量高自旋引力方面的工作.

2.4.1　三维 AdS_3 引力

对于 D 维 Einstein 引力理论, 其局域动力学自由度的数目是 $D(D-3)/2$. 这可以从 Einstein 方程以及微分同胚性的限制得到. 首先, 真空 Einstein 方程中与时间相关的 D 个方程只给出约束, 而非动力学方程, 相应的度规分量中与时间相关的分量都不是动力学自由度. 此外, 由规范变换

$$g_{\mu\nu} \to g_{\mu\nu} + \partial_\mu \xi_\nu + \partial_\nu \xi_\mu, \tag{4.1}$$

我们知道有 D 个规范变换参数. 因此可能的局域动力学自由度为

$$\frac{D(D+1)}{2} - D - D = \frac{D(D-3)}{2}. \tag{4.2}$$

因此, 在四维中, 我们有两个动力学自由度, 对应于引力子的两个极化方向. 而在三维中动力学自由度刚好是零. 上面的分析不仅对平坦时空适用, 对于其他如 AdS 时空也是适用的. 这似乎暗示着三维引力是平庸的.

1986 年, Brown 和 Henneaux 对三维 AdS 引力的研究有了惊人的发现[34]. 他们讨论了 AdS 时空上的引力扰动, 发现在合适的渐近边界条件下, 这些扰动有非平凡的渐近对称性群 (asymptotic symmetry group). 这个群正好是二维共形场论的共形变换群, 即由 Witt 代数生成. 量子化以后这个代数变成 Virasoro 代数, 并有中心荷

$$c = \frac{3l}{2G_N^{(3)}}, \tag{4.3}$$

这里的 l 是 AdS 半径, $G_N^{(3)}$ 是三维 Newton 引力耦合常数. 中心荷非零意味着存在非平凡的自由度. 因此, 尽管在 AdS_3 引力中没有局域动力学自由度, 但在渐近边界

上存在着自由度. 而 Virasoro 代数的存在暗示着这些自由度应该由一个二维共形场论来描述. 这个事实当时人们并没有深刻的认识, 直到 1997 年底 J. Maldacena 提出 AdS/CFT 对应以后, 人们才意识到. Brown-Henneaux 的工作告诉我们, AdS_3 中的量子引力与拥有以上中心荷的二维共形场论等价.

三维 AdS 引力具有非平凡动力学的一个直接证据是这个理论存在黑洞解. 1993 年, Banodos 等人构造了所谓的 BTZ 黑洞解[35,36]. 一般情况下, 这个解描述的是旋转黑洞位形, 其熵、温度、质量和角动量等满足黑洞的热力学定律. 令人惊奇的是, 1998 年 A. Strominger 提出 BTZ 黑洞的熵可以由共形场论的微观自由度描述[37]. 换句话说,BTZ 黑洞对应于 CFT 中的某个高激发态, 这个态的简并度正好给出黑洞的自由度. 这为 AdS_3/CFT_2 对应提供了有力的支持.

值得强调的是, AdS_3/CFT_2 对应关系的建立完全与弦理论无关. 这为研究引力/规范对应关系以及量子引力的全息原理提供了新的线索和研究平台. 过去几年, 基于此线索, 人们对卷曲 AdS/CFT,Kerr/CFT 等进行了多方面的研究, 得到了一系列有趣的研究成果. 在此由于篇幅所限, 不做特别的介绍.

言归正传, 让我们回到 AdS_3 引力的讨论中. 这个引力理论具有如下作用量:

$$S=\frac{1}{16\pi G}\int \mathrm{d}^3x\sqrt{-g}\left(R+\frac{2}{l^2}\right). \tag{4.4}$$

作用量中第一项是 Einstein-Hilbert 项, 第二项是宇宙学常数项. 通常我们都是基于以上作用量以度规场作为基本自由度来研究这个理论. 实际上, 人们发现上述作用量可以写成 Chern-Simon 作用量的形式[42,43]. 这时, 需要引进规范势

$$A=\left(\omega_\mu^a+\frac{1}{l}e_\mu^a\right)J_a\mathrm{d}x^\mu,\quad \tilde{A}=\left(\omega_\mu^a-\frac{1}{l}e_\mu^a\right)J_a\mathrm{d}x^\mu.$$

这里的 e_μ^a 是三维标架场 (dreibein), 而

$$\omega_\mu^a=\frac{1}{2}\epsilon^{abc}\omega_{bc\mu}, \tag{4.5}$$

其中 ω_{bc} 是自旋联络 1-形式. 上面规范势中的 J_a 是 $\mathrm{SL}(2,\mathbb{R})$ 群的生成元, 也就是说, $A,\tilde{A}$ 是取值于 $\mathrm{SL}(2,\mathbb{R})$ 群的规范场. 容易证明, 上面的作用量 (4.4) 式与以下基于规范势的作用量等价①:

$$S=S_{\mathrm{CS}}[A]-S_{\mathrm{CS}}[\tilde{A}], \tag{4.6}$$

其中

$$S_{\mathrm{CS}}[A]=\frac{k}{4\pi}\int \mathrm{Tr}(A\wedge \mathrm{d}A+\frac{2}{3}A\wedge A\wedge A) \tag{4.7}$$

① 除去一些边界项.

是标准的 Chern-Simons 作用量, 而 $k=\dfrac{l}{4G}$. 经常把基于 Chern-Simons 作用量的引力理论称为 Chern-Simons 引力, 而把基于标架场的理论体系称为一阶方案 (1st order formalism).

利用 Chern-Simons 形式讨论 AdS_3 引力在很多时候可以带来方便. 比如说, 在这个框架中, 很自然地可以看到引力理论可以分解成两部分, 对应到共形场论的左手和右手部分. 由此, 可以期待 AdS_3 引力的配分函数也应该可以因子化[38]. 此外, 也有人基于 Chern-Simons 形式来讨论可能的边界共形场论的性质. 这里, 我们着重介绍如何利用 Chern-Simons 形式研究渐近对称性群[39], 以及如何推广这个形式使之能够描述高自旋的引力.

由 Chern-Simons 作用量易见其运动方程为平坦联络条件, 即

$$F=0,\quad \tilde{F}=0. \tag{4.8}$$

这两个方程等价于三维 Einstein 方程. 平坦联络条件意味着规范势是纯规范, 没有局域的自由度, 而三维引力的所有动力学都在规范不变的和乐 (holonomy) 和边界自由度中. 上面方程的一般解取以下形式 (下面我们的讨论集中在全纯部分 A, 对反全纯部分的讨论类似):

$$A=g^{-1}\mathrm{d}g+g^{-1}Hg, \tag{4.9}$$

其中 H 也是平坦的, 即满足 $\mathrm{d}H+H\wedge H=0$, 但不能简单地由单值函数 u 通过 $H=u^{-1}\mathrm{d}u$ 确定. 也就是说, H 包含着非平凡的信息. 而 g 是单值函数, 定义在三维时空中, 取值于规范群. 解空间在规范变换

$$A\to A'=U^{-1}AU+U^{-1}\mathrm{d}U \tag{4.10}$$

下不变. 这里的 U 也是取值于规范群的函数. 利用规范变换, 我们总可设 $g=1$, 所以所有的解都由和乐 H 来刻画.

尽管没有局域自由度, 三维引力却存在边界自由度. 考虑一个三维流形 $\mathcal{M}=\mathbb{R}\times\Sigma$, 这里 Σ 是一个二维流形, 其边界为 $\partial\Sigma=\mathrm{S}^1$. 如果流形存在边界, CS 作用量不再是规范不变的. 实际上, 在变分下 CS 作用量会有一个边界项

$$\delta S_{\mathrm{CS}}|_b=-\frac{k}{4\pi}\int_{\mathbb{R}\times\mathrm{S}^1}\mathrm{d}x^+\mathrm{d}x^-\mathrm{Tr}(A_+\delta A_- - A_-\delta A_+). \tag{4.11}$$

这里我们引进了光锥坐标 $x^\pm=\dfrac{t}{l}\pm\varphi$. 为了得到一个定义好的变分问题, 我们可以选择边界条件

$$A_-=0,\quad (\text{以及 } \tilde{A}_+=0). \tag{4.12}$$

可以证明这组边界条件的选取可以使作用量的变分没有问题. 然而, 这样的边界条件实际上对规范变换也有要求. 为了保持这个边界条件, 相应的规范变换必须满足

$$\delta A_{-}=D_{-}\lambda|_{b}=0. \tag{4.13}$$

因此, 规范变换参数 λ 在边界上只能是手征的, 即 $\lambda=\lambda(x^{+})$.

边界自由度的存在可以从不同的角度进行分析. 这里我们利用所谓的 Hamiltonian 方案进行讨论. 在此方案中, 需要仔细地区分规范对称性和整体对称性, 并考虑边界的影响. 首先, 我们对规范场做 $2+1$ 分解

$$A=A_{0}\mathrm{d}t+A_{i}\mathrm{d}x^{i}. \tag{4.14}$$

在此分解下, 作用量可以写做

$$S_{\mathrm{CS}}=\frac{k}{4\pi}\int_{\mathcal{M}}\mathrm{d}t\wedge\mathrm{d}x^{i}\wedge\mathrm{d}x^{j}\mathrm{Tr}(A_{0}F_{ij}-A_{i}\dot{A}_{j})+\frac{k}{4\pi}\int_{\mathbb{R}\times\mathrm{S}^{1}}\mathrm{d}t\wedge\mathrm{d}x^{i}\mathrm{Tr}(A_{0}A_{i}). \tag{4.15}$$

显然我们有 $2N$ 个动力学场 A_i, 以及 N 个拉氏乘子 $A_0$①. 动力学场满足等时 Poisson 括号代数

$$\{A_{i}^{B}(x),A_{j}^{C}(y)\}=\frac{4\pi}{k}\epsilon_{ij}\delta^{BC}\delta^{2}(x,y), \tag{4.16}$$

其中的指标 B,C 是规范群生成元指标. 而两个可微的相空间泛函 $F[A_i],H[A_i]$ 间的等时 Poisson 括号可以定义为

$$\{F,H\}=\frac{4\pi}{k}\int_{\Sigma}\mathrm{d}x^{i}\wedge\mathrm{d}x^{j}\frac{\delta F}{\delta A_{i}^{B}}\epsilon_{ij}\delta^{BC}\frac{\delta H}{\delta A_{j}^{C}}. \tag{4.17}$$

另一方面, 拉氏乘子的运动方程给出

$$G_{0}^{A}=\frac{k}{8\pi}\epsilon^{ij}F_{ij}^{A}=0. \tag{4.18}$$

这实际上给出了一个约束, 而且是一个第一类约束. 由 Dirac 的量子化方法, 它产生的对称性可以定义规范变换. 确实, 定义分散的 (smeared) 规范变换产生子 $G_{0}(\lambda)=\int_{\Sigma}\lambda_{A}G_{0}^{A}$, 如果 λ^{A} 在无穷远边界处为零, 则

$$\delta_{\lambda}A_{i}(x)=[A_{i}^{B}(x),G_{0}(\lambda)]=D_{i}\lambda^{B}. \tag{4.19}$$

这里我们用 Dirac 括号替换了上面的 Poisson 括号. 由此可见, $G_0(\lambda)$ 确实产生了正确的规范变换. 然而, 由于边界的存在, 这里的讨论需要更小心一些. 前面我们看

① 这里我们的讨论适用于任意的规范群. 我们假定规范群有 N 个生成元.

到保持边界条件的规范变换在边界处并不需要是零, 只要是手征的就可以了. 由此, 上面定义的规范变换产生子在变分时会产生一个边界项. 为此, 我们可以有一个新的产生子

$$Q(\lambda)=G_0(\lambda)-\frac{k}{4\pi}\int_{\partial\Sigma}\lambda_A A^A, \tag{4.20}$$

其变分是很好定义的. 进一步地, 可以验证 $[A_i(x),Q(\lambda)]=D_i\lambda$, 所以 $Q(\lambda)$ 确实产生了规范变换, 而且规范变换参数在无穷远边界非零. 然而, 这样的修改使 $Q(\lambda)$ 不再是约束的组合, 因此即使是考虑运动方程也非零.

通常, 我们把由约束产生的对称性定义为规范变换, 而由非零量定义的作用量的对称性称为整体的 (global), 即使它并非完整的 (rigid). 而理论的物理态空间或者相空间是由满足运动方程的场位形, 除掉规范变换来定义. 也即是说, 相空间由规范变换定义的场位形等价类来刻画. 如果没有边界, 且不考虑和乐的话, 解空间是平庸的, 即所有的解都可以通过规范变换到 $g=1$ 上, 从而 $A=0$. 但是如果有边界存在, 变换 (4.10) 不再是只由约束产生, 还可以由整体变换产生. 简单地说, 如果 $A\neq 0$ 和 $A=0$ 都是运动方程的解, 它们可以由整体变换而非规范变换相联系, 则它们代表物理上可区分的场位形.

上面定义的 $Q(\lambda)$ 是产生作用量的整体对称性. 其作用在某场位形上将得到一个物理上不同的态. 两个平坦联络, 如果它们在边界上的值不同, 则它们无法由约束的作用相联系. 因此, 联络在边界上的取值代表物理上相关的自由度. 问题的关键在于证明, 存在满足边界条件 (4.12) 的平坦联络且它们在边界上的取值可以不同.

对规范变换和整体变换的一个直观理解如下. 物理态满足条件

$$G_0|\Psi\rangle=0, \tag{4.21}$$

即物理态是规范不变的. 另一方面,

$$Q|\Psi\rangle=|\Psi'\rangle, \tag{4.22}$$

即 Q 产生物理态空间的对称性. 形式上, G_0 和 Q 满足如下的代数关系:

$$[G_0,G_0]=G_0,\quad [G_0,Q]=G_0,\quad [Q,Q]=Q+c. \tag{4.23}$$

第一个关系式是第一类约束的定义; 第二个关系式说明如果 $\Psi\rangle$ 是物理态, 则 $Q|\Psi\rangle$ 也是; 而最后一个关系式是整体对称性满足的代数, 其中的 c 称为中心荷. 可以证明对于上面定义的 $Q(\lambda)$, 我们有①

$$[Q(\eta),Q(\lambda)]=Q([\eta,\lambda])+\frac{k}{4\pi}\int_{\partial\Sigma}\eta_A\mathrm{d}\lambda^A, \tag{4.24}$$

① 易见, Q 的定义有任意性, 有的文献上只把 $Q(\lambda)$ 中的边界项作为 Q 的定义.

其中 η, λ 是两个规范群取值的参数, 且 $[\eta, \lambda]^A = \epsilon^A{}_{BC}\eta^B\lambda^C$.

对于 AdS_3 引力, 其 Chern-Simons 形式中对应的规范群是 $\mathrm{SL}(2,\mathbb{R})$. 我们可以固定规范, 使

$$A_\rho = b^{-1}(\rho)\partial_\rho b(\rho), \tag{4.25}$$

其中

$$b(\rho) = \mathrm{e}^{\rho J_3}. \tag{4.26}$$

由边界条件 $A_- = 0$, 我们有 $A_t = A_\varphi$. 而由约束 $F_{\rho\varphi} = 0$, 我们得到

$$A_\varphi(t, \rho, \varphi) = b^{-1}(\rho)a(t, \varphi)b(\rho), \tag{4.27}$$

或者用光锥坐标

$$A_+ = b^{-1}(\rho)a(x^+)b(\rho), \tag{4.28}$$

这里的函数 $a(x^+)$ 是任意的. 考虑变换

$$\delta A_\mu = D_\mu\eta, \quad \eta = b^{-1}\hat{\eta}(x^+)b, \tag{4.29}$$

作用在上面的解上, 我们得到另一个取上述形式的解, 但是其中的

$$a \to a' = a + \hat{D}_+\hat{\eta}(x^+) = a + \partial_+\hat{\eta}(x^+) + [a, \hat{\eta}(x^+)]. \tag{4.30}$$

由于 $\hat{\eta}(x^+)$ 非零, 这个变换产生了物理上不等价的新解. 实际上, 上面的变换是既保持边界条件又保持规范不变条件的最一般变换.

由整体变换的定义, 在上面的解空间中, $Q(\lambda)$ 约化为边界项

$$Q(\lambda) = -\frac{k}{4\pi}\int \mathrm{d}\varphi \lambda_A(\varphi)a^A(\varphi). \tag{4.31}$$

易见, a^A 满足仿射 Lie 代数

$$\{a^A(\varphi), a^B(\varphi')\}^* = -\frac{2\pi}{k}\Big[\delta(\varphi-\varphi')f^{AB}{}_C a^C(\varphi) - \delta'(\varphi-\varphi')\gamma^{AB}\Big], \tag{4.32}$$

其中 $f^{AB}{}_C$ 是 Lie 代数的结构常数, 而 γ^{AB} 是 Killing 度规的逆. 注意, 上面的 Poisson 括号 $\{\cdots\}^*$ 是诱导的 Poisson 括号. 利用 Fourier 展开,

$$a^A(\varphi) = \frac{1}{k}\sum_n T^A_n \mathrm{e}^{-\mathrm{i}n\varphi}, \tag{4.33}$$

我们发现 Kac-Moody 代数

$$\{T^A_n, T^B_m\}^* = -f^{AB}{}_C T^C_{n+m} + \mathrm{i}nk\gamma^{AB}\delta_{n+m,0}. \tag{4.34}$$

如果是对 sl(2) Lie 代数, 只要把上面的结构常数换成 $\epsilon^{AB}_{\ \ C}$, Killing 度规换成 $\delta^{AB}/2$ 即可. 如果把 Poisson 括号换成量子的 Dirac 括号, 则对于 SL(2) 群, 我们有

$$[T_n^A, T_m^B]^* = \mathrm{i}\epsilon^{AB}_{\ \ C} T^C_{n+m} + \frac{nk}{2}\delta^{AB}\delta_{n+m,0}. \tag{4.35}$$

进一步地定义 Lie 代数的基, $J^{\pm} = J^1 \pm \mathrm{i} J^2$, 而令 $L_n = -T_n^-$, 我们可以得到 Virasoro 代数

$$[L_n, L_m]^* = (n-m)L_{n+m} - \frac{k}{2}n^3\delta_{n+m,0}, \tag{4.36}$$

其具有中心荷

$$c = 6k. \tag{4.37}$$

这正是 Brown 和 Henneaux 在 1986 年得到的结果.

2.4.2 有限自旋的三维 AdS_3 引力

在上一小节中, 我们介绍了如何通过 Chern-Simons 场论来讨论三维 AdS_3 引力. 此时, Chern-Simons 场论的规范群取做 $\mathrm{SL}(2,\mathbb{R})$. 有趣的是, 如果我们把规范群推广到其他 Lie 群, 从 Chern-Simons 场论来说没有任何问题, 那它有可能描述一个引力理论吗? 答案是肯定的. 实际上, 由于任意 Lie 群都包含 $\mathrm{SL}(2,\mathbb{R})$ 子群, 因此这个 CS 场论必然包含引力, 其他的场则是高自旋场. 我们先以 $\mathrm{SL}(3,\mathbb{R})$ 群为例来说明问题[41].

对于 $\mathrm{SL}(3,\mathbb{R})$ 群而言, 它由 $J_a, T_{ab}(a,b=1,2,3)$ 产生, 其中 T_{ab} 是对称无迹的. 这些生成元满足以下对易关系:

$$[J_a, J_b] = \epsilon_{abc}J^c, \quad [J_a, T_{bc}] = \epsilon^d_{\ a(b}T_{c)d},$$

$$[T_{ab}, T_{cd}] = \sigma(\eta_{a(c}\epsilon_{d)be} + \eta_{b(c}\epsilon_{d)ae})J^e.$$

易见 $\{J_a\}$ 形成了 $\mathrm{sl}(2,\mathbb{R})$ 子代数. 而 T_{ab} 正好是自旋为 3 的场对应的生成元. 同样, 我们可以把自旋为 2 和 3 的标架场和自旋联络组合成两个规范势 $A, \tilde{A}$:

$$A = \left[\left(\omega_\mu^a + \frac{1}{l}e_\mu^a\right)J_a + \left(\omega_\mu^{ab} + \frac{1}{l}e_\mu^{ab}\right)T_{ab}\right]\mathrm{d}x^\mu,$$
$$\tilde{A} = \left[\left(\omega_\mu^a - \frac{1}{l}e_\mu^a\right)J_a + \left(\omega_\mu^{ab} - \frac{1}{l}e_\mu^{ab}\right)T_{ab}\right]\mathrm{d}x^\mu,$$

其中 e_μ^{ab} 是自旋-3 场的标架场, 而 ω_μ^{ab} 是相应的自旋联络. 对自旋-3 场的规范变换等的讨论可参见文献 [41].

类似于纯引力的情形, 经过规范固定, 满足边界条件 (4.12) 的平坦联络一般可以写做

$$\begin{aligned} A_+ &= b^{-1}(\rho)a(x^+)b(\rho), \\ A_- &= 0, \\ A_\rho &= b^{-1}(\rho)\partial_\rho b(\rho), \end{aligned} \tag{4.38}$$

其中 $b = \mathrm{e}^{\rho L_0}$, 而 $a(x^+)$ 是取值于 sl(3) 上的函数

$$a(x^+) = \sum_{i=-1}^{1} l^i(x^+)L_i + \sum_{m=-2}^{2} \omega^m(x^+)W_m. \tag{4.39}$$

这里, 我们已经重新定义了 sl(3) 的产生子, 其中

$$J_1 = \frac{1}{2}(L_1 + L_{-1}), \quad J_1 = \frac{1}{2}(L_1 - L_{-1}), \quad J_3 = L_0, \tag{4.40}$$

而 W_m 是 T_{ab} 的一些组合. 由于我们对渐近 AdS 解感兴趣, 我们需要额外地加一个边界条件

$$(A - A_{\mathrm{AdS}})|_b = \mathcal{O}(1), \tag{4.41}$$

其中 A_{AdS} 是对应于 AdS 真空的解, 即

$$A_{\mathrm{AdS}} = b^{-1}\left(L_1 + \frac{1}{4}L_{-1}\right)b\mathrm{d}x^+ + b^{-1}(\rho)\partial_\rho b(\rho)\mathrm{d}\rho. \tag{4.42}$$

由此出发, 类似于纯引力情形, 可以证明此时的渐近对称性代数是一个经典 $\mathcal{W}_3$-代数, 其中心荷仍为 $c_{\mathrm{L}} = c_{\mathrm{R}} = \dfrac{3l}{2G}$.

对于 $\mathrm{SL}(3,\mathbb{R})$ 的讨论可以很容易地推广到 $\mathrm{SL}(N,\mathbb{R})$. 此时, CS 作用量描述的是自旋 $s = 2,\cdots,N$ 的场之间的相互作用[44,45]. 从前面的分析不难看出, AdS_3 真空的渐近对称性群由经典 $\mathcal{W}_n$-代数生成, 而中心荷保持不变. 更一般地, 上述的 CS 作用量对无穷多高自旋也可以定义, 此时的代数并非有限阶 Lie 代数, 而是三维高自旋代数. 而相应的渐近对称性群由经典 $\mathcal{W}_\infty$-代数生成[40]. 实际上, 有限李群的 Lie 代数与三维高自旋代数 $\mathrm{hs}[\lambda]$ 密切相连. 当 $\lambda = N$ 时, 高自旋代数约化为 $\mathrm{sl}(N,\mathbb{R})$ Lie 代数.

除了上述的 A-系列 Lie 代数外, 我们还可以定义基于其他 Lie 代数的高自旋引力. 首先, 高自旋代数本身可以约化为一个子代数 $\widetilde{\mathrm{hs}}[\lambda]$, 其只包含偶的产生子, 相应的高自旋引力理论中只包含偶数自旋的场[46]. 其次, 在这个 $\widetilde{\mathrm{hs}}[\lambda]$ 中, 如果 $\lambda = 2N$, 其约化为 $\mathrm{sp}(2N,\mathbb{R})$ Lie 代数, 而如果 $\lambda = 2N+1$, 其约化为 $\mathrm{so}(2N+1,\mathbb{R})$ Lie 代数. 对于这种只有偶数自旋的高自旋引力, 其 AdS 真空的渐近对称性代数是

$\mathcal{W}(2,4,\cdots)$. 最后, 即使没有从高自旋代数的直接约化, 也可以从现有的 Lie 代数上定义高自旋引力理论. 我们在文献 [47] 中讨论了基于 G_2 群的高自旋引力理论. 它除了有引力子外, 只有自旋为 6 的场, 相应的渐近对称性代数是 $\mathcal{W}(2,6)$. 而在文献 [48] 中, 我们讨论了基于 D_2 群的高自旋引力理论, 它除了引力子外, 还有一个自旋为 2 的物质场. 可以证明, 如果考虑除引力子外只有一个其他高自旋场, 唯一的可能性是基于 $SL(3,\mathbb{R}), Sp(4,\mathbb{R}), G_2$ 和 D_2 群的 Chern-Simons 引力理论. 这几个理论的一个优势在于其中的黑洞解有解析的熵, 便于研究. 我们在下小节中将会对高自旋黑洞进行介绍.

2.4.3　三维 AdS_3 高自旋引力的对偶

上面讨论的高自旋引力, 没有局域动力学自由度, 但存在边界自由度. 这些自由度的动力学由 AdS 真空上的渐近对称性代数刻画. 因此, 由 AdS/CFT 对应关系, 人们猜测 AdS_3 里的高自旋引力理论应该对偶于一个具有 $\mathcal{W}$-对称性的二维共形场论. 然而, 即使对纯引力, 其对偶二维 CFT 的具体实现仍存争议. 特别是 2007 年 Witten 和 Maloney 通过计算 AdS_3 引力的配分函数发现, 引力的配分函数不能简单地分解成全纯和反全纯的部分, 这对 AdS_3 纯引力与二维共形场论的对应提出了严峻的挑战[38]. 对于具有更高自旋的引力理论, 情况就更不清楚了.

一个有用的线索来自于通常 AdS/CFT 对应中的大 N 极限. 在此情况下, 我们需要讨论无穷多个高自旋场. 2009 年, Gaberdial 和 Gopakumar 提出[49], 三维 Vasiliev 理论对偶于大 N 't Hooft 极限下 $\mathcal{W}_N$ 陪集 CFT $SU(N)_k \otimes SU(N)_1/SU(N)_{k+1}$. 这里的 't Hooft 极限对应于 $N,k\to\infty$ 而 $\lambda = N/(k+N)$ 固定. 另一方面, 在高自旋引力方面, 我们不止要考虑高自旋场, 还必须考虑额外两个标量场. 这是因为 AdS 真空上的单圈配分函数如果没有标量场的贡献, 则在模 (modular) 变换下并非不变的. 而在二维共形场论中, 亏格为 1 的环面上的配分函数一定是模不变的, 即

$$Z(\tau) = Z\left(\frac{a\tau+b}{c\tau+d}\right), \tag{4.43}$$

其中 τ 是环面的模参数, 而 $\begin{pmatrix} a & b \\ c & d \end{pmatrix} \in SL(2,\mathbb{Z})$.

对这个对应关系的研究积累了很多的证据:

(1) 两边的整体对称性一致[40,41,63,64];

(2) 陪集 CFT 中构造的高自旋守恒流与高自旋场一一对应[49];

(3) 配分函数一致[65];

(4) 某些三点函数[66−68];

(5) 黑洞的配分函数[69,75];

(6) ……

也留下了不少问题:

(1) 陪集 CFT 的某些表示尚未找到引力对应;

(2) 二维场论关联函数的计算似乎表明高自旋引力应该有更多的元素;

(3) 如何把标量场的耦合写成作用量, 如 Chern-Simons 场论的形式?

(4) ……

高自旋引力与陪集 CFT 的对偶关系是一个很大的问题. 这里, 我们不准备做详细的介绍, 感兴趣的读者可参见综述文章 [50].

2.4.4 拓扑有质量高自旋引力

三维引力的一个很有趣的推广是所谓的拓扑有质量引力. 在三维纯引力中并不存在局域动力学自由度. 为了引进这样的自由度, 可以在作用量中加入度规的高阶导数项, 如 $R^2, R_{\mu\nu}R^{\mu\nu}$ 等. 这些项的加入通常会使运动方程变成高阶微分方程, 从而改变理论的基本自由度. 在这些对引力的修改中, 加入引力 Chern-Simons 项的拓扑有质量引力是一个很有价值的尝试[51,52]. 这里的引力 Chern-Simons 项具有类似 Chern-Simons 场论的形式, 但基本量是 Christoffel 符号或者自旋联络

$$I_{\mathrm{CS}} = \frac{1}{2\mu}\int \mathrm{d}^3x\sqrt{-g}\varepsilon^{\lambda\mu\nu}\Gamma^{\rho}_{\lambda\sigma}\left(\partial_\mu\Gamma^{\sigma}_{\rho\nu} + \frac{2}{3}\Gamma^{\sigma}_{\mu\tau}\Gamma^{\tau}_{\nu\rho}\right). \tag{4.44}$$

这个作用量有以下特点:

(1) 如果提升到四维, 这个作用量是 Pontrajen 类的边界项. 因此, 它被称为拓扑的.

(2) 这个作用量破坏了宇称不变性. 因此, 文献中对如何取 G, μ 的符号有争议.

(3) 一般而言, 这一项的引入会导致一个有质量的引力子. 这一点可以很容易从真空上的扰动方程看出.

我们对 AdS 真空感兴趣, 因此我们考虑有负宇宙学常数的 Einstein-Hilbert 作用量, 再加入上面的引力 Chern-Simons 项. 我们希望黑洞的质量总是正的, 所以我们选择取 $G > 0, \mu l \geqslant 1$. 如果 $\mu l \neq 1$, 有质量引力子的能量是负的, 理论是有问题的. 当 $\mu l = 1$ 时, 这个理论表现出一些有趣的性质:

(1) 如果对扰动加上 Brown-Henneaux 边界条件, 有质量自由度变成无质量的, 而且规范对称性被提升, 从而使理论的自由度只剩下一个右手的边界引力子.

(2) 此时的理论变成手征的, 即所谓的手征引力理论. 而由前面的讨论可知, 它可能对偶到一个手征共形场论[53].

(3) 然而, 进一步的研究发现, 在此 $\mu l = 1$ 手征点, 实际上有可能存在其他的扰动模式, 其渐近行为是对数衰减的, 即 $\sim \ln r/r$. 这来自于扰动满足的运动方程是三阶微分方程[55–57].

(4) 这个所谓的对数 (log) 模式并不满足 Brown-Henneaux 边界条件. 然而, 人们发现对三维拓扑有质量引力理论, 存在另一套自洽的边界条件, 允许这个对数模式存在. 此时的引力理论称为 log 引力, 它可能对偶到一种特殊的对数 (logarithmic) 共形场论, 但中心荷不变[54].

考虑到前面高自旋引力的发展, 我们开始思考以下问题: 存在拓扑有质量的高自旋引力吗? 如果存在, 它的性质如何呢? 它是否存在一个手征点, 从而让理论变成手征的呢? …… 我们的研究回答了上述的问题. 这里我们简单介绍一下我们的工作[59,60].

首先, 我们把作用量写成由标架场和自旋联络描述的一阶作用量

$$S_{\text{TMG}} = \frac{1}{8\pi G}\int\left(e^a \wedge R_a + \frac{1}{6l^2}\epsilon_{abc}e^a \wedge e^b \wedge e^c\right) - \frac{1}{16\pi G\mu}\int\left(\mathcal{L}_{\text{CS}} + \beta^a \wedge T_a\right),$$

其中

$$\mathcal{L}_{\text{CS}} = \omega^a \wedge \mathrm{d}\omega_a + \frac{1}{3}\epsilon_{abc}\omega^a \wedge \omega^b \wedge \omega^c; \tag{4.45}$$

β^a 是一个拉氏乘子, 帮助强加无挠条件 (torsion free condition), 从而使上述作用量与由 Christoffel 符号定义的作用量等价. 由此, 我们可以把上面的作用量写成 CS 的形式

$$S_{\text{TMG}} = \left(1 - \frac{1}{\mu l}\right)S_{\text{CS}}[A] - \left(1 + \frac{1}{\mu l}\right)S_{\text{CS}}[\tilde{A}] - \frac{k}{4\pi\mu l}\int\left(\tilde{\beta}^a \wedge T_a\right).$$

易见两个 CS 作用量前面的系数不同了, 而最后一项仍然是为了强加对度规场的无挠条件. 需要强调的是最后一项的存在是必不可少的, 否则这种形式的理论与原理论不等价. 仔细的分析显示这个作用量中不只包含有关于引力子的 Chern-Simons 作用量, 也包含有其他高自旋场的 Chern-Simons 型作用量[62].

由于我们希望考虑高自旋引力, 看起来可以把规范群推广到其他的 Lie 群. 对 CS 项的推广没有什么障碍, 只需要要求规范势的取值在更高阶的 Lie 代数上即可. 但最后一项似乎给我们带来了麻烦, 我们需要对每一个高自旋场都加上无挠条件. 实际上, 我们发现了一个简单的方式来处理这个问题. 我们从下面的作用量出发:

$$S_{\text{TMG}} = \left(1 - \frac{1}{\mu l}\right)S_{\text{CS}}[A] - \left(1 + \frac{1}{\mu l}\right)S_{\text{CS}}[\tilde{A}] - \frac{k}{4\pi\mu}\int \text{Tr}(\beta \wedge (F - \tilde{F})). \tag{4.46}$$

这其中所有的场都在规范群的伴随表示中, 包括 1-形式拉氏乘子 β. 同样, 最后一项是为了加入无挠条件, 但现在我们用规范不变的场强来替代了所有可能的挠率项. 由此, 取不同的规范群, 我们可以得到不同的拓扑有质量高自旋引力理论. 下面我们只讨论 $\text{SL}(N,\mathbb{R})$ 情形, 描述自旋从 2 到 N 的高自旋场.

由上面的作用量 (4.46) 式可以得到以下运动方程:

$$\left(1-\frac{1}{\mu}\right)F-\frac{1}{2\mu}(\mathrm{d}\beta+\beta\wedge A+A\wedge\beta)=0, \tag{4.47}$$

$$\left(1+\frac{1}{\mu}\right)\tilde{F}-\frac{1}{2\mu}(\mathrm{d}\beta+\beta\wedge\tilde{A}+\tilde{A}\wedge\beta)=0, \tag{4.48}$$

$$F=\tilde{F}. \tag{4.49}$$

这组方程可能有很多解, 这里我们只关心 AdS 真空, 此时 $\beta=0$. 在此真空上, 我们可以研究可能的扰动. 如果 $\beta\neq 0$, 规范对称性有一半被破缺; 而当 $\beta=0$, 规范对称性恢复. 因此, 在 AdS 真空上的扰动可以按照原来的方法从一阶方案中标架场的扰动转换为 Fronsdal 物理场. 细节请参见文献 [60]. 如果先不考虑 β 场的扰动, 我们得到在 AdS_3 中的 Fronsdal 方程:

$$\begin{aligned}\mathcal{F}_{\nu_1\cdots\nu_s}\equiv\Box\varPhi_{\nu_1\cdots\nu_s}-\nabla_{(\nu_1|}\nabla^{\sigma}\varPhi_{\sigma|\nu_2\cdots\nu_s)}+\frac{1}{2}\nabla_{(\nu_1}\nabla_{\nu_2}\varPhi'_{\nu_3\cdots\nu_s)}-\\(s^2-3s)\varPhi_{\nu_1\cdots\nu_s}-2g_{(\nu_1\nu_2}\varPhi'_{\nu_3\cdots\nu_s)}=0,\end{aligned}$$

其中 $\varPhi'$ 代表 $\varPhi$ 场的求一次迹以后得到的场. 考虑 β 场的扰动后, 我们实际上得到了关于物理场的三阶微分方程:

$$\mathcal{F}_{a_1\cdots a_s}+\frac{1}{\mu s(s-1)}\epsilon_{(a_1|}^{\ \ bc}\nabla_b\mathcal{F}_{c|a_2\cdots a_s)}=0. \tag{4.50}$$

在上面的分析中我们只关心扰动的谱, 因此只需要 $\mathrm{SL}(2,\mathbb{R})$ 产生子与高自旋产生子间的对易关系, 而并不需要高自旋产生子间的对易关系. 这样, 我们就可以看到在 AdS 真空中所有可能扰动的谱. 从扰动满足的运动方程可以发现, 每一个自旋 $s\geqslant 3$ 的扰动可以分解成无迹部分和迹的部分, 都满足三阶微分方程. 对于一般的 $\mu l\neq 1$, 有无质量的左手和右手模以及一个有质量模, 而在所谓的手征点 $\mu l=1$, 有质量模和无质量左手模可能简并, 从而只留下一个右手模. 然而, 问题也许更加微妙一些. 这是因为在 Chern-Simons 框架下如何讨论拓扑有质量引力的边界条件仍然不清楚, 更不用说对高自旋场的讨论了.

从作用量 (4.46) 式以及运动方程中, 容易发现当 $\beta=0$ 时所有通常高自旋 AdS_3 引力的解自动就是拓扑有质量高自旋引力的解. 我们试图研究, 当 $\beta\neq 0$ 时是否有新解出现. 我们确实发现了一类 AdS 平面波解, 带有非零的高自旋毛. 而且我们验证了通常的卷曲 (warped)AdS 时空解是我们提出的理论的解[61].

2.5 高自旋黑洞的热力学和相

对于 Vasiliev 理论来说, 一个很重要的问题就是研究它的经典解. Vasiliev 等人很早就给出过四维 Vasiliev 理论的一些经典解, 但是因为其物理意义不明晰而没有太大的进展. 最近几年这个问题的突破应该有几方面的原因: 首先是技术上的原因, 三维 Vasiliev 理论约化为 CS 理论并且能够给出高自旋的有限截断, 大大降低了问题的难度; 同等重要的另一个原因是利用 AdS/CFT 对应研究高自旋引力, 对偶的 CFT 理论为解释经典解带来了希望. 那么, 从 CS 理论出发, 人们发现了两大类型的解: 一类可以认为是通常的 BTZ 黑洞的高自旋推广, 称之为高自旋黑洞[70]; 另一类经典解称为锥形缺陷 (conical defects) 或者锥形余角 (conical surplus)[71]. 在本节中, 我们只对高自旋黑洞做介绍, 主要讲述其热力学和相. 关于高自旋黑洞的综述, 可参见文献 [72]①.

我们首先用 CS 理论来描述 BTZ 黑洞[35]. BTZ 黑洞解的规范势为

$$A = b^{-1}ab + b^{-1}\mathrm{d}b, \quad \tilde{A} = b\tilde{a}b^{-1} + b\mathrm{d}b^{-1}, \tag{5.1}$$

其中 b 的定义参照前述渐进对称性代数的分析. 1-形式 a 和 $\tilde{a}$ 分别为

$$a = \left(L_1 - \frac{2\pi}{k}\mathcal{L}L_{-1}\right)\mathrm{d}x^+, \quad \tilde{a} = -\left(L_{-1} - \frac{2\pi}{k}\bar{\mathcal{L}}L_1\right)\mathrm{d}x^{-1}, \tag{5.2}$$

k 是 CS 理论的阶 (level). L_1, L_0, L_{-1} 构成 sl(2) 代数,

$$[L_i, L_j] = (i-j)L_{i+j}. \tag{5.3}$$

如果我们通过 $g_{\mu\nu} \sim \mathrm{Tr}(e_\mu e_\nu)$ 反过来推导度规, 就会发现上述解给出 BTZ 黑洞的度规, 且两个参数正好与 BTZ 黑洞中的质量和角动量 M, J 有如下映射关系:

$$\mathcal{L} = \frac{M-J}{4\pi}, \quad \bar{\mathcal{L}} = \frac{M+J}{4\pi}. \tag{5.4}$$

其实, 通过渐进对称性代数的分析, 我们也可以知道 $\mathcal{L}, \bar{\mathcal{L}}$ 分别对应 CFT 中的左右手能动量张量. 因为这是一个黑洞, 我们需要知道其温度和角速度, 等价于需要知道其左右手温度. 在通常的度规语言中, 黑洞在视界处没有奇点, 这要求解在欧氏化后在热时间方向有一个合适的周期, 这个周期决定了黑洞的温度. 同样地, 在 CS 理论的描述中, 我们仍然通过解析延拓 $t \to \mathrm{i}t_E$, 而坐标变为 $x^+ \to z, x^- \to -\bar{z}$. 黑洞在视界处没有奇点将会给出

$$z \sim z + 2\pi\tau, \quad \bar{z} \sim \bar{z} + 2\pi\bar{\tau}, \tag{5.5}$$

① 到目前为止, 高自旋黑洞的热力学问题并没有完全解决. 主要的问题是存在两种不同的处理方式, 它们对于高自旋荷 (higher spin charge) 的定义并不完全相同, 因此给出的热力学量并不相等 (虽然从一种方式可以转换为另一种方式, 但是在结果上并不相等). 历史上最早出现的方式叫做全纯框架 (holomorphic formalism), 在这种框架中, CS 理论左右手给出的荷是相互脱耦的, 因此可以单独处理, 而对各种整体荷的解释依赖于对偶 CFT 理论的讨论[70]. 另一种方式叫做正则框架 (canonical formalism), 它给出的荷 (自旋 2) 左右手混合, 其推导和物理解释脱胎于引力框架, 对 CFT 的依赖相对较弱[73]. 本章的介绍以全纯框架为主, 适当的时候会提到正则框架. 读者需记住高自旋黑洞的热力学问题并没有完全研究透彻.

其中 $\tau, \bar{\tau}$ 分别给出左右手温度的逆. 这两个参数实际上是被左右手能动量张量决定的, 即

$$\tau = \frac{\mathrm{i}}{2\sqrt{2\pi k\mathcal{L}}}, \quad \bar{\tau} = \frac{-\mathrm{i}}{2\sqrt{2\pi k\bar{\mathcal{L}}}}. \tag{5.6}$$

如果是在 CS 框架下, 所有物理上有意义的量都应该是规范不变的. 除了恒为 0 的场强 $F, \tilde{F}$ 外, 我们能得到的就是和乐 $H, \tilde{H}$, 即

$$H = \mathrm{e}^{\oint_C A}, \quad \tilde{H} = \mathrm{e}^{\oint_C \tilde{A}}. \tag{5.7}$$

因为热时间方向是可收缩 (contractible) 的, 和乐应该沿着这个方向是平庸的①. 将 (5.6) 式代入和乐, 发现它们确实给出了平庸的和乐. 一个没有奇点光滑的欧氏化黑洞在热时间方向有着平庸的和乐, 这一点对于高自旋黑洞也成立②.

下面进行高自旋的推广. 最简单的情形是 sl(3) × sl(3) 的情形. 在主嵌入 (principal embedding) 下, 它描述的是一个自旋 2 的粒子与自旋 3 的粒子的相互作用. sl(3) 的生成元对易关系如下:

$$[L_i, L_j] = (i-j)L_{i+j}, \tag{5.8}$$

$$[L_i, W_m] = (2i-m)W_{i+m}, \tag{5.9}$$

$$[W_m, W_n] = -\frac{1}{3}(m-n)(2m^2+2n^2-mn-8)L_{i+j}, \tag{5.10}$$

其中, $L_i, i = 0, \pm 1$ 是自旋 2 生成元, $W_m, m = 0, \pm 1, \pm 2$ 是自旋 3 生成元. (5.8) 式表示 L_i 构成 sl(2), 也就是在 sl(3) 中挑出引力生成元; (5.9) 式表示 W_m 构成 sl(2) 的自旋 2 (时空中自旋为 $2+1=3$) 表示; (5.10) 式给出复杂的自旋 2 与自旋 3 间的相互作用. 这组对易关系可以用 3×3 的无迹实矩阵实现. 所谓的自旋 3 黑洞 (spin 3 higher spin black hole) 解的形式为③

$$a = a_+ \mathrm{d}x^+ + a_- \mathrm{d}x^-, \tag{5.11}$$

其中,

$$a_+ = L_1 - \frac{2\pi}{k}\mathcal{L}L_{-1} - \frac{\pi}{2k}\mathcal{W}W_{-2}, \tag{5.12}$$

$$a_- = \mu\left(a_+^2 - \frac{1}{3}\mathrm{Tr}a_+^2\right). \tag{5.13}$$

当 $\mu = 0$ 时, 其渐进对称性代数为 $\mathcal{W}_3$. $\mathcal{L}, \mathcal{W}$ 分别是 CFT 中自旋 2 和自旋 3 的荷.

---

① 和乐平庸的意思指的是和乐取值在相应规范群的中心 (center), 对于 $\mathrm{sl}(2, \mathbb{R})$, 中心为 ± 1.

② 顺便提一下, 如果将 (5.7) 式中的积分曲线 $\mathcal{C}$ 从热时间方向改为空间 ϕ 方向, 要求沿着空间方向的积分给出平庸的和乐, 那么得到的就是光滑的 (smooth) 锥形缺陷余角[71,74].

③ 我们只写出全纯的部分, 因为在全纯框架中全纯部分和反全纯部分可以分开处理.

如果在 CFT 中加入一个算符 $\int \mu'(x)\mathcal{W}(x)$, 我们总是可以推导相应的 Ward 等式:

$$\partial_-\langle\hat{\mathcal{L}}\rangle_{\mu'}, \quad \partial_-\langle\hat{\mathcal{W}}\rangle_{\mu'}. \tag{5.14}$$

另一方面, 如果我们让 (5.12), (5.13) 式中的参数均可以依赖于 $x^\pm$, 则我们可以通过运动方程得到另一些等式:

$$\partial_-\mathcal{L}, \quad \partial_-\mathcal{W}. \tag{5.15}$$

有趣的是, 如果我们做如下等同:

$$\mathcal{L} = -\frac{1}{2\pi}\langle\hat{\mathcal{L}}\rangle_{\mu'}, \quad \mathcal{W} = \langle\hat{\mathcal{W}}\rangle_{\mu'}, \quad \mu = \mu', \tag{5.16}$$

则 (5.14) 和 (5.15) 式形式是相同的. 因此, 在解释黑洞解的时候, 参数 $\mathcal{L},\mathcal{W}$ 分别为自旋 2 和自旋 3 的荷, μ 是 $\mathcal{W}$ 的对偶量, 出现在耦合 $\int \mu\mathcal{W}$ 中.

将解中的参数解释清楚后, 我们希望研究一下这个解是否满足热力学第一定律. 答案是肯定的. 首先回答一个问题, 自旋 3 黑洞什么时候是无奇点的? 从 BTZ 的情形我们发现, 我们应该要求沿着热时间方向的和乐平庸. 定义 ω:

$$H = b^{-1}\mathrm{e}^{\omega}b, \quad \omega = a_+\tau - a_-\bar{\tau}. \tag{5.17}$$

如果 ω 的本征值和 BTZ 黑洞的 ω_{BTZ} 本征值相同, 则和乐必然是平庸的. 因此, 黑洞无奇点的条件为

$$\mathrm{Tr}\omega^2 = \mathrm{Tr}\omega_{\mathrm{BTZ}}^2, \quad \mathrm{Tr}\omega^3 = \mathrm{Tr}\omega_{\mathrm{BTZ}}^3. \tag{5.18}$$

以上两个条件会将四个参数 $\tau, \alpha = \mu\bar{\tau}, \mathcal{L}, \mathcal{W}$ 约化为两个独立参数. 从这两个条件我们发现一个可积性条件:

$$\frac{\partial\tau}{\partial\mathcal{W}} = \frac{\partial\alpha}{\partial\mathcal{L}}. \tag{5.19}$$

事实上, 这个等式类似于热力学中的 Maxwell 等式. 它意味着存在一个 $\mathcal{L},\mathcal{W}$ 的函数 S, 使得

$$\tau = \frac{\mathrm{i}}{4\pi^2}\frac{\partial S}{\partial\mathcal{L}}, \quad \alpha = \frac{\mathrm{i}}{4\pi^2}\frac{\partial S}{\partial\mathcal{W}}. \tag{5.20}$$

很明显, α 可以解释为自旋 3 的化学势, 而 S 则是黑洞熵. 热力学第一定律

$$\mathrm{d}S = -4\pi^2\mathrm{i}\tau\mathrm{d}\mathcal{L} - 4\pi^2\mathrm{i}\alpha\mathrm{d}\mathcal{W} \tag{5.21}$$

得到满足. 做一个勒让德变换, $\ln Z = S + 4\pi^2\mathrm{i}(\tau\mathcal{L} + \alpha\mathcal{W})$, 热力学第一定律也可以写成

$$\mathrm{d}\ln Z = 4\pi^2\mathrm{i}(\mathcal{L}\mathrm{d}\tau + \mathcal{W}\mathrm{d}\alpha). \tag{5.22}$$

事实上, 对于只有一个高自旋毛的黑洞, 它的熵都可以积出来, 我们把它留到高自旋黑洞的相去讨论. 一些 CFT 方面的支持我们列举在下面:

(1) 处理自旋 3 的黑洞的方法可以直接推广到其他可能的黑洞. 在 hs[λ] 理论中, 我们可以构造相应的具有自旋 3 的毛的黑洞, 它的熵 (或者配分函数) 在引力和 CFT 两边都可以计算, 人们发现在小的化学势 α 微扰展开的意义上两者是相等的 (目前已精确到 $\mathcal{O}(\alpha^6)$)[75].

(2) 在高自旋黑洞的背景上考虑标量场的微扰, 从引力和场论两方面可以计算相应的两点关联函数, 人们也发现两者是吻合的[76].

这些都说明高自旋黑洞对应到一个有限温度的 CFT.

对于一般的高自旋黑洞, 存在一个简单的熵等式, 将熵与荷以及化学势联系起来. 假设有一个高自旋黑洞, 它的高自旋毛 (包括自旋 2) 用 $\mathcal{W}_n (n=2,3,\cdots)$ 来标志, 它的量纲 (共形权) 为 h_n, 相应的化学势为 α_n. 我们要求:

(1) 满足热力学第一定律

$$\alpha_n = \frac{\mathrm{i}}{4\pi^2}\frac{\partial S}{\partial \mathcal{W}_n}; \tag{5.23}$$

(2)

$$S = S(\mathcal{W}_n), \tag{5.24}$$

则简单的量纲分析可以得出这个高自旋黑洞的熵为[78]

$$S = \sum_n h_n \alpha_n \mathcal{W}_n, \tag{5.25}$$

其中 α_n 可以通过和乐条件被高自旋毛确定下来.

关系式 (5.25) 在正则框架中可以通过经典作用量加上合适的边界项推导出来. 在正则框架中, 自由能实际上就是欧氏作用量 (加上边界项),

$$\ln Z = -(I_{\mathrm{CS}} + I|_{\mathrm{bdy}}). \tag{5.26}$$

加入的边界项必须使得 (5.26) 式与热力学第一定律相符, 即

$$\delta \ln Z = -\delta(I_{\mathrm{CS}} + I|_{\mathrm{bdy}}) \sim \sum_n \mathcal{W}_n \delta\alpha_n. \tag{5.27}$$

在这种框架下, 得到如下的热力学第一定律:

$$\delta \ln Z = 2\pi \mathrm{i} k_{\mathrm{CS}} \left(T\delta\tau - \bar{T}\delta\bar{\tau} + \sum_{j\geqslant 3}(W_j \delta\alpha_j - \bar{W}_j \delta\bar{\alpha}_j) \right), \tag{5.28}$$

其中,

$$T=\mathrm{Tr}\left(\frac{a_z^2}{2}+a_z a_{\bar z}-\frac{\bar a_z^2}{2}\right),\quad \bar T=\mathrm{Tr}\left(\bar a_{\bar z}^2+\bar a_z\bar a_{\bar z}-\frac{a_{\bar z}^2}{2}\right). \tag{5.29}$$

从上面的表达式可以看出正则框架下左右手之间有混合, 因此和全纯框架不同. 对 (5.29) 式做勒让德变换并且利用和乐条件, 可以得到正则框架下的熵

$$S=-2\pi\mathrm{i}k_{\mathrm{CS}}\mathrm{Tr}\Big[(a_z+a_{\bar z})(\tau a_z+\bar\tau a_{\bar z})-(\bar a_z+\bar a_{\bar z})(\tau\bar a_z+\bar\tau\bar a_{\bar z})\Big]. \tag{5.30}$$

注意到 $(\tau a_z+\bar\tau a_{\bar z})=\omega,\tau(\bar a_z+\bar\tau\bar a_{\bar z})=\bar\omega$, 并且 $a_z,a_{\bar z}$ 同时可对角化, 最终可以发现①

$$S_{\mathrm{can}}=2\pi k_{\mathrm{CS}}\mathrm{Tr}(\lambda_\phi-\bar\lambda_\phi)\Lambda_0, \tag{5.32}$$

Λ_0 是自旋 2 的下标为 0 的生成元, λ_ϕ 则为 a_ϕ 的本征值. 可见最终的求熵实质上是一个本征值问题.

最后, 我们简单地说明一下高自旋黑洞的相这个问题. 这个问题最直接的根源是这样的: 和乐条件 (5.18) 是一组高次方程, 因此对于一组固定的化学势 (α_n), 它们所对应的高自旋荷 $(\mathcal{W}_n)$ 实际上是多值的. 反映到熵公式 (5.25) 上, 将会有多种可能的熵 (以及自由能) 出现②. 每一种可能的熵的取值对应于高自旋黑洞的一个相, 那么在热力学上就存在它们互相共存和竞争的趋势. 在某一个参数区间内, 可能一种相占据主导地位; 随着参数变化, 可能另一种相开始占据主要地位. 因此, 在某个临界点处, 系统会发生从一种相到另一种相的变化. 由于至少存在两个参数, 系统的相空间是相当大的. 将问题简化, 我们最感兴趣的是: 对于一个固定的 μ, 如果将温度 T 从低温向高温变化, 会不会存在某种临界点呢?

我们用自旋 3 黑洞来进行说明[77,78]. 同时为了简化问题, 选取 $\mu>0$③. 考虑非转动的黑洞, 因此我们只需要考虑左手部分就可以了④. 那么, 问题涉及系统物理学量的高温和低温展开. 不过, 对于自旋 3 黑洞来说, 问题相对简单. 我们可以直接积出其每个相的熵

$$S_i=4\pi\sqrt{2\pi k\mathcal{L}}\cos\frac{1}{3}\left(\arcsin\frac{z}{\sqrt{2}}+(i-1)\pi\right), \tag{5.33}$$

---

① 为了对比, 全纯框架下的熵为

$$S_{\mathrm{holo}}=2\pi k_{\mathrm{CS}}\mathrm{Tr}(\lambda_+-\bar\lambda_-)\Lambda_0. \tag{5.31}$$

② 关于熵的多值性, 我们也可以从 (5.31) 式看出. 虽然 λ_+ 的本征值完全由 $(\mathcal{W}_n)$ 决定, 但是在对角矩阵中的排列顺序是可以不同的, 从而造成多种可能性. 对于 $\mathrm{sl}(N)$ 的理论, 共有 $N!$ 种排列方式, 因此相的数目有 $N!$ 个.

③ 事实上, 这种取法只对自旋 3 黑洞可行. 对于 $\mathrm{sp}(4)$ 和 g_2 黑洞, $\mu>0$ 和 $\mu<0$ 并不完全相同, 这种现象叫做荷共轭不对称 (charge conjugate asymmetry)[78].

④ 这仍然是在全纯框架下的做法, 在正则框架下, 相的问题需要重新考虑.

其中 $z=\sqrt{\frac{27k}{16\pi}}\frac{\mathcal{W}}{\mathcal{L}^{3/2}}$, 很显然, $-\sqrt{2}\leqslant z\leqslant\sqrt{2}$. 当 $|z|=\sqrt{2}$ 时, 我们发现它的温度为 0, 可以称之为极端黑洞. $|z|$ 不可能比 $\sqrt{2}$ 大, 意味着自旋 3 的荷的取值范围被自旋 2 的取值所限制. 另外, $i=1,2,\cdots,6$ 共有 6 种不同的取值, 按我们前面的表述来说就是有 6 种相. 但是, 不是每一种相都是物理上可接受的. 至少它应该满足如下两个条件:

(1) 熵非负, 即

$$S\geqslant 0; \tag{5.34}$$

(2) 温度非负, 即

$$T\geqslant 0. \tag{5.35}$$

加上我们前面 $\mu>0$ 的条件, 只有两个相保留下来:

(1) $i=1, 0\leqslant z\leqslant\sqrt{2}$, 对应于相 1;

(2) $i=2, -1\leqslant z\leqslant\sqrt{2}$, 对应于相 2.

相 1 有 BTZ 黑洞的极限. 当自旋 3 的荷趋于零时, 其化学势也趋于零, 因此称做 BTZ 分支 (BTZ branch). 奇怪的是, 它存在一个最高温度 T_c①, 一旦 $T>T_c$, 这个相不可能存在. 所以高温情况下, 只有相 2 存在. 比较两个相的熵在低温下的微扰展开, 可以发现相 1 的熵相对较大, 因此低温下相 1 占据主导地位. 所以, 从低温到高温的过程中, 存在一个临界点 T_c, 相 1 转变为相 2.

2.6 总　　结

过去几年中高自旋引力的研究取得了长足的进步. 它不仅为研究引力/规范对应关系提供了新的平台, 也促进了黑洞物理的研究. 这些研究主要集中在 AdS_3 和 AdS_4 上的各种高自旋引力理论, 以及它们的场论对偶. 这些场论的一个重要特征是矢量类型的. 只有这样, 场论中构造出来的高自旋守恒流才能与引力中的无质量高自旋规范场一一对应. 对应于 AdS_4 上高自旋引力的三维共形场论显示出丰富的结构, 除了 $O(N)$ 自由玻色场和费米场论以外, 临界 $O(N)$ 模型, 以及与 Chern-Simons 规范场耦合的模型都可能有相应的高自旋引力对偶. 这为研究高自旋引力与弦理论的关系提供了线索. 而 AdS_3 中的高自旋引力呈现出新的特点. 除了标准的 Vasiliev 理论以外,AdS_3 中高自旋引力可以有有限的截断, 并不需要考虑所有的高自旋场, 而对应的共形场论有 $\mathcal{W}$ 对称性. 除了有限个高自旋场以外,AdS_3 中高自旋引力可以有作用量的描述, 这大大方便了对理论的系统研究. 特别是, 对各种

① 这一点可以通过求 μT 的极值得到.

半经典解, 包括黑洞、锥形几何等的构造和研究可以精细地研究此时的引力/共形场论对应关系.

在高自旋引力的研究中, 高自旋黑洞的研究有着特别的物理意义. 由于高自旋规范场的存在, 引力的微分同胚变换与高自旋规范变换有混合, 因此通常引力中的各种概念都需要修改. 比如说, 标量曲率并非规范不变的量, 而利用曲率不变量定义的时空奇点等不再有意义. 换句话说, 高自旋场的存在使通常黑洞的奇异性得到消解[79]. 同样, 黑洞视界等几何概念在高自旋黑洞中也没有明确的意义. 取而代之的是规范不变的和乐等概念. 有趣的是, 对于高自旋黑洞, 我们仍然可以很好地定义它的热力学并研究其相结构.

本章对高自旋引力的介绍是很简略的, 远远谈不上深刻和完整. 在结束本章之前, 我们列举一些在高自旋引力研究中尚未解决的重要问题, 留给读者思考和探索:

(1) 高自旋引力一个未解决的问题是它与弦理论间的关系. 表面上看, 似乎高自旋引力应该是弦理论的无张率极限. 但问题并没有那么简单. 在研究得最透彻的 $\mathrm{AdS}_5/\mathrm{SYM}_4$ 对应中, 高自旋引力如何与场论相对应仍是一个未解之谜, 而如何在这个对应关系中从弦理论得到高自旋引力是一个更具有挑战性的问题. 与此相关的, 弦理论的非微扰描述, 如弦场论如何与高自旋引力理论相联系也是一个有趣的问题.

(2) 高维 AdS 高自旋引力中的黑洞及其性质的研究. 前面我们看到, 在 AdS_3 中可以构造高自旋黑洞并研究其热力学和相变. 然而, 在高维 AdS 空间高自旋引力中寻找黑洞解却是一个尚未解决的问题. 一方面, 此时的运动方程非常复杂, 求解不易. 另一方面, 即使找到一些经典解, 如何判断它们是否是黑洞解也是一个难题, 因为此时通常引力中的概念和技术都可能失效了.

(3) 即使在三维 AdS_3 高自旋引力中, 如何定义黑洞的熵及其热力学仍然存在争议. 最近提出的正则框架似乎在 Chern-Simons 引力的框架中较好地定义了整体荷, 但如何与共形场论中的结果相比较仍不清楚.

(4) 在本章中我们没有介绍三维 AdS_3 高自旋 Vasiliev 理论及其与't Hooft 极限下最小模型间的对应关系. 在建立这个对应关系中很重要的一点是除了高自旋规范场外, 需要引进额外的标量场. 如我们所知, 在 AdS_3 中高自旋规范场包括引力子都是没有局域动力学自由度的, 而标量场的存在改变了这一事实. 也就是说, 标量场将引进更丰富的动力学. 因此, 研究具有标量场自由度的黑洞和其他经典解将是一个非常有趣的问题. 然而, 在有标量场存在时, 引力的作用量不能简单地写成 Chern-Simons 引力的形式. 这大大提高了问题的难度.

参考文献

[1] M. Fierz and W. Pauli, On relativistic wave equations for particles of arbitrary spin in an electromagnetic field, Proc. Roy. Soc. Lond. **A173** (1939)211–232.

[2] C. Fronsdal, Massless fields with integer spin, Phys. Rev. **D18** (1978) 3624.

[3] S. Weinberg, Photons and Gravitons in s Matrix Theory: Derivation of Charge Conservation and Equality of Gravitational and Inertial Mass, Phys. Rev. **135**(1964) B1049.

[4] C. Aragone and S. Deser, Consistency Problems of Hypergravity, Phys. Lett. **B86** (1979) 161.

[5] M. A. Vasiliev, "gauge" form of description of massless fields with arbitrary spin. (In Russian), Yad. Fiz. **32** (1980) 855 [Sov. J. Nucl. Phys. **32** (1980) 439].

[6] M. A. Vasiliev, Free massless fields of arbitrary spin in the de sitter space and initial data for a higher spin superalgebra, Fortsch. Phys. **35** (1987)741 [Yad. Fiz. **45**(1987)1784].

[7] H. Afshar, A. Bagchi, R. Fareghbal, D. Grumiller, and J. Rosseel, Higher spin theory in 3-dimensional flat space, Phys. Rev. Lett. **111** (2013) 121603, arXiv: 1307. 4768 [hep-th].

[8] H. A. Gonzalez, J. Matulich, M. Pino, and R. Troncoso, Asymptotically flat spacetimes in three-dimensional higher spin gravity, JHEP **1309** (2013) 016, arXiv: 1307. 5651 [hep-th].

[9] X. Bekaert, N. Boulanger, and P. Sundell, How higher-spin gravity surpasses the spin two barrier: no-go theorems versus yes-go examples, arXiv: 1007. 0435 [hep-th].

[10] M. A. Vasiliev, Higher spin gauge theories in four-dimensions, three-dimensions, and two-dimensions, Int. J. Mod. Phys. **D5** (1996) 763.

[11] X. Bekaert, S. Cnockaert, C. Iazeolla, and M. A. Vasiliev, Nonlinear higher spin theories in various dimensions, arXiv: hep-th/0503128.

[12] C. Iazeolla, On the Algebraic Structure of Higher-Spin Field Equations and New Exact Solutions, arXiv: 0807.0406.

[13] D. Francia and A. Sagnotti, On the geometry of higher spin gauge fields, Class. Quant. Grav. **20**(2003)S473.

[14] D. Sorokin, Introduction to the classical theory of higher spins, AIP Conf. Proc. **767** (2005)172.

[15] N. Bouatta, G. Compere, and A. Sagnotti, An Introduction to free higher-spin fields, arXiv: hep-th/0409068.

[16] M. A. Vasiliev,Consistent equation for interacting gauge fields of all spins in (3+1)-dimensions, Phys. Lett. **B243** (1990) 378–382.

[17] M. A. Vasiliev, More on equations of motion for interacting massless fields of all spins in (3+1)-dimensions, Phys. Lett. **B285** (1992) 225–234.

[18] M. G. Eastwood,Higher symmetries of the Laplacian, hep-th/0206233.

[19] M. A. Vasiliev, Higher spin gauge theories: Star-product and ads space, hep-th/9910096.

[20] S. F. Prokushkin and M. A. Vasiliev, Higher-spin gauge interactions for massive matter fields in 3d ads space-time, Nucl. Phys. **B545** (1999) 385 [hep-th/9806236].

[21] J. M. Maldacena, The Large N limit of superconformal field theories and supergravity, Adv. Theor. Math. Phys. **series 2** (1998) 231–252, arXiv: hep-th/9711200 [hep-th].

[22] S. Gubser, I. R. Klebanov, and A. M. Polyakov, Gauge theory correlators from noncritical string theory, Phys. Lett. **series B428** (1998) 105–114, arXiv: hep-th/9802109 [hep-th].

[23] E. Witten, Anti-de Sitter space and holography, Adv. Theor. Math. Phys. **series 2** (1998) 253–291, arXiv: hep-th/9802150 [hep-th].

[24] O. Aharony, S. S. Gubser, J. M. Maldacena, H. Ooguri, and Y. Oz, Large N field theories, string theory and gravity, Phys. Rept. **323** (2000) 183 [hep-th/9905111].

[25] J. M. Maldacena, TASI 2003 lectures on AdS/CFT, hep-th/0309246.

[26] I. R. Klebanov and A. M. Polyakov, AdS dual of the critical O(N) vector model, Phys. Lett. **B550** (2002) 213-219.

[27] S. Giombi and X. Yin, The Higher Spin/Vector Model Duality, J. Phys. **A46** (2013) 214003, arXiv: 1208. 4036 [hep-th].

[28] P. Breitenlohner and D. Z. Freedman, Positive Energy in anti-De Sitter Backgrounds and Gauged Extended Supergravity, Phys. Lett. **B115** (1982) 197. Stability in Gauged Extended Supergravity, Annals Phys. **144** (1982) 249.

[29] S. Giombi, X. Yin,Higher Spin Gauge Theory and Holography: The Three-Point Functions, JHEP **1009** (2010) 115. Higher Spins in AdS and Twistorial Holography,JHEP **1104** (2011) 086 . On Higher Spin Gauge Theory and the Critical O(N) Model, arXiv: 1105. 4011.

[30] E. Sezgin and P. Sundell, Holography in 4D (super) higher spin theories and a test via cubic scalar couplings, JHEP **0507** (2005) 044 [hep-th/0305040].

[31] O. Aharony, O. Bergman, D. L. Jafferis, and J. Maldacena, N=6 superconformal Chern-Simons-matter theories, M2-branes and their gravity duals, JHEP **0810** (2008) 091, arXiv: 0806. 1218 [hep-th].

[32] C. M. Chang, S. Minwalla, T. Sharma, and X. Yin, ABJ Triality: from Higher Spin Fields to Strings, J. Phys. **A46** (2013) 214009, arXiv: 1207. 4485 [hep-th].

[33] J. Maldacena and A. Zhiboedov, Constraining Conformal Field Theories with A Higher Spin Symmetry,J. Phys. **A46** (2013) 214011, arXiv: 1112. 1016 [hep-th]; Constraining conformal field theories with a slightly broken higher spin symmetry, Class. Quant. Grav. **30** (2013) 104003, arXiv: 1204. 3882 [hep-th].

[34] J. D. Brown and M. Henneaux, Central Charges in the Canonical Realization of Asymptotic Symmetries: An Example from Three-Dimensional Gravity,Commun. Math. Phys. **104** (1986) 207.

[35] M. Banados, C. Teitelboim, and J. Zanelli, The Black hole in three-dimensional space-time,Phys. Rev. Lett. **69** (1992) 1849 [hep-th/9204099].

[36] M. Banados, M. Henneaux, C. Teitelboim, and J. Zanelli, Geometry of the (2+1) black hole, Phys. Rev. **D48** (1993) 1506 [gr-qc/9302012].

[37] A. Strominger, Black hole entropy from near horizon microstates, JHEP **9802** (1998) 009 [hep-th/9712251].

[38] A. Maloney and E. Witten, Quantum Gravity Partition Functions in Three Dimensions, JHEP **series 1002** (2010) 029, arXiv: 0712. 0155 [hep-th].

[39] M. Banados, Three-dimensional quantum geometry and black holes, hep-th/ 9901148.

[40] M. Henneaux and S. J. Rey, Nonlinear W_∞ as Asymptotic Symmetry of Three-Dimensional Higher Spin Anti-de Sitter Gravity, JHEP **1012** (2010) 007.

[41] A. Campoleoni, S. Fredenhagen, S. Pfenninger, and S. Theisen, Asymptotic symmetries of three-dimensional gravity coupled to higher-spin fields, JHEP **1011** (2010) 007.

[42] A. Achucarro and P. K. Townsend, A Chern-Simons Action for Three-Dimensional anti-De Sitter Supergravity Theories, Phys. Lett. **B180** (1986) 89.

[43] E. Witten, (2+1)-Dimensional Gravity as an Exactly Soluble System, Nucl. Phys. **B311** (1988) 46.

[44] M. P. Blencowe,A Consistent Interacting Massless Higher Spin Field Theory In D = (2+1),Class. Quant. Grav. **6** (1989) 443.

[45] E. Bergshoeff, M. P. Blencowe, and K. S. Stelle, Area Preserving Diffeomorphisms And Higher Spin Algebra, Commun. Math. Phys. **128**(1990)213.

[46] M. R. Gaberdiel and C. Vollenweider, Minimal model holography for SO(2N), JHEP **1108** (2011) 104, arXiv: 1106. 2634 [hep-th].

[47] Bin Chen, Jiang Long, and Yi Nan Wang, Black Holes in Truncated Higher Spin AdS_3 Gravity, JHEP **1212**(2012), 052, arXiv: 1209. 6185 [hep-th].

[48] Bin Chen, Jiang Long, and Yi-Nan Wang, D_2 Chern-Simons Gravity, Phys. Rev. **D88**(2013) 066007, arXiv: 1211. 6917 [hep-th].

[49] M. R. Gaberdiel and R. Gopakumar, An AdS_3 Dual for Minimal Model CFTs, Phys. Rev. **D83**(2011), 066007.

[50] M. R. Gaberdiel and R. Gopakumar, Minimal Model Holography, J. Phys. **A46** (2013) 214002, arXiv: 1207. 6697 [hep-th].

[51] S. Deser, R. Jackiw and S. Templeton, Three-Dimensional Massive Gauge Theories, Phys. Rev. Lett. **48** (1982), 975–978.

[52] S. Deser, R. Jackiw and S. Templeton, Topologically Massive Gauge Theories, Annals Phys. **140** (1982) 372–411.

[53] W. Li, W. Song and A. Strominger, Chiral Gravity in Three Dimensions, JHEP **0804** (2008), 082.

[54] A. Maloney, W. Song and A. Strominger, Chiral Gravity, Log Gravity and Extremal CFT, Phys. Rev. **D81** (2010) 064007.

[55] S. Carlip, S. Deser, A. Waldron and D. K. Wise, Cosmological Topologically Massive Gravitons and Photons, Class. Quant. Grav. **26** (2009) 075008.

[56] S. Carlip, S. Deser, A. Waldron and D. K. Wise, Topologically Massive AdS Gravity, Phys. Lett. **B666** (2008) 272–276.

[57] D. Grumiller and N. Johansson, Instability in cosmological topologically massive gravity at the chiral point, JHEP **0807** (2008) 134.

[58] M. R. Gaberdiel, D. Grumiller and D. Vassilevich, Graviton 1-loop partition function for 3-dimensional massive gravity, JHEP **1011** (2010) 094.

[59] Bin Chen, Jiang Long,and Jun-bao Wu, Spin-3 Topological Massive Gravity, Phys. Lett. **B705** (2011) 513, arXiv: 1106. 5141 [hep-th].

[60] B. Chen and J. Long, High Spin Topologically Massive Gravity, JHEP **series 1112** (2011) 114, arXiv: 1110. 5113 [hep-th].

[61] B. Chen, J. Long and J. D. Zhang, Classical Aspects of Higher Spin Topologically Massive Gravity, Class. Quant. Grav. **29** (2012) 205001, arXiv: 1204. 3282 [hep-th].

[62] T. Damour and S. Deser, "geometry" Of Spin 3 Gauge Theories, Annales Poincare Phys. Theor. **47** (1987) 277.

[63] M. R. Gaberdiel and T. Hartman, Symmetries of Holographic Minimal Models,JHEP **1105** (2011) 031, arXiv: 1101. 2910.

[64] M. R. Gaberdiel and R. Gopakumar,Triality in minimal model holography, JHEP **1207** (2012) 127, arXiv: 1205. 2472 [hep-th].

[65] J. R. David, M. R. Gaberdiel, and R. Gopakumar,The heat kernel on AdS3 and its applications, JHEP **1004** (2010) 125, arXiv: 0911. 5085 [hep-th].

[66] C. M. Chang and X. Yin,Higher spin gravity with matter in AdS_3 and its CFT dual, JHEP **1210** (2012) 024, arXiv: 1106. 2580 [hep-th].

[67] C. Ahn,The coset spin-4 Casimir operator and its three-point functions with scalars, JHEP **1202** (2012) 027, arXiv: 1111. 0091 [hep-th].

[68] M. Ammon, P. Kraus and E. Perlmutter,Scalar fields and three-point functions in D=3 higher spin gravity, JHEP **1207** (2012) 113, arXiv: 1111. 3926 [hep-th].

[69] P. Kraus and E. Perlmutter,Partition functions of higher spin black holes and their CFT duals,JHEP **1111** (2011) 061, arXiv: 1108. 2567 [hep-th].

[70] M. Gutperle and P. Kraus,Higher Spin Black Holes,JHEP **1105** (2011) 022.

[71] A. Castro, R. Gopakumar, M. Gutperle, and J. Raeymaekers, Conical Defects in Higher Spin Theories, JHEP **1202** (2012) 096, arXiv: 1111. 3381 [hep-th].

[72] M. Ammon, M. Gutperle, P. Kraus, and E. Perlmutter, Black holes in three dimensional higher spin gravity: A review, J. Phys. **A46** (2013) 214001, arXiv: 1208. 5182 [hep-th].

[73] J. de Boer and J. I. Jottar, Thermodynamics of higher spin black holes in AdS_3,JHEP **1401** (2014) 023, arXiv: 1302. 0816 [hep-th].

[74] B. Chen, J. Long, and Y. N. Wang, Conical Defects, Black Holes and Higher Spin (Super-) Symmetry, JHEP **1306** (2013) 025, arXiv: 1303. 0109 [hep-th].

[75] M. R. Gaberdiel, T. Hartman, and K. Jin, Higher Spin Black Holes from CFT,JHEP **1204** (2012) 103, arXiv: 1203. 0015 [hep-th].

[76] Per Kraus and Eric Perlmutter, Probing higher spin black hole, JHEP **1302** (2013) 096, arXiv: 1209. 4937.

[77] Justin R. David, Michael Ferlaino and S. Prem Kumar, Thermodynamics of higher spin black holes in 3D, JHEP **1211** (2012) 135, arXiv: 1210. 0284 [hep-th].

[78] Bin Chen, Jiang Long and Yi Nan Wang, Phase Structure of Higher Spin Black Hole, JHEP **1303** (2013) 017, arXiv: 1212. 6593.

[79] A. Castro, E. Hijano, A. Lepage Jutier, and A. Maloney, Black Holes and Singularity Resolution in Higher Spin Gravity, JHEP **1201** (2012) 031, arXiv: 1110. 4117 [hep-th].

第三章　四维和高维临界引力①

刘海山[1], 吕　宏[2], C. N. Pope[3]

[1] 浙江工业大学应用物理系

[2] 北京师范大学物理学系

[3] 美国德州农工大学物理学与天文学系

早在 20 世纪 70 年代, 人们发现高阶导数引力是可重正的, 但会引进一个能量为负的鬼场. 我们在理论中引进宇宙学常数, 发现在参数空间中存在一些临界点, 使得纯引力鬼场在线性条件下可被消除. 本章介绍三维, 四维和高维的四阶导数引力中的临界现象.

3.1　引　　言

引力和电磁力是人类在认识自然的历史进程中最早发现的基本作用力. 早期人类对电磁力的认识也许超前于引力. 早在战国时期, 指南针已应用在军事上, 但引力却是人类科学史上第一个数学化的基本作用力. Newton 的万有引力 (1686) 要比第二个数学化的电磁力 (1864) 早 178 年. 而在原子核尺度之内的强相互作用和弱相互作用则是 20 世纪的成果. 从亚里士多德、墨子、伽利略到牛顿以及爱因斯坦, 人类对时刻感受到的引力的认识经历了漫长而曲折的路程. 爱因斯坦相对论彻底改变了人们对时空及引力的认识. 时空不再是一个绝对的概念, 而是一个可以弯曲的流形 (manifold). 时空不是一个物质运动的绝对框架, 其自身作用及其与物质的相互作用构成了一门几何动力学. 引力和其他三种基本作用力因而在概念上有着本质的区别. 在大尺度宏观现象上, 引力是时空弯曲的有效作用. 在理论结构上, 相对论建立在一个非常广泛和完美的时空协变对称性原理的基础上. 近一百年来, 爱因斯坦理论的正确性在越来越先进的实验和观测中得到验证.

然而对爱因斯坦相对论的微观理解, 近五十年来, 依然没有什么定论. 其困难有两方面: 其一是实验的困难. 尽管引力在大尺度下, 由于叠加效应, 占据绝对优势并主宰了整个宇宙的运行. 但作为一个基本力, 与其他基本力相比, 引力极其微弱,

---

① 感谢国家自然科学基金的资助, 项目批准号: 11305140, 11175269, 11235003.

在微观尺度下, 可以忽略不计. 在小尺度下, 引力仅在 10^{-6} 米得到实验验证. 而电磁力的应用范围已在 10^{-15} 米以下得到验证. 另一个是理论上的困难. 20 世纪人类的一个重大成果是量子原理的发现. 除引力之外的其他三种基本作用力, 也就是电磁力、原子核的弱和强作用力已经在量子原理下构成一个标准模型. 标准模型是一个实验上非常成功、数学上自洽的可重正化的量子规范场论. 量子原理的一个重要特点是物理观测量用算符 (operator) 表示, 这与把时空作为几何动力学的引力理论有着难以调和的冲突. 冲突的着重点表现在广义相对论作为场论是个不可重正化的.

如何把量子原理和广义相对论结合起来是现代高能基础物理研究中最具有挑战性的课题. 量子效应在微观世界才明显, 而引力则刚好相反. 这意味着在实验上, 量子引力效应非常难以观测. 只有在黑洞和宇宙起源中, 量子引力才有较强的物理效应. 当然, 人类要理解宇宙的诞生, 量子引力是不可或缺的. 在理论上, 引力量子化的难度在于量子原理和广义相对论都难以修正. 量子现象已被实验充分证实, 而广义相对论完美对称性的理论基础使得任何破缺都令人难以信服.

现在普遍认为一个有希望把引力量子化的理论是超弦理论. 从概念上来说, 弦论是场论的一个简单推广. 场论中的基本物质是维数为零的点, 而弦论中的基本物质是维数为一的弦. 在这个框架下, 基本粒子是弦的不同的振动模式. 因此, 从其构造可以看出它具有统一各种基本作用力的可能. 超弦是一个含有玻色子和费米子互换的超对称的理论, 这个理论同时保留了量子原理和广义协变性. 在低能有效场论的角度来看, 它是对爱因斯坦理论的高阶导数的修正. 超弦理论不仅仅是一个量子引力理论, 它还包含规范场论, 因而有可能把引力和标准模型统一起来. 超弦理论的研究和验证, 能把我们所知的所有物质和相互作用统一起来. 这也意味着超弦是一个内容极其广泛的理论. 在数学上已经得到证明, 有 5 个在微扰意义下自洽的超弦理论, 它们的时空都是十维. 在非微扰作用下, 它们统一于十一维的 “M–理论”.

虽然在目前超弦是一个非常有希望的量子引力理论, 但它自身是一个庞大的体系, 解决的不仅仅是引力的量子化, 同时也是一个把所有物质和相互作用全部统一起来的理论. 由于它的难度, 人们开始希望寻找一个仅仅解决引力量子化问题的小的理论. 至少, 标准模型可以认为是超弦理论的一个量子自洽的截断 (truncation). 那么, 是否存在一个纯引力的量子上自洽的截断呢? 由于最近十年的研究使人们更加意识到超弦理论体系的庞大和复杂, 这个可能性引起了理论物理学界新的重视. 显然, 如果我们要同时坚持量子原理和广义协变性原理, 那么在有效理论的范畴里, 唯一的选择就是对 Einstein 引力做高阶导数修正. 事实上, 引力重正化这个问题本身并不难解决. 早在 20 世纪 70 年代, K. S. Stelle 已经证明 $\mathbb{R} + \mathbb{R}^2$, 也就是四阶导数引力在四维是可重正化的[1,2]. 但高阶导数带来了一个新问题, 理论不可避免地会存在鬼场. 由于这个原因, 高阶导数引力在量子引力研究领域里一直得不到重视. 值得一提的是, 超弦解决鬼场问题的方法是, 引进特殊的无穷项高阶导数, 从而同时解决重正化和鬼场问题.

最近, Horava 在破缺广义协变的代价下, 借用凝聚态物理的细致平衡 (detail balance) 提出了一个新的四维引力理论[3]. 这也是一个高阶导数引力, 但高阶导数只作用在空间坐标上, 而不在时间坐标上, 因而理论没有鬼场, 但理论却不再是广义协变. 我们最先指出 Horava 的细致平衡与 Newton 引力不符[4]. 经过近几年的研究, 已有一定共识, Horava 引力不太可能描写量子引力. 由于四维引力的复杂性, 许多学者一直尝试三维引力的研究. 普通的三维引力没有引力子, 因而其框架相当简单, 但是加上高阶导数项以后, 带质量的引力子可以产生. 最出名的三维引力理论是拓扑质量引力[5]. 在这个理论中, 带质量的引力子依然可能是鬼场, 但这个鬼场问题可以通过改变作用量符号来解决. 但这却又带来了新问题. 作用量符号的改变, 意味着理论的黑洞的质量为负. 为了保证黑洞带有正的质量, 那么引力子必然为鬼场. 最近一个突破性的研究[6] 证明, 对三维拓扑质量引力的参数取一定的临界值时, 引力子鬼场可以变成无质量, 因而成为一个纯规范, 从而给出一个可能自洽的三维量子纯引力理论. 在这个方向, 我们主要做了以下两份工作. 我们提到了量子引力的重正化必然需要高阶导数, 但量子场论不需要高阶导数. 那么能否构造一个超引力加物质使得超引力多重态 (multiplet) 有高阶导数, 但物质多重态却没有高阶导数的混合 (hybrid) 理论呢? 在文章 [7] 中, 我们成功地构造了这样一个超引力理论. 在文章 [9] 中, 我们对这个理论做了充分分析, 发现临界点上没有鬼场, 黑洞质量为正, 从而给出一个跟物质耦合的可能量子自洽的超引力.

三维拓扑质量引力可否推广到四维和高维? K. S. Stelle 鬼场问题能否解决? 我们在最近的一篇文章 [10] 里证明, 如果把 $\mathbb{R}+\mathbb{R}^2$ 理论再加一个宇宙常数项, 那么这个理论的参数空间也存在一个临界点, Stelle 的鬼场消失. 整个理论有以下物理自由度: 两个自由度的零质量引力子和 5 个自由度的对数模式 (Log modes). 零质量的引力子的能量为零, 而对数模式的能量为正, 因而理论没有鬼场. 有意思的是, Schwarzschild 黑洞的质量为零, 其物理意义还有待研究. 以上结果可以很容易推广到高维[11].

3.2　三维临界引力

1982 年, Deser, Jackiw 和 Templeton 提出了三维拓扑质量引力[5], 其拉氏量为

$$L=\sqrt{-g}R-\frac{1}{\mu}\left(\omega\wedge \mathrm{d}\omega-\frac{2}{3}\omega\wedge\omega\wedge\omega\right).$$

这是一个三阶导数引力理论, 理论会有一个带质量的引力子出现. 当然由于是高阶导数引力理论, 这个带质量引力子的动能项是负的, 表明这个引力场是我们通常说

的鬼场. 但是由于在三维时空中, 纯引力没有多余的自由度, 无质量引力子仅仅是一个纯规范, 没有物理实质. 因而可以改变整个拓扑引力理论拉氏量的符号, 使得带质量引力子的动能项是正的, 从而避免了鬼场问题. 这是一个令人振奋的结果! 但却不是那么完美, 这个拓扑质量引力理论还存在 BTZ 黑洞解, 经过计算人们发现, 这个黑洞的质量是负的. 这在物理上是不能接受的, 而为了保证黑洞质量为正, 我们可以改变整个拉氏量的符号, 从而使得带质量的引力子变成鬼场了.

2008 年, 这一领域有了转机, Strominger 等人在三维时空中提出了手征引力理论[6]. 这个理论是在拓扑质量引力的基础上加了一个宇宙学常数项. 他们发现理论的参数空间中存在特定的点, 在这一点, 理论可以同时避免鬼场问题和黑洞负质量问题, 其拉氏量为

$$L=\sqrt{-g}(R-2\Lambda)-\frac{1}{\mu}\left(\omega\wedge \mathrm{d}\omega-\frac{2}{3}\omega\wedge\omega\wedge\omega\right).$$

令 $\Lambda=-\frac{1}{l^2}$, 若 $\mu l=1$, 那么原有的带质量的引力子的质量为零, 转变成一个纯规范的无质量引力子. 理论在这一点, 包含纯规范的无质量引力场和对数模式. 这个对数模式也许可以通过边界条件去除, 也许不能. 通过这种方式, 理论成功地绕过了鬼场和黑洞负质量的问题, 即便是在不改变理论整体的符号的情况下.

上面两个理论都是三阶导数理论, 人们同时也在尝试着更高阶的引力理论. 2009 年, Bergshoeff, Hohm 和 Townsend 在三维时空中提出了一个新质量引力理论[8], 其拉氏量为

$$L=\sqrt{-g}(R+\alpha R^2+\beta R^{\mu\nu}R_{\mu\nu}).$$

这是一个四阶导数引力理论, 这个理论包含有一个带质量的引力场, 一个带质量的标量场以及纯规范的无质量引力场. 同样地因为是高阶导数引力理论, 带质量的引力场是鬼场. 标量场的质量的平方为 $m^2=\frac{1}{8\alpha+3\beta}$. 如果使 $\alpha=-\frac{3}{8}\beta$, 标量场的质量趋向于无穷大, 此时, 标量场退耦. 这样, 理论就包含了一个有质量的引力场和一个纯规范的无质量的引力场, 带质量的引力场是鬼场, 为了避免鬼场我们可以改变整个拉氏量的符号. 这个做法和拓扑引力理论中的做法一样, 碰到的问题也是一样. 此时的新质量引力理论也存在 BTZ 黑洞解, 黑洞的质量是负的. 我们再次陷入两难境况, 要么鬼场, 要么黑洞质量为负. 在三维时空中, 高阶的引力理论一般总会遇到这两个问题——鬼场和黑洞负质量, 大部分理论只能解决其中一个问题, 有的同时解决了这两个问题. 但三维时空还是太简单, 留下的无质量引力场是个纯规范, 也没能给出太多的物理内容.

3.3　四维临界引力

在四维时空中探讨高阶导数引力理论的历史很久, 最早研究这种包含曲率平方项的四维理论是 Stelle[1,2], 但是他没有考虑有宇宙学常数的情况. 他在文中说明这种理论是可重正的, 通常这种理论有一个无质量自旋为 2 的传播子, 一个带质量自旋为 2 的传播子和一个无质量的标量传播子. 带质量引力子的能量为负, 而无质量引力子和无质量标量粒子的能量通常为正. 尽管这个理论是可重正的, 但却有鬼场出现. 前面提到, 在三维时空中, Strominger 等人发现在拓扑引力理论基础上加上宇宙学常数, 理论的参数空间中会存在一个 "临界点", 在这一点, 理论同时避免了鬼场问题和负质量问题. 那么在四维的时候, 我们在曲率平方项的基础上加上一个宇宙学常数, 会不会有类似的情况出现呢? 我们来仔细看一看. 因为在四维, Gauss-Bonnet 不变项不会对运动方程产生贡献, 所以我们只需要考虑这样的作用量[10],

$$I = \frac{1}{\kappa^2}\int \sqrt{-g}\mathrm{d}^4x(R - 2\Lambda + \alpha R^{\mu\nu}R_{\mu\nu} + \beta R^2). \tag{3.1}$$

我们沿用文章 [13, 18, 19] 中的约定, 按文章 [6] 中的想法去查看, 在理论的参数空间中是否存在一个点, 在这一点, 有质量的引力子的质量为零. 作用量 (3.1) 的运动方程为

$$G_{\mu\nu} + E_{\mu\nu} = 0, \tag{3.2}$$

式中

$$G_{\mu\nu} = R_{\mu\nu} - \frac{1}{2}Rg_{\mu\nu} + \Lambda g_{\mu\nu}, \tag{3.3}$$

$$\begin{aligned}E_{\mu\nu} = {} & 2\alpha\left(R_{\mu\rho}R_\nu{}^\rho - \frac{1}{4}R^{\rho\sigma}R_{\rho\sigma}g_{\mu\nu}\right) + 2\beta R\left(R_{\mu\nu} - \frac{1}{4}Rg_{\mu\nu}\right) + \\ & \alpha\left(\Box R_{\mu\nu} + \frac{1}{2}\Box Rg_{\mu\nu} - 2\nabla_\rho\nabla_{(\mu}R_{\nu)}{}^\rho\right) + \\ & 2\beta R(g_\mu\nu\Box R - \nabla_\mu\nabla_\nu R).\end{aligned} \tag{3.4}$$

接下来, 我们将去计算运动方程在一个背景解上的微扰方程. 我们将选取四维的 AdS 时空作为我们的背景解, 其曲率为

$$R_{\mu\nu} = \Lambda g_{\mu\nu}, \quad R = 4\Lambda, \quad R_{\mu\nu\rho\sigma} = \frac{\Lambda}{3}(g_{\mu\rho}g_{\nu\sigma} - g_{\mu\sigma}g_{\nu\rho}). \tag{3.5}$$

注意, 不像在高维时空, 四维时空中作用量 (3.1) 中的宇宙学常数对于理论有一个 AdS 真空解非常重要, 在四维情况, 任何的爱因斯坦型的背景解对应的 $E_{\mu\nu}$ 为零.

对度规做变分 $g_{\mu\nu} -> g_{\mu\nu} + h_{\mu\nu}$, 使得 $\delta g_{\mu\nu} = h_{\mu\nu}$, 我们发现线性化的运动方程为

$$\begin{aligned}\delta(G_{\mu\nu} + E_{\mu\nu}) &= \Big[1 + 2\Lambda(\alpha + 4\beta)\Big] G^{\mathrm{L}}_{\mu\nu} + \\ &\quad \alpha\left[\left(\Box - \frac{2\Lambda}{3}\right) G^{\mathrm{L}}_{\mu\nu} - \frac{2\Lambda}{3} R^{\mathrm{L}} g_{\mu\nu}\right] + \\ &\quad (\alpha + 2\beta)(g_{\mu\nu}\Box - \nabla_\mu \nabla_\nu + \Lambda g_{\mu\nu}) R^{\mathrm{L}} \\ &= 0, \end{aligned} \tag{3.6}$$

其中, $G^{\mathrm{L}}_{\mu\nu}$ 和 R^{L} 分别是 $G_{\mu\nu}$ 和 R 的一阶微扰, 即

$$G^{\mathrm{L}}_{\mu\nu} = R^{\mathrm{L}}_{\mu\nu} - \frac{1}{2} R^{\mathrm{L}} g_{\mu\nu} - \Lambda h_{\mu\nu}, \tag{3.7}$$

$$R^{\mathrm{L}}_{\mu\nu} = \nabla^\lambda \nabla_{(\mu} h_{\nu)\lambda} - \frac{1}{2}\Box h_{\mu\nu} - \frac{1}{2}\nabla_\mu \nabla_\nu h, \tag{3.8}$$

$$R^{\mathrm{L}} = \nabla^\mu \nabla^\nu h_{\mu\nu} - \Box h - \Lambda h. \tag{3.9}$$

(我们同时定义了 $R_{\mu\nu}$ 的一阶微扰 $R^{\mathrm{L}}_{\mu\nu}$ 和 $h = g^{\mu\nu} h_{\mu\nu}$.) 为了计算的方便我们利用广义坐标协变性, 选取这样的规范:

$$\nabla^\mu h_{\mu\nu} = \nabla_\nu h. \tag{3.10}$$

将这个规范带入 (3.7) 式, 可得

$$\begin{aligned} G^{\mathrm{L}}_{\mu\nu} &= -\frac{1}{2}\Box h_{\mu\nu} + \frac{1}{2}\nabla_\mu \nabla_\nu h + \frac{\Lambda}{3} h_{\mu\nu} + \frac{\Lambda}{6} h, \\ R &= -\Lambda h. \end{aligned} \tag{3.11}$$

我们将这些表达式带入线性化的运动方程并求迹, 得到

$$0 = g^{\mu\nu}\delta(G_{\mu\nu} + E_{\mu\nu}) = \Lambda\Big[h - 2(\alpha + 3\beta)\Box h\Big]. \tag{3.12}$$

我们可以看到 h 描述了一个有质量的标量场, 除了一个特例,

$$\alpha = -3\beta. \tag{3.13}$$

在这个特殊的情况下, 运动方程要求 $h = 0$. 在接下来的讨论中, 我们将集中在这个特殊的情况. 注意, 由于 Gauss-Bonnet 项在四维对运动方程没有贡献, 对于这种特殊情况 $\alpha = -3\beta$, 曲率平方项可以写成 $\frac{1}{2}\alpha C^{\mu\nu\rho\sigma} C_{\mu\nu\rho\sigma}$, 其中 $C^{\mu\nu\rho\sigma}$ 是 Weyl 张量. 在这个特殊值 (3.13) 式下, $h = 0$, 线性化的运动方程变得很简洁,

$$\begin{aligned} 0 &= g^{\mu\nu}\delta(G_{\mu\nu} + E_{\mu\nu}) \\ &= \frac{3\beta}{2}\left(\Box - \frac{2\Lambda}{3}\right)\left(\Box - \frac{4\Lambda}{3} - \frac{1}{3\beta}\right) h_{\mu\nu}, \end{aligned} \tag{3.14}$$

其中, $h_{\mu\nu}$ 满足横向无迹规范:

$$\nabla^{\mu} h_{\mu\nu} = 0, \quad g^{\mu\nu} h_{\mu\nu} = 0. \tag{3.15}$$

这个四阶的运动方程描述了一个无质量的引力子, 满足

$$\left(\Box - \frac{2\Lambda}{3}\right) h_{\mu\nu}^{(m)}; \tag{3.16}$$

与一个有质量的自旋为 2 的场, 满足

$$\left(\Box - \frac{4\Lambda}{3} - \frac{1}{3\beta}\right) h_{\mu\nu}^{(M)} = 0. \tag{3.17}$$

在 AdS_4 背景时空中, 稳定性要求, 满足方程 $\left(\Box - \dfrac{2\Lambda}{3} - M^2\right) h_{\mu\nu} = 0$ 的自旋为 2 的场的质量平方 $M^2 \geqslant 0$. 因为 Λ 是负的, 我们得到 β 的限制关系:

$$0 < \beta \leqslant \left(-\frac{1}{2\Lambda}\right). \tag{3.18}$$

注意, β 必须为正. 我们感兴趣的是找到一个能使带质量的引力子的质量变为零的临界点. 我们发现这个点存在,

$$\beta = -\frac{1}{2\Lambda}. \tag{3.19}$$

至此, 我们通过条件 (3.13) 式消除了有质量的标量场, 又通过条件 (3.19) 使得有质量的引力场变成了无质量的引力场, 我们在四维时空中得到了一个仅有无质量引力场的理论. 此时, 我们可以计算在 AdS_4 背景时空中引力子的激发态能量. 我们选择 AdS_4 背景时空中为

$$\mathrm{d}s_4^2 = \frac{3}{-\Lambda}(-\cosh^2\rho \mathrm{d}t^2 + \mathrm{d}\rho^2 + \sinh^2\rho \mathrm{d}\Omega_2^2). \tag{3.20}$$

计算激发态能量的方法在文章 [6] 中给出, 这个方法基于构造引力场的哈密顿量. 暂时放开 β 的限制, 我们可以写下线性化方程 (3.6) 对应的作用量

$$\begin{aligned} I_2 &= -\frac{1}{2\kappa}\int \sqrt{-g}\mathrm{d}^4x h^{\mu\nu}(\delta G_{\mu\nu} + \delta E_{\mu\nu}) \\ &= -\frac{1}{2\kappa}\int \sqrt{-g}\mathrm{d}^4x \Big[\frac{1}{2}(1 + 6\beta\Lambda)(\nabla^{\lambda}h^{\mu\nu})(\nabla_{\lambda}h_{\mu\nu}) + \\ &\quad \frac{3}{2}\beta(\Box h^{\mu\nu})(\Box h_{\mu\nu}) + \frac{\lambda}{3}(1 + 4\beta\Lambda)h^{\mu\nu}h_{\mu\nu}\Big]. \end{aligned} \tag{3.21}$$

应用 Ostrogradsky 的方法, 我们定义共轭 "动量",

$$\begin{aligned}\pi^{(1)\mu\nu} &= \frac{\delta L_2}{\delta \dot{h}_{\mu\nu}} - \nabla_0\left(\frac{\delta L_2}{\delta(\mathrm{d}(\nabla_0 h_{\mu\nu})/\mathrm{d}t)}\right). \\ &= -\frac{1}{2\kappa^2}\sqrt{-g}\nabla^0\Big[(1+6\beta\Lambda)h^{\mu\nu} - 3\beta\Box h^{\mu\nu}\Big], \\ \pi^{(2)\mu\nu} &= \frac{\delta L_2}{\delta(\mathrm{d}(\nabla_0 h_{\mu\nu})/\mathrm{d}t)} = -\frac{3\beta}{2\kappa^2}\sqrt{-g}g^{00}\Box h^{\mu\nu}.\end{aligned} \tag{3.22}$$

因为拉氏量不依赖于时间, 所以哈密顿量等于其对时间的平均值. 这样写的一个好处是, 我们可以对时间导数做分部积分. 这样, 我们得到哈密顿量

$$\begin{aligned}H &= \frac{1}{T}\left[\int \mathrm{d}^4x\left(\pi^{(1)\mu\nu}\dot{h}_{\mu\nu} + \pi^{(2)\mu\nu}\frac{\partial(\nabla_0 h_{\mu\nu})}{\partial t}\right) - I_2\right] \\ &= \frac{1}{2\kappa^2 T}\int\sqrt{-g}\mathrm{d}^4x\Big[-(1+6\beta)\nabla^0 h^{\mu\nu}\dot{h}_{\mu\nu} + 6\beta\left(\frac{\partial}{\partial t}(\Box h^{\mu\nu})\right)\Big] - \frac{1}{T}I_2,\end{aligned} \tag{3.23}$$

对时间 t 的积分长度为 T. 分别计算有质量和无质量引力场的哈密顿量, 我们就可以得到其在壳能量, 即

$$E_m = -\frac{1}{2\kappa^2 T}(1+2\beta\Lambda)\int\sqrt{-g}\mathrm{d}^4x\nabla^0 h^{\mu\nu}_{(m)}\dot{h}^{(m)}_{\mu\nu}, \tag{3.24}$$

$$E_M = \frac{1}{2\kappa^2 T}(1+2\beta\Lambda)\int\sqrt{-g}\mathrm{d}^4x\nabla^0 h^{\mu\nu}_{(M)}\dot{h}^{(M)}_{\mu\nu}. \tag{3.25}$$

在这里, $\beta=0$ 时, 理论回到纯引力情况, 我们知道纯引力理论中的引力子的能量为正. 所以, 式 (3.24) 中的积分项肯定是负的. 那么, 式 (3.25) 中的积分项也应该是负的, 所以对于只能取正数的 β, 有质量的引力子在 AdS 背景中的激发能是负的. 但是加上我们的临界条件 (3.19), 我们发现, 有质量和无质量的引力子能量都变成零了.

理论在临界点上, 不仅仅只有无质量的引力子, 还有对数模式. 这些对数模式在整个四阶算符 $\left(\Box+\frac{2}{3}\Lambda\right)^2$ 的作用下为零, 但在算符 $\left(\Box+\frac{2}{3}\Lambda\right)$ 的作用下不为零. 这样的对数模式近期被人们构造出来[12], 其形式为 $h^{\log}_{\mu\nu} = (2\mathrm{i}t + \log\sinh 2\rho - \log\tanh\rho)h_{\mu\nu}$, 其中 $h_{\mu\nu}$ 为普通的无质量引力子. 我们计算了对数模式的哈密顿量 (3.23) 式, 通过数值积分发现其能量是有限且正定的.

在前面介绍的几个三维的例子中, 我们知道, 高阶导数引力理论可能会遇到鬼场和黑洞负质量问题. 现在我们的理论避开了鬼场问题, 接下来, 我们去研究理论的黑洞解的质量. 我们将应用 Abbott 和 Deser 的方法去计算渐近 AdS 黑洞解的质量. 我们可以把黑洞度规分解为 $g_{\mu\nu}=\bar{g}_{\mu\nu}+h_{\mu\nu}$, 其中 $\bar{g}_{\mu\nu}$ 是 AdS 背景真空. 将线性化的运动方程 (3.6) 解释为黑洞的能动量张量 $T_{\mu\nu}$. 我们可以将守恒流 $J^\mu = T^{\mu\nu}\xi_\mu$

写成 $J^\mu = \nabla_\nu F^{\mu\nu}$, 其中 ξ_μ 是无穷远处类时的 Killing 矢量. 这样, 我们就可以计算出 Abbott-Deser 质量, 即

$$E = \frac{1}{2\kappa^2}\int_{S_\infty} \mathrm{d}S_i F^{0i}. \tag{3.26}$$

线性化的运动方程 (3.6) 中对 $F^{\mu\nu}$ 有贡献的项在文章 [13] 中给出. 我们可以验证,

$$\begin{aligned}
F^{\mu\nu}_{(0)} &= \xi_a lpha\nabla^{[\mu}\nabla^{\mu]}h + h^{\alpha[\mu}\nabla^{\nu]}\xi_\alpha - \xi^{[\mu}\nabla^{\nu]\alpha} + \frac{1}{2}h\nabla^\mu\xi^\nu, \\
F^{\mu\nu}_{(1)} &= 2\xi^{[\mu}\nabla^{\nu]}R^{\mathrm{L}} + R^{\mathrm{L}}\nabla^\mu\xi^\nu, \\
F^{\mu\nu}_{(2)} &= -2\xi_\alpha\nabla^{[\mu}G^{\mu]\alpha}_{\mathrm{L}} - 2G^{\alpha[\mu}_{\mathrm{L}}\nabla^{\nu]}\xi_\alpha,
\end{aligned} \tag{3.27}$$

有这样的关系,

$$\begin{aligned}
\nabla_\nu F^{\mu\nu}_{(0)} &= G^{\mu\nu}_{\mathrm{L}}\xi_\nu, \\
\nabla_\nu F^{\mu\nu}_{(1)} &= \left[(-\nabla^\mu\nabla^\nu + g_{\mu\nu}\Box + \Lambda g^{\mu\nu})R^{\mathrm{L}}\right]\xi_\nu, \\
\nabla_\nu F^{\mu\nu}_{(2)} &= \left[\left(\Box - \frac{2\Lambda}{3}\right)G^{\mu\nu}_{\mathrm{L}} - \frac{2\Lambda}{3}R^{\mathrm{L}}g^{\mu\nu}\right]\xi_\nu.
\end{aligned} \tag{3.28}$$

这几项恰好是我们线性化的运动方程中的那几项 $\delta(G_{\mu\nu} + E_{\mu\nu})$ 与 Killing 矢量 ξ_ν 收缩的结果. 接下来, 我们计算黑洞的 Abbott-Deser 质量就是一件机械的事了.

对于 Schwarzchild-AdS 黑洞, 只有 $F^{\mu\nu}_{(0)}$ 对黑洞质量有贡献, 其结果为[13]

$$M = m[1 + 2\Lambda(\alpha + 4\beta)] = m(1 + 2\beta\Lambda), \tag{3.29}$$

其中, m 是通常的质量常数. 因而, 在 β 区间 (3.18) 式中, 黑洞的质量是非负的. 对于我们的临界条件 (3.19) 式, 黑洞的质量变为

$$M = 0, \tag{3.30}$$

因此, Schwartzschlild-AdS 黑洞的质量为零. 类似的零能量结果之前在标量不变的 Weyl 平方理论中[14] 以及近期的三维 "临界" 新质量引力理论中[15,16] 都出现过. 利用 Wald[17] 的熵公式 $S = -2\pi\int\sqrt{h}\mathrm{d}^2x\epsilon_{\alpha\beta\gamma\delta}(\partial L/\partial R_{\alpha\beta\gamma\delta})$, 我们可以计算出 Schwarzschild-AdS 黑洞的熵为

$$S = \pi r_+^2[1 + 2\Lambda(\alpha + 4\beta)]. \tag{3.31}$$

对于任意的 α 和 β, 包括临界条件 (3.19), 这个结果都满足热力学第一定律

$$\mathrm{d}M = T\mathrm{d}S.$$

文章 [1, 2] 中给出四维的爱因斯坦引力加上曲率平方项是可重正的, 但是对于 $\alpha = -3\beta$ 这种情况是不成立的, 因为在这种情况, 标量场的传播子的渐进行为是 $1/k^2$, 而不是 $1/k^4$. 在我们这个理论中一个比较重要的地方是, 我们加了宇宙学常数项, 从而使得我们能够在 $\alpha = -3\beta$ 的情况下完全消除标量场. 因而, 我们这个理论是否可以重正化决定于 $\alpha = -3\beta$ 和 $\beta = -1/(2\Lambda)$ 在重正化流的作用下是不是稳定的.

至此, 我们在四维时空中系统地研究了宇宙学常数加曲率平方项的引力理论, 曲率平方的出现使得理论有可能是重正化的. 通过适当的选取参数, 我们消除了这种类型引力理论中一般会出现的带质量标量场. 同时, 我们进一步调参数发现在一个 "临界点" 上, 有质量的引力子质量变为零. 这种 "临界引力理论" 可以看成是三维手征引力[6] 在四维时空中的一个对应. 我们发现剩下的无质量引力子的能量为零, 但对数模式的能量为正, 所以理论没有鬼场问题. 不像在三维, 手征引力理论最后只剩下无质量的引力, 且还是一个纯规范, 在我们这个临界引力理论中, 除了无质量的引力子, 还有对数模式, 理论不是那么的简单, 还有一定的物理实在, 可以作为在四维时空研究量子引力的一个试探模型.

3.4 高 维 推 广

在看了四维的含曲率平方项的引力理论之后, 我们很自然地就会考虑到, 在高维时空中, 情况是怎样的, 还有没有类似的特性. 在这一节, 我们就来看看临界引力在高维的推广.

在 D 维时空中, 含曲率平方项的引力模型的一般形式是[11]

$$\begin{aligned} I = \int \mathrm{d}^D x \sqrt{-g} \frac{1}{\kappa} \Big[& (R - 2\Lambda_0) + \alpha R^2 + \beta R^{\mu\nu} R_{\mu\nu} + \\ & \gamma (R^{\mu\nu\rho\sigma} R_{\mu\nu\rho\sigma} - 4R^{\mu\nu} R_{\mu\nu} + R^2) \Big]. \end{aligned} \tag{3.32}$$

其运动方程为

$$\begin{aligned} & \frac{1}{\kappa}\left(R_{\mu\nu} - \frac{1}{2} g_{\mu\nu} R + \Lambda_0 g_{\mu\nu}\right) + 2\alpha R \,(R_{\mu\nu} - \frac{1}{4} g_{\mu\nu}\, R) + \\ & (2\alpha + \beta)(g_{\mu\nu}\Box - \nabla_\mu \nabla_\nu) R + 2\gamma \Big[R R_{\mu\nu} - 2 R_{\mu\sigma\nu\rho} R^{\sigma\rho} + \\ & R_{\mu\sigma\rho\tau} R_\nu^{\sigma\rho\tau} - 2 R_{\mu\sigma} R_\nu^\sigma - \frac{1}{4} g_{\mu\nu} (R^2_{\tau\lambda\rho\sigma} - 4 R^2_{\sigma\rho} + R^2) \Big] + \\ & \beta \Box \left(R_{\mu\nu} - \frac{1}{2} g_{\mu\nu} R\right) + 2\beta \left(R_{\mu\sigma\nu\rho} - \frac{1}{4} g_{\mu\nu} R_{\sigma\rho}\right) R^{\sigma\rho} = 0. \end{aligned} \tag{3.33}$$

对于参数的一般取值, 这个理论总是存在两个真空——AdS 或者 dS 空间. 如果 $\Lambda_0 < 0$, 理论有两个 AdS 真空或者一个 AdS 真空和一个 dS 真空; 如果 $\Lambda_0 > 0$, 理论会有两个 dS 真空或者一个 AdS 和一个 dS 真空; 如果 $\Lambda_0 = 0$, 理论会有一个 Minkowski 真空加一个 AdS 真空或 dS 真空. 度规满足 $R_{\mu\nu} = \dfrac{2\Lambda}{D-2} g_{\mu\nu}$, Λ 满足二阶方程,

$$\begin{aligned} &\frac{\Lambda - \Lambda_0}{2\kappa} + f\Lambda^2 = 0, \\ &f \equiv (D\alpha + \beta) \frac{(D-4)}{(D-2)^2} + \gamma \frac{(D-3)(D-4)}{(D-1)(D-2)}. \end{aligned} \tag{3.34}$$

这个现象第一次是在 Einstein-Lovelock 引力中被看到[20]. 接下来我们在这个背景下, 将运动方程线性化. 定义 $h_{\mu\nu} = g_{\mu\nu} - \bar{g}_{\mu\nu}$, 得到

$$\begin{aligned} &c\mathcal{G}^{\mathrm{L}}_{\mu\nu} + (2\alpha + \beta)\left(\bar{g}_{\mu\nu}\bar{\Box} - \bar{\nabla}_\mu \bar{\nabla}_\nu + \frac{2\Lambda}{D-2}\bar{g}_{\mu\nu}\right) R^{\mathrm{L}} + \\ &\beta\left(\bar{\Box}\mathcal{G}^{\mathrm{L}}_{\mu\nu} - \frac{2\Lambda}{D-1}\bar{g}_{\mu\nu} R^{\mathrm{L}}\right) = 0, \end{aligned} \tag{3.35}$$

c 记为

$$c = \frac{1}{\kappa} + \frac{4\Lambda D}{D-2}\alpha + \frac{4\Lambda}{D-1}\beta + \frac{4\Lambda(D-3)(D-4)}{(D-1)(D-2)}\gamma. \tag{3.36}$$

定义爱因斯坦张量为 $\mathcal{G}_{\mu\nu} \equiv R_{\mu\nu} - \dfrac{1}{2} R g_{\mu\nu} + \Lambda g_{\mu\nu}$, 其线性化的形式为

$$\mathcal{G}^{\mathrm{L}}_{\mu\nu} = R^{\mathrm{L}}_{\mu\nu} - \frac{1}{2}\bar{g}_{\mu\nu} R^{\mathrm{L}} - \frac{2\Lambda}{D-2} h_{\mu\nu}. \tag{3.37}$$

线性化的 Ricci 张量 $R^{\mathrm{L}}_{\mu\nu}$ 和线性化标量曲率 R^{L} 分别是

$$\begin{aligned} R^{\mathrm{L}}_{\mu\nu} &= \frac{1}{2}\left(\bar{\nabla}^\sigma \bar{\nabla}_\mu h_{\nu\sigma} + \bar{\nabla}^\sigma \bar{\nabla}_\nu h_{\mu\sigma} - \bar{\Box} h_{\mu\nu} - \bar{\nabla}_\mu \bar{\nabla}_\nu h\right), \\ R^{\mathrm{L}} &= -\bar{\Box} h + \bar{\nabla}^\sigma \bar{\nabla}^\mu h_{\sigma\mu} - \frac{2\Lambda}{D-2} h. \end{aligned} \tag{3.38}$$

取方程 (3.35) 的迹, 给出

$$\left[\Big(4\alpha(D-1) + D\beta\Big)\bar{\Box} - (D-2)\left(\frac{1}{\kappa} + 4f\Lambda\right)\right] R^{\mathrm{L}} = 0. \tag{3.39}$$

我们可以看出, 如果 α 和 β 满足下面的关系:

$$4\alpha(D-1) + D\beta = 0, \tag{3.40}$$

达朗贝尔算符可以被去除, 只要

$$\frac{1}{\kappa} + 4f\Lambda \neq 0, \tag{3.41}$$

那么 $R^{\rm L}$ 为零.

沿用我们在四维时空里面的做法, 我们取定规范 $\bar\nabla^\mu h_{\mu\nu} = \bar\nabla_\nu h$, 代入 $R^{\rm L}$ 的表达式中得到 $R^{\rm L} = -\dfrac{2\Lambda}{D-2}h$. 当关系 (3.40) 满足时, $R^{\rm L}$ 为零, 所以 h 也为零. 这样, $h_{\mu\nu}$ 满足横向无迹条件:

$$\bar\nabla^\mu h_{\mu\nu} = 0, \qquad h = 0. \tag{3.42}$$

线性的 Ricci 张量和线性的爱因斯坦张量在这个规范下的形式分别为

$$\begin{aligned} R^{\rm L}_{\mu\nu} &= \frac{2D\Lambda}{(D-1)(D-2)}h_{\mu\nu} - \frac{1}{2}\bar\Box h_{\mu\nu}, \\ \mathcal{G}^{\rm L}_{\mu\nu} &= \frac{2\Lambda}{(D-1)(D-2)}h_{\mu\nu} - \frac{1}{2}\bar\Box h_{\mu\nu}. \end{aligned} \tag{3.43}$$

运动方程简化为

$$-\frac{\beta}{2}\left(\bar\Box - \frac{4\Lambda}{(D-1)(D-2)} - M^2\right)\left(\bar\Box - \frac{4\Lambda}{(D-1)(D-2)}\right)h_{\mu\nu} = 0, \tag{3.44}$$

其中,

$$M^2 \equiv -\frac{1}{\beta}\left(c + \frac{4\Lambda\beta}{(D-1)(D-2)}\right). \tag{3.45}$$

无质量的和有质量的引力子分别满足方程:

$$\left(\bar\Box - \frac{4\Lambda}{(D-1)(D-2)}\right)h^{(m)}_{\mu\nu} = 0, \tag{3.46}$$

$$\left(\bar\Box - \frac{4\Lambda}{(D-1)(D-2)} - M^2\right)h^{(M)}_{\mu\nu} = 0. \tag{3.47}$$

稳定性要求 $M^2 \geqslant 0$, 而临界点便定义在 $M^2 = 0$, 即

$$c + \frac{4\Lambda\beta}{(D-1)(D-2)} = 0. \tag{3.48}$$

实际上, 不像含宇宙学常数的爱因斯坦引力, Kerr-AdS 类型的黑洞解在这个理论中还没有找到. 但这样的解想必是存在的, 在大尺度上高阶导数的影响可以被忽略, Kerr-AdS 类型的解将趋向于标准的 Kerr-AdS 解. 通过计算渐近 Kerr-AdS 类型黑洞解的质量和角动量, 我们发现在临界点, 其质量和角动量为零. 应用文章 [13, 18] 中的方法, $\bar\xi_\mu$ 是一个 Killing 矢量, 与这个矢量相关联的守恒荷为

$$\begin{aligned} Q^\mu(\bar\xi) = &\left(c + \frac{4\Lambda\beta}{(D-1)(D-2)}\right)\int_{\mathcal{M}} {\rm d}^{D-1}x\,\sqrt{-\bar g}\bar\xi_\nu \mathcal{G}^{\mu\nu}_{\rm L} + \\ &(2\alpha+\beta)\int_{\partial\mathcal{M}} {\rm d}S_i\sqrt{-g}(\bar\xi^\mu\bar\nabla^i R_{\rm L} + R_{\rm L}\bar\nabla^\mu\,\bar\xi^i - \bar\xi^i\bar\nabla^\mu R_{\rm L}) + \\ &\beta\int_{\partial\mathcal{M}} {\rm d}S_i\sqrt{-g}(\bar\xi_\nu\bar\nabla^i\mathcal{G}^{\mu\nu}_{\rm L} - \bar\xi_\nu\bar\nabla^\mu\mathcal{G}^{i\nu}_{\rm L} - \mathcal{G}^{\mu\nu}_{\rm L}\bar\nabla^i\bar\xi_\nu + \mathcal{G}^{i\nu}_{\rm L}\bar\nabla^\mu\bar\xi_\nu), \end{aligned} \tag{3.49}$$

其中, $\mathcal{M}$ 为渐近 AdS 空间的一个类空超曲面, $\partial\mathcal{M}$ 是其边界. 第一个积分也可以写成一个边界项, 见文献 [13, 18]. 在渐近 AdS 空间, 只有第一项不为零. 在临界点, 守恒荷, 具体地说能量 Q^0 为零. 例如, Schwarzschild-AdS 黑洞, 在无穷远处, $h_{00}=h^{rr}=\left(\frac{r_0}{r}\right)^{D-3}$, 其能量为

$$E_{\rm BH}=\left(c+\frac{4\Lambda\beta}{(D-1)(D-2)}\right)\frac{(D-2)}{2}\Omega_{D-2}r_0^{D-3}, \tag{3.50}$$

其中, Ω_{D-2} 是 $D-2$ 维球面的立体角. 在四维, $\kappa=8\pi G_N, r_0=2G_Nm$, 那么我们可以看到在临界点, 黑洞能量在任意维数为零.

接下来, 我们计算引力子激发态的能量. 应用 [6] 中的方法去构造引力子的哈密顿量. 选取 (3.40) 式的参数关系, 保留 β. 取横向无迹规范, 在 AdS 背景下的二阶作用量为

$$\begin{aligned}I_2=-\frac{1}{2}\int {\rm d}^Dx\sqrt{-\bar{g}}\Big[&-\frac{\beta}{2}\bar{\Box}h^{\mu\nu}\bar{\Box}h_{\mu\nu}-\\&\frac{1}{2}\left(\frac{4\Lambda\beta}{(D-1)(D-2)}-c\right)\bar{\nabla}^\rho h^{\mu\nu}\bar{\nabla}_\rho h_{\mu\nu}+\\&\frac{2\Lambda c}{(D-1)(D-2)}h^{\mu\nu}h_{\mu\nu}\Big].\end{aligned} \tag{3.51}$$

用 Ostrogradsky 的方法, 去定义和计算正则动量, 得到

$$\begin{aligned}\Pi^{\mu\nu}_{(1)}&\equiv\frac{\delta\mathcal{L}_2}{\delta\dot{h}_{\mu\nu}}-\bar{\nabla}_0\left(\frac{\delta\mathcal{L}_2}{\delta\left(\frac{\partial}{\partial t}\left(\bar{\nabla}_0h_{\mu\nu}\right)\right)}\right)\\&=-\frac{\sqrt{-\bar{g}}}{2}\bar{\nabla}^0\left[-\left(\frac{4\Lambda\beta}{(D-1)(D-2)}-c\right)h^{\mu\nu}+\beta\bar{\Box}h^{\mu\nu}\right],\end{aligned} \tag{3.52}$$

$$\Pi^{\mu\nu}_{(2)}\equiv\frac{\delta\mathcal{L}_2}{\delta\left(\frac{\partial}{\partial t}\left(\bar{\nabla}_0h_{\mu\nu}\right)\right)}=\frac{\sqrt{-\bar{g}}}{2}\beta\bar{g}^{00}\bar{\Box}h^{\mu\nu}. \tag{3.53}$$

于是, 哈密顿量可以写为

$$H\equiv\int {\rm d}^{D-1}x\left(\Pi^{\mu\nu}_{(1)}\dot{h}_{\mu\nu}+\Pi^{\mu\nu}_{(2)}\frac{\partial}{\partial t}\left(\bar{\nabla}_0h_{\mu\nu}\right)\right)-\int\sqrt{-g}\mathcal{L}_2{\rm d}^{D-1}x, \tag{3.54}$$

这里我们用到了与时间无关的 AdS 背景度规, 即

$${\rm d}\bar{s}^2=\frac{(D-1)(D-2)}{2(-\Lambda)}(-\cosh^2\rho{\rm d}t^2+{\rm d}\rho^2+\sinh^2\rho{\rm d}\Omega^2_{D-2}). \tag{3.55}$$

将正则动量代入 (3.54) 式得到哈密顿量. 引力子的能量可以直接从 (3.54) 式获得, 但是这里有一个简便的方法去计算. 因为拉氏量不显含时间, 所以哈密顿量是与时间无关的. 我们因而可以将其写成对时间的平均值, $H=\langle H\rangle=T^{-1}\int_0^T \mathrm{d}tH$. 这样写的好处是对于时间导数我们可以做分部积分. 这使得我们可以将 (3.54) 写成一个更简洁的形式. 拉氏量项 $\int\sqrt{-g}\mathcal{L}_2\mathrm{d}^{D-1}x$, 正比于运动方程, 对在壳能量没有贡献. 将引力子的方程 (3.47) 代入对时间平均的哈密顿量 (3.54) 式, 做分部积分, 分别得到带质量和无质量引力子的能量:

$$
\begin{aligned}
E_m&=-\frac{1}{2T}\left(c+\frac{4\Lambda\beta}{(D-1)(D-2)}\right)\int\mathrm{d}^Dx\sqrt{-\bar{g}}\left(\dot{h}_{\mu\nu}^{(m)}\bar{\nabla}^0h_{(m)}^{\mu\nu}\right),\\
E_M&=\frac{1}{2T}\left(c+\frac{4\Lambda\beta}{(D-1)(D-2)}\right)\int\mathrm{d}^Dx\sqrt{-\bar{g}}\left(\dot{h}_{\mu\nu}^{(M)}\bar{\nabla}^0h_{(M)}^{\mu\nu}\right),
\end{aligned}\tag{3.56}
$$

其中对时间的积分长度为 T. 带质量和无质量的引力子能量的符号相反, 其根源是理论为四阶导数, 但是在临界点都为零. 无质量引力子能量中的积分项本身是负的, 因为对于爱因斯坦引力 $(\alpha=\beta=\gamma=0)$, 我们知道其能量 E_m 为正. 而带质量引力子能量中的积分项应该是负的, 至少对于小质量是负的.

我们从一个含有四个参数 (Λ_0,α,β 和 γ) 的理论出发, 临界点满足两个关系式 (3.40) 和 (3.48), 可以消去其中两个参数. 需要注意的是, 在临界点 (3.41) 式必须满足, 否则规范不变量 R^{L} 在理论中将会没有任何限制.

我们在前面已经提到, 对于给定的四个参数 Λ_0,α,β 和 γ, 这个理论通常有两个 AdS 真空, 对应于方程 (3.34) 的两个根. 我们讨论的临界条件只是在其中一个真空上将带质量的引力子转成无质量的引力子, 在另外一个真空, 理论仍然包含带质量的引力子和无质量的引力子, 其线性激发态能量的符号相反. 至于是带质量的引力子能量为负还是无质量的引力子能量为负取决于参数的具体值. 需要指出的是, 如果我们适当选取参数使得无质量引力子的能量为正, 那么其黑洞的质量也为正.

出于某种考虑, 为了避免解关于 Λ 的二阶方程, 利用临界条件将临界点的 Λ 值用其他参数表示, 从而可以将其看成一个线性方程. 对于大于四维的情况, 将 α 和 γ 作为自由参数是最方便的. 利用 (3.40) 式我们可以将 β 用 α 表示, 利用 (3.48) 式我们得到临界点真空的宇宙学常数值为

$$
\Lambda_{\mathrm{crit}}=-\frac{D(D-1)(D-2)}{4\kappa\left[(D-1)(D-2)^2\alpha+D(D-3)(D-4)\gamma\right]}.\tag{3.57}
$$

由 (3.34) 式可以得到临界点的 Λ_0 的值为

$$
\Lambda_0=-\frac{D^2(D-1)(D-2)\left[(D-1)(D-2)\alpha+(D-3)(D-4)\gamma\right]}{8\kappa\left[(D-1)(D-2)^2\alpha+D(D-3)(D-4)\gamma\right]^2}.\tag{3.58}
$$

另外一个非临界点的真空对应的宇宙学常数值为

$$\Lambda_{\text{noncrit}} = \frac{D\Big[(D-1)(D-2)\alpha + (D-3)(D-4)\gamma\Big]\Lambda_{\text{crit}}}{(D-4)\Big[(D-1)(D-2)\alpha + D(D-3)\gamma\Big]}. \tag{3.59}$$

最终, 含两个参数的临界理论的作用量形式为

$$\begin{aligned} I = \int \mathrm{d}^D x\sqrt{-g}\frac{1}{\kappa}\Big[&(R-2\Lambda_0) + \alpha R^2 - \frac{4(D-1)}{D}\alpha R^{\mu\nu}R_{\mu\nu} + \\ &\gamma\left(R^{\mu\nu\rho\sigma}R_{\mu\nu\rho\sigma} - 4R^{\mu\nu}R_{\mu\nu} + R^2\right)\Big]. \end{aligned} \tag{3.60}$$

其中, 裸宇宙学常数由 (3.58) 式给出. 理论有一个临界真空 (3.57) 式和一个非临界真空 (3.59) 式.

最后我们可以令 (3.34) 中 $f=0$, 从而避免理论有两个真空解, 使得理论有唯一的真空 $\Lambda=\Lambda_0$. 这样, 我们的四个参数 Λ_0, α, β 和 γ 受到三个条件 (3.34), (3.40), (3.48) 式约束, 满足

$$\beta = -\frac{4\alpha(D-1)}{D}, \quad \Lambda = \Lambda_0 = -\frac{D}{8\kappa\alpha}, \quad \alpha = -\frac{\gamma D(D-3)}{(D-1)(D-2)}. \tag{3.61}$$

这样, 最初的四个参数理论 (3.32) 式现在退化为单个参数的 Einstein-Weyl 形式

$$\begin{aligned} I &= \int \mathrm{d}^D x\sqrt{-g}\left[\frac{1}{\kappa}(R-2\Lambda_0) + \gamma C^{\mu\nu\rho\sigma}C_{\mu\nu\rho\sigma}\right], \\ \Lambda &= \Lambda_0 = \frac{(D-1)(D-2)}{8\kappa\gamma(D-3)}, \end{aligned} \tag{3.62}$$

其中, $C_{\mu\nu\rho\sigma}$ 为 Weyl 张量, 其平方为

$$C^{\mu\nu\rho\sigma}C_{\mu\nu\rho\sigma} = R^{\mu\nu\rho\sigma}R_{\mu\nu\rho\sigma} - \frac{4}{D-2}R^{\mu\nu}R_{\mu\nu} + \frac{2}{(D-1)(D-2)}R^2. \tag{3.63}$$

物理上, 我们可以很清晰地看出 (3.62) 式只有一个真空, 因为 Weyl 张量是共形不变的, 所以不会对运动方程 (3.34) 有直接的贡献. 我们还想强调的是, 令 $f=0$, (3.41) 式自动成立, 而如果试图通过两个根简并得到一个根, 则会违背条件 (3.41).

我们在 D 维时空构造了一个两参数的引力理论, 这个理论存在一个临界真空, 在这个临界真空上仅存在无质量的引力子. 在四维, 当条件 (3.40) 式满足时, 理论只有一个 AdS 真空. 对于不是四维的情况, 通常理论会有两个不同的 AdS 真空. 在高于四维的情况, 可以再给参数增加一个限制, 从而使得理论只含一个参数且只有一个真空.

3.5 总 结

量子引力是理论物理基础研究中的一个非常重要, 但还没有解决的问题. 虽然超弦理论给出了量子引力的基本框架, 但超弦自身是一个庞大的系统, 把引力和其他作用力全部统一起来, 这也使得从中获取唯象学的难度大大增加. 因此有必要考虑引力是否存在一种自洽的截断 (truncation), 就如量子色动力学可以是一个自洽的量子场论.

从微扰量子场论的角度来看, 引力量子化的难度在于其不可重正化. 在量子场论的框架里, 如果我们坚持广义协变, 唯一的选择就是对 Einstein 理论做高阶导数修正. 事实上, 引力重正化本身并不难解决. 早在 20 世纪 70 年代, K. S. Stelle 已经证明 $\mathbb{R}+\mathbb{R}^2$, 也就是四阶导数引力在四维是可以重正化的. 但高阶导数带来了一个新问题: 理论不可避免地存在鬼场. 由于这个原因, 高阶导数引力在量子引力研究领域里一直得不到重视. 值得一提的是, 超弦解决这个问题的方法, 在有效场论的角度上看, 其实就是引进了特殊的无穷项高阶导数, 从而同时解决重正化和鬼场问题.

高阶导数量子引力首先在三维时空获得了重大突破. 虽然 Einstein 理论在三维没有引力子这个自由度, 但由于四维引力的复杂性, 许多学者更愿意研究三维引力. 加上高阶导数项以后, 带质量的引力子可以在三维产生. 最著名的是拓扑质量引力, 它只含有一个带质量的引力子. 虽然这仍是一个鬼场, 但这个问题可以通过改变作用量符号来解决. 然而这又带来了新问题, 作用量符号的改变, 意味着理论黑洞解的质量为负. 为了保证黑洞带有正的质量, 那么引力子必然为鬼场. Strominger 等人 (2008) 的一个突破性的研究证明, 在理论参数取一定的临界值时, 引力子鬼场可以变成无质量, 因而成为一个纯规范, 从而给出一个纯引力的可能自洽的量子理论的玩具模型. 随后, 许多三维的临界引力理论被构造出来. 这些理论有很好的性质, 但从量子引力这个课题来说, 这些理论都只能算玩具模型.

在这个量子引力研究的大环境下, 我们在 2011 年首先提出了四维临界理论, 随后和 S. Deser 等人合作, 把这个课题推广到高维. 我们的突破是在 K. S. Stelle 的框架下, 再加一个宇宙学常数. 由于宇宙学常数的存在, 我们可以证明, K. S. Stelle 理论中的鬼场, 在线性条件下, 理论的参数取某些临界值时, 可以被消除. 由于宇宙学常数的存在, 时空背景是 dS 或 AdS, 而不再是 Minkowski, 这在 AdS/CFT 上有一些有趣的现象. 临界引力可以对应于现在研究还很空白的 Log 场论. 我们还发现临界引力可以超对称化, 使临界引力成为超弦的一个截断的最初设想变为可能.

两年以后, 人们对三维和四维等高阶临界引力已有了一个比较全面的认识. 虽然在线性条件下可以避免鬼场, 但在非线性相互作用下鬼场依然会产生. 因此, 把这些理论作为一个自洽的量子引力可能太乐观. 但这些理论的研究, 加深了我们对高阶导数理论的理解, 推广了高阶导数在 AdS/CFT 上的应用. 因此, 它们在量子引力研究中, 还是起到了积极作用.

参考文献

[1] K. S. Stelle, Renormalization of Higher Derivative Quantum Gravity, Phys. Rev. **D16** (1977)953.

[2] K. S. Stelle, Classical Gravity with Higher Derivatives, Gen. Rel. Grav. **9** (1978) 353.

[3] P. Horava, Quantum Gravity at a Lifshitz Point, Phys. Rev. **D79** (2009) 084008, arXiv: 0901. 3775 [hep-th].

[4] H. Lü, J. Mei ,and C. N. Pope, Solutions to Horava Gravity, Phys. Rev. Lett. **103** (2009)091301, arXiv: 0904. 1595 [hep-th].

[5] S. Deser, R. Jackiw ,and S. Templeton, Topologically Massive Gauge Theories, Annals Phys. **140** (1982) 372 [Erratum-ibid. **185** (1988) 406] [Annals Phys. **185** (1988) 406] [Annals Phys. **281** (2000) 409].

[6] W. Li, W. Song ,and A. Strominger, Chiral Gravity in Three Dimensions, JHEP **0804** (2008) 082, arXiv: 0801. 4566 [hep-th].

[7] H. Lü, C. N. Pope ,and E. Sezgin, Massive Three-Dimensional Supergravity From $R + R^2$ Action in Six Dimensions, JHEP **1010** (2010) 016, arXiv: 1007. 0173 [hep-th].

[8] E. A. Bergshoeff, O. Hohm, and P. K. Townsend, Phys. Rev. Lett. **102** (2009) 201301, arXiv: 0901. 1766 [hep-th].

[9] H. Lü and Y. Pang, On Hybrid (Topologically) Massive Supergravity in Three Dimensions, JHEP **1103** (2011) 050, arXiv: 1011. 6212 [hep-th].

[10] H. Lü and C. N. Pope, Critical Gravity in Four Dimensions, Phys. Rev. Lett. **106** (2011) 181302, arXiv: 1101. 1971 [hep-th].

[11] S. Deser, H. Liu, H. Lü, C. N. Pope, T. C. Sisman, and B. Tekin, Critical Points of D-Dimensional Extended Gravities, Phys. Rev. **D83** (2011) 061502, arXiv: 1101. 4009 [hep-th].

[12] E. A. Bergshoeff, O. Hohm, J. Rosseel, and P. K. Townsend, Phys. Rev. **D83** (2011) 104038, arXiv: 1102. 4091 [hep-th].

[13] S. Deser and B. Tekin, Phys. Rev. **D67** (2003) 084009 [hep-th/0212292].

[14] D. G. Boulware, G. T. Horowitz, and A. Strominger, Phys. Rev. Lett. **50** (1983) 1726.

[15] H. Lu and Y. Pang, JHEP **1103** (2011) 050, arXiv: 1011. 6212 [hep-th].

[16] R. G. Cai, L. M. Cao, and N. Ohta, Phys. Rev. **D81** (2010) 024018, arXiv: 0911. 0245 [hep-th].

[17] R. M. Wald, Phys. Rev. **D48** (1993) 3427 [gr-qc/9307038].

[18] S. Deser and B. Tekin, Phys. Rev. Lett. **89** (2002) 101101 [hep-th/0205318].

[19] I. Gullu and B. Tekin, Phys. Rev. **D80** (2009) 064033, arXiv: 0906. 0102 [hep-th].

[20] D. G. Boulware and S. Deser, Phys. Rev. Lett. **55**(1985) 2656.

第四章　宇宙微波背景辐射观测及其科学结果

黄庆国
中国科学院理论物理研究所

4.1　背 景 介 绍

人类所赖以生存的宇宙自大爆炸以来历经了大约 138 亿年. 宇宙有开始吗? 宇宙从哪里来? 构成宇宙的基本组分是什么? 今天所看到的宇宙的结构是如何形成的? 宇宙在漫长的 138 亿年中都发生了什么? 这些都是宇宙学家和理论物理学家们面临的重要研究课题.

人类对宇宙的认识是从日常生活中慢慢积累起来的. 刚开始的时候, 受限于原始的观测手段, 怀着以人为本的观念, 人们渐渐形成了地球是宇宙中心的假说. 16 世纪, 波兰天文学家哥白尼在《天体运行论》中完整地提出了太阳才是宇宙的中心. 这就是著名的日心说. 事实上, 太阳也不是宇宙的中心, 宇宙中并不存在某一个点占据着特别优越的位置. 宇宙是均匀而且各向同性的. 这是研究宇宙学的基本出发点, 也被称为宇宙学原理. 1917 年, 爱因斯坦将他所提出的广义相对论应用到整个宇宙, 标志着现代宇宙学的诞生. 均匀且各向同性的宇宙和我们的直觉并不一致. 这是因为我们通常只能看到宇宙中很小的一个区域. 宇宙学原理并不适用于宇宙的细节, 而只适用于超过一亿光年以上区域平均后得到的抹匀了的宇宙. 这么大的区域足以包含许许多多的星系, 甚至星系团. 银河系也只是宇宙中沧海之一粟而已.

这样的一个均匀且各向同性的宇宙是静止的吗? 历史上对此有过长期的争论. 爱因斯坦认为宇宙应当是静止的. 为了平衡物质间的引力而得到一个静态的宇宙, 他引入了一个正的宇宙学常数来产生等效的斥力. 大约从 1910 年到 20 世纪 20 年代中期, 大量的宇宙观测发现来自遥远天体的谱线呈现出一个共同的特征: 它们的谱线都较地球上物质辐射的谱线往红的方向偏移. 这种现象被称为红移. 1929 年, 天体物理学家哈勃 (Hubble) 通过观测还发现从地球到达遥远天体的距离和天体的红移成正比. 这就是著名的哈勃定律. 如此大量的观测结果很难用太阳系而不是这些遥远星系本身的运动来解释. 宇宙在不断地膨胀, 这对红移现象提供了一个非常自然的解释. 遥远天体辐射的谱线的波长随着宇宙的膨胀而被不断地拉长, 因此谱线总是往红的方向偏移. 红移现象表明遥远的天体都在远离我们而去, 但这并不说明地球是宇宙的中心. 事实上从任何一个天体看来, 别的天体都是在远离它自己而去. 爱因斯坦在得知哈勃的观测结果后感到十分的懊恼, 并认为引入一个正的宇宙学常数是他一生中最大的错误.

一个随时间膨胀、均匀且各向同性的宇宙可以用 Friedmann-Robertson-Walker (FRW) 度规来描述:

$$ds^2 = -dt^2 + a^2(t)\left(\frac{dr^2}{1-k^2r^2} + r^2 d\Omega_2^2\right), \tag{1.1}$$

其中 $k = -1, 0, +1$ 分别对应空间开的、平直的和闭的宇宙, $a(t)$ 是描述宇宙膨胀的尺度因子[1].

随着宇宙不断地膨胀, 星系和星系之间的距离不断增大, 宇宙越来越稀薄, 温度也越来越低. 逆着时间的方向, 不同粒子在过去应当曾经距离很近, 而且宇宙在早期曾经处于一个密度极大且温度极高的状态. 那时宇宙的膨胀速度也要比现在快得多, 因此被称为 "大爆炸". 大爆炸理论是由勒梅特 (Lemaitre) 提出, 并得到伽莫夫 (Gamow) 的大力支持和进一步完善. 当前所观测到的宇宙中轻元素的丰度, 与理论预言的宇宙早期快速膨胀并冷却过程中在宇宙最初几分钟内通过核反应所形成的这些元素的理论丰度值非常接近. 定量描述宇宙早期形成轻元素丰度的原初核合成理论给大爆炸宇宙学提供了一个有力的支持. 另一方面, 如果宇宙在早期确实发生了一次大爆炸, 总应当有些遗迹 (比如辐射) 留下来. 基于大爆炸宇宙学, 在 20 世纪 60 年代一些物理学家预言宇宙中应当残留有温度为几个开尔文 (约为 $-270°C$) 的背景辐射, 并且在厘米波段上应当能观测到. 无独有偶, 两位贝尔实验室的工程师彭齐亚斯 (Penzias) 和威尔森 (Wilson) 于 1965 年果真发现宇宙中确实存在这样的背景辐射. 而且他们还发现宇宙微波背景辐射具有高度的各向同性, 即从不同角度抵达地球的微波背景辐射都有几乎完全一样的温度 (现在测定大约为 2.73 开尔文). 这一发现不仅强有力地支持了宇宙学原理, 并且也极大地支持了大爆炸宇宙学. 这个发现是如此重要, 以至于这两位贝尔实验室的工程师彭齐亚斯和威尔森因此分享了 1978 年诺贝尔物理学奖.

爱因斯坦的广义相对论是研究宇宙学的基本工具. 描述宇宙动力学的作用量是

$$S = \frac{M_p^2}{2}\int d^4x\sqrt{-g}R + S_m, \tag{1.2}$$

其中 $M_p = (8\pi G)^{-1/2}$ 是约化的普朗克能标, R 是 Ricci 标量, S_m 是物质部分的作用量. 爱因斯坦方程是

$$R_{\mu\nu} - \frac{1}{2}Rg_{\mu\nu} = 8\pi G T_{\mu\nu}, \tag{1.3}$$

其中 $T_{\mu\nu}$ 是物质的能量动量张量. 从宇宙学原理出发, 物质的能量动量张量形式上和理想流体的能量动量张量一样[1]. 对于均匀且各向同性的宇宙, 上面的爱因斯坦方程只有两个是独立的. 它们可以写成:

$$H^2 + \frac{k}{a^2} = \frac{1}{3M_{\rm p}^2}\rho, \tag{1.4}$$

$$\frac{\ddot{a}}{a} = -\frac{1}{6M_{\rm p}^2}(\rho + 3p), \tag{1.5}$$

其中

$$H \equiv \frac{{\rm d}\ln a}{{\rm d}t} \tag{1.6}$$

是哈勃参数, ρ 和 p 分别是物质的能量密度和压强. 爱因斯坦场方程包含物质能量守恒方程:

$$\dot{\rho} + 3H(\rho + p) = 0. \tag{1.7}$$

以上三个方程中只有两个独立, 但是却有三个未知函数: a, ρ 和 p. 因此要求解宇宙动力学方程, 还需要知道物态方程:

$$w = \frac{p}{\rho}, \tag{1.8}$$

这里 w 也被称为状态参数. 如果 w 是常数, 则

$$\rho \sim a^{-3(1+w)}. \tag{1.9}$$

在空间平直宇宙中, 宇宙的尺度因子满足

$$a \sim t^{\frac{2}{3(1+w)}}. \tag{1.10}$$

(1) 尘埃物质为主的宇宙. 尘埃物质的压强为零, 即 $w = 0$, 那么 $a \sim t^{2/3}$.

(2) 辐射为主时期, $w = 1/3$, 那么 $a \sim t^{1/2}$.

在大爆炸宇宙学中宇宙早期处于极高温的状态, 物质粒子以近似光速在运动, 这个时期是辐射为主时期. 辐射的温度反比于尺度因子. 随着宇宙的膨胀, 宇宙的温度逐渐降低下来, 宇宙中粒子的运动速度也渐渐慢了下来. 速度远小于光速的物质可以看成互相不挤压对方, 或者说压强为零. 从宇宙尺度上看, 宇宙中的各种天体都可以看成是这类物质. 这类物质也被称为尘埃物质. 随着宇宙的膨胀, 宇宙从早期的辐射为主时期逐渐过渡到物质为主时期.

尽管宇宙在很大尺度上可以看成是均匀且各向同性的, 但是在小尺度上却呈现出纷繁复杂的结构. 一个绝对均匀且各向同性的宇宙在引力作用下也将永远保持均匀与各向同性. 要产生结构, 宇宙在早期必须有微小的不均匀. 因为物质间总是

相互吸引的, 原初的物质不均匀在引力的作用下会被不断放大. 尽管现在宇宙在小尺度上看上去并不均匀, 甚至在较大尺度 (比如, 10Mpc) 上也存在一定的结构, 但是宇宙在早期应当是很接近于均匀和各向同性的. 大约在宇宙年龄是 38 万年的时候, 宇宙中光子的温度 (或者能量) 远低于氢原子的电离能, 宇宙变成电中性, 光子从此可以在宇宙中自由地传播. 这也就是今天被观测到的微波背景辐射. 就像宇宙中物质分布具有一定的结构, 微波背景辐射也应当存在微小的各向异性. 1989 年由美国航空航天局发射的 COBE 卫星不仅发现宇宙微波背景辐射精确地符合热大爆炸宇宙学所预言的黑体谱, 而且 COBE 卫星还首次测量到微波背景辐射存在微小的温度涨落 (大约在 18 微开尔文水平). Smoot 和 Mather 因对 COBE 卫星和微波背景辐射研究的卓越贡献于 2006 年获诺贝尔物理学奖.

微波背景辐射温度微小的各向异性起源于极早期宇宙的量子扰动. 这些微小的量子扰动也为宇宙晚期大尺度结构形成提供原初的密度扰动. 今天观测到的宇宙微波背景辐射大约形成于宇宙年龄约为 38 万年的时候, 之后历经约 138 亿年传播到我们这里. 因此今天观测到的微波背景辐射也包含了丰富的宇宙演化历史的信息. 总之, 对微波背景辐射温度各向异性的精确测量不仅可以揭示极早期宇宙的物理, 而且可以用来研究宇宙中物质的组分和宇宙演化的历史等.

4.2 微波背景辐射的观测结果

这里我们主要介绍 2013 年 3 月普朗克卫星和 2014 年 3 月宇宙河外偏振背景成像 (BICEP) 的主要科学结果.

4.2.1 普朗克卫星的科学结果

在 COBE 卫星之后, 于 2001 年美国航空航天局发射的 WMAP 卫星第一次对宇宙微波背景辐射各向异性做了精细地测量. 通过对观测数据的仔细分析, 很多重要的宇宙学参数得以精确地测定. 这标志着精确宇宙学时代的到来, 开启了宇宙学研究的黄金时代. WMAP 卫星全部 9 年的观测数据 (W9) 于 2012 年底发布[2]. 由欧洲航空航天局发射的普朗克卫星是新一代的测量微波背景辐射各向异性卫星, 它的解析度约是 WMAP 卫星的 100 倍. 经过几年对普朗克卫星观测数据的分析, 普朗克卫星的第一批数据 (P13) 及其科学结果于 2013 年 3 月发布[3–7]. 毫无疑问, 普朗克卫星将宇宙学研究带入了一个更为精确的时代.

普朗克卫星的主要科学结果包括[4]:

(1) 普朗克卫星的观测结果强有力地支持标准的六参数 ΛCDM 模型 (即宇宙学常数 + 冷暗物质模型). 并且普朗克卫星对这六个参数的测量精度有了很大的提高, 包括在很高置信度上发现原初功率谱偏离严格的标度不变性.

(2) 普朗克卫星对其中一些参数及其从这些参数诱导的其他宇宙学参数与之前的测量结果有较明显的不同.

(3) 普朗克卫星观测到的温度谱在小角度上 ($l > 50$) 和 ΛCDM 模型的预言吻合得非常好.

(4) 普朗克卫星没有发现需要扩展标准的六参数 ΛCDM 模型的强有力证据.

(5) 普朗克卫星以更高置信度确认之前 WMAP 卫星发现的几个大尺度微波背景辐射温度分布的反常现象. 这些反常现象主要来自大角度微波背景辐射温度功率谱 ($l < 30$), 但是这些反常现象都没有很高的置信度.

六参数 ΛCDM 模型中的六个参数分别是: 分别描述重子物质和冷暗物质能量密度的两个参数 $\Omega_{\rm b}h^2$ 和 $\Omega_{\rm c}h^2$, 最后散射面声学视界的角度 $\theta_{\rm MC}$, 宇宙再电离的光深 τ, 原初标量扰动功率谱的幅度 $A_{\rm s}$ 以及它的谱指数 $n_{\rm s}$. 这里原初标量扰动的功率谱可以参数化为

$$P_{\rm s}(k) = A_{\rm s}\left(\frac{k}{k_{\rm p}}\right)^{n_{\rm s}-1+\frac{1}{2}\alpha_{\rm s}\ln\left(\frac{k}{k_{\rm p}}\right)+\frac{1}{6}\beta_{\rm s}\ln\left(\frac{k}{k_{\rm p}}\right)^2}, \tag{2.1}$$

其中 $n_{\rm s} \equiv 1 + {\rm d}\ln P_{\rm s}/{\rm d}\ln k$, $\alpha_{\rm s} \equiv {\rm d}n_{\rm s}/{\rm d}\ln k$ 和 $\beta_{\rm s} \equiv {\rm d}^2 n_{\rm s}/{\rm d}\ln k^2$ 分别为标量扰动功率谱的谱指数, 谱指数的跑动以及谱指数跑动的跑动, $k_{\rm p}$ 为标杆尺度. 在六参数模型中, 不考虑 $\alpha_{\rm s}$ 和 $\beta_{\rm s}$ 这两个参数.

宇宙组分　众多的天文学观测表明宇宙中除了有重子物质之外, 还有未知的暗能量和暗物质. 普朗克卫星对宇宙物质组分的测量和之前的宇宙学观测的结果有明显不同. 之前的宇宙学观测结果是重子物质、冷暗物质以及暗能量在宇宙中所占的份额分别为 4.5%, 22.7%, 72.8%. 而 2013 年普朗克卫星测定的结果分别为 4.9%, 26.8%, 68.3%. 普朗克卫星数据倾向于支持有稍多一些的暗物质, 稍少一些的暗能量. 特别值得一提的是两组低红移超新星数据 Supernova Legacy Survey (SNLS)[8] 和 the combination of Supernova Union2.1 compilation of 580 Supernova (Union2.1)[9] 对物质组分份额的限制是自洽的, 但是 SNLS 相较于普朗克卫星的结果有明显的不一致. 这值得未来做更进一步的研究.

哈勃常数　哈勃常数是一个十分重要的天文参数, 表征今天宇宙膨胀的速度. 在过去十几年的时间里, 哈勃常数的测定取得了巨大的进展. 假定 ΛCDM 模型, 结合 WMAP 的极化数据 (WP), 普朗克卫星测定的哈勃常数为

$$H_0 = (67.3 \pm 1.2)\ {\rm km}\cdot{\rm s}^{-1}\cdot{\rm Mpc}^{-1}, \tag{2.2}$$

置信水平为 68%. 由此确定宇宙的年龄约为 138.17 亿年. 普朗克卫星的观测结果和重子声波振荡 (BAO)[10] 的数据相吻合. 利用哈勃太空望远镜观测的经过造父变

星校准的 8 颗超新星数据 (HST), Riess 等人测得

$$H_0 = (73.8 \pm 2.4)\ \mathrm{km \cdot s^{-1} \cdot Mpc^{-1}}, \tag{2.3}$$

置信水平为 68%[11]. 可见普朗克的测量结果和 “定域” 的测量结果有大约 2.7 个标准偏差的差别. 这种差别到底从哪里来, 或者暗示什么样的新物理, 也是一个值得未来近一步讨论的问题.

光深 普朗克卫星直接测量到透镜效应极大地有助于解除不同宇宙学参数之间的简并性. 小角度功率谱的幅度正比于原初标量扰动的幅度. 受宇宙再电离的影响, 小角度温度涨落功率谱的幅度被光深指数压低. 然而透镜效应只和扰动的幅度有关, 与光深无关, 因此只利用普朗克卫星就可以测定出光深. P13+WP 对光深的测量结果是

$$\tau = 0.089^{+0.012}_{-0.014}, \tag{2.4}$$

置信水平为 68%.

谱指数 由于普朗克卫星对小角度功率谱的测量十分精确, 因此它可以精确地测量原初标量扰动功率谱随扰动尺度的变化, 即谱指数. 结合 WP 的数据, 普朗克卫星在超过 5 个标准偏差置信度上发现原初标量扰动功率谱偏离严格的标度不变性:

$$n_{\mathrm{s}} = 0.9603 \pm 0.0073, \tag{2.5}$$

置信水平为 68%.

以上的结果基于六参数 ΛCDM 模型. 普朗克组也分析了一些对六参数 ΛCDM 模型的简单扩展模型.

空间曲率 结合其他小角度功率谱, 如 Atacama Cosmology Telescope (ACT)[12], South Pole Telescope (SPT)[13] 和 BAO[10] 测数据, 普朗克卫星发现宇宙空间曲率参数为

$$100\Omega_{\mathrm{k}} = -0.05^{+0.65}_{-0.66}, \tag{2.6}$$

置信水平为 95%. 普朗克卫星支持宇宙是空间平直的.

谱指数跑动 谱指数跑动刻画原初密度扰动功率谱谱指数随尺度变化的大小. 对谱指数跑动的测量有助于了解暴胀的动力学过程. 普朗克卫星只有微弱的证据 (不到两个标准偏差) 显示存在非零的谱指数跑动.

张标比 爱因斯坦引力预言早期宇宙应当存在引力波扰动, 即张量扰动. 张标比 r 意指引力波扰动的幅度和标量扰动幅度之比. 普朗克 2013 年公布的结果表明, 未测量到原初引力波扰动存在的信号, 只给出在 95% 置信度下张标比的上限为

$$r < 0.11. \tag{2.7}$$

原初曲率扰动非高斯 非高斯刻画不同扰动模式之间的相互作用. 爱因斯坦引力是一个高度非线性的理论, 因此不同扰动模式之间总应当存在相互作用. 相互作用的强度反映在微波背景辐射温度涨落分布相对于高斯分布偏离的大小, 即非高斯参数, 例如 $f_{\rm NL}$ 反映曲率扰动三点关联函数的大小. 目前, 非高斯的研究主要包含曲率扰动的三点和四点关联函数, 即 bispectrum 和 trispectrum. 如果假定 $f_{\rm NL}$ 是标度不变的, 普朗克卫星的数据支持不存在大的三点关联函数. 理论上, 小的三点关联函数并不必然意味着四点关联函数也很小. 普朗克组尚未对四点关联函数做详细的分析, 相信四点关联函数的分析将在不远的将来给出. 另外, 尺度相关的非高斯参数也需要未来做进一步的仔细分析. 探索原初曲率扰动的非高斯性对揭示宇宙结构形成的机制将产生重要的影响. 未来十余年, 大尺度结构的观测将进一步推进对原初曲率扰动非高斯的研究.

中微子质量 中微子如果存在较大的质量, 对小角度功率谱将产生显著的影响. 反过来, 由于普朗克卫星可以精确地测量小角度功率谱, 因此普朗克卫星可以用来测量中微子的绝对质量. 在 95% 置信度上, 普朗克发现三类中微子质量之和小于 0.23eV.

相对论性物质种类 普朗克卫星没有发现证据暗示存在超出粒子物理标准模型三类中微子之外的暗辐射存在.

暗能量状态方程 2011 年诺贝尔物理学奖颁发给宇宙加速膨胀的发现. 宇宙加速膨胀的一个自然解释是宇宙中存在暗能量. 下一个重要的问题就是测定暗能量的状态方程. 仅用普朗克卫星的观测数据并不足以精确地探测暗能量的状态方程. 结合 BAO 的观测数据, 爱因斯坦提出的宇宙学常数 (状态参数 $w=-1$) 能很好地解释现有的观测结果. 结合 Union2.1 超新星的数据, 宇宙学常数仍然符合得很好. 但是如果结合 HST 的数据, 暗能量状态参数在 95% 置信水平上小于 -1. 需要指出的是, BAO 和微波背景辐射的物理较为清楚, 而超新星的物理形成机制并不十分清楚. 因此, 在将超新星标定为标准烛光的时候有可能带来不可预见的系统误差, 或者说超新星的数据或许并不十分可靠. 总之, 探索暗能量的状态方程仍将是未来宇宙学重要的研究方向.

4.2.2 BICEP2 的观测结果

不仅密度扰动可以影响微波背景辐射温度各向异性, 引力波扰动[14−17] 同样可以对之产生影响. 最近宇宙河外背景偏振成像 (B2)[18] 通过测量微波背景辐射 B 模偏振发现, 原初引力波扰动存在的信号. 如果这个发现被证实, 那将是首次证实引力波存在, 为基础科学和宇宙学研究打开一扇新的窗户.

因为原初引力波扰动的幅度也很小, 习惯上引入一个新的物理量, 即张标比 r (引力波是张量, 因此引力波扰动也常常被称为张量扰动), 来描述引力波扰动的大

小. 类似于标量扰动 (2.1) 式, 引力波扰动的功率谱也可以参数化为

$$P_{\rm t}=A_{\rm t}\left(\frac{k}{k_{\rm p}}\right)^{n_{\rm t}}, \tag{2.8}$$

这里 $A_{\rm t}$ 是引力波扰动在 $k_{\rm p}$ 处的大小, $n_{\rm t}$ 是引力波扰动的谱指数. 而张标比就被定义为

$$r\equiv\frac{A_{\rm t}}{A_{\rm s}}. \tag{2.9}$$

宇宙河外背景偏振成像发现 $r=0$ 在 7 个标准偏差水平上被排除掉, 而且在 68% 置信水平上,

$$r=0.20^{+0.07}_{-0.05}. \tag{2.10}$$

上面这个结果是基于假定 $n_{\rm t}=0$. 接下来一个重要的问题就是研究原初引力波扰动谱的性质, 特别是它的谱指数. 利用宇宙河外偏振成像的数据, r 和 $n_{\rm t}$ 的限制分别是

$$r=0.21^{+0.04}_{-0.10}, \tag{2.11}$$

$$n_{\rm t}=-0.06^{+0.25}_{-0.23}, \tag{2.12}$$

在一个标准偏差水平上[19].

这里特别值得一提的是宇宙河外背景偏振成像的结果明显和普朗克的结果 (2.7) 式不一致! 这有几种可能性: 其一是这两个观测至少有一个有错误; 其二是所使用的宇宙学模型有问题. 总之, 这些可能性成为当前宇宙学研究的热点问题. 或许在本章交稿后几个月之内这方面的研究会有很大的进展. 因此本章只能基于当前最新的研究结果进行论述. 建议读者未来在做相关研究时调研更新的文献. 接下来介绍两种可能的解释.

鉴于上一节的结果, 普朗克卫星的结果和一些定域观测的结果不一致, 但是 WMAP 卫星的结果和这些观测都不存在矛盾, 因此在文献 [20], 我们提出放弃普朗克卫星的数据而采用 WMAP 卫星的数据. 结合 WMAP 和 B2 的数据, 发现

$$r=0.25^{+0.04}_{-0.08}, \tag{2.13}$$

$$n_{\rm s}=0.991^{+0.010}_{-0.011}, \tag{2.14}$$

置信度为 68%. 可见一个标度不变的标量扰动功率谱仍然可以很好地符合 WMAP 和 B2 的数据. 这和普朗克卫星的结果很不一致. 这从另一个侧面反映普朗克卫星的数据和宇宙河外偏振背景成像数据之间的矛盾.

要协调普朗克卫星和宇宙河外背景偏振的数据, 可以考虑原初标量扰动谱指数存在跑动[21]. 同时考虑 B2, P13 和 WP 的数据, 我们发现

$$r_{0.002} = 0.22^{+0.04}_{-0.07}, \tag{2.15}$$

$$n_{\rm s} = 1.0447^{+0.0295}_{-0.0297}, \tag{2.16}$$

$$\alpha_{\rm s} = -0.0253 \pm 0.0093, \tag{2.17}$$

置信度为 68%, 这里的下标 0.002 的意思是标杆尺度为 $k_{\rm p} = 0.002\ {\rm Mpc}^{-1}$. 可见在考虑了标量谱指数的跑动 $\alpha_{\rm s}$ 后, B2 和普朗克的数据的矛盾消除了, 但是在大尺度上标量扰动倾向于是蓝谱 ($n_{\rm s} > 1$), 而且支持存在一个负的谱指数跑动. 更进一步地, 如果把跑动的跑动 $\beta_{\rm s}$ 考虑进来, 那么

$$r_{0.002} = 0.24^{+0.05}_{-0.07}, \tag{2.18}$$

$$n_{\rm s} = 1.1344^{+0.0612}_{-0.0608}, \tag{2.19}$$

$$\alpha_{\rm s} = -0.108^{+0.049}_{-0.048}, \tag{2.20}$$

$$\beta_{\rm s} = 0.033^{+0.018}_{-0.019}, \tag{2.21}$$

置信度为 68%. 我们发现存在大约 1.7 个标准偏差水平上支持存在非零的跑动的跑动.

4.3　早期宇宙暴胀

4.3.1　热大爆炸宇宙学的疑难

尽管大爆炸宇宙学取得了巨大的成功, 但是仍存在一些疑难的问题[22,23]. 比如, 宇宙在大尺度上为什么呈现出如此均匀且各向同性? 宇宙空间为什么是平直的? 宇宙小尺度的结构又是如何起源的? 等等.

空间平直性疑难. 空间平直的宇宙是非常特殊的, 它需要非常精细地调节宇宙物质的总能量密度, 使其恰好等于临界密度. 从爱因斯坦场方程, 我们不难得到

$$|\Omega - 1| = \frac{1}{a^2H^2}, \tag{3.1}$$

其中 $\Omega = \rho/\rho_{\rm crit}$, $\rho_{\rm crit} = 3M_{\rm p}^2H^2$ 为宇宙的临界密度. 在辐射为主时期, $H^2 \propto a^{-4}$, 因此 $|\Omega - 1| \propto a^2$; 在物质为主时期, $a \propto a^{-3}$, $|\Omega - 1| \propto a$. 可见, 如果宇宙总能量密度稍稍偏离临界密度, 那么无论在辐射或物质为主时期, 这种偏离都会随着宇宙的膨胀被进一步地放大. 然而, 宇宙学观测支持今天宇宙空间是平直的, 那么宇宙中物质的能量密度在早期就需要极为精确地调节.

在热大爆炸宇宙学中, 宇宙从一开始就被假定为高度均匀的. 然而, 由于信息传递的速度不能超过光速, 在一个不断膨胀的宇宙中每个观测者都只能和一个有限区域以内的地方有因果关联. 这个因果区域的边界就被称为视界. 然而, 经过理论计算发现, 在热大爆炸理论中整个微波背景辐射对应的球面上大约只有 1° 的区域可以产生因果联系[23]. 因此微波背景辐射球面可以分割成数万个因果不连通区域. 这些因果不连通区域无法在宇宙早期彼此交换信息, 因此很难解释为什么来自不同方向的微波背景辐射具有几乎完全相同的温度. 这个疑难被称为视界疑难.

尽管宇宙微波背景辐射和大尺度结构观测的结果都强有力地支持宇宙在大尺度上是均匀且各向同性的, 但是宇宙在小尺度上绝非均匀各向同性的. 我们生活在太阳系, 太阳系就不是均匀且各向同性的. 太阳系也只是银河系的一个很小的组成部分, 甚至比银河系更大尺度上仍然有星系团这样的结构存在. 大爆炸宇宙学不仅要精细调节宇宙在大尺度上是均匀且各向同性的, 而且还要精细调节小尺度上存在结构. 这就是宇宙结构起源疑难.

4.3.2 暴胀宇宙学

为了解决大爆炸宇宙学中的这些疑难, 古斯 (Guth) 于 1981 年 1 月在《物理评论》上发表了一篇著名的文章 [22], 明确提出发生在早期宇宙的暴胀可以自然地解释大爆炸宇宙学中的诸多疑难. 暴胀是发生在宇宙最初约 10^{-36} 秒的一段宇宙尺度因子近指数增长的过程. 在这么短的时间里, 宇宙膨胀了至少 10^{26} 倍. 宇宙在如此短的时间内膨胀了如此大的倍数, 暴胀因此得名!

暴胀期间, 宇宙的尺度因子大致按照时间的指数形式增长: $a(t) \sim \mathrm{e}^{Ht}$, 其中哈勃参数 H 大致是一个常数. 从方程 (3.1), 不难发现

$$|\Omega - 1| \sim \mathrm{e}^{-2Ht}. \tag{3.2}$$

可见暴胀期间, 宇宙的空间曲率参数随着时间演化被指数压低. 一般地, 如果暴胀持续足够长的时间 (比如, $H\Delta t \gtrsim 60$), 就可以很自然地解释宇宙空间为什么是平直的. 打一个比方, 一只蚂蚁在一个气球上爬, 如果气球相对于蚂蚁不是很大的时候, 蚂蚁可以感受到气球是弯曲的. 如果气球被迅速地吹大至少 10^{26} 倍, 这时蚂蚁根本感觉不到气球是弯曲的了. 因此即便宇宙空间在初始的时候不是平直的, 经过暴胀过程宇宙空间也会被拉伸得十分平直了. 反过来, 一个空间平直的宇宙也可以看成是暴胀宇宙学的一个重要预言. 而这个预言已经得到了观测强有力的支持.

视界疑难在暴胀模型中也很容易得到解释. 在暴胀期间宇宙膨胀了至少 10^{26} 倍. 现在观测到的如此巨大的宇宙其实是从一个十分微小的区域暴胀而来的. 而一个很小的区域在宇宙早期是很容易产生因果联系, 从而可以通过相互作用达至均匀各向同性的. 因此宇宙在大尺度上呈现出了今天所看到的均匀和各向同性. 对于感

兴趣的读者可参看文献 [23] 中的讨论.

既然暴胀能很好地解释宇宙为什么如此均匀, 那么接下来马上面临的问题就是如何自然地解释宇宙在小尺度上有结构同时保持大尺度上仍然是均匀且各向同性的. 众所周知, 物质与物质之间的引力相互作用总是让彼此趋于相互靠近. 如果宇宙始终保持绝对的均匀和各向同性, 宇宙中每个粒子受到来自各个方向的引力就会完全相互抵消, 宇宙也将永远保持均匀各向同性. 但是, 如果在宇宙早期物质分布有微小的不均匀性, 那么密度大的区域的引力就会变得比别的地方稍强, 它周围的物质就会被它逐渐吸引过来, 从而这个区域的密度会变得越来越大, 而它周边区域中的物质就会变得越来越稀薄. 可见物质密度微小的不均匀性随着时间的演化会被引力逐渐放大. 物质密度的不均匀性的演化遵循广义相对论. 另一方面, 由于宇宙的年龄只有约 138 亿年而且大尺度上引力很弱, 因此没有足够长的时间和足够强的引力来形成宇宙尺度上的结构. 这就是为什么在宇宙尺度上宇宙仍然呈现出均匀且各向同性的原因. 总的来说, 宇宙早期物质密度微小的不均匀性既能很好地解释今天所观测到的宇宙小尺度上的结构, 同时和宇宙在宇宙尺度上仍然呈现出均匀和各向同性不矛盾. 现在, 问题就转换成宇宙早期物质密度微小的不均匀性是怎么产生的. 暴胀对此提供了一个非常自然的起源. 由于宇宙在早期经历了一次暴胀, 逆着时间的方向追溯到宇宙早期, 宇宙的尺度是很小的. 在很小的尺度上经典物理就不够用了, 一些量子效应变得重要起来. 这些量子效应会带来物质密度微小的原初不均匀性. 正是这些起源于暴胀期间量子效应的原初物质密度扰动在引力的作用下逐渐演化成今天所观测到的宇宙的结构. 我们会在接下来的章节中仔细地讨论原初物质密度不均匀是如何起源于早期宇宙暴胀的量子扰动的.

1. 单场慢滚暴胀

暴胀是发生在宇宙早期的一段尺度因子近指数膨胀的过程. 暴胀期间, 哈勃参数几乎是个常数. 那么暴胀是如何实现的呢?

最早的时候, 古斯提出宇宙早期处在一个亚稳真空中[22], 这个亚稳真空具有较大的真空能 V_+, 那么

$$H_{\text{inf}}^2 = \frac{V_+}{3M_{\text{p}}^2}. \tag{3.3}$$

这个真空能是个常数, 因此暴胀期间的哈勃参数 H_{inf} 也是个常数. 因为宇宙现在并不处在暴胀阶段, 因此暴胀必须在宇宙早期的某个时刻结束. 在古斯的暴胀模型中, 暴胀随着亚稳真空的衰变而结束. 另一方面, 为了解决热大爆炸宇宙学中的平直性、视界等疑难, 这个亚稳真空需要具有足够长的寿命以保证暴胀持续的时间超过暴胀时期哈勃时间 (H_{inf}^{-1}) 的 60 倍. 这就要求亚稳真空的衰变率比较小. 如此小的真空衰变率意味着亚稳真空衰变到真真空所形成的真真空泡的数量很少, 这会导致暴胀结束后在哈勃视界内变得十分不均匀[24], 从而和观测结果相矛盾. 因此尽管

古斯提出了一个很诱人的产生暴胀的机制, 但是这个机制与观测的结果相矛盾. 古斯最初提出的这个暴胀模型并不成功, 现在被称为老暴胀模型.

为了解决老暴胀模型的问题, 林德等人提出新暴胀模型[25,26]. 在新暴胀模型中, 暴胀是由一个慢滚标量场的势能推动的. 这也就是现在普遍采用的慢滚暴胀. 单场慢滚暴胀由以下作用量主导:

$$S=\int \mathrm{d}^4x\sqrt{-g}\left(\frac{M_{\mathrm{p}}^2}{2}R+\frac{1}{2}\partial_\mu\phi\partial^\mu\phi-V(\phi)\right), \tag{3.4}$$

其中 ϕ 被称为暴胀子, $V(\phi)$ 是它的势能. 在一个均匀且各向同性的平直宇宙中, 我们考虑 ϕ 只是时间的函数. 这时宇宙的动力学可以用以下方程组完全描述:

$$H^2=\frac{1}{3M_{\mathrm{p}}^2}\left(\frac{1}{2}\dot{\phi}^2+V(\phi)\right), \tag{3.5}$$

$$\ddot{\phi}+3H\dot{\phi}+V'(\phi)=0, \tag{3.6}$$

其中 $V'(\phi)\equiv \mathrm{d}V(\phi)/\mathrm{d}\phi$. 如果要求 $\dot{\phi}^2\ll V(\phi)$, 标量场就会缓慢地沿着势能往下滚动. 此时, 我们还期待往下滚动的加速度 ($\ddot{\phi}$) 也是可以忽略不计的, 否则暴胀不能持续足够长的时间. 如果这样, 以上两个方程简化为

$$H^2=\frac{V(\phi)}{3M_{\mathrm{p}}^2}, \tag{3.7}$$

$$3H\dot{\phi}=-V'(\phi). \tag{3.8}$$

这两个方程描述了慢滚暴胀的动力学过程. 从方程 (3.8), $\dot{\phi}^2\ll V(\phi)$ 意味着

$$\left(\frac{V'}{V}\right)^2\ll H^2; \tag{3.9}$$

而 $|\ddot{\phi}|\ll 3H|\dot{\phi}|$ 意味着

$$|V''|\ll H^2. \tag{3.10}$$

粗略地说, V'' 可以理解为暴胀子的质量, 因此上面这个方程意味着暴胀要持续足够长的时间, 暴胀子的质量需要远小于暴胀期间的哈勃参数. 为方便起见, 人们常常引入一些参数来表征慢滚暴胀, 例如,

$$\epsilon\equiv\frac{M_{\mathrm{p}}^2}{2}\left(\frac{V'}{V}\right)^2, \tag{3.11}$$

$$\eta\equiv M_{\mathrm{p}}^2\frac{V''}{V}. \tag{3.12}$$

慢滚暴胀发生的条件为 $\epsilon\ll 1$ 和 $|\eta|\ll 3$. 这些参数也被称为慢滚参数. 当暴胀子演化到势很陡的地方时, 这些慢滚条件被破坏掉, 暴胀因此自然结束. 之后暴胀子

在它的定域极小点附近做往复振荡. 通过暴胀子和其他场耦合, 暴胀子的能量衰变成辐射和物质. 暴胀期间暴胀子的有效势能提供的真空能起主导作用, 宇宙几乎处于零温状态. 暴胀结束后, 大量辐射的产生重新把宇宙加热到很高的温度. 这个过程也被称为重新加热过程. 目前, 重新加热过程的细节并不十分清楚, 亟待未来继续研究.

习惯上, 我们还引入一个新的量, 即暴胀结束前的 e-folding 数 N, 定义为

$$N \equiv \int_t^{t_{\text{end}}} H \mathrm{d}t, \tag{3.13}$$

其中 t_{end} 为暴胀结束的时刻. 对于单场慢滚暴胀,

$$N \simeq \int_{\phi_N}^{\phi_{\text{end}}} \frac{H}{\dot{\phi}} \mathrm{d}\phi \simeq \frac{1}{M_{\text{p}}^2} \int_{\phi_{\text{end}}}^{\phi_N} \frac{V}{V'} \mathrm{d}\phi, \tag{3.14}$$

其中 ϕ_N 为暴胀结束前 e-folding 数为 N 时对应的暴胀子的值, ϕ_{end} 为暴胀结束时暴胀子的值.

2. *原初标量曲率扰动*

暴胀期间宇宙的能量密度由暴胀子的势能主导. 暴胀子在暴胀期间的量子涨落自然会带来宇宙能量密度的涨落. 宇宙微波背景辐射的能量密度正比于温度的 4 次方, 因此能量密度的涨落也就意味着温度涨落.

在研究原初标量曲率扰动 (或原初物质密度扰动) 之前, 我们需要先弄清楚任意一个正则标量场 χ 在暴胀期间的量子扰动. 标量场 χ 的作用量为

$$S = \int \mathrm{d}^3x \mathrm{d}t a^3 \left(\frac{1}{2}\dot{\chi}^2 - \frac{1}{2a^2}(\partial_i \chi)^2 - V(\chi) \right), \tag{3.15}$$

其中 $\partial_i = \partial/\partial x^i$. χ 可以分解为两个部分:

$$\chi(x,t) = \chi_0(t) + \delta\chi(x,t), \tag{3.16}$$

其中 $\chi_0(t)$ 仅仅是时间的函数, 为标量场的背景部分; $\delta\chi(x,t)$ 是它的扰动部分. 扰动部分不仅随时间演化, 而且和所处的空间坐标有关. 从上面的作用量, χ_0 满足以下运动方程:

$$\ddot{\chi}_0 + 3H\dot{\chi}_0 + V'(\chi_0) = 0. \tag{3.17}$$

利用这个运动方程, 我们不难得到 χ 的扰动 $\delta\chi$ 的作用量为

$$S(\delta\chi) = \int \mathrm{d}^3x \mathrm{d}t a^3 \left(\frac{1}{2}\delta\dot{\chi}^2 - \frac{1}{2a^2}(\partial_i \delta\chi)^2 - \frac{1}{2}m_{\text{eff}}^2 \delta\chi^2 \right), \tag{3.18}$$

其中 $m_{\text{eff}}^2 \equiv V''(\chi)$ 为标量场 χ 的有效质量平方. 在讨论扰动的时候, 我们常常转换到共形坐标系

$$\mathrm{d}s^2 = a^2(-\mathrm{d}\tau^2 + \mathrm{d}x^2), \tag{3.19}$$

其中 τ 为共形时间, 和宇宙时间 t 的关系是 $\mathrm{d}\tau = \mathrm{d}t/a(t)$. 暴胀期间 H 近似是一个常数, 因此,

$$\tau = \int \frac{\mathrm{d}t}{a} = \int \frac{\mathrm{d}a}{Ha^2} \simeq -\frac{1}{aH}\frac{1}{1-\epsilon}, \tag{3.20}$$

这里考虑到 $\epsilon = -\dot{H}/H^2$. 细致的讨论见文献 [27]. 此时, $\delta\chi$ 的作用量可以重新写成

$$S(\delta\chi) = \int \mathrm{d}^3x\mathrm{d}\tau a^2\left(\frac{1}{2}\delta\chi'^2 - \frac{1}{2}(\partial_i\delta\chi)^2 - \frac{1}{2}m_{\text{eff}}^2 a^2\delta\chi^2\right), \tag{3.21}$$

这里 “$'$” 指对共形时间 τ 的导数. 在做正则量子化之前, 我们需要引入正则变量

$$v \equiv a\delta\chi. \tag{3.22}$$

于是

$$S(v) = \int \mathrm{d}^3x\mathrm{d}\tau\frac{1}{2}\left[v'^2 - (\partial_i v)^2 + \left(\frac{a''}{a} - m_{\text{eff}}^2 a^2\right)v^2\right]. \tag{3.23}$$

量子化正则场 v, 即

$$v(x,\tau) = \int \frac{\mathrm{d}^3k}{(2\pi)^3}(v_k(\tau)\hat{a}_k\mathrm{e}^{\mathrm{i}kx} + \text{h.c.}), \tag{3.24}$$

其中算符 $\hat{a}_k$ 满足正则量子化条件

$$[\hat{a}_k, \hat{a}_{k'}^\dagger] = (2\pi)^3\delta^{(3)}(k-k'), \tag{3.25}$$

并且 $v_k(\tau)$ 满足

$$v_k'' + \left[k^2 - \left(\frac{a''}{a} - m_{\text{eff}}^2 a^2\right)\right]v_k = 0. \tag{3.26}$$

首先考虑 $m_{\text{eff}}^2 = 0$. 此时, 方程 (3.26) 简化为

$$v_k'' + \left(k^2 - \frac{a''}{a}\right)v_k = 0. \tag{3.27}$$

在短波极限下 $k^2 \gg a''/a$, 即 $-k\tau = k/aH \gg 1$, 以上方程近似为

$$v_k'' + k^2 v_k = 0, \tag{3.28}$$

它的解为

$$v_k = \frac{\mathrm{e}^{-\mathrm{i}k\tau}}{\sqrt{2k}} \quad (k \gg aH). \tag{3.29}$$

从物理上看, 短波极限 (波长远小于视界), 时空近似可以看成是闵可夫斯基平直时空. 这时可近似得到平面波解. 在长波极限下, $k^2 \ll a''/a$, 即 $-k\tau = k/aH \ll 1$, 方程 (3.26) 简化为

$$v_k'' - \frac{a''}{a}v_k = 0, \tag{3.30}$$

其解为

$$v_k = B(k)a \quad (k \ll aH), \tag{3.31}$$

这里 $B(k)$ 为积分常数. 暴胀期间, $a \sim \mathrm{e}^{Ht}$, 因此上面给出的解为增长解. 因为此极限下扰动的波长远超过视界, 因此也被称为超视界极限. 粗略地, 把以上两个解在 $k = aH$ 匹配起来得到

$$|B(k)|a = \frac{1}{\sqrt{2k}}, \tag{3.32}$$

即

$$|B(k)| = \frac{1}{a\sqrt{2k}} = \frac{H}{\sqrt{2k^3}}. \tag{3.33}$$

更精确地, 假定 $\epsilon = 0$ (或者 H 是个常数), 方程 (3.26) 的解为

$$v_k = \frac{\mathrm{e}^{-\mathrm{i}k\tau}}{\sqrt{2k}}\left(1 + \frac{\mathrm{i}}{k\tau}\right). \tag{3.34}$$

在超视界极限, $v_k = -\mathrm{i}\frac{aH}{\sqrt{2k^3}}\mathrm{e}^{-\mathrm{i}k\tau}$, 从而 $\delta\chi_k = v_k/a = -\mathrm{i}\frac{H}{\sqrt{2k^3}}\mathrm{e}^{-\mathrm{i}k\tau}$, 和上面得到的结果一致.

一般地, 一个变量 $Q(x,t)$ 功率谱 $P_Q(k)$ 定义为

$$\langle 0|Q^2(x,t)|0\rangle = \int \frac{\mathrm{d}k}{k}P_Q(k). \tag{3.35}$$

对于 χ 场, 不难得到 $\delta\chi$ 的功率谱为

$$P_{\delta\chi}(k) = \left(\frac{H}{2\pi}\right)^2. \tag{3.36}$$

因为暴胀期间 H 几乎是一个常数, 因此无质量标量场 χ 的扰动的功率谱与扰动的频率或波长无关. 这种性质也被称为标度不变的.

更一般地, 对于有质量的情况, 方程 (3.26) 成为

$$v_k'' + \left[k^2 - \frac{1}{\tau^2}\left(\nu_\chi - \frac{1}{4}\right)\right]v_k = 0, \tag{3.37}$$

其中

$$\nu_\chi = \frac{3}{2} + \epsilon - \eta_\chi, \tag{3.38}$$

$\eta_\chi = \dfrac{m_{\text{eff}}^2}{3H^2}$. 考虑短波极限下 $v_k \to \mathrm{e}^{-\mathrm{i}k\tau}/\sqrt{2k}$, 那么

$$v_k = \frac{\sqrt{\pi}}{2}\mathrm{e}^{\mathrm{i}(\nu_\chi+\frac{1}{2})\frac{\pi}{2}}\sqrt{-\tau}H_{\nu_\chi}^{(1)}(-k\tau), \tag{3.39}$$

其中 $H_{\nu_\chi}^{(1)}$ 为第一类 Hankel 函数. 在超视界极限下,

$$v_k = \mathrm{e}^{\mathrm{i}(\nu_\chi-\frac{1}{2})\frac{\pi}{2}}2^{(\nu_\chi-\frac{3}{2})}\frac{\Gamma(\nu_\chi)}{\Gamma(3/2)}\frac{1}{\sqrt{2k}}(-k\tau)^{\frac{1}{2}-\nu_\chi}. \tag{3.40}$$

类似地, 不难计算出 $\delta\chi$ 的功率谱

$$P_{\delta\chi} = \left(\frac{H}{2\pi}\right)^2\left(\frac{k}{aH}\right)^{3-2\nu_\chi}. \tag{3.41}$$

如果 ϵ 和 η_χ 都远小于 1, 那么 $\delta\chi$ 的功率谱仍然是近标度不变的.

进一步地, 我们还需要建立起暴胀场在暴胀期间的量子扰动和原初密度扰动的联系. 这里我们主要介绍一种较为直观的方法, 即 δN 公式[28−30]. 由于暴胀子在暴胀期间存在量子扰动, 因此宇宙微波背景辐射球面上不同点对应略微不同的暴胀子的值. 比如, 我们可以比较任意两个点 (分别标记为 A 点和 B 点). 不失一般性, 假定由于量子扰动使得同一时刻 A 点处在比 B 点略高的势能上. 暴胀期间, 宇宙的能量密度几乎可以看成是一个常数. 但是一旦进入重新加热时期, 宇宙的能量密度就会按照 a^{-4} 的规律随着宇宙的膨胀而减小. 由于 A 点所处的势能略高于 B 点, B 点就会比 A 点更早进入重新加热时期, 因此 B 点的能量密度就会略小于 A 点. 更精细地, B 点的能量密度和 A 点的能量密度之差正比于暴胀子在暴胀期间从 A 点所处的高度滚动到 B 点所处的高度所需的时间. 在广义相对论中物质密度扰动会带来宇宙空间几何的扰动. 此两者通过爱因斯坦场方程一一对应起来. 因此文献中所说的密度扰动、温度扰动以及标量曲率扰动在物理上具有相同的含义. 基于之前的讨论, 起源于暴胀子在暴胀期间量子涨落的标量曲率扰动为

$$\zeta = H\delta t = \frac{H}{\dot{\phi}}\delta\phi = -\frac{1}{\sqrt{2\epsilon}M_{\mathrm{p}}}\delta\phi. \tag{3.42}$$

利用前面计算的暴胀子扰动的功率谱, 我们可以很容易地计算出标量曲率扰动的功率谱:

$$P_{\mathrm{s}} = \left(\frac{1}{\sqrt{2\epsilon}M_{\mathrm{p}}}\right)^2 P_{\delta\phi} = \frac{H^2/M_{\mathrm{p}}^2}{8\pi^2\epsilon}. \tag{3.43}$$

另一方面, 扰动在短波极限下具有震荡的行为, 但是一旦扰动波长超过视界, 扰动就凝固为经典扰动. 并且可以证明在视界外, 曲率扰动是守恒的. 因此, 扰动的幅度

和出视界的时候是一样的. 出视界的时刻为 $k = aH$, 那么

$$\mathrm{d}\ln k = \frac{\mathrm{d}\ln(aH)}{\mathrm{d}\phi}\mathrm{d}\phi = -\frac{V}{M_{\mathrm{p}}^2 V'}\mathrm{d}\phi. \tag{3.44}$$

基于标量扰动功率谱谱指数的定义, 可以得到

$$n_{\mathrm{s}} = 1 + \frac{\mathrm{d}\ln P_{\mathrm{s}}}{\mathrm{d}\ln k} = 1 - 6\epsilon + 2\eta. \tag{3.45}$$

慢滚暴胀要求 ϵ 和 $|\eta|$ 都远小于 1, 因此 n_{s} 接近于 1, 即标量扰动功率谱为近标度不变的. 这是暴胀模型的一个重要预言, 而且这个预言也已经被广泛证实! 一般地, 谱指数也不完全是一个常数, 它的跑动以及跑动的跑动为[31]

$$\alpha_{\mathrm{s}} = -24\epsilon^2 + 16\epsilon\eta - 2\xi, \tag{3.46}$$

$$\beta_{\mathrm{s}} = -192\epsilon^3 + 192\epsilon^2\eta - 32\epsilon\eta^2 - 24\epsilon\xi + 2\eta\xi + 2\vartheta, \tag{3.47}$$

其中

$$\xi \equiv m_{\mathrm{p}}^4 \frac{V'V'''}{V^2}, \tag{3.48}$$

$$\vartheta \equiv M_{\mathrm{p}}^6 \frac{V'^2 V''''}{V^3}. \tag{3.49}$$

一般而言, 单场慢滚暴胀预言 $|n_{\mathrm{s}} - 1| \lesssim \mathcal{O}(10^{-2})$, $|\alpha_{\mathrm{s}}| \lesssim \mathcal{O}(10^{-3})$, $|\beta_{\mathrm{s}}| \lesssim \mathcal{O}(10^{-4})$. 在上一节的讨论中, 如果假定普朗克和宇宙河外背景偏振的数据都是可靠的, 那么需要原初标量扰动谱指数具有较大的跑动. 这很难在慢滚暴胀模型中实现.

3. *原初引力波扰动*

爱因斯坦广义相对论预言还应存在引力波. 引力波可以看成是时空的涟漪. 考虑线性阶张量扰动:

$$\mathrm{d}s^2 = a^2(\tau)\left[-\mathrm{d}\tau^2 + (\delta_{ij} + h_{ij})\mathrm{d}x^i\mathrm{d}x^j\right], \tag{3.50}$$

其中 $|h_{ij}| \ll 1$. 一个对称的 3×3 矩阵应当有 6 个自由度. 基于广义相对论, 无质量的引力波扰动满足无迹和横向条件:

$$\delta^{ij}h_{ij} = 0, \tag{3.51}$$

$$\partial^i h_{ij} = 0. \tag{3.52}$$

以上 4 个限制条件去掉 4 个自由度, 因而广义相对论中只还剩下两个张量自由度, 或称极化:

$$h_{ij} = h_+ e_{ij}^+ + h_\times e_{ij}^\times, \tag{3.53}$$

其中 e^+ 和 $e^\times$ 是极化张量, 且它们满足

$$e_{ij} = e_{ji}, \quad k^i e_{ij} = 0, \quad e_{ii} = 0, \tag{3.54}$$

和

$$e_{ij}(-k, \lambda) = e^*_{ij}(k, \lambda). \tag{3.55}$$

并且它们可以被归一为

$$\sum_\lambda e^*_{ij}(k, \lambda) e^{ij}(k, \lambda) = 4, \tag{3.56}$$

这里 $\lambda = +, \times$ 表征引力波的两个极化自由度.

从爱因斯坦作用量不难得到 h_{ij} 的作用量

$$\frac{M_{\mathrm{p}}^2}{2} \int \mathrm{d}^4 x \sqrt{-g} \frac{1}{2} \partial_\mu h_{ij} \partial^\mu h_{ij}. \tag{3.57}$$

这个作用量看上去和之前讨论的无质量标量场的作用量非常相似. 我们不再赘述具体的计算过程, 读者如果感兴趣, 可以参看文献 [23]. 类似地, 起源于暴胀期间的引力波扰动的功率谱为

$$P_{\mathrm{t}} = \frac{H^2/M_{\mathrm{p}}^2}{\pi^2/2}. \tag{3.58}$$

与标量扰动功率谱 (3.43) 式比较, 张标比为

$$r = 16\epsilon. \tag{3.59}$$

对于单场慢滚暴胀模型, 引力波扰动功率谱的谱指数为

$$n_{\mathrm{t}} \equiv \frac{\mathrm{d} \ln P_{\mathrm{t}}}{\mathrm{d} \ln k} = -2\epsilon. \tag{3.60}$$

从以上两个式子, 我们不难得到

$$n_{\mathrm{t}} = -r/8. \tag{3.61}$$

这个关系和具体的模型无关, 是单场慢滚暴胀模型的自洽性关系. 如果取宇宙河外背景偏振成像的结果 $r = 0.2$, 那么 $n_{\mathrm{t}} = -0.025$. 目前的数据精度还不足以来精确检验这个自洽性关系. 但是这个关系揭示了暴胀模型同样预言了一个近标度不变的原初引力波扰动的功率谱. 这和观测的结果是一致的[19].

单场慢滚暴胀模型的慢滚参数 ϵ 又可以表达成

$$\epsilon = \frac{\dot{\phi}^2}{2 M_{\mathrm{p}}^2 H^2}. \tag{3.62}$$

利用方程 (3.59), 暴胀场的值在暴胀期间变化的大小为

$$\frac{|\Delta\phi|}{M_\mathrm{p}}=\int_t^{t_\mathrm{end}}\sqrt{\frac{r}{8}}H\mathrm{d}t. \tag{3.63}$$

对于单场慢滚暴胀, r 大致是个常数, 因此,

$$\frac{|\Delta\phi|}{M_\mathrm{p}}\simeq\sqrt{\frac{r}{8}}\Delta N. \tag{3.64}$$

如果引力波扰动的幅度比较大, 或者张标比比较大, 暴胀场 ϕ 在暴胀期间的变化就会超过普朗克能标. 而普朗克能标被认为是标志量子引力的基本能标. 通常认为, 在普朗克能标之上, 有效量子场论将会被破坏掉. 因此, 一般而言暴胀场的变化范围应当不会超过普朗克能标, 这就会对张标比带来一个限制, 这就是赖斯限制[32]. 然而, 如果取宇宙河外背景偏振成像对张标比限制的结果 $r=0.2$, 那么 $|\Delta\phi|/M_\mathrm{p}\simeq 0.16\Delta N$. 如果考虑暴胀持续 60 个 e-folding 数, 那么 $|\Delta\phi|/M_\mathrm{p}\simeq 10$, 即暴胀场演化大约是 10 倍普朗克能标! 这对有效量子场论可能带来巨大的挑战.

4. 几个简单的暴胀模型

这一节, 我们将简单介绍几个简单的暴胀模型.

(1) 混沌暴胀模型.

混沌暴胀是林德 1983 年提出的一个简单的暴胀模型[33]. 这个模型中, 暴胀子的势为

$$V(\phi)\sim\phi^n. \tag{3.65}$$

这个模型的慢滚参数为

$$\epsilon=\frac{n^2M_\mathrm{p}^2}{2\phi^2}, \tag{3.66}$$

$$\eta=\frac{n(n-1)M_\mathrm{p}^2}{\phi^2}. \tag{3.67}$$

因此暴胀大约在 $\phi=\phi_\mathrm{end}\simeq nM_\mathrm{p}/\sqrt{2}$ 时结束. 利用公式 (3.14) 可以得到

$$N\simeq\frac{\phi_N^2}{2nM_\mathrm{p}^2}, \tag{3.68}$$

或者

$$\phi_N=\sqrt{2nN}M_\mathrm{p}. \tag{3.69}$$

宇宙微波背景辐射的尺度大约对应 $N=50\sim 60$, 很显然 $\phi_N\approx 10M_\mathrm{p}$. 不难计算出慢滚参数对 e-folding 数的依赖关系:

$$\epsilon=\frac{n}{4N}, \tag{3.70}$$

$$\eta=\frac{n-1}{2N}. \tag{3.71}$$

因此, 混沌暴胀模型预言

$$r=\frac{4n}{N},\tag{3.72}$$

$$n_{\mathrm{s}}=1-\frac{n+2}{2N},\tag{3.73}$$

$$\alpha_{\mathrm{s}}=-\frac{n+2}{2N^2}.\tag{3.74}$$

比如 $n=2$, $N=50$, 那么 $r=0.16$, $n_{\mathrm{s}}=0.96$ 以及 $\alpha_{\mathrm{s}}=-0.0008$.

(2) 幂率暴胀模型[34].

幂率暴胀中暴胀子的势是

$$V(\phi)=V_0\exp\left(-\sqrt{\frac{2}{p}}\frac{\phi}{M_{\mathrm{p}}}\right).\tag{3.75}$$

这个暴胀模型是严格可解的, 参看文献 [35]. 这个模型的慢滚参数为常数, 即

$$\epsilon=1/p,\quad \eta=2/p.\tag{3.76}$$

标量扰动谱指数和张标比分别为

$$n_{\mathrm{s}}=1-\frac{2}{p},\tag{3.77}$$

$$r=\frac{16}{p}.\tag{3.78}$$

因为标量扰动谱指数为常数, 因此标量扰动谱指数的跑动为 0. 从上面的公式可以得到 $r=8(1-n_{\mathrm{s}})$. 由于这个模型的慢滚参数是常数, 这个暴胀模型不能自然地结束, 而是需要通过别的机制来实现暴胀结束.

(3) 反幂率势暴胀模型[36].

这个暴胀模型中暴胀子的势为

$$V(\phi)=\mu^4\left(\frac{M_{\mathrm{p}}}{\phi}\right)^n,\tag{3.79}$$

其中 μ 是一个给定能标且 $n>0$. 这个模型的慢滚参数为

$$\epsilon=\frac{n^2M_{\mathrm{p}}^2}{2\phi^2},\tag{3.80}$$

$$\eta=\frac{n(n+1)M_{\mathrm{p}}^2}{\phi^2}.\tag{3.81}$$

这个模型的慢滚参数 ϵ 随着演化逐渐减小, 因此这个暴胀模型也需要通过别的机制来结束. 假定暴胀在 $\phi=\phi_{\mathrm{end}}^2=2nN_*M_{\mathrm{p}}^2$ 时结束, 这里 N_* 大致可以理解为暴胀总的 e-folding 数. 利用公式 (3.14) 可以得到

$$\phi_N^2=2n(N_*-N)M_{\mathrm{p}}^2.\tag{3.82}$$

因此,

$$r = \frac{4n}{N_* - N}, \tag{3.83}$$

$$n_{\rm s} = 1 - \frac{n-2}{2(N_* - N)}, \tag{3.84}$$

$$\alpha_{\rm s} = \frac{n-2}{2(N_* - N)^2}. \tag{3.85}$$

那么

$$n_{\rm s} = 1 - \frac{n-2}{8n} r, \tag{3.86}$$

$$\alpha_{\rm s} = \frac{n-2}{32n^2} r^2. \tag{3.87}$$

特别地, 如果 $n = 2$, $n_{\rm s} = 1$, 这时原初标量扰动功率谱正好是标度不变的.

以上这些常见的暴胀模型都不能产生较大的负标量扰动谱指数的跑动. 因此, 这些模型都不能协调普朗克卫星和宇宙河外背景偏振成像的观测结果. 如果放弃普朗克卫星的观测数据, 而采信 WMAP 和宇宙河外背景偏振成像的观测数据, 幂率暴胀模型和反幂率势暴胀模型都能解释观测到的数据, 但是混沌暴胀仍然在大约两个标准偏差水平上被排除掉[20].

4.4　宇宙加速膨胀和暗能量

20 世纪 90 年代末, 两个观测小组通过对超新星的观测发现宇宙现在膨胀的速度不是越来越慢而是越来越快, 即宇宙正在加速膨胀[37,38]. 此发现完全改变了之前人们对宇宙的认识, Perlmutter, Schmidt 和 Riess 因此荣获了 2011 年诺贝尔物理学奖.

之前人们一直认为宇宙中只有辐射和尘埃物质, 而且无论是辐射或尘埃物质主导时期, 宇宙都处在减速膨胀的状态. 原因是这两种物质之间的引力总是相互吸引的, 因此宇宙膨胀得越来越慢. 要产生宇宙的加速膨胀需要引入新的物质组, 即暗能量. 从方程 (1.5), 要实现宇宙的加速膨胀, 暗能量的状态参数必须满足

$$w_{\rm de} = p_{\rm de}/\rho_{\rm de} < -\frac{1}{3}. \tag{4.1}$$

在诸多暗能量模型中, 爱因斯坦提出的宇宙学常数最为特殊, 它的状态参数为 $w_\Lambda = -1$. 因为它的等效的能量密度不随着宇宙的膨胀而改变, 因此这种能量在日常生活中是很难想象的. 一种可能性是真空能. 因为真空随着宇宙膨胀保持不变, 因此它的能量密度也不随宇宙的膨胀而变化. 但遗憾的是基于对定域量子场论的计算,

如果取引力截断 (普朗克能标), 得到的结果比观测到的暗能量能量密度大了约 120 个数量级[39]! 揭示暗能量的物理本质可以说是当代基础物理面临的一个巨大的挑战.

暗能量也可能不是宇宙学常数, 它的能量密度可能随着宇宙的膨胀而变化. 如果 $-1 < w_{\rm de} < -1/3$, 暗能量的能量密度随着宇宙膨胀而减小; 如果 $w_{\rm de} < -1$, 暗能量的能量密度随着宇宙膨胀不断增大. 从现象学的角度, 当前一个重要的任务就是从观测数据出发确定暗能量的状态参数 $w_{\rm de}$.

在 4.2.1 小节中, 普朗克卫星的观测数据在宇宙学常数为暗能量的模型下和一些定域的宇宙学观测存在一些不一致. 比如, 相较于 SNLS 超新星数据, 普朗克卫星的数据暗示宇宙中存在更多的暗物质; 相较于哈勃太空望远镜观测的经过造父变星校准的 8 颗超新星数据, 普朗克卫星的数据倾向于支持更小的哈勃常数. 为了解释这些差异, 在文献 [40] 中, 我们提出暗能量可能不是宇宙学常数. 假定暗能量的状态参数是常数, 但可以不是 -1. 结合 P13, WP, BAO, Union2.1 以及 HST 的数据, 我们发现

$$w_{\rm de} = -1.15 \pm 0.07, \tag{4.2}$$

置信水平为 68%; 结合 P13, WP, BAO, SNLS 以及 HST 的数据, 我们得到类似的结果

$$w_{\rm de} = -1.16 \pm 0.06, \tag{4.3}$$

置信水平为 68%. 如果以上这些数据都是可靠的, 那么一个 $w < -1$ 的暗能量模型可以更好地和目前的观测数据吻合.

在这里我们需要再次强调, 目前的数据处理可能还不能很好地记入系统误差. 发展更好的数据处理方法和进一步提高观测精度将是未来的一个重要的任务. 测量暗能量的状态参数是一个正在发展的方向, 因此现在仍然不能对暗能量的状态参数下一个决定性的结论.

4.5 反 常

2013 年 3 月, 普朗克卫星仅仅公开它对微波背景辐射温度涨落谱观测的结果. 除了之前阐述的科学结果外, 它还发现温度谱在大角度上存在一些反常现象的迹象.

比如, 四极矩和八极矩几乎指向同一个方向 (相差约 9°), 以及在南半球有一个大小约为 5° 的大冷斑. 这两个反常现象并不是 ΛCDM 模型致命的问题, 只是这两个反常现象在 ΛCDM 模型中出现的几率较小而已. 并且没有一个客观的物理量可

以用来刻画这两种反常现象, 因此并不能严格地来讨论这两种反常现象的置信度到底有多大.

另一个被较多研究的反常是南北半球不对称. 这种不对称大致可以用一个偶极来调制. 偶极调制的幅度可以用参数 A 来表征. 如果 $A=0$, 说明不需要偶极调制. 2009 年一些研究者声称利用 WMAP 5 年的观测数据, 在 $l \leqslant 64$, 发现

$$A = 0.072 \pm 0.022, \tag{5.1}$$

置信水平为 68%[41]. 但是 WMAP 组之后并未证实这一发现. 2013 年, 普朗克组声称在更高置信度上证实这一反常现象. 但是普朗克的结果对不同的光滑化处理得到的偶极调制幅度存在较大的不同, 而且置信度也不同. 例如, 光滑角度为 5° 时, A 约为 0.07, 约有三个标准偏差置信度证实 $A \neq 0$; 但是, 光滑角度为 8° 时, A 约为 0.05, 而且只有约一个标准偏差置信度支持 $A \neq 0$. 之后, 一些研究者采用普朗克的小角度观测数据发现等效为约 10Mpc 尺度, 上述偶极调制并不存在:

$$A < 4.5 \times 10^{-3}, \tag{5.2}$$

置信水平为 68%[42]. 而早在 2009 年, Hirata 采用类星体的观测数据在等效为约 1Mpc 尺度, 也未发现偶极调制:

$$A < 0.015, \tag{5.3}$$

置信水平为 99%[43]. 可见并没有明显的证据证实偶极调制确实存在.

总之, 本节中提及的这些反常现象都没有很高的置信度, 而且它们也有可能起源于一些天体物理的效应, 并不一定反映早期宇宙的物理. 由于这些反常都对应很大的尺度, 观测误差由 cosmic variance 主导. 不幸的是, 这种误差未来也很难改进. 因此, 这些反常现象都不大可能被观测更精细的检验.

4.6　总　　结

WMAP 对诸多宇宙学参数的精确测量开启了精确宇宙学时代. 普朗克卫星将宇宙学观测推入一个更为精确的时代. 这对宇宙学观测也是一个巨大的挑战. 因为进入更精确的宇宙学观测时代, 不同数据之间常常会出现不一致性. 这种不一致性通常有几种可能: 其一是某些数据在处理的过程中可能有问题, 特别是对系统误差的估计是否正确等; 其二是所用的简单宇宙学模型, 比如六参数 ΛCDM 模型, 可能不能完全解释宇宙观测的现象, 需要引入一些新的物理; 其三是某些数据和宇宙学模型都有问题. 总之, 我们正处在一个十分重要的时刻, 无论是数据处理, 还是理论模型都需要更深入细致的研究. 希望经过几年到十几年的时间, 我们在这两方面都更成熟, 那时我们或许就可以从宇宙学中获取更多相关基础物理方面的新知识.

总的来说, 尽管六参数 ΛCDM 模型或许并非最终的模型, 但是直到目前, 它大致可以解释几乎所有的宇宙学观测的结果. 因此, 它也被称为一个基础模型. 可以说, 目前几乎所有的宇宙学研究都是基于这个基础模型展开的. 当然, 宇宙学的研究不应当完全拘泥于这个基础模型. 如果有确切的证据表明需要突破这个基础模型, 那么都必将预示着新物理的重大发现!

参 考 文 献

[1] S. Weinberg, Oxford, UK: Oxford Univ. Pr. (2008) 593.

[2] G. Hinshaw et al. [WMAP Collaboration], Astrophys. J. Suppl. **208** (2013) 19, arXiv: 1212. 5226 [astro-ph. CO].

[3] P. A. R. Ade et al. [Planck Collaboration], arXiv: 1303. 5062 [astro-ph. CO].

[4] P. A. R. Ade et al. [Planck Collaboration], arXiv: 1303. 5076 [astro-ph. CO].

[5] P. A. R. Ade et al. [Planck Collaboration], arXiv: 1303. 5082 [astro-ph. CO].

[6] P. A. R. Ade et al. [Planck Collaboration], arXiv: 1303. 5083 [astro-ph. CO].

[7] P. A. R. Ade et al. [Planck Collaboration], arXiv: 1303. 5084 [astro-ph. CO].

[8] A. Conley, J. Guy, M. Sullivan, N. Regnault, P. Astier, C. Balland, S. Basa, and R. G. Carlberg et al., Astrophys. J. Suppl. **192** (2011) 1, arXiv: 1104. 1443 [astro-ph. CO].

[9] N. Suzuki, D. Rubin, C. Lidman, G. Aldering, R. Amanullah, K. Barbary, L. F. Barrientos, and J. Botyanszki et al., Astrophys. J. **746** (2012) 85, arXiv: 1105. 3470 [astro-ph. CO].

[10] W. J. Percival et al. [SDSS Collaboration], Mon. Not. Roy. Astron. Soc. **401** (2010) 2148, arXiv: 0907. 1660 [astro-ph.CO];
N. Padmanabhan, X. Xu, D. J. Eisenstein, R. Scalzo, A. J. Cuesta, K. T. Mehta, and E. Kazin, arXiv: 1202. 0090 [astro-ph.CO];
C. Blake, E. Kazin, F. Beutler, T. Davis, D. Parkinson, S. Brough, M. Colless, and C. Contreras et al., Mon. Not. Roy. Astron. Soc. **418** (2011) 1707, arXiv: 1108. 2635 [astro-ph.CO];
L. Anderson, E. Aubourg, S. Bailey, D. Bizyaev, M. Blanton, A. S. Bolton, J. Brinkmann, and J. R. Brownstein et al., Mon. Not. Roy. Astron. Soc. **427** (2013) 4, 3435, arXiv: 1203. 6594 [astro-ph. CO];
F. Beutler, C. Blake, M. Colless, D. H. Jones, L. Staveley Smith, L. Campbell, Q. Parker, and W. Saunders et al., Mon. Not. Roy. Astron. Soc. **416** (2011) 3017, arXiv: 1106. 3366 [astro-ph. CO].

[11] A. G. Riess, L. Macri, S. Casertano, H. Lampeitl, H. C. Ferguson, A. V. Filippenko,

S. W. Jha, and W. Li et al. Astrophys. J. **730** (2011) 119 [Erratum-ibid. **732** (2011) 129], arXiv: 1103. 2976 [astro-ph. CO].

[12] J. L. Sievers et al. [Atacama Cosmology Telescope Collaboration], JCAP **1310** (2013)060, arXiv: 1301. 0824 [astro-ph. CO].

[13] K. T. Story, C. L. Reichardt, Z. Hou, R. Keisler, K. A. Aird, B. A. Benson, L. E. Bleem, and J. E. Carlstrom et al. Astrophys. J. **779** (2013) 86, arXiv: 1210. 7231 [astro-ph.CO].

[14] L. P. Grishchuk, Sov. Phys. JETP **40** (1975) 409 [Zh. Eksp. Teor. Fiz. **67** (1974) 825].

[15] A. A. Starobinsky, JETP Lett. **30** (1979) 682 [Pisma Zh. Eksp. Teor. Fiz. **30**(1979) 719].

[16] V. A. Rubakov, M. V. Sazhin, and A. V. Veryaskin, Phys. Lett. **B115** (1982) 189.

[17] L. M. Krauss and F. Wilczek, Phys. Rev. **D89** (2014) 047501, arXiv: 1309. 5343 [hep-th].

[18] P. A. RA de et al. [BICEP2 Collaboration], arXiv: 1403. 3985 [astro-ph. CO].

[19] C. Cheng and Q. G. Huang, arXiv: 1403. 5463 [astro-ph. CO].

[20] C. Cheng and Q. G. Huang, arXiv: 1404. 1230 [astro-ph. CO].

[21] C. Cheng, Q. G. Huang, and W. Zhao, arXiv: 1404. 3467 [astro-ph.CO].

[22] A. H. Guth, Phys. Rev. **D23** (1981) 347.

[23] A. Riotto, hep-ph/0210162.

[24] A. H. Guth and E. J. Weinberg, Nucl. Phys. **B212** (1983) 321.

[25] A. D. Linde, Phys. Lett. **B108** (1982) 389.

[26] A. Albrecht and P. J. Steinhardt, Phys. Rev. Lett. **48** (1982) 1220.

[27] E. D. Stewart and D. H. Lyth, Phys. Lett. **B302** (1993) 171 [gr-qc/9302019].

[28] A. A. Starobinsky, Multicomponent de Sitter (Inflationary) Stages and the Generation of Perturbations, JETP Lett. **42** (1985) 152.

[29] M. Sasaki and E. D. Stewart, A General Analytic Formula For The Spectral Index Of The Density Perturbations Produced During Inflation,Prog. Theor. Phys. **95** (1996) 71, arXiv: astro-ph/9507001.

[30] D. H. Lyth and Y. Rodriguez, The inflationary prediction for primordial non-gaussianity, Phys. Rev. Lett. **95** (2005) 121302, arXiv: astro-ph/0504045.

[31] Q. G. Huang, JCAP **0611** (2006) 004, astro-ph/0610389.

[32] D. H. Lyth, Phys. Rev. Lett. **78** (1997) 1861 [hep-ph/9606387].

[33] A. D. Linde, Phys. Lett. **B129** (1983)177.

[34] F. Lucchin and S. Matarrese, Phys. Rev. **D32** (1985) 1316.

[35] A. R. Liddle and D. H. Lyth, Cambridge, UK: Univ. Pr. (2000) 400 .

[36] J. D. Barrow and A. R. Liddle, Phys. Rev. **D47** (1993) 5219 [astro-ph/9303011].

[37] A. G. Riess et al. [Supernova Search Team Collaboration], Astron. J. **116** (1998) 1009 [astro-ph/9805201].

[38] S. Perlmutter et al. [Supernova Cosmology Project Collaboration], Astrophys. J. **517** (1999) 565 [astro-ph/9812133].

[39] S. Weinberg, Rev. Mod. Phys. **61** (1989) 1.

[40] C. Cheng and Q. G. Huang, Phys. Rev. **D89** (2014) 043003, arXiv: 1306. 4091 [astro-ph. CO].

[41] J. Hoftuft, H. K. Eriksen, A. J. Banday, K. M. Gorski, F. K. Hansen and P. B. Lilje, Astrophys. J. **699** (2009) 985, arXiv: 0903. 1229 [astro-ph. CO].

[42] S. Flender and S. Hotchkiss, JCAP **1309** (2013) 033, arXiv: 1307. 6069 [astro-ph. CO].

[43] C. M. Hirata, JCAP **0909** (2009) 011, arXiv: 0907. 0703 [astro-ph. CO].

第五章　宇宙学扰动理论①

李明哲

中国科学技术大学交叉学科理论研究中心

宇宙学扰动理论是研究宇宙大尺度结构以及微波背景辐射各向异性的起源和演化的基本工具, 也是当代宇宙学中联系理论和观测的桥梁. 本章将在广义相对论的理论框架下对宇宙学线性扰动理论的基础做一个简短的综述. 主要内容包括扰动的张量分解、规范问题、流体和标量场的扰动方程和演化、绝热扰动、熵扰动、扰动的统计性质以及量子涨落产生原初扰动的基本思想和过程等.

5.1　引　　言

大爆炸宇宙模型的基础之一是宇宙学原理, 即从大尺度上来看宇宙中的物质分布是均匀且各向同性的. 该模型结合广义相对论非常成功地描述了真实宇宙的一些基本性质, 包括宇宙的膨胀, 以及宇宙从高温高密的辐射为主时期到低温低密的 (非相对论) 物质为主时期, 甚至是目前的暗能量主导的加速膨胀时期的演化历史. 该模型也因为成功地预言了宇宙中元素的丰度以及微波背景辐射的存在而得到普遍的接受. 该模型描述的宇宙是非常简单的, 人们只需要知道少数几个参数, 如哈勃膨胀率、微波背景辐射的温度、重子密度、暗物质以及暗能量密度等就可以对整个宇宙有全面的了解[1,2].

但是我们所处的真实的宇宙并非如此简单. 我们观测到了恒星、星系、星系团以及超团等一系列不同尺度上的物质非均匀分布, 我们也观测到了微波背景辐射的温度和极化的各向异性. 当今宇宙学中最关心的问题之一就是这些宇宙大尺度结构以及微波背景辐射的各向异性是怎么来的. 为了理解这些问题我们必须研究具有非均匀性和各向异性的宇宙. 但是描述宇宙的方程包括引力场方程、流体力学方程等都是高度非线性的. 在考虑宇宙非均匀性和各向异性之后严格求解这些方程非常地困难. 因此, 我们必须采用微扰的办法: 以均匀各向同性的宇宙为背景 (零级近似), 把非均匀性与各向异性看做是对该背景的涨落或扰动, 然后对方程进行逐级

① 感谢国家自然科学基金的资助, 项目批准号: 11075074.

求解. 这就是宇宙学扰动理论的主要内容.

以均匀各向同性的宇宙为背景是宇宙学扰动理论的出发点. 大爆炸宇宙学的巨大成功告诉我们该出发点是符合实际情况的, 而且对宇宙微波背景辐射的观测可知, 真实的宇宙在大尺度上对该背景的偏离非常小, 涨落幅度大约处于 10^{-5} 的量级. 研究这么小的涨落, 近似到线性阶的扰动方程就已经具有足够的精确度. 虽然在星系团以下尺度上物质的成团性表现出高度的非线性, 但是根据引力不稳定性的特点, 它们必然是由早期的微小的非均匀性增长而来. 因此, 线性扰动理论仍然可以很好地描述结构形成的早期阶段. 目前的观测结果基本证实大尺度结构与微波背景辐射的各向异性的来源是相同的, 它们均起源于宇宙极早期的原初扰动. 只是不同物质具有的不同性质导致了最后演化结果的差异. 对于光子、中微子等相对论粒子来说, 它们的速度很大, 具有压强, 对引力不稳定性有相反的作用并抑制非均匀性的增长, 至今仍可以做线性处理. 对于暗物质、重子等非相对论物质来说, 早期可以做线性处理, 但是结构形成开始以后它们便坍缩成团, 这时候线性近似已经不再成立, 我们必须借助于其他方法, 如计算机模拟来处理这些非线性的演化过程. 本章只讨论线性扰动理论, 它的重要性以及广泛的应用已经得到了观测的支持.

表面来看, 宇宙学扰动理论的框架是简单而清晰的. 但是由于理论的广义协变性以及坐标系选取的任意性使得问题变得有些复杂. 对于均匀各向同性的背景宇宙来说, 这不是一个问题. 因为在这种情况下, 有意义的物理量, 如能量密度、压强、空间曲率等为常数的超曲面重合在一起, 我们可以自然地选取这些超曲面的法线方向为时间方向, 而空间坐标系就固定在这些超曲面上. 但是对于一个非均匀的宇宙来说, 不同物理量为常数的超曲面不再重合. 以不同的物理量为常数的超曲面对宇宙时空进行 "切片" 相当于选取不同的坐标系, 在不同的坐标系下各物理量的表现形式会完全不一样. 理论的协变性告诉我们, 没有哪种坐标系的选取具有优先性. 因此任何坐标系中, 扰动变量都包含了由坐标系选取本身带来的规范任意性, 为这些量的物理解释带来了困难. 因此在宇宙学扰动理论中, 我们必须小心地处理规范问题, 这也是本章的重要内容之一.

非均匀性演化的最终结果由扰动方程和初始条件决定. 前者取决于引力理论 (在本章的讨论中引力理论是广义相对论) 与各物质成分本身的演化方程 (流体方程或 Boltzmann 方程等). 但是扰动的初始条件, 即原初扰动, 则需要额外的机制来产生. 自 20 世纪 80 年代初人们提出暴涨宇宙学以来, 一个被普遍接受的观点是在极早期 (即辐射为主时期以前) 宇宙经历了与热膨胀很不一样的过程, 比如暴涨期间宇宙经历的急剧的加速膨胀, 近似于 de Sitter 时空. 此过程中的微观量子涨落产生了后期结构形成所需的原初扰动. 人们从目前的观测数据中可以推断出关于原初扰动的许多重要的信息. 研究原初扰动产生机制需要把扰动理论推广到量子情形. 在本章中我们也将以一个简单的例子来具体介绍量子涨落产生经典原初扰动的基本思想和过程.

本章结构如下: 5.2 节中我们简单介绍作为背景的均匀各向同性宇宙; 为了使读者对引力不稳定性有初步的概念, 我们将在 5.3 节中简单介绍牛顿引力下的不稳定性, 其中涉及的一些基本概念在广义相对论中仍然被保留下来; 5.4 节是本章的重点之一, 我们将较详细地讨论宇宙学扰动理论中扰动变量的张量分解和规范问题的处理; 5.5 节是本章的另一个重点, 我们将介绍宇宙学扰动演化的动力学方程, 以及在不同初始条件下解的不同性质; 在 5.6 节中我们将简单介绍扰动变量的统计性质; 我们将在 5.7 节介绍扰动的量子化以及原初扰动产生的基本过程; 5.8 节是本章的总结和讨论.

5.2 均匀各向同性宇宙

爱因斯坦在创立广义相对论之后, 很快就应用他的理论来研究整个宇宙. 由于广义相对论中的引力场方程在数学上是高度非线性的, 很难求解, 为此爱因斯坦在没有任何实验基础的情况下提出了被称为宇宙学原理的假设: 宇宙中的物质分布是均匀的, 对任何一个相对于宇宙没有运动的观测者来说是各向同性的. 自 20 世纪 60 年代发现宇宙微波背景辐射以来, 宇宙学原理得到了观测和实验的支持. 微波背景辐射的温度呈现高度的各向同性, 而且大尺度结构巡天也证实在大约 10Mpc 尺度以上, 宇宙可以看做是以星系为分子的气体系统, 其密度分布是非常均匀的. 这里 Mpc 表示兆秒差距, 是天文和宇宙学中的常用长度单位, 1Mpc=3.26×10^6 光年. 虽然真实的宇宙并不是绝对均匀各向同性的, 本章讨论的主题也是非均匀性的增长和演化, 但在此之前有必要对作为背景的均匀各向同性的膨胀宇宙做一些简单的介绍.

从数学上来说, 均匀各向同性的宇宙等同于具有最大对称子空间的四维时空, 其性质由弗里德曼–罗伯特逊–沃克 (Friedmman-Robertson-Walker, FRW) 度规来描述:

$$\mathrm{d}s^2 = g_{\mu\nu}\mathrm{d}x^\mu\mathrm{d}x^\nu = \mathrm{d}t^2 - a^2(t)\left(\frac{\mathrm{d}r^2}{1-kr^2} + r^2\mathrm{d}\theta^2 + r^2\sin^2\theta\mathrm{d}\varphi^2\right), \tag{2.1}$$

这里 t 是宇宙时; $a(t)$ 是宇宙标度因子且只依赖于时间, 在膨胀的宇宙中它是随时间单调增长的; k 表示在固定时刻 $t=\text{const.}$ 的三维空间曲率, $k=0$, $k>0$ 和 $k<0$, 分别代表平直、闭合和开放的宇宙. 用如下的变量代换:

$$\eta = \int\frac{\mathrm{d}t}{a},\quad x^1 = \chi\sin\theta\cos\varphi,\quad x^2 = \chi\sin\theta\sin\varphi,\quad x^3 = \chi\cos\theta, \tag{2.2}$$

可以将 (2.1) 式写成其三维空间由笛卡儿直角坐标表述的形式:

$$\mathrm{d}s^2 = a^2(\eta)(\mathrm{d}\eta^2 - \gamma_{ij}\mathrm{d}x^i\mathrm{d}x^j), \tag{2.3}$$

这里, $\chi\left(1+\dfrac{k}{4}\chi^2\right)^{-2}=r$, $\gamma_{ij}=\delta_{ij}\left(1+\dfrac{k}{4}x^k x_k\right)^{-2}$, 而 η 一般被称为共形时间. 对于 $k=0$ 的平直宇宙, $\gamma_{ij}=\delta_{ij}$, FRW 度规 $g_{\mu\nu}=a^2\eta_{\mu\nu}$ 是 Minkowski 空间度规 $\eta_{\mu\nu}$ 的共形变换. 由此度规, 我们可以很容易计算 Riemann 张量 $R^{\lambda}_{\mu\nu\kappa}$, Ricci 张量 $R_{\mu\nu}$, 曲率标量 R 以及爱因斯坦张量 $G^{\mu}_{\nu}\equiv R^{\mu}_{\nu}-\dfrac{1}{2}R\delta^{\mu}_{\nu}$ 等几何量. 下面我们列出关于爱因斯坦张量的计算结果:

$$G^0_0=-\frac{3(\mathcal{H}^2+k)}{a^2},\quad G^0_i=0,\quad G^i_j=-\frac{2\mathcal{H}'+\mathcal{H}^2+k}{a^2}\delta^i_j,\tag{2.4}$$

这里 $\mathcal{H}=a'/a$ 是约化的哈勃膨胀率, 它与通常的哈勃膨胀率 H 的关系是 $\mathcal{H}=aH$, 撇号 "$'$" 表示对共形时间的导数.

相应地, 在 FRW 宇宙中物质分布是均匀各向同性的, 对应于理想流体, 其能量动量张量具有如下形式:

$$T_{\mu\nu}=(\rho+p)U_\mu U_\nu-pg_{\mu\nu},\tag{2.5}$$

这里 ρ 是能量密度, p 是压强, 它们只是时间的函数. 而 $U^\mu=\mathrm{d}x^\mu/\sqrt{\mathrm{d}s^2}$ 是流体的四速度, 满足归一关系 $U_\mu U^\mu=1$. 选取共动坐标系 (即宇宙流体相对共动坐标系无运动)

$$U^i=\frac{\mathrm{d}x^i}{\sqrt{\mathrm{d}s^2}}=0,\quad U^0=\frac{\mathrm{d}\eta}{\sqrt{\mathrm{d}s^2}}=1/a,\quad U_0=a,\quad U_i=0.$$

由爱因斯坦场方程

$$G^\mu_\nu=-8\pi GT^\mu_\nu,\tag{2.6}$$

我们可以得到描写背景的运动方程

$$\begin{aligned}&\mathcal{H}^2+k=\frac{8\pi G}{3}a^2\rho,\\&\mathcal{H}'=-\frac{4\pi G}{3}a^2(\rho+3p),\\&\rho'+3\mathcal{H}(\rho+p)=0.\end{aligned}\tag{2.7}$$

上述三个方程中只有两个是独立的, 但是还不完备, 我们还需要压强与能量密度之间的关系, 即状态方程 $p(\rho)$. 几种简单的而且在宇宙学中有重要地位的几种物质的状态方程如下: 辐射, $p=1/3\rho$; 物质 (特指非相对论物质), $p=0$; 宇宙学常数, $p=-\rho$. 对于平直宇宙 $k=0$, 解方程 (2.7) 就得到大家所熟悉的结果:

(1) 辐射为主:

$$\mathcal{H}=1/\eta,\quad a\propto\eta,\quad \rho\propto\eta^{-4};$$

(2) 物质为主:

$$\mathcal{H}=2/\eta,\quad a\propto\eta^2,\quad \rho\propto\eta^{-6};$$

(3) 宇宙学常数为主:

$$\mathcal{H}=-1/\eta,\quad a\propto 1/\eta,\quad \rho=\text{const.}.$$

一般来说, 宇宙中有多种物质成分并存, 我们可以定义密度参数来表示各种成分的贡献大小. 为此先定义临界密度

$$\rho_{\rm c}\equiv\frac{3\mathcal{H}^2}{8\pi Ga^2}. \tag{2.8}$$

对某种成分 i, 其密度参数定义为

$$\Omega_i\equiv\frac{\rho_i}{\rho_{\rm c}}, \tag{2.9}$$

它对应于该种物质的密度在宇宙总密度中所占的百分比. 同样, 我们也可以为曲率项定义一个 “密度参数”,

$$\Omega_K\equiv-\frac{K}{\mathcal{H}^2}. \tag{2.10}$$

这样, Friedmann 方程 (即 (2.7) 式中第一个方程) 告诉我们

$$\sum_i\Omega_i=1, \tag{2.11}$$

求和中包括曲率项. 有了密度参数和哈勃膨胀率, 我们就可以计算各种物质的能量密度. 一般我们用下标 0 表示各种变量在今天的取值, 比如目前的哈勃膨胀率表示为

$$H_0=100\ h\ \text{km}\cdot\text{Sec}^{-1}\cdot\text{Mpc}^{-1}, \tag{2.12}$$

其中 h 是一个无量纲的数, 由观测确定, 目前 Planck 卫星实验的观测值为 0.673 ± 0.012[3]. 能量密度表示为

$$\rho_{i0}=0.81\times10^{-10}\ \Omega_{i0}h^2\ \text{eV}^4. \tag{2.13}$$

从上式可以看出, 相对于粒子物理中能量标度来说, 当今宇宙的物质密度是非常低的.

总之, 在 FRW 宇宙中, 如果知道了各种物质成分及其状态方程, 那么宇宙的过去和将来都已经被确定了.

5.3　牛顿引力中的不稳定性

不稳定性是引力的一个基本性质. 对常见的普通物质来说, 引力总是吸引的. 如果物质分布在某个初始时刻是不均匀的, 那么密度大的地方引力场就强, 它会吸

引周围更多的物质进来从而密度变得更大, 引力越来越强. 反之, 密度小的区域会变得越来越稀薄. 在引力不稳定性作用下, 物质的非均匀性一般是随时间增长的. 宇宙学扰动理论要处理的就是膨胀宇宙中的物质非均匀性如何从极早期的微小的涨落增长为后期我们所看到的星系、星系团、超团、空洞等大尺度结构. 严格处理这个问题需要广义相对论, 但是引力不稳定性在牛顿引力中就存在, 而且在牛顿引力中各种扰动物理量的物理意义比较明显. 此外对于小于视界尺度的不稳定性问题, 牛顿引力也是一个非常好的近似. 因此在本节中我们先介绍一些关于牛顿引力理论中的不稳定性问题的讨论.

为了使讨论简单化, 我们假设宇宙中物质均为理想流体, 详细的讨论请见文献 [4]. 描述理想流体只需要能量密度 $\rho(\vec{x},t)$, 速度场 $\vec{V}(\vec{x},t)$ 以及单位质量的熵 $S(\vec{x},t)$ 这几个场函数. 它们满足如下的方程:

(1) 连续性方程:

$$\frac{\partial \rho}{\partial t}+\nabla\cdot(\rho\vec{V})=0;$$

(2) 欧拉方程:

$$\frac{\partial \vec{V}}{\partial t}+(\vec{V}\cdot\nabla)\vec{V}+\frac{\nabla p}{\rho}+\nabla\phi=0;$$

(3) 熵守恒方程:

$$\frac{\mathrm{d}S}{\mathrm{d}t}=\frac{\partial S}{\partial t}+(\vec{V}\cdot\nabla)S=0;$$

(4) 泊松方程:

$$\nabla^2\phi=4\pi G\rho;$$

(5) 状态方程:

$$p=p(\rho,S).$$

欧拉方程和泊松方程中的 ϕ 是牛顿引力势. 这组方程是非线性的, 不容易求解. 但是如果非均匀性只是围绕均匀各向同性背景的微小涨落, 我们可以把这些方程线性化. 下面我们将讨论相对于一个静态均匀各向同性宇宙的微小涨落的演化行为, 即所谓的金斯 (Jeans) 理论.

首先, 静态而且均匀各向同性的宇宙要求其能量密度

$$\rho_0(\vec{x},t)=\text{const.},\quad \vec{V}_0(\vec{x},t)=0,\quad S_0(\vec{x},t)=\text{const.}.$$

这与流体力学方程是明显矛盾的, 因为在此条件下欧拉方程给出 $\nabla\phi=0$, 得出 $\nabla^2\phi=0$ 与泊松方程矛盾. 这说明牛顿引力理论本身无法描述一个静态的均匀各向同性的宇宙. 该问题原则上可以考虑一个爱因斯坦静态宇宙来避免, 在这样的宇宙中, 引力 $\nabla\phi$ 可以用适当的 "宇宙学常数" 项产生的斥力来平衡.

考虑该相对于此背景的微扰,

$$\rho(\vec{x},t) = \rho_0 + \delta\rho, \quad \vec{V}(\vec{x},t) = \vec{V}_0 + \delta\vec{V} = \delta\vec{V},$$
$$\phi(\vec{x},t) = \phi_0 + \delta\phi, \quad S(\vec{x},t) = S_0 + \delta S. \tag{3.1}$$

压强的扰动可以用能量密度扰动和熵的扰动表示出来,

$$p(\vec{x},t) = p_0 + \delta p, \quad \delta p = c_{\rm s}^2\delta\rho + \Gamma\delta S, \tag{3.2}$$

这里

$$c_{\rm s}^2 \equiv \frac{\partial p}{\partial \rho}\,|_S \tag{3.3}$$

是流体的声速的平方; 另一个系数 Γ 定义为

$$\Gamma \equiv \frac{\partial p}{\partial S}\,|_\rho. \tag{3.4}$$

综合这些考虑, 该系统的线性扰动方程组如下:

$$\begin{aligned}
&\dot{\delta} + \nabla\cdot\delta\vec{V} = 0,\\
&\delta\dot{\vec{V}} + c_{\rm s}^2\nabla\delta + \frac{\Gamma}{\rho_0}\nabla\delta S + \nabla\delta\phi = 0,\\
&\nabla^2\delta\phi = 4\pi G\rho_0\delta,\\
&\delta\dot{S} = 0.
\end{aligned} \tag{3.5}$$

这里我们用变量上方的点表示对时间的偏导数, 我们定义了相对的能量密度扰动 $\delta \equiv \delta\rho/\rho_0$. 上述方程组中最后一个方程表示 $\delta S = \delta S(\vec{x})$ 与时间无关, 完全由初始条件给出, 一般我们认为它是事先给定的. 其他几个方程可以组合为下述线性二阶微分方程 (傅里叶空间):

$$\ddot{\delta} + (c_{\rm s}^2k^2 - 4\pi G\rho_0)\delta = -\frac{\Gamma}{\rho_0}k^2\delta S. \tag{3.6}$$

下面我们分三种情况讨论该方程的解的物理意义:

(1) 绝热 (等熵) 扰动, $\delta S = 0$.

这种情况下方程变成齐次的, 而且可以写成

$$\ddot{\delta} + c_{\rm s}^2(k^2 - k_{\rm J}^2)\delta = 0, \tag{3.7}$$

其中 $k_{\rm J} \equiv \sqrt{4\pi G\rho_0}/c_{\rm s}$, 可以称它为金斯波数, 它对应的尺度

$$\lambda_{\rm J} = \frac{2\pi}{k_{\rm J}} = c_{\rm s}\sqrt{\frac{\pi}{G\rho_0}} \tag{3.8}$$

就是著名的金斯尺度, 由声速和背景能量密度决定, 背景能量密度越大, 金斯尺度就越小. 我们很容易看出方程 (3.7) 的解

$$\delta \sim \exp\left(\pm \mathrm{i} c_{\mathrm{s}} \sqrt{k^2 - k_{\mathrm{J}}^2} t \right).$$

当 $k > k_{\mathrm{J}}$, 即尺度小于金斯尺度时, 密度扰动是振荡的, 没有不稳定性; 当 $k \leqslant k_{\mathrm{J}}$ 时, 能量密度随时间增长, 尤其是当所考虑的尺度在金斯尺度以上时密度随时间指数增长, 这就是引力不稳定性. 我们考虑的是静态宇宙的引力不稳定性. 在一个膨胀宇宙中, 金斯尺度以上仍然存在不稳定性, 只是密度不再是指数增长, 而是幂律增长, 因为宇宙膨胀对引力坍缩有一定的抵消作用[4,5]. 此外对于自引力的非相对论物质来说, $c_{\mathrm{s}} = 0$, 因此金斯尺度为零, 也就是说在任何尺度上都有引力不稳定性; 对于自引力辐射来说, $c_{\mathrm{s}} = 1/\sqrt{3}$, 金斯尺度不为零, 只有大尺度上才有不稳定性, 金斯尺度以下因为压强的抵抗作用, 非均匀性不会增长.

(2) 熵扰动, $\delta S \neq 0$.

对于包含多种物质成分的流体系统来说, 比如我们的宇宙, 初始扰动中可能有非零的熵扰动. 以光子–重子流体为例, 引力坍缩前因为某种机制的作用使得光子和重子的数密度之比在空间中的分布不是均匀的, 这样每个重子所携带的熵与空间位置有关, 即 $\delta S(\vec{x})$ 不是处处为零的. 它虽然不随时间变化, 但是它使得密度扰动的方程变成非齐次的, 也就是说, 它为密度扰动提供了一个额外的源. 这时候方程

$$\ddot{\delta} + c_{\mathrm{s}}^2 (k^2 - k_{\mathrm{J}}^2) \delta = -\frac{\Gamma}{\rho_0} k^2 \delta S \tag{3.9}$$

的解包括两部分: 一部分就是齐次方程的解对应于绝热扰动; 另一部分是非齐次方程的特解, 即

$$\delta(\vec{k}, t) = -\frac{\Gamma k^2 \delta S}{\rho_0 c_{\mathrm{s}}^2 (k^2 - k_{\mathrm{J}}^2)}. \tag{3.10}$$

通常说的熵扰动指的是该特解. 有必要在此说明一下文献中绝热扰动与熵扰动在定义上的双重含义. 它们的一重含义指的是扰动的初始条件, 即 $\delta S = 0$ 或 $\delta S \neq 0$; 另一重含义指的是在相应初始条件下扰动方程的解. 比如方程 (3.9) 的齐次部分的解被称做绝热扰动模式 (adiabatic mode), 简称绝热扰动, 其特解被称做熵扰动模式 (entropy mode), 简称熵扰动. 一般情况下, 扰动模式是绝热扰动与熵扰动的混合.

(3) 矢量扰动, $\delta\rho = 0$, $\delta S = 0$.

绝热扰动或熵扰动都是标量型扰动. 由线性扰动方程组 (3.5) 可以看出, 在没有密度扰动和初始熵扰动的情况下, 只需要求解速度场的方程

$$\nabla \cdot \delta \vec{V} = 0, \quad \delta \dot{\vec{V}} = 0. \tag{3.11}$$

速度场是横向的, 而且不随时间变化, 类似于静止磁场, 它的解为 $\delta V = \nabla \times \vec{A}(\vec{x})$, 其中 $\vec{A}(\vec{x})$ 是某种不依赖于时间的矢量场. 矢量扰动对应于宇宙物质分布的涡旋构型.

上述这些讨论虽然以静态宇宙为背景, 但是可以很容易推广并应用到膨胀的宇宙中去[4,5]. 总的来说, 在牛顿引力为基础的扰动理论中, 各种物理量的意义非常明显, 它的缺点是牛顿引力理论本身无法自洽地描述一个均匀各向同性的宇宙背景. 一个自洽的宇宙学扰动理论是建立在以广义相对论为理论基础之上的. 本节中所提到的一些重要的概念, 比如金斯不稳定性、绝热扰动、熵扰动、矢量扰动将继续出现在以广义相对论为基础的宇宙学扰动理论中.

5.4 宇宙学扰动的运动学

相比于牛顿引力, 广义相对论可以提供一个自洽地描述关于宇宙背景及其扰动的演化的理论. 以 FRW 宇宙为背景, 任何物理量均可做如下分解:

$$Q(t,\vec{x}) = \bar{Q}(t) + \delta Q(t,\vec{x}), \tag{4.1}$$

这里 $\bar{Q}$ 表示均匀部分, 它对应于物理量 Q 在 FRW 宇宙中的解, δQ 就是它的扰动. 为了符号的简单, 我们常常省去 $\bar{Q}$ 上的横线, 直接用 Q 表示背景量. 除了少数几处需要特别注明以外, 在本章中我们将采用这种表示方式. 从数学上讲, 我们在做了上述分解之后把它们代入动力学方程并把方程线性化就可以求解. 看起来这是一个很直接的过程 (尽管有可能很冗长), 但是广义坐标变换的协变性带来的规范任意性使得各扰动变量的物理意义变得不够清晰. 并不是所有的依赖于空间的扰动变量都对应于真实的物理量, 而且相同的物理量在不同的坐标系 (或不同的规范条件) 中有不同的形式. 因此, 在宇宙学扰动理论中, 我们必须小心处理规范问题.

从下面一个简单的例子可以看出这种由坐标变换带来的复杂性[4]. 我们在 5.2 节中介绍的作为背景的 FRW 宇宙是一个没有扰动的时空, 各物理量, 比如物质密度是均匀的, 即

$$\rho(t,\vec{x}) = \rho(t). \tag{4.2}$$

但是在广义相对论中, 时空坐标的选取并不是唯一的. 我们可以选取另外一种时间 $\tilde{t}$, 它与 t 的差别是无穷小, 即

$$\tilde{t} = t + \delta t(t,\vec{x}). \tag{4.3}$$

在新的时间坐标下, 密度表示为 $\tilde{\rho}(\tilde{t},\vec{x}) = \rho(t(\tilde{t},\vec{x}))$. 因为 δt 为无穷小量, 我们有

$$\rho(t) = \rho(\tilde{t} - \delta t(t,\vec{x})) \simeq \rho(\tilde{t}) - \frac{\partial \rho}{\partial t}\delta t \equiv \rho(\tilde{t}) + \delta\rho(\tilde{t},\vec{x}), \tag{4.4}$$

其中出现的函数 $\delta\rho$ 看起来像是描述物质分布的非均匀性, 但它仅仅是由于选取不同时间带来的, 不是真正物理的密度扰动. 下面我们将介绍宇宙学扰动理论中的一些基本概念, 着重关注于规范问题的处理.

5.4.1 度规扰动及张量分解

一个有非均匀性及各向异性的宇宙不是严格 FRW 类型的. 如果各种非均匀性和各向异性都很小, 那么真实的宇宙时空相对于 FRW 宇宙背景 (2.3) 来说, 只有一些微小的偏离. 也就是说, 它的度规可以写成如下形式:

$$\mathrm{d}s^2 = \bar{g}_{\mu\nu}\mathrm{d}x^\mu\mathrm{d}x^\nu + \delta g_{\mu\nu}\mathrm{d}x^\mu\mathrm{d}x^\nu, \tag{4.5}$$

其中 $\bar{g}_{\mu\nu}$ 表示 FRW 度规, $\delta g_{\mu\nu}$ 就表示度规的扰动部分. 具体来说, 该线元的一般形式为[6]

$$\begin{aligned}\mathrm{d}s^2 = a(\eta)^2\Big\{&(1+2A)\mathrm{d}\eta^2 - 2(B_{|i} + S_i)\mathrm{d}\eta\mathrm{d}x^i - \\ &\Big[(1-2\psi)\gamma_{ij} + 2E_{|ij} + 2F_{(i|j)} + h_{ij}\Big]\mathrm{d}x^i\mathrm{d}x^j\Big\},\end{aligned} \tag{4.6}$$

这里下标中的竖线表示对三维背景度规 γ_{ij} 的协变微分, 圆括号表示其内部指标的交换对称组合, 即 $F_{(i|j)} = \dfrac{1}{2}(F_{i|j} + F_{j|i})$. 从这里可以看出度规扰动有三种类型, 即: 标量, 矢量和张量扰动, 它们是根据扰动函数在三维空间 (2.3) 的坐标变换下的行为来定义的. 我们有四个标量扰动函数 (A, ψ, E, B)、两个矢量扰动函数 (F_i, S_i) 及一个张量扰动函数 (h_{ij}), 它们都是时空的函数, 在数值上都被当做小量处理. 其中矢量扰动 F_i, S_i 满足横向条件, 即 $F_i^{|i} = 0$, $S_i^{|i} = 0$, 表示从其中不可再分离出某个标量的梯度来, 两者共有四个独立分量; 张量 h_{ij} 也满足横向条件并且无迹, 即 $h_i^i = h_{i|j}^j = 0$, 表明从中不可进一步约化出标量和矢量来, 它有两个独立分量. 以上指标是由 γ_{ij} 来升降的.

从以上的张量分解可以看出, 考虑扰动后的度规一共有 10 个代数独立的扰动分量, 但是它们并不全对应于物理的扰动变量, 其中还包含 4 个与局域坐标变换有关的规范自由度. 由无穷小坐标变换 (即规范变换)

$$x^\mu \to \tilde{x}^\mu = x^\mu + \xi^\mu \tag{4.7}$$

引起的度规的变化为 (只保留到 ξ 的一级项)

$$\tilde{g}_{\mu\nu}(x) - g_{\mu\nu}(x) = -\mathcal{L}_\xi g_{\mu\nu} = -2\xi_{(\mu;\nu)}, \tag{4.8}$$

上式中 $\mathcal{L}_\xi$ 表示沿 ξ^μ 方向的 Lie 导数, 分号 “;” 表示对度规 $g_{\mu\nu}$ 的协变微分. 为了考查坐标变换对度规扰动的影响, 我们把矢量 ξ^μ 分成时间和空间部分 $\xi^\mu = (\xi^0, \xi^i)$.

它的空间分量又可以进一步分解为纵向和横向部分:

$$\xi^i = \xi^{|i} + \eta^i. \tag{4.9}$$

结果变换参数 ξ^μ 包含两个标量型分量 (ξ^0, ξ) 和一个矢量型分量 η^i. 把方程 (4.8) 代入 (4.6) 式, 就得到各扰动函数在无穷小坐标变换下的变换方式:

$$\begin{aligned}
\tilde{A} &= A - \mathcal{H}\xi^0 - \xi^{0\prime}, \\
\tilde{\psi} &= \psi + \mathcal{H}\xi^0, \\
\tilde{B} &= B + \xi^0 - \xi', \\
\tilde{E} &= E - \xi.
\end{aligned} \tag{4.10}$$

矢量扰动的变换形式是

$$\begin{aligned}
\tilde{F}_i &= F_i - \eta_i, \\
\tilde{S}_i &= S_i - \eta_i'.
\end{aligned} \tag{4.11}$$

张量扰动是不变的, $\tilde{h}_{ij} = h_{ij}$.

我们看到除了张量扰动以外, 其他的扰动函数都是与坐标系选取有关的, 在不同的坐标下具有不同的形式, 也就是说, 是规范相关的. 这为它们的物理解释带来了一定的困扰. 一个方便的做法是我们只关注那些不依赖于坐标系选取且独立的规范不变量. 这相当于电动力学中我们以规范不变的电场强度和磁场强度, 而不是与规范相关的矢势来研究物理现象. 根据以上结果, 我们可以找到如下的规范不变量:

(1) 标量扰动:

$$\begin{aligned}
\Phi &= A + (1/a)[(B - E')a]', \\
\Psi &= \psi - \mathcal{H}(B - E');
\end{aligned} \tag{4.12}$$

(2) 矢量扰动:

$$\mathcal{F}_i = S_i - F_i'; \tag{4.13}$$

(3) 张量扰动:

$$h_{ij}.$$

这样, 对于物理的自由度我们得到两个标量扰动函数 (Φ, Ψ), 一个矢量扰动 $\mathcal{F}_i$ 和一个张量扰动 h_{ij}, 它们在无穷小坐标变换 (4.7) 下是不变的. 在线性近似下, 标量、矢量和张量扰动各自独立地演化, 因此可以将它们分开来讨论. 从下一节的动力学方程可以看出, 矢量扰动在宇宙膨胀过程中是逐渐衰减的, 张量扰动导致引力波在空间中的传播, 它与宇宙中物质的能量密度和压强的扰动没有耦合, 它们都不具有引力不稳定性. 但是标量扰动会导致不均匀性的增长, 在结构形成中起主导作用. 因此在本章中, 我们将着重讨论标量扰动.

5.4.2 物质的能量动量张量

下面我们再看看物质部分. 根据广义相对论, 宇宙中的物质是通过其能量动量张量与引力场耦合的. 在有非均匀性的真实宇宙中, 物质的能量动量张量做类似的展开

$$T^{\mu}_{\nu}(\eta,\vec{x}) = T^{\mu}_{\nu}(\eta) + \delta T^{\mu}_{\nu}(\eta,\vec{x}). \tag{4.14}$$

同样, δT^{μ}_{ν} 也是规范相关的, 它在无穷小坐标变换下按如下规则变换:

$$\delta\tilde{T}^{\mu}_{\nu} = \delta T^{\mu}_{\nu} - \mathcal{L}_{\xi} T^{\mu}_{\nu}. \tag{4.15}$$

仿照构造规范不变的度规扰动函数的方法写出规范不变的物质扰动量为

$$\begin{aligned}
{}^{(\mathrm{gi})}\delta T^0_0 &= \delta T^0_0 + (T^0_0)'(B-E'),\\
{}^{(\mathrm{gi})}\delta T^0_i &= \delta T^0_i + (T^0_0 - T^k_k/3)(B-E')_{|i},\\
{}^{(\mathrm{gi})}\delta T^i_j &= \delta T^i_j + (T^i_j)'(B-E'),
\end{aligned} \tag{4.16}$$

上标 gi 表示规范不变 (gauge invariant).

5.4.3 流体的扰动

流体的能量动量张量有如下的形式:

$$T^{\mu}_{\nu} = -p\delta^{\mu}_{\nu} + (\rho+p)U^{\mu}U_{\nu} + \varSigma^{\mu}_{\nu}, \tag{4.17}$$

这里 $\varSigma^{\mu}_{\nu}$ 是流体的各向异性应力张量 (anisotropic stress), 满足如下的限制条件:

$$\varSigma_{\mu\nu}U^{\nu} = 0, \quad \varSigma^{\mu}_{\mu} = 0. \tag{4.18}$$

因为此项没有背景部分, 它本身就是扰动变量. 由上述限制方程可知, 在线性扰动理论中,

$$\varSigma_{00} = 0, \quad \varSigma_{0i} = 0, \quad \varSigma^i_i = 0. \tag{4.19}$$

各向异性应力张量一般来源于流体的剪切黏滞 (shear viscosity)、热传导 (heat flow) 等一些耗散过程, 比如退耦后光子或中微子的自由流动 (free streaming) 会产生剪切黏滞. 此外, 在某些标量场理论中, 如有高阶导数或者非最小耦合的标量场也会产生各向异性的应力张量. 对于理想流体以及最小耦合的标量场来说, $\varSigma^{\mu}_{\nu} = 0$. 正

因为在线性扰动理论中, $\Sigma_{\mu\nu}$ 只有 ij 分量, 而且满足无迹条件, 它可以做如下张量分解:

$$\Sigma_{ij} = -a^2\left(\Sigma_{|ij} - \frac{1}{3}\nabla^2\Sigma\gamma_{ij} + \Sigma_{(i|j)} + \sigma_{ij}\right), \tag{4.20}$$

其中 Σ, Σ_i, σ_{ij} 分别表示它的标量、矢量和张量部分. 这里的拉普拉斯算子由相对于三维空间度规 γ_{ij} 的协变微分来定义, 即 $\nabla^2 f \equiv (\gamma^{ij}f_{|j})_{|i}$.

流体的四速度 U^μ 的背景部分只有 $\mu=0$ 的分量, 所以 U^i 本身就是扰动变量. 根据归一关系 $U^\mu U_\mu = 1$, 我们可以得出

$$\delta U^0 = -\frac{A}{a}, \quad \delta U_0 = aA. \tag{4.21}$$

相应地, U_i 可以分离出标量和矢量部分

$$U_i = U_{|i} + U_i^{\mathrm{vec}}, \quad U_i^{\mathrm{vec}|i} = 0. \tag{4.22}$$

有了这些考虑之后, 我们得出能量动量张量的各分量用流体变量表示如下:

$$\begin{aligned}
\delta T_0^0 &= \delta\rho,\\
\delta T_i^0 &= \frac{\rho+p}{a}(U_{|i} + U_i^{\mathrm{vec}}),\\
\delta T_j^i &= -\delta p\delta_j^i + \Sigma_j^i,
\end{aligned} \tag{4.23}$$

这里

$$\Sigma_j^i = \Sigma_{|j}^{|i} - \frac{1}{3}\nabla^2\Sigma\delta_j^i + \frac{1}{2}(\Sigma_j^{|i} + \Sigma_{|j}^i) + \sigma_j^i, \tag{4.24}$$

此式右边的指标升降依赖的度规是 γ^{ij}. 在任意坐标条件下, 我们可以构造相应的规范不变量:

$${}^{(\mathrm{gi})}\delta\rho = \delta\rho + \rho'(B-E'), \quad {}^{(\mathrm{gi})}\delta p = \delta p + p'(B-E'), \quad {}^{(\mathrm{gi})}U = U + a(B-E'). \tag{4.25}$$

而其他的量, U_i^{vec} 以及 Σ_j^i 中各个扰动量本身就是规范不变的.

结合上述结果以及前面关于度规扰动的讨论, 我们还可以在任意规范条件下构造出其他规范不变的扰动变量, 如

$$\zeta \equiv -\psi - \frac{\mathcal{H}}{\rho'}\delta\rho, \quad \delta p_{\mathrm{nad}} \equiv \delta p - \frac{p'}{\rho'}\delta\rho, \quad \cdots, \tag{4.26}$$

其中 ζ 被称做曲率扰动, δp 被称做非绝热压强扰动, 对应于熵扰动. 这些在后面的讨论中有重要的作用. 一般地, 对于任意两个标量 X 和 Y, 其组合 $\delta X/X' - \delta Y/Y'$ 是规范不变的.

5.4.4 场的扰动

在宇宙学中经常要处理标量场的动力学, 比如暴胀模型或者一些动力学暗能量模型通常都是场论模型. 标量场 ϕ 的动力学由它的拉矢量决定, 通常表示为[7,8]

$$\mathcal{L} = p(X, \phi), \tag{4.27}$$

这里 $X = (1/2)\partial_\mu\phi\partial^\mu\phi$ 是标量场的动能项, 对于粒子物理中经常见到的正则标量场, 则有 $\mathcal{L} = X - V(\phi)$, $V(\phi)$ 是势能项. 式 (4.27) 所示的拉矢量具有更广泛的形式, 由它可以得到场的能量动量张量

$$T^\mu_\nu = -\mathcal{L}\delta^{\mu\nu} + p_X\partial^\mu\phi\partial_\nu\phi, \tag{4.28}$$

我们用 p_X 表示 p 对 X 的偏导数. 这样的能量动量张量具有理想流体的形式

$$T^\mu_\nu = -p\delta^\mu_\nu + (\rho + p)U^\mu U_\nu, \tag{4.29}$$

对应如下:

$$p = \mathcal{L}, \quad U^\mu = \frac{\partial^\mu\phi}{\sqrt{2X}}, \quad \rho + p = 2Xp_X. \tag{4.30}$$

我们可以很容易验证如此定义的四速度 U^μ 满足归一关系. 与流体一样, 标量场分为均匀背景和扰动部分, 即

$$\phi(\eta, \vec{x}) = \phi(\eta) + \delta\phi(\eta, \vec{x}). \tag{4.31}$$

对背景而言, $X = \phi'^2/(2a^2)$. 若已知 $p(X, \phi)$ 的函数形式就可以写下能量密度、压强等与流体相对应的量. 考虑扰动之后, 能量动量张量的形式并没有变化. 如上一小节所言这样的标量场没有各向异性应力张量, 而且没有矢量扰动和张量扰动部分, 因为所有的扰动变量都可以用场的扰动表示. 具体的形式我们推迟到下一节再介绍. 这里只写下速度扰动的形式, 因为它与度规扰动函数无关,

$$U_i = \frac{\partial_i\delta\phi}{\sqrt{2X}}, \quad U = \frac{\delta\phi}{\sqrt{2X}}. \tag{4.32}$$

规范不变的扰动变量可以仿照流体的情形构造, 对于标量场来说有一个独特的并且在暴胀理论中有重要作用的规范不变量

$$\mathcal{R} = \psi + \mathcal{H}\frac{\delta\phi}{\phi'}, \tag{4.33}$$

在文献中它也被称为 Mukhanov–Sasaki 变量.

5.4.5 几种常用的规范

与电动力学中的情形一样, 我们除了寻找规范不变的扰动变量以外, 也可以按照具体情况的方便, 选取某种特殊的规范来研究问题. 在电动力学中, 我们经常选择库仑规范、Lorenz 规范等, 有些规范条件能够完全去除规范任意性, 有些则还有剩余的任意性. 在宇宙学扰动理论中也有同样的问题, 我们将在本小节中简单介绍几种常用的规范. 我们将只讨论标量扰动的规范选取, 因为前面已经提到标量、矢量和张量扰动可以分开来讨论, 张量扰动本身就是规范不变的, 不存在规范选取的问题; 而矢量扰动在膨胀的宇宙中不重要, 经常忽略不计. 既然只考虑标量扰动, 那么具有度规扰动的线元 (4.6) 式中只剩下四个标量扰动函数, 即

$$\mathrm{d}s^2 = a(\eta)^2\Big\{(1+2A)\mathrm{d}\eta^2 - 2B_{|i}\mathrm{d}\eta\mathrm{d}x^i - \big[(1-2\psi)\gamma_{ij} + 2E_{|ij}\big]\,\mathrm{d}x^i\mathrm{d}x^j\Big\}. \qquad (4.34)$$

相应地, 物质的能量动量张量中我们也不考虑矢量和张量扰动部分.

1. *共形牛顿规范* (conformal Newtonian gauge) *或纵向规范* (longitudinal gauge)[6]

在共形牛顿规范中, 度规扰动中的函数 $B_l = E_l = 0$ (下标 l 表示该规范下的函数), 因而

$$\mathrm{d}s^2 = a(\eta)^2\Big[(1+2A_l)\mathrm{d}\eta^2 - (1-2\psi_l)\gamma_{ij}\mathrm{d}x^i\mathrm{d}x^j\Big]. \qquad (4.35)$$

该规范的好处是考虑扰动后度规仍然具有对角的形式, 而且很适合弱场近似下的研究, 函数 A_l 对应于牛顿引力势. 该规范的另一个优点如下: 式 (4.12) 中构造的规范不变量在此规范下变成

$$\varPhi = A_l, \quad \varPsi = \psi_l. \qquad (4.36)$$

而且前面构造的其他一些常用的规范不变量也与该规范下的原始形式一样, 即

$${}^{(\mathrm{gi})}\delta\rho = \delta\rho_l, \quad {}^{(\mathrm{gi})}\delta p = \delta p_l, \quad {}^{(\mathrm{gi})}U = U_l. \qquad (4.37)$$

这样可以简化对规范不变量 $\varPhi$ 和 $\varPsi$ 以及其他规范不变量所满足方程的推导. 我们可以在共形牛顿规范下写下各主要扰动变量 A_l, ψ_l, $\delta\rho_l$ 等满足的方程, 然后把它们分别用 $\varPhi$, $\varPsi$, ${}^{(\mathrm{gi})}\delta\rho$ 等代替, 就可以得到关于这些规范不变量的方程. 因此, 我们常常直接把共形牛顿规范中的扰动变量解释为规范不变的量, 比如线元可以直接写成

$$\mathrm{d}s^2 = a^2(\eta)\Big[(1+2\varPhi)\mathrm{d}\eta^2 - (1-2\varPsi)\gamma_{ij}\mathrm{d}x^i\mathrm{d}x^j\Big]. \qquad (4.38)$$

此外, 我们可以验证共形牛顿规范条件完全去除了规范任意性, 对于标量扰动来说, 坐标变换 (4.7) 只依赖于两个参数 ξ^0 与 ξ. 考虑一个任意的规范, 其相关扰动函数为 B, E, 设为已知的. 从该规范变到共形牛顿规范,

$$B_l = B + \xi^0 - \xi' = 0, \quad E_l = E - \xi = 0, \qquad (4.39)$$

则坐标变换的参数被完全确定下来, 即

$$\xi = E, \quad \xi^0 = E' - B. \tag{4.40}$$

2. 同步规范 (synchronous gauge)

在同步规范中 $A_{\rm s} = B_{\rm s} = 0$, 线元变成

$$ds^2 = a^2\Big[d\eta^2 - (\gamma_{ij} + h^{\rm s}_{ij})dx^i dx^j\Big], \tag{4.41}$$

注意, 这里 $h^{\rm s}_{ij} = -2\psi_{\rm s}\gamma_{ij} + 2E_{{\rm s}|ij}$, 不是张量扰动. 同步规范的好处是具有固定空间坐标的观测者的固有时间与背景 FRW 宇宙中的宇宙时一致. 这对简化运动方程有很大的帮助, 但是同步规范没有完全去除规范任意性, 原因如下: 考虑任意规范, 其扰动函数 A, B 已知, 把它变到同步规范

$$A_{\rm s} = A - \mathcal{H}\xi^0 - \xi^{0'} = 0, \quad B_{\rm s} = B + \xi^0 - \xi' = 0. \tag{4.42}$$

由此可以得出

$$\begin{aligned} \xi^0 &= \frac{1}{a}\int (aA)d\eta + \frac{C_1(\vec{x})}{a}, \\ \xi &= \int \left(\frac{1}{a}\int a(\eta')A(\eta',\vec{x})d\eta' + B\right)d\eta + C_1(\vec{x})\int \frac{d\eta}{a} + C_2(\vec{x}). \end{aligned} \tag{4.43}$$

从上面两式可以看出, 坐标变换的参数有两个与时间无关的函数 C_1 和 C_2 无法确定. 也就是说, 从某个已知的坐标系通过选取不同的 C_1 和 C_2 可以变换到不同的满足同步规范条件的坐标系, 它们都有 $A_{\rm s} = B_{\rm s} = 0$, 但是是不同的坐标系. 同步规范是在关于宇宙学扰动理论研究的早期文献中经常被采用的规范[9,10], 也是目前非常流行的宇宙学 Boltzmann 计算程序如 CMBFAST[11], CAMB[12] 等采用的规范.

3. 共动规范 (comoving gauge)

共动规范意思为选取与有非均匀性的物质流体共动的坐标系, $U_{i({\rm c})} = U^i_{({\rm c})} = 0$, 即 $U_{\rm c} = B_{\rm c} = 0$. 共动规范同样也没有完全去除规范任意性, 从某已知规范 U, B 到共动规范的变换

$$U_{\rm c} = U - a\xi^0 = 0, \quad B_{\rm c} = B + \xi^0 - \xi' = 0, \tag{4.44}$$

得出坐标变换参数

$$\xi^0 = \frac{U}{a}, \quad \xi = \int \left(B + \frac{U}{a}\right)d\eta + C(\vec{x}), \tag{4.45}$$

包含了一个与时间无关的未知函数 $C(\vec{x})$. 共动规范的特点是物质部分没有速度扰动, 我们可以利用这一点来定义描述物质扰动传播的声速. 在前面的章节中我们定

义过流体的声速, 在没有熵扰动的情况下, $c_{\mathrm{s}}^2=\delta p/\delta\rho$. 这种定义不适用于场的扰动. 统一的定义是

$$c_{\mathrm{s}}^2\equiv\frac{\delta p_{\mathrm{c}}}{\delta\rho_{\mathrm{c}}},\tag{4.46}$$

即在没有速度扰动的坐标系 (共动规范) 下, 压强扰动与密度扰动之比. 需要说明的是, 这样的声速定义对单个自由度的理想流体和没有高阶导数的标量场才是有意义的, 在此情况下, c_{s}^2 只依赖于物质成分本身的性质, 而且只与背景量有关系. 对于多自由度的系统或者具有高阶导数的标量场来说, δp_{c} 一般与 $\delta\rho_{\mathrm{c}}$ 并不成正比. 根据压强扰动和密度扰动在坐标变换下的变换形式

$$\delta p_{\mathrm{c}}=\delta p-p'\xi^0=\delta p-p'\frac{U}{a},\quad \delta\rho_{\mathrm{c}}=\delta\rho-\rho'\xi^0=\delta\rho-\rho'\frac{U}{a},\tag{4.47}$$

我们可以得出任意规范下压强扰动与密度扰动之间的关系为[13]

$$\delta p=c_{\mathrm{s}}^2\delta\rho+(c_{\mathrm{a}}^2-c_{\mathrm{s}}^2)\rho'\frac{U}{a}.\tag{4.48}$$

这里我们区分了两个不同的声速, $c_{\mathrm{a}}^2=p'/\rho'$ 被称做绝热声速, 对于流体来说 $c_{\mathrm{a}}^2=c_{\mathrm{s}}^2$, 但是对于标量场来说两者不一样. 标量场的压强和能量密度既依赖于 ϕ, 也依赖于动能 X, 因此其扰动表示为

$$\delta p=p_X\delta X+p_\phi\delta\phi,\quad \delta\rho=\rho_X\delta X+\rho_\phi\delta\phi.\tag{4.49}$$

一般来说, 动能项的扰动 δX 既包括场的扰动 $\delta\phi$, 也包括度规扰动 $\delta g_{\mu\nu}$. 共动规范条件 $U_{\mathrm{c}}=0$ 等同于 $\delta\phi_{\mathrm{c}}=0$, 因此

$$c_{\mathrm{s}}^2=\frac{\delta p_{\mathrm{c}}}{\delta\rho_{\mathrm{c}}}=\frac{p_X}{\rho_X}\neq\frac{p'}{\rho'}.\tag{4.50}$$

对于正则标量场来说, $\rho=X+V$, $p=X-V$, 因此有 $c_{\mathrm{s}}^2=1$, 但是对于该系统 c_{a}^2 一般是一个随时间变化的量.

5.5　宇宙学扰动的动力学

对物理量做了均匀背景和扰动的分解之后, 它们分别满足背景方程和扰动方程, 可以分开来求解. 背景方程在前面已有介绍, 从现在开始只讨论扰动方程. 因为我们只讨论线性扰动理论, 因此所有的方程都是线性的. 为了简化, 我们只讨论背景为平直的宇宙 $k=0$, 因而 $\gamma_{ij}=\delta_{ij}$. 此外在傅里叶空间里讨论线性理论非常方便, 即把所有的扰动变量 $\delta Q(\eta,\vec{x})$ 都做傅里叶变换

$$\delta Q(\eta,\vec{x})=\frac{1}{(2\pi)^{3/2}}\int\mathrm{d}^3k\ \delta Q(\eta,\vec{k})\mathrm{e}^{\mathrm{i}\vec{k}\cdot\vec{x}}.\tag{5.1}$$

对于线性理论来说, 具有不同 $|\vec{k}|$ 的扰动变量之间没有耦合, 也就是说, 不同尺度上的扰动是独立演化的. 扰动方程中所有的空间导数 ∂_i 均换成 $\mathrm{i}k_i$, 只剩下对时间的微分, 因此我们要求解的是一组常微分方程.

5.5.1 动力学方程组

首先我们考虑标量扰动, 我们将取共形牛顿规范, 即

$$\mathrm{d}s^2 = a^2\left[(1+2\varPhi)\mathrm{d}\eta^2 - (1-2\varPsi)\delta_{ij}\mathrm{d}x^i\mathrm{d}x^j\right]. \tag{5.2}$$

如我们上一节所讲的, 共形牛顿规范中的扰动变量可以直接用相应的规范不变量取代, 就如我们在上式线元中所做的那样. 因此, 我们下面得到的所有方程都是关于规范不变量的方程. 为了简化符号, 我们将省略比如 $^{(\mathrm{gi})}\delta\rho$ 等变量左上角的 gi 记号. 线性爱因斯坦场方程 $\delta G^\mu_\nu = -8\pi G\delta T^\mu_\nu$ 的各分量如下:

$$\begin{aligned}
&3\mathcal{H}(\mathcal{H}\varPhi + \varPsi') + k^2\varPsi = -4\pi G a^2\delta\rho,\\
&\mathcal{H}\varPhi + \varPsi' = 4\pi G a(\rho+p)U,\\
&(2\mathcal{H}' + \mathcal{H}^2)\varPhi + \mathcal{H}\varPhi' + \varPsi'' + 2\mathcal{H}\varPsi' + \frac{k^2}{3}(\varPsi - \varPhi) = 4\pi G a^2\delta p,\\
&k^2(\varPsi - \varPhi) = 12\pi G a^2(\rho+p)\sigma.
\end{aligned} \tag{5.3}$$

这里我们定义了 $(\rho+p)\sigma \equiv \hat{k}_i\hat{k}_j\varSigma^i_j$, 其中 $\hat{k}_i$ 是单位矢量 $\hat{k}$ 的 i 分量. 如果没有各向异性应力张量的话, $\varPsi = \varPhi$. 此外, 我们还有线性化的能量动量守恒方程

$$\begin{aligned}
\delta' &= (1+w)\left(3\varPsi' - \frac{k^2}{a}U\right) + 3\mathcal{H}\left(w - \frac{\delta p}{\delta\rho}\right)\delta,\\
U' &= 3\mathcal{H}c_{\mathrm{a}}^2U + \frac{a}{1+w}\frac{\delta p}{\delta\rho}\delta - a\sigma + a\varPhi.
\end{aligned} \tag{5.4}$$

如前面的定义一样, $\delta = \delta\rho/\rho$, $w = p/\rho$ 是状态方程. 能量动量守恒方程与爱因斯坦场方程组并不独立. 所以说, 虽然我们有六个变量 $\delta\rho$, δp, U, σ, $\varPsi$ 和 $\varPhi$, 但实际上只有四个独立方程, 要求解该系统我们还需要更多的信息. 一种信息来自于压强扰动与密度扰动及速度扰动之间的关系, 如 (4.48) 式. 此外, 还需要各向异性应力张量与其他表征物质性质的扰动变量之间的关系. 这种关系可以由一些唯象的非理想流体理论模型给出, 也可以由更基本的相空间分布函数给出.

一般地, 宇宙中会包含多种物质成分, 如果多种成分的贡献不可忽略的话, 它们各自满足能量动量守恒方程 (这里假设各成分之间除引力之外的相互作用可以忽略, 但是在有些情况下这些直接相互作用有重要的影响, 比如光子与带电粒子的

相互作用是产生微波背景辐射的各向异性的主因之一), 即[14]

$$\delta_\alpha' = (1+w_\alpha)\left(3\,\Psi' - \frac{k^2}{a}U_\alpha\right) + 3\mathcal{H}\left(w_\alpha - \frac{\delta p_\alpha}{\delta\rho_\alpha}\right)\delta_\alpha,$$

$$U_\alpha' = 3\mathcal{H}c_{\mathrm{a}\alpha}^2 U_\alpha + \frac{a}{1+w_\alpha}\frac{\delta p_\alpha}{\delta\rho_\alpha}\delta_\alpha - a\sigma_\alpha + a\Phi. \tag{5.5}$$

而出现在爱因斯坦场方程组右边的是总的贡献,

$$\delta\rho = \sum_\alpha \delta\rho_\alpha = \sum_\alpha \rho_\alpha\delta_\alpha, \quad \delta p = \sum_\alpha \delta p_\alpha,$$

$$(\rho+p)U = \sum_\alpha (\rho_\alpha + p_\alpha)U_\alpha, \quad (\rho+p)\sigma = \sum_\alpha (\rho_\alpha + p_\alpha)\sigma_\alpha. \tag{5.6}$$

在给出初始条件以后, 联立所有的这些方程, 可解出时空扰动变量的演化行为, 它们的结果最终反应在大尺度的物质分布以及微波背景辐射的各向异性中.

在下面的解析讨论中, 我们假设宇宙中每种成分都是理想流体或者标量场, 这样对每个成分都可以用 (4.48) 式把它们的压强用密度扰动和速度扰动表示出来. 而且因为整个宇宙中的物质没有各向异性的应力张量, $\sigma = 0$, 所以我们有 $\Psi = \Phi$. 为了讨论的方便, 我们将使用下面新的一组扰动变量[15]:

$$\zeta_\alpha = -\Phi - \frac{\delta_\alpha}{3(1+w_\alpha)}, \quad \Delta_\alpha = \delta\rho_\alpha + 3\mathcal{H}(\rho_\alpha + p_\alpha)\frac{U_\alpha}{a}. \tag{5.7}$$

这两组变量的组合形式是规范不变的, 前者就是上一节提到过的与每种物质成分对应的 "曲率" 扰动, 是一个无量纲的量; 后者的量纲与能量密度一致, 它可以被称做有效的能量密度扰动, 在后续的讨论中我们将看到它与非绝热压强扰动 (熵扰动) 成正比. 我们也可以定义总的曲率扰动和有效能量密度扰动, 即

$$\zeta = \frac{1}{\rho+p}\sum_\alpha (\rho_\alpha + p_\alpha)\zeta_\alpha, \quad \Delta = \sum_\alpha \Delta_\alpha. \tag{5.8}$$

使用曲率扰动与有效能量密度扰动为基本变量可以把方程组 (5.5) 改写为[15]

$$\zeta_\alpha' + \mathcal{H}(c_{\mathrm{s}\alpha}^2 - c_{\mathrm{a}\alpha}^2)\frac{\Delta_\alpha}{\rho_\alpha + p_\alpha} + \frac{k^2}{3\mathcal{H}}\left[\frac{\Delta_\alpha}{3(\rho_\alpha + p_\alpha)} - \zeta_\alpha\right] = \frac{k^2}{3\mathcal{H}}\Phi,$$

$$\Delta_\alpha' + \left(4\mathcal{H} - \frac{\mathcal{H}'}{\mathcal{H}} + \frac{k^2}{3\mathcal{H}}\right)\Delta_\alpha - 3\left(\mathcal{H} - \frac{\mathcal{H}'}{\mathcal{H}} + \frac{k^2}{3\mathcal{H}}\right)(\rho_\alpha + p_\alpha)\zeta_\alpha$$

$$= 3(\rho_\alpha + p_\alpha)\left[\Phi' + \left(2\mathcal{H} - \frac{\mathcal{H}'}{\mathcal{H}} + \frac{k^2}{3\mathcal{H}}\right)\Phi\right], \tag{5.9}$$

上述第一个方程与各成分的声速有关, 其中绝热声速可以用状态方程来表示 $c_{\mathrm{a}\alpha}^2 = w_\alpha - w_\alpha'/[3\mathcal{H}(1+w_\alpha)]$. 第二个方程是可加的, 即它可以对所有成分直接求和, 得到的关于总的 Δ 的方程仍然具有相同的形式.

这组方程的好处是用规范不变量把理想流体和标量场的方程用统一的形式表示出来. 它们的一个重要的应用是可以用来研究暗能量的扰动性质. 因为目前还不知道暗能量的物理本质, 所以用观测数据来探测暗能量的性质非常重要, 为此目的我们必须考虑暗能量可能存在的扰动效应. 理论上除了宇宙学常数以外, 所有的暗能量模型都有非均匀性. 因此, 人为地忽略暗能量的扰动将对数据分析结果带来误差, 而且研究表明这种误差是很明显的[13,16]. 考虑暗能量的扰动就必须写下暗能量的扰动方程, 一般来说这是模型依赖的. 给定一个具体的暗能量模型, 我们可以很容易写下它的扰动方程, 但是这样的话, 数据分析给出的结果也仅仅是对该具体模型的一些参数的限制. 而实际上我们还不知道暗能量的具体模型到底是哪一个. 因此, 我们希望从数据中读出关于暗能量一般性质的信息, 这需要尽量做到与模型无关. 对于背景演化来说, 暗能量唯一不确定的性质是它的状态方程, 一般来说它可能是随时间变化的 (只有宇宙学常数是例外, 对应于 $w=-1$). 如果不依赖于具体模型的话, 我们可以用参数化的形式把暗能量的状态方程写出来, 比如著名的 CPL 参数化[17,18]

$$w=w_0+w_1(1-a), \tag{5.10}$$

这里已经把今天的标度因子 a_0 归一, w_0 和 w_1 是两个待定参数. 这种参数化相当于把 w 做了关于 $1-a$ 的泰勒展开, 并保留到一阶, 并且直到很高红移的地方都有比较好的收敛性. 要考虑暗能量的扰动, 我们希望写下与具体模型无关的扰动方程. 方程组 (5.9) 既适用于理想流体也适用于标量场, 因此其应用面比较广, 很适合作为研究暗能量扰动性质的理论基础, 其中的参数 $c_{\rm a}^2$ 在给定状态方程的参数化形式之后也被确定了. 唯一不确定的参数是声速 $c_{\rm s}^2$, 一般在数据分析中我们可以把它当做自由参数来处理, 唯一的要求是 $c_{\rm s}^2>0$, 这样是为了避免暗能量出现小尺度上的引力不稳定性.

除了各物质成分的能量动量守恒方程以外, 我们还需要关于引力势 Φ 的方程, 这可以结合爱因斯坦场方程给出. 有了能量动量守恒方程以后, 独立的引力场方程只有一个, 即

$$\frac{k^2}{a^2}\Phi=-4\pi G\sum_{\alpha}\Delta_{\alpha}. \tag{5.11}$$

这与牛顿引力理论中的泊松方程有相同的形式, 也是我们命名 Δ 为有效的能量密度扰动的原因. 一般地求解方程组 (5.9) 和 (5.11) 需要求助于数值计算. 但是在很多情况下, 我们只关注于超视界尺度上扰动的演化行为, 原因是自早期原初扰动产生以后, 对应于今天天文观测的尺度都长时间处于哈勃视界以外, 直到晚期这些尺度才重新进入视界. 自此以后, 这些尺度上的非均匀性在满足因果律的物理过程的作用下产生微波背景辐射的各向异性或者参与成团形成大尺度结构. 因此, 从极早

期的原初扰动到晚期进入视界这段时期是线性宇宙学扰动理论所需要考查的重要时期. 我们下面的解析分析将只考虑超视界的扰动演化行为. 超视界意味着 $k\eta < 1$, 即波长 $a/k > 1/H$, 比哈勃视界长. 在这种长波极限下, 扰动方程中与波数 k 或它的高次幂成正比的项都可以忽略, 因此我们有如下的近似方程组[15]:

$$\begin{aligned}
&\zeta'_\alpha + \mathcal{H}(c^2_{\mathrm{s}\alpha} - c^2_{\mathrm{a}\alpha})\frac{\Delta_\alpha}{\rho_\alpha + p_\alpha} = 0, \\
&\Delta'_\alpha + \left(4\mathcal{H} - \frac{\mathcal{H}'}{\mathcal{H}}\right)\Delta_\alpha - 3\left(\mathcal{H} - \frac{\mathcal{H}'}{\mathcal{H}}\right)(\rho_\alpha + p_\alpha)\zeta_\alpha \\
&\quad = 3(\rho_\alpha + p_\alpha)\left[\varPhi' + \left(2\mathcal{H} - \frac{\mathcal{H}'}{\mathcal{H}}\right)\varPhi\right], \\
&\sum_\alpha \Delta_\alpha = 0.
\end{aligned} \tag{5.12}$$

我们来看看这组方程的特点. 首先从上述第一个方程可以看出, 对于理想流体, 比如常见的辐射、冷暗物质等, $p = p(\rho)$, 因此两种声速 c^2_{a} 与 c^2_{s} 相同, 这意味着它的曲率扰动在大尺度上是守恒的, $\zeta_\alpha = \mathrm{const.}$. 其次把第二个方程对 α 求和, 并利用第三个方程, 我们就得到总的曲率扰动与牛顿引力势之间的关系, 即

$$\left(\frac{\mathcal{H}'}{\mathcal{H}} - \mathcal{H}\right)\zeta = \varPhi' + \left(2\mathcal{H} - \frac{\mathcal{H}'}{\mathcal{H}}\right)\varPhi. \tag{5.13}$$

在下面两小节中, 我们将根据上述方程组 (5.12) 的解讨论在不同情况下超视界尺度宇宙学扰动的行为.

5.5.2　绝热扰动

大尺度上扰动为绝热扰动的条件是: 所有物质成分的曲率扰动 ζ_α 都相等. 通常我们以辐射的曲率扰动 ζ_{r} 为参考, 对于所有的其他自由度 α, 均有 $\zeta_\alpha = \zeta_{\mathrm{r}}$, 因而总的曲率扰动也与 ζ_{r} 一致, 即

$$\zeta = \frac{1}{\rho + p}\sum_\alpha(\rho_\alpha + p_\alpha)\zeta_\alpha = \zeta_{\mathrm{r}}. \tag{5.14}$$

而且我们知道 ζ_{r} 为常数, 具体的数值由初条件给出, 所以总的曲率扰动必定也是常数. 这是绝热扰动的特点: 曲率扰动在超视界尺度上是守恒的. 这个性质对研究产生绝热原初扰动的极早期宇宙模型 (比如单场暴胀模型) 的可观测效应带来极大的方便. 因为在这种情况下, 原初的曲率扰动一旦被产生以后就被 “冻结” 起来, 一直到晚期进入视界才开始参与作用和演化. 因此这段时期内, 不管宇宙经历过什么样的过程, 对曲率扰动都没有影响.

因为可观测的量一般都是牛顿引力势 Φ, 所以我们需要求出 Φ 的演化行为. 通过方程 (5.13), 我们可以求得

$$\Phi_{\mathrm{adi}} = C(\vec{k})\frac{\mathcal{H}}{a^2} + \zeta_{\mathrm{r}}\left(1 + C(\vec{k})\frac{\mathcal{H}}{a^2}\int\frac{a\mathrm{d}a}{\mathcal{H}}\right), \tag{5.15}$$

这里下标 adi 表示 "绝热扰动", $C(\vec{k})$ 是一个与时间无关的积分常数. 右边第一项在膨胀的宇宙中一般是衰减项 (除非主导宇宙的物质的状态方程远远小于 -1, 极大地破坏零能条件), 可以忽略不计. 对于状态方程为常数的宇宙来说, 比如辐射或者物质为主时期的宇宙, 第二项是常数, 也就是说这种情况下牛顿引力势在大尺度上也是守恒的.

如果宇宙中只有一种物质成分, 那么其扰动一定是绝热扰动. 这对于只有辐射或者非相对论物质等理想流体的宇宙来说是非常明显的. 因为 ζ 已经确定为常数. 如果宇宙中只有一个标量场, 单场暴胀模型既是如此, 它的曲率扰动在大尺度上并不是明显守恒的, 因为 $c_{\mathrm{s}}^2 \neq c_{\mathrm{a}}^2$. 但是由于宇宙只有一种成分, 由方程 (5.12) 中第三式可知 $\Delta = 0$, 代入第一式, 我们仍然得到 $\zeta' = 0$. 所以大家经常提到单场暴胀模型产生的原初扰动是绝热的. 总的来说, 总曲率扰动在超视界尺度上守恒是绝热扰动的一个特征.

5.5.3 熵扰动

熵扰动的概念有两种. 首先, 对某种成分 α, 如果其声速与其绝热声速不相等, 即 $c_{\mathrm{a}\alpha}^2 \neq c_{\mathrm{s}\alpha}^2$, 那么其非绝热压强扰动

$$\delta p_{\mathrm{nad},\alpha} = \delta p_\alpha - c_{\mathrm{a}\alpha}^2\delta\rho_\alpha = (c_{\mathrm{s}\alpha}^2 - c_{\mathrm{a}\alpha}^2)\Delta_\alpha \neq 0, \tag{5.16}$$

这时我们就说它有内禀的熵扰动. 所以场模型有内禀的熵扰动, 但是理想流体没有. 上小节我们提到虽然单场暴胀模型中, 暴胀场的两种声速不一样, 但是大尺度上的泊松方程使得有效的能量密度扰动为零, 因而没有熵扰动. 其次, 有多种物质成分并存时, 任何两种成分之间也有熵扰动, 定义为

$$\mathcal{S}_{\alpha\beta} \equiv 3(\zeta_\alpha - \zeta_\beta) = -3\mathcal{H}\left(\frac{\delta\rho_\alpha}{\rho'_\alpha} - \frac{\delta\rho_\beta}{\rho'_\beta}\right). \tag{5.17}$$

由上一节的讨论可知, 这些量都是规范不变的. 一般地, 我们选取辐射的曲率扰动为参考, 任何物质成分的曲率扰动相对于 ζ_{r} 有偏离的话, 我们就是有该种成分的熵扰动. 以重子–光子系统为例 (忽略它们之间的能量传递), 在重子为非相对论粒子的情况下, 我们有

$$\mathcal{S}_{\mathrm{Br}} = 3(\zeta_{\mathrm{B}} - \zeta_{\mathrm{r}}) = \frac{\delta\rho_{\mathrm{B}}}{\rho_{\mathrm{B}}} - \frac{3}{4}\frac{\delta\rho_{\mathrm{r}}}{\rho_{\mathrm{r}}} = \frac{\delta(n_{\mathrm{B}}/n_{\mathrm{r}})}{n_{\mathrm{B}}/n_{\mathrm{r}}}, \tag{5.18}$$

其中 n_i 表示各自的数密度. 这种形式在一定程度上解释了 "熵扰动" 这个名词的来由, 因为 $n_{\rm r} \sim s$, s 为宇宙的熵密度. 上式表示, 如果 $S_{\rm Br} \neq 0$ 的话, 重子与光子数密度 (即单个重子携带的熵的倒数) 在空间中的分布不是均匀的, 故此命名为熵扰动. 有时候我们直接用 $\delta(n_{\rm B}/s)$ 来表示重子的熵扰动. 当同时存在内禀的熵扰动和物质成分之间的熵扰动时, 总的非绝热压强扰动就是

$$\begin{aligned}\delta p_{\rm nad} &= \delta p - c_{\rm a}^2\delta\rho = \delta p - \sum_\alpha c_{{\rm a}\alpha}^2\delta\rho_\alpha + \sum_\alpha c_{{\rm a}\alpha}^2\delta\rho_\alpha - c_{\rm a}^2\delta\rho \\ &= \sum_\alpha \delta p_{{\rm nad},\alpha} - \frac{1}{6\mathcal{H}\rho'}\sum_{\alpha\beta}\rho'_\alpha\rho'_\beta(c_{{\rm a}\alpha}^2 - c_{{\rm a}\beta}^2)\mathcal{S}_{\alpha\beta}.\end{aligned} \tag{5.19}$$

当只存在一种成分的熵扰动时, 比如成分 α, $S_{\alpha\rm r} \neq 0$, 总的曲率扰动为

$$\zeta = \zeta_{\rm r} + \frac{\rho_\alpha + p_\alpha}{3(\rho + p)}S_{\alpha\rm r}. \tag{5.20}$$

由于上式右边第二项随时间变化, 所以总的曲率扰动在大尺度上不守恒, 熵扰动为曲率扰动提供了一个源. 这给研究极早期宇宙模型的观测效应带来了复杂性, 因为原初扰动在视界外还在演化. 但同时它也为极早期宇宙的原初扰动产生机制的构建拓宽了思路. 一些被广泛应用的熵扰动机制, 比如曲率子 (curvaton) 机制[19]、调制的重新加热 (modulated preheating) 机制[20] 等就是以此为基础的. 在这些机制中, 最初产生的曲率扰动很小不足以形成今天的大尺度结构, 但是产生的熵扰动比较大, 它在晚些时候会转化为观测所需的曲率扰动. 这些熵扰动机制, 可以用来解决某些极早期宇宙理论或模型在原初扰动产生方面存在的问题, 如文献 [21].

即使存在熵扰动, 方程 (5.13) 仍然是成立的, 由此给出牛顿引力势的解[15]

$$\varPhi = \varPhi_{\rm adi} - \frac{4\pi G}{3}\frac{\mathcal{H}}{a^2}\int(\rho_\alpha + p_\alpha)S_{\alpha\rm r}\frac{a^3}{\mathcal{H}^3}{\rm d}a, \tag{5.21}$$

其中 $\varPhi_{\rm adi}$ 由方程 (5.15) 给出. 为了得到牛顿引力势, 我们还需要解熵扰动 $S_{\alpha\rm r}$ 的方程,

$$\begin{aligned}&\xi'_\alpha + 3\mathcal{H}(1 + c_{{\rm a}\alpha}^2)\xi_\alpha + \mathcal{H}(c_{{\rm s}\alpha}^2 - c_{{\rm a}\alpha}^2)\Delta_\alpha = 0, \\ &\Delta'_\alpha + \left(4\mathcal{H} - \frac{\mathcal{H}'}{\mathcal{H}}\right)\Delta_\alpha + 3\left(\frac{\mathcal{H}'}{\mathcal{H}} - \mathcal{H}\right)\left(1 - \frac{\rho_\alpha + p_\alpha}{\rho + p}\right)\xi_\alpha = 0,\end{aligned} \tag{5.22}$$

这里我们定义了 $\xi_\alpha \equiv (\rho_\alpha + p_\alpha)S_{\alpha\rm r}/3$. 从此可以看出熵扰动满足的是齐次方程, 与度规扰动无关, 但是它却为度规扰动的增长提供了一个源头.

一般来说, 对于常见的物质成分, 其熵扰动即使在超视界尺度上也是不增长的[15]. 这说明上一小节中讨论的绝热扰动的条件是稳定的, 也就是说如果一开始就

满足绝热条件的话, 在后期的演化中一直保持为绝热扰动. 有可能同时存在多种成分的熵扰动, 如果宇宙中存在 N 种成分的话, 最多可有 $N-1$ 种独立的熵扰动存在[22]. 熵扰动和绝热扰动在观测上是可区分的, 如果有熵扰动遗留到晚期, 那么它会产生不一样的微波背景辐射角功率谱的声速振荡图像[23]. 一般的条件下, 扰动中可能同时有绝热扰动和熵扰动, 它们之间甚至还有原初的相关性[24]. 但是目前的微波背景辐射的观测与绝热扰动模式符合得很好, 因而给可能存在的熵扰动的幅度施加了很强的限制. 从原初扰动的产生机制来说, 单场暴胀模型产生的是绝热扰动, 但多场模型会产生熵扰动. 但是这些极早期的熵扰动不一定会遗留下来, 因为暴胀过后需要有重新加热 (物质产生) 过程, 如果此过程中所有的物质都达到了热平衡, 那么它们将具有相同的温度, 从而抹掉了原有的熵扰动. 当然也有一些机制可以在重新加热以后产生熵扰动[25,26]

5.5.4 矢量扰动和张量扰动

1. 矢量扰动

如果没有各向异性的应力张量的话, 规范不变的矢量扰动方程如下[4]:

$$\begin{aligned}&k^2\mathcal{F}_i=16\pi Ga(\rho+p)U_i^{\text{vec}},\\&(\mathcal{F}_{i,j}+\mathcal{F}_{j,i})'+2\mathcal{H}(\mathcal{F}_{i,j}+\mathcal{F}_{j,i})=0.\end{aligned}\tag{5.23}$$

由上面第二个方程给出 $\mathcal{F}_i\propto 1/a^2$, 因此由第一个方程得出 $U_i^{\text{vec}}\propto 1/[a^3(\rho+p)]$. 但是物理的速度扰动为

$$V_i=V^i=U_i^{\text{vec}}/a\propto\frac{1}{a^4(\rho+p)}.\tag{5.24}$$

在辐射为主时期, $\rho,\ p\propto a^{-4}$, 因此 $V_i=\text{const.}$; 在物质为主时期 $\rho,\ p\propto a^{-3}$, 因此 $V_i\propto\dfrac{1}{a}$ 是逐渐衰减的. 所以在热膨胀宇宙中, 宇宙学尺度上的矢量扰动到今天已经微乎其微, 从而不再考虑其贡献.

2. 张量扰动

线性扰动理论中的张量扰动即引力波, 在广义相对论中, 张量扰动只有两个独立分量. 它的运动方程是[4]

$$h_{ij}''+2\mathcal{H}h_{ij}'+k^2h_{ij}=0.\tag{5.25}$$

因为 h_{ij} 满足横向及无迹条件, 因此它只有两个独立的分量, 对应于引力波的两个极化方向. 引进与时间无关的单位极化张量 e_{ij}, 可以将 h_{ij} 表示为

$$h_{ij}=\frac{v}{a}e_{ij},\tag{5.26}$$

并且极化张量满足限制条件

$$e'_{ij}=0,\quad e_{ij}=e_{ji},\quad e_{ii}=0,\quad k^i e_{ij}=0. \tag{5.27}$$

张量扰动的幅度类似于无质量标量场, 它的方程是

$$v''+\left(k^2-\frac{a''}{a}\right)v=0. \tag{5.28}$$

此类型方程在我们后面讨论原初扰动产生机制的时候会经常见到. 在辐射为主时期, 由于 $a\propto\eta$, $a''=0$, $v\sim \mathrm{e}^{\pm\mathrm{i}k\eta}$ 是随时间振荡的, 而且与尺度无关. 在其他情形下, 对于远在视界外的尺度, $k\eta\ll 1$, 其解为

$$v=C_1a+C_2a\int \mathrm{d}\eta/a^2,$$

其中 C_1,C_2 为两个积分常数, 第二项在 $p<\rho$ 的膨胀宇宙中是衰减的. 相反, 对于远在视界内的尺度, $v\sim\mathrm{e}^{\pm\mathrm{i}k\eta}$ 是振荡的. 因此, 张量扰动 h_{ij} 在视界内小尺度上总是降幅振荡的, 在视界外大尺度上只有辐射为主时期是降幅振荡的, 在其他时期(只要 $p<\rho$) 其幅度保持为常数.

广义相对论中张量扰动的两个极化分量是时空本身具有的两个动力学分量, 就像电磁波一样, 可以脱离物质而存在, 本身以光速在时空中传播. 张量扰动本身也会扭曲时空, 从而产生一部分微波背景辐射的温度和极化涨落, 在宇宙学中有重要的作用[27]. 我们可以用微波背景辐射的观测和实验来探测它, 由于其信号比较弱, 至今为止实验还没有探测到明确的引力波[3].

本节讨论的动力学方程基于理想流体和场, 并且没有考虑各成分之间的相互作用. 真实的宇宙必须包括物质间的相互作用, 而且物质并非理想流体, 如光子、中微子、温暗物质等, 这些物质成分由于弥散速度比较大, 在脱离热平衡后会产生较大的各向异性应力张量, 不再表现为理想流体. 因此, 更精确的方法是考虑相空间的 Boltzmann 方程. 关于扰动的 Boltzmann 方程的非常详细而清晰的论述请见文献 [14]. 目前关于求解宇宙中的线性 Boltzmann 方程已经有一些公开的程序包, 如 CMBFAST[11], CAMB[12] 等, 只要输入参数就可以方便快捷地算出微波背景辐射的各向异性以及大尺度上的物质非均匀性.

5.6　扰动的统计性质

前面所讲的是在初始条件完全确定的情况下, 各扰动变量如何随时间演化. 在宇宙学扰动理论中, 给定初始条件并不是指在某个固定时刻给定各个扰动变量的构型, 而是把扰动变量看成一些随机变量. 初始条件就对应于这些随机变量在样本空

间中的统计分布, 而作为初条件的原初扰动本身也是一些随机过程叠加的结果. 因此, 我们还必须考虑扰动的统计性质. 下面我们将采用一种与量子场论中路径积分量子化非常类似的方法来讨论扰动的统计性质[28].

5.6.1 相关函数

考虑扰动变量 $\varphi(\vec{x})$ 为均匀背景附近的涨落, 而且其平均值 $\langle\varphi(\vec{x})\rangle = 0$. 假设它是一个随机场, 一般来说在我们的宇宙中, 它的分布或构型是固定的 (在固定时刻), 但它只是无穷多样本中的一个. 也就是说, 把我们的宇宙就看做是一个系综 $\mathcal{F}$ 内的一个典型的实现 (realization), $\mathcal{F}$ 是一个泛函空间, 它包括了所有平均值为零的场 $\varphi(\vec{x})$. 引进分布函数 $P[\varphi(\vec{x})]$, 它表示扰动 φ 位于区间 $[\varphi,\ \varphi+\delta\varphi]$ 的概率密度. 由统计的均匀各向同性假设可知, $P[\varphi(\vec{x})]$ 与位置 $\vec{x}$ 无关, 而且 $\varphi(\vec{x}_1)$ 和 $\varphi(\vec{x}_2)$ 的联合分布只依赖于距离 $r_{12} = |\vec{x}_1 - \vec{x}_2|$. 概率归一化由如下的泛函积分表示:

$$\int_{\mathcal{F}} \mathcal{D}[\varphi(\vec{x})]P[\varphi(\vec{x})] = 1. \tag{6.1}$$

考虑配分泛函

$$\mathcal{M}[\eta(\vec{x})] \equiv \int \mathcal{D}[\varphi(\vec{x})]P[\varphi(\vec{x})]\mathrm{exp}\left(\int \mathrm{d}\vec{x}\varphi(\vec{x})\eta(\vec{x})\right) = \left\langle \mathrm{exp}\left(\int \mathrm{d}\vec{x}\varphi(\vec{x})\eta(\vec{x})\right)\right\rangle, \tag{6.2}$$

这里 $\eta(\vec{x})$ 是一个普通的函数 (注意与共形时间区分开来), 表示外源的扰动作用. 对 φ 的统计性质的完整描述一般需要穷尽所有的 N 点相关函数, 它的定义如下:

$$\mu_N(\vec{x}_1,\cdots,\vec{x}_N) = \langle\varphi(\vec{x}_1)\cdots\varphi(\vec{x}_N)\rangle = \frac{\delta^N\mathcal{M}[\eta]}{\delta\eta(\vec{x}_1)\cdots\delta\eta(\vec{x}_N)}|_{\eta=0}, \tag{6.3}$$

其中 $\mu_1(\vec{x}) = \langle\varphi(\vec{x})\rangle = 0$. 这里的尖括号表示在空间 $\mathcal{F}$ 上的平均, 而 $\delta/\delta\eta(\vec{x})$ 表示对 $\eta(\vec{x}) \in \mathcal{F}$ 的泛函微商. 如果假设该系统是各态历经的 (ergodic), 那么在宇宙系综即 $\mathcal{F}$ 空间上的平均就完全等价于在物理构型空间上的平均. 考虑如下的生成泛函:

$$\mathcal{K}[\eta(\vec{x})] \equiv \ln\mathcal{M}[\eta(\vec{x})], \tag{6.4}$$

我们可以得到连通 (或不可约) 相关函数

$$\kappa_N(\vec{x}_1,\cdots,\vec{x}_N) = \frac{\delta^N\mathcal{K}[\eta]}{\delta\eta(\vec{x}_1)\cdots\delta\eta(\vec{x}_N)}|_{\eta=0}. \tag{6.5}$$

我们可以通过相关函数以及连通相关函数的定义式给出它们之间的联系, 比如对于 $N = 2\sim 6$, 它们之间的关系如下:

$$\begin{aligned}&\mu_2 = \kappa_2, \quad \mu_3 = \kappa_3, \quad \mu_4 = 3\kappa_2^2 + \kappa_4, \quad \mu_5 = 10\kappa_2\kappa_3 + \kappa_5,\\&\mu_6 = 15\kappa_2^3 + 10\kappa_3^2 + 15\kappa_2\kappa_4 + \kappa_6.\end{aligned} \tag{6.6}$$

在线性扰动理论中, 我们处理得最多的是两点相关函数.

5.6.2 高斯随机场

最简单的情形是高斯随机场. 一般简单的慢滚暴胀模型给出的原初扰动就是高斯型的, 而且在大量的随机过程的作用下, 中心极限定理也保证了高斯型统计是一个自然的选择. 泛函空间 $\mathcal{F}$ 内的高斯分布的形式是

$$P[\varphi(\vec{x})] = (\det|C|)^{-1/2}\exp\left(-\frac{1}{2}\int \mathrm{d}\vec{x}\mathrm{d}\vec{x}'\varphi(\vec{x})C^{-1}(\vec{x},\vec{x}')\varphi(\vec{x}')\right), \tag{6.7}$$

其中 $C(\vec{x},\vec{x}')$ 被称做相关算符, 它是可逆的, 而且对 $\vec{x},\vec{x}'$ 是对称的. 从 (6.7) 式可以看出, 该算符决定了分布的方差, 更一般地, 它决定了 φ 的相关性质. 相应的配分泛函是

$$\begin{aligned}\mathcal{M}[\eta(\vec{x})] &= (\det|C|)^{-1/2}\int \mathcal{D}[\varphi(\vec{x})]\times\\ &\quad \exp\left(-\frac{1}{2}\int \mathrm{d}\vec{x}\mathrm{d}\vec{x}'\varphi(\vec{x})C^{-1}(\vec{x},\vec{x}')\varphi(\vec{x}') + \int \mathrm{d}\vec{x}\varphi(\vec{x})\eta(\vec{x})\right).\\ &= \exp\left(\frac{1}{2}\int \mathrm{d}\vec{x}\mathrm{d}\vec{x}'\eta(\vec{x})C^{-1}(\vec{x},\vec{x}')\eta(\vec{x}')\right).\end{aligned} \tag{6.8}$$

因此, 连通相关函数的生成泛函变得非常简单, 即

$$\mathcal{K}[\eta(\vec{x})] = \frac{1}{2}\int \mathrm{d}\vec{x}\mathrm{d}\vec{x}'\eta(\vec{x})C^{-1}(\vec{x},\vec{x}')\eta(\vec{x}'). \tag{6.9}$$

据此, 我们可以很容易得到 N 点连通相关函数

$$\begin{aligned}&\kappa_2(\vec{x}_1,\vec{x}_2) = C(\vec{x}_1,\vec{x}_2)\\ &\kappa_N(\vec{x}_1,\cdots,\vec{x}_N) = 0, \quad \text{当 } N>2 \text{ 时}.\end{aligned} \tag{6.10}$$

所以高斯随机场的基本性质是它的统计完全由它的两点相关函数决定. 因此, 如果测到 φ 有不为零的高阶连通相关函数, 就表示该扰动场是非高斯型的. 在线性理论中, 简单的暴胀模型预言的原初密度扰动的非高斯性非常小, 这与目前的观测是一致的[29].

5.6.3 傅里叶描述与功率谱

在线性扰动理论中, 具有不同波数或尺度的扰动是独立演化的, 而且统计的均匀性和各向同性要求它们还是统计独立的. 因此, 在傅里叶空间讨论扰动的统计性质是非常方便的. 把扰动场 $\varphi(\vec{x})$ 做傅里叶展开

$$\varphi(\vec{x}) = \frac{1}{(2\pi)^{3/2}}\int \mathrm{d}^3k\ \varphi(\vec{k})\exp(-\mathrm{i}\vec{k}\cdot\vec{x}), \tag{6.11}$$

其傅里叶系数是

$$\varphi(\vec{k}) = \frac{1}{(2\pi)^{3/2}} \int \mathrm{d}^3 x\ \varphi(\vec{x}) \exp(\mathrm{i}\vec{k}\cdot\vec{x}). \tag{6.12}$$

在 $\vec{k}$ 空间中, 两点相关函数就是所谓的功率谱 (power spectrum) $\mathcal{P}(k)$ 为

$$\langle \varphi(\vec{k})\varphi(\vec{k}')\rangle = \frac{2\pi^2}{k^3}\mathcal{P}_{\varphi}(k)\delta^3(\vec{k}+\vec{k}'), \tag{6.13}$$

其中 $\delta^3(\vec{k})$ 是狄拉克函数. 很容易得到功率谱与两点相关函数的关系是

$$\xi(\vec{r}) = \langle \varphi(\vec{x})\varphi(\vec{x}+\vec{r})\rangle = \int \frac{\mathrm{d}k}{k}\ \mathcal{P}_{\varphi}(k)\frac{\sin(kr)}{kr}. \tag{6.14}$$

相关的讨论也可以推广到多点相关函数或更高阶的谱

$$\langle \varphi(\vec{k}_1)\varphi(\vec{k}_2)\cdots\varphi(\vec{k}_n)\rangle = \frac{2\pi^2}{k^3}\mathcal{P}_{\varphi,n}(k_1,k_2,\cdots,k_n)\delta^3(\vec{k}_1+\vec{k}_2+\cdots+\vec{k}_n). \tag{6.15}$$

通常取 $n=3$ 产生的谱叫做 bispectrum, $n=4$ 的谱叫做 trispectrum.

上面讲的是三维坐标空间或者傅里叶空间的相关函数或功率谱等. 对有些问题我们需要处理的是球面上随机涨落的相关性, 比如微波背景辐射的温度场和极化场对于观测者来说就是分布在球面上, 只与方向有关. 以温度涨落 $\Delta(\hat{n}) = \delta T(\hat{n})/T_0$ 为例, 它的两点相关函数是 $\langle\Delta(\hat{n}_1)\Delta(\hat{n}_2)\rangle$, 其中 $\hat{n}_1$, $\hat{n}_2$ 代表两个方向. 类似地, 我们可以把温度场做球谐函数展开

$$\Delta(\hat{n}) = \sum_{lm} a_{lm} Y_{lm}(\hat{n}), \tag{6.16}$$

把 a_{lm} 看成统计独立的随机变量, 即不同 l,m 的涨落幅度是没有相关性的. 它的功率谱称为角功率谱, 定义为

$$\langle a_{lm} a^*_{l'm'}\rangle = C_l \delta_{ll'}\delta_{mm'}, \tag{6.17}$$

这里 $\delta_{ll'}$ 等是克罗内克符号, C_l 就是角功率谱. 它与相关函数的关系类似于 (6.14)式,

$$\langle\Delta(\hat{n}_1)\Delta(\hat{n}_2)\rangle = \frac{1}{4\pi}\sum_l (2l+1) C_l P_l(\hat{n}_1\cdot\hat{n}_2), \tag{6.18}$$

其中 $P_l(\hat{n}_1\cdot\hat{n}_2)$ 是勒让德多项式. 有时候我们要处理的是三维坐标空间的涨落 $\Delta(\vec{x},\eta)$ 在球面上的投影, 球的半径是 $|\vec{x}| = \eta - \eta_0 \equiv \Delta\eta$, 通常 η_0 表示今天的时间, 而 η 是早期的时间, 对微波背景辐射来说, 它对应的是复合期光子与带电粒子脱耦的时候. 如果 $\Delta(\vec{x},\eta)$ 的功率谱为 $\mathcal{P}_{\Delta}(k,\eta)$, 那么经过计算它在球面上的投影的角功率谱就是

$$C_l = 4\pi \int \frac{\mathrm{d}k}{k}\mathcal{P}_{\Delta}(k,\eta) j_l^2(k\Delta\eta), \tag{6.19}$$

这里 j_l 是球贝塞尔函数, 它连接的是傅里叶 k 空间与角变量 l 空间.

5.7　量子扰动: 原初扰动的产生

迄今为止, 我们讨论的都是经典的扰动, 它的动力学由线性扰动方程来描述. 但是求解方程与观测结果对比还需要设定初始条件, 也就是上节所讲的原初扰动的功率谱. 比如微波背景辐射温度涨落的角功率谱与原初曲率扰动功率谱 $\mathcal{P}_\zeta(k,\eta_i)$ 的关系如下:

$$C_l=(4\pi)^2\int k^2\mathrm{d}k\mathcal{P}_\zeta(k,\eta_i)\Delta_l^2(k,\eta), \tag{7.1}$$

这里 $\Delta_l(k,\eta)$ 被称为转移函数, 它是在所有无量纲的扰动变量的初始值都取 1 的时候, 线性扰动方程 (一般是一系列的 Boltzmann 方程) 的解. 经典扰动理论自身无法说明原初扰动的来源, 所以在早期的研究中原初扰动是人为地放进方程中去的. 20 世纪 80 年代初, 人们为了解决大爆炸宇宙学自身的一些问题, 如平直性问题、视界问题等提出了暴胀理论模型[30−32], 它是大爆炸宇宙学的修正, 基本思想是在宇宙极早期也就是辐射为主时期以前, 宇宙经历了一段急剧的加速膨胀, 即暴胀. 很快人们发现暴胀模型的另一个好处是它提供了一种原初扰动的产生机制[33−36]. 暴胀期间场的真空量子涨落经历暴胀后会变成宇宙学尺度上的经典密度扰动. 而且单场的慢滚暴胀模型产生的原初扰动是绝热的、近标度不变的并满足高斯型统计, 这与目前的观测符合得很好. 自那以后人们也提出了其他一些极早期宇宙模型来代替暴胀, 如反弹宇宙 (bouncing universe)[37,38]、浮现宇宙 (emergent universe)[39,40]、循环宇宙 (cyclic universe)[41] 等. 这些模型或理论与暴胀的共同点是形成今天宇宙大尺度结构的原初扰动来源于极早期微观尺度上的真空量子涨落. 因此, 在本节中我们将以单场暴胀模型为例, 简单介绍真空量子涨落产生原初扰动的基本思想和过程.

5.7.1　扰动场的量子化

处理量子涨落就是要把扰动变量量子化. 在线性扰动理论中, 所有的物理量都分解成均匀的背景部分与非均匀的扰动部分. 需要量子化的是扰动部分, 因此我们的处理方式是半经典的. 另外, 引力理论本身也做经典处理, 这与通常的弯曲时空量子场论是一样的[42]. 因为一般暴胀或其他原初扰动产生机制发生的能标比普朗克能标低好几个量级, 我们认为量子引力的影响很小. 由于扰动理论中存在规范问题, 是一个有约束的系统, 我们只能对物理的自由度进行量子化. 一个常用的方式是写下描述扰动变量的作用量, 并把约束解除, 然后采用正则量子化的方法处理量子扰动. 为此, 我们从如下的单场模型的作用量出发:

$$S=\frac{1}{16\pi G}\int\mathrm{d}^4x\sqrt{g}R+\int\mathrm{d}^4x\sqrt{g}\left(\frac{1}{2}\partial_\mu\phi\partial^\mu\phi-V(\phi)\right), \tag{7.2}$$

把它展开到场的扰动 $\delta\phi$ 和度规扰动 $\delta g_{\mu\nu}$ 的二阶:

$$S = {}^{(0)}S + {}^{(1)}S + {}^{(2)}S, \tag{7.3}$$

其中零阶作用量的变分得到背景方程; 在背景方程成立的情况下, 一阶作用量自动为零; 二阶作用量决定了扰动的动力学. 为了得到一个无约束的二阶作用量, 我们将采用著名的 Arnowitt-Deser-Misner (ADM) 方法[43], 首先对时空做 3+1 分解, 即用一系列的类空超曲面对时空 "切片",

$$\mathrm{d}s^2 = N^2\mathrm{d}\eta^2 - h_{ij}(\mathrm{d}x^i + N^i\mathrm{d}\eta)(\mathrm{d}x^j + N^j\mathrm{d}\eta). \tag{7.4}$$

这里的分解和前面讲的背景 + 扰动的分解不一样, 其中 N 是 lapse 函数, N^i 为 shift 矢量, $h_{ij} = h_{ji}$ 是超曲面 $\eta = \text{const.}$ 的诱导度规 (注意与前面提到的张量扰动区分开来). 作用量 (7.2) 式就可以重写为

$$\begin{aligned} S = \int \mathrm{d}^4x\sqrt{h}\Bigg[\frac{1}{16\pi G}\left(-N\ {}^{(3)}R - \frac{1}{N}(E^2 - E_{ij}E^{ij})\right) + \\ \frac{1}{2N}(\phi' - N^i\partial_i\phi)^2 - \frac{N}{2}h^{ij}\partial_i\phi\partial^j\phi - NV\Bigg], \end{aligned} \tag{7.5}$$

其中 h 为诱导度规 h_{ij} 的行列式, ${}^{(3)}R$ 是超曲面的内曲率. 超曲面的外曲率对应于 E_{ij}/N, 其中 $E_{ij} = (1/2)(N_{i|j} + N_{j|i} - h'_{ij})$, $E = -h^{ij}E_{ij}$. 这里指标升降以及协变微分都是用 h_{ij} 来操作的, 并且 $h^{ik}h_{jk} = \delta^i_j$. 上述作用量 (7.5) 式中不含 N, N^i 的时间导数, 因此它们都不是动力学的自由度, 分别代表能量和动量约束. 而且 h_{ij} 中也只有两个独立的动力学自由度 (即引力波的两个极化分量). 因此, 整个系统的动力学自由度包括标量场 ϕ 在内只有三个. 如果只讨论标量扰动的话, 动力学自由度只有一个. 为了解除约束, 需要把上述作用量对约束变分得出约束方程, 然后把约束方程的解代回作用量中, 这样整个作用量中就不再出现表示约束的变量. 这个过程比较复杂, 即使解除了能量和动量约束, 还有规范任意性的约束. 为此, Maldacena 提出了一个相对来说比较简单的方法[44], 首先取规范条件 (只考虑标量扰动):

$$h_{ij} = a^2(1 + 2\zeta)\delta_{ij}, \quad \partial_i\phi = 0, \tag{7.6}$$

这相当于用原来的符号 (4.6) 式表示为 $E = 0, \delta\phi = 0$, 而剩下的变量 $\zeta = \psi$. 我们前面提到过的规范不变的 Mukhanov-Sasaki 变量 $\mathcal{R} = -\psi - \mathcal{H}\delta\phi/\phi'$ 在这种规范下就变成 $\mathcal{R} = -\zeta$. 我们讨论经典扰动的时候用 ζ 表示曲率扰动, 其实对于单场模型来说, 大尺度上 $\mathcal{R} = -\zeta + \mathcal{O}(k^2)$, 因此我们可以把这里的 ζ 直接当做曲率扰动, 它显然是一个没有规范任意性的物理量. 在这样的规范条件下,

$$S = \int \mathrm{d}^4x\sqrt{h}\left[\frac{1}{16\pi G}\left(-N^{(3)}R - \frac{1}{N}(E^2 - E_{ij}E^{ij})\right) + \frac{1}{2N}\phi'^2 - NV\right], \tag{7.7}$$

因此整个系统只有 ζ 是动力学自由度. 把作用量 (7.7) 式对 N, N^i 变分, 分别得到能量和动量约束方程

$$
\begin{aligned}
&-{}^{(3)}R + \frac{1}{N^2}(E^2 - E_{ij}E^{ij}) = 8\pi G\left(\frac{\phi'^2}{N^2} + 2V\right),\\
&\left[\frac{1}{N}(E\delta_i^j - E_i^j)\right]_{|j} = 0.
\end{aligned}
\tag{7.8}
$$

下面我们把各变量做背景和扰动分解,

$$
N = N(\eta) + \delta N, \quad N^i = N^i(\eta) + \delta N^i.
$$

在零级近似下,

$$
N = N(\eta), \quad N^i = N^i(\eta), \quad h_{ij} = a^2\delta_{ij}.
$$

结果能量约束方程得到的是均匀背景下的 Friedmann 方程, 而动量约束给出的是 $N^i(\eta) = 0$, 也就是说 shift 矢量没有背景部分, 本身就是有空间扰动的函数. 我们可以对约束方程进行逐级求解, 把 δN 及 δN^i 用 ζ 表示出来, 然后代回到作用量 (7.7) 式中去得到只依赖于 ζ 的二阶作用量. 在此过程中我们会发现, 不需要求 δN 和 δN^i 的二阶及以上的约束方程, 因为在二阶作用量中, 这些项的系数由背景的约束方程确定为零. 经过这些程序的计算, 并进行一些分部积分, 再利用背景方程忽略一些全导数项以后, 我们会得到所需的二阶作用量

$$
{}^{(2)}S = \frac{1}{2}\int \mathrm{d}^4x z^2(\zeta'^2 - \partial_i\zeta\partial_i\zeta) \equiv \int \mathrm{d}^4x\mathcal{L}, \tag{7.9}
$$

这里 $z = a\phi'/\mathcal{H}$, 由背景方程决定.

进一步我们定义 $u = z\zeta$, 把拉氏量写成一个具有 Minkowski 空间中变质量的标量场的形式:

$$
\mathcal{L} = \frac{1}{2}\left[u'^2 - (\partial_i u)^2 + \frac{z''}{z}u^2\right]. \tag{7.10}
$$

在量子情形下, 我们把 u 看做场算符. 由拉氏量可以得到共轭动量和哈密顿量:

$$
\Pi = \frac{\partial\mathcal{L}}{\partial u'} = u', \quad H = \frac{1}{2}\int \mathrm{d}^3x\left[u'^2 + (\partial_i u)^2 - \frac{z''}{z}u^2\right]. \tag{7.11}
$$

做如下的傅里叶展开:

$$
\begin{aligned}
u(\vec{x}, \eta) &= \int \frac{\mathrm{d}^3k}{(2\pi)^{3/2}}\left(\hat{a}_{\vec{k}}\xi_k(\eta)\mathrm{e}^{\mathrm{i}\vec{k}\cdot\vec{x}} + \hat{a}_{\vec{k}}^\dagger\xi_k^*(\eta)\mathrm{e}^{-\mathrm{i}\vec{k}\cdot\vec{x}}\right)\\
&= \int \frac{\mathrm{d}^3k}{(2\pi)^{3/2}}u_{\vec{k}}(\eta)\mathrm{e}^{\mathrm{i}\vec{k}\cdot\vec{x}},
\end{aligned}
\tag{7.12}
$$

其中 $\hat{a}_{\vec{k}}, \hat{a}^\dagger_{\vec{k}}$ 分别对应于湮灭和产生算符, 并由此可以建立一个表象, 其真空态被 $\hat{a}_{\vec{k}}$ 所湮灭, 即

$$\hat{a}_{\vec{k}}|0\rangle = 0, \quad \forall k. \tag{7.13}$$

模函数 $\xi_k(\eta)$ 满足运动方程

$$\xi_k'' + \left(k^2 - \frac{z''}{z}\right)\xi_k = 0, \tag{7.14}$$

而且量子化条件

$$[u(\vec{x},\eta), \Pi(\vec{x}',\eta)] = \mathrm{i}\delta^3(\vec{x}-\vec{x}'), \qquad [\hat{a}_{\vec{k}}, \hat{a}^\dagger_{\vec{k}'}] = \delta^3(\vec{k}-\vec{k}'), \tag{7.15}$$

还要求模函数 $\xi_k(\eta)$ 满足归一化条件

$$\xi_k\xi_k^{*'} - \xi_k'\xi_k^* = \mathrm{i}. \tag{7.16}$$

但即使这样也没有把模函数完全确定下来, 选择不同的模函数, 相当于选择了不同的产生湮灭算符, 它们之间用波戈留波夫变换联系起来. 与不同的产生湮灭算符相对应的是不同的真空态及粒子数表象. 它们之间不是幺正等价的, 也就是说, 一套表象中的真空态在另一套表象中对应于有粒子数的态. 这是弯曲时空量子场论的特点, 原因是在弯曲时空中时间平移对称性一般被破坏, 而正频与负频之间不会有绝对的界限. 因此, 我们还需要讨论真空的选择问题. 为此我们需要哈密顿量, 它变成

$$H = \frac{1}{2}\int \mathrm{d}^3k\Big[(\xi_k'^2 + \omega_k^2\xi_k^2)\hat{a}_{\vec{k}}\hat{a}_{-\vec{k}} + (\xi_k'^2 + \omega_k^2\xi_k^2)^*\hat{a}^\dagger_{-\vec{k}}\hat{a}^\dagger_{\vec{k}} + \\ (|\xi_k'|^2 + \omega_k^2|\xi_k|^2)(\hat{a}^\dagger_{-\vec{k}}\hat{a}_{-\vec{k}} + \hat{a}_{\vec{k}}\hat{a}^\dagger_{\vec{k}})\Big], \tag{7.17}$$

其中 $\omega_k^2 = k^2 - \dfrac{z''}{z}$. 从此哈密顿量看出, 它在表象 (7.13) 式中一般不是对角的, 因为存在 $\hat{a}_{\vec{k}}\hat{a}_{-\vec{k}}$, $\hat{a}^\dagger_{-\vec{k}}\hat{a}^\dagger_{\vec{k}}$ 这样的项, 这样 (7.13) 式中的真空态 $|0\rangle$ 就不是 H 的基态.

下面提出我们关于真空选择的方案. 极早期宇宙模型如暴胀的时间段可取为 $-\infty < \eta \leqslant 0$, 那么在暴胀开始的时候, $\eta \to -\infty$, $\omega_k \simeq k$. 我们选取的表象对应于该极限情形下 H 的对角表象, 因此 $|0\rangle$ 为系统最初时刻的基态, 而且认为我们的宇宙就处于这样一种瞬时真空态上. 这样的选择要求模函数还要满足如下的限制条件:

$$\xi_k'^2 + \omega_k^2\xi_k^2 = 0, \quad k\eta \to -\infty. \tag{7.18}$$

随着时间的增长, $|0\rangle$ 不再是系统的基态, 有粒子产生, 这就是真空量子涨落产生原初扰动的基本思想, 对应于宇宙学中的粒子产生过程. 注意, 我们使用的是海森堡表象, 量子态是不随时间变化的, 系统的演化由算符所满足的海森堡方程来描述.

模函数满足的运动方程 (7.14) 是一个二阶方程, 它的通解可以表示为

$$\xi_k = C_1(k)f(\eta) + C_2(k)g(\eta), \tag{7.19}$$

其中 $f(\eta)$ 和 $g(\eta)$ 是方程的两个线性独立的解, C_1 和 C_2 是积分常数, 它们还应该满足归一化条件 (7.16). 在最初时刻, $k\eta \to -\infty$, 尺度远在视界以内, 方程的解为

$$\xi_k = \frac{1}{\sqrt{2k}}(A_k \mathrm{e}^{-\mathrm{i}k\eta} + B_k \mathrm{e}^{\mathrm{i}k\eta}), \tag{7.20}$$

归一化条件要求 $|A_k|^2 = |B_k|^2 + 1$, 真空选择 (7.18) 要求 $A_k B_k = 0$, 因此可取 $A_k = 1$, $B_k = 0$, 也就是说,

$$\xi_k = \frac{1}{\sqrt{2k}}\mathrm{e}^{-\mathrm{i}k\eta}, \quad k\eta \to -\infty. \tag{7.21}$$

这样选择的真空叫做绝热真空或者 Minkowski 真空. 它对应于方程通解 (7.19) 的渐近形式, 因此可以把它的系数 C_1 和 C_2 定下来. 如此一来, 它在晚期的渐近形式就完全被预言了. 对于晚期渐近态, $k\eta \to 0$, 即尺度远在视界以外, 方程渐近形式为 $\xi_k'' - (z''/z)\xi_k = 0$, 它的解 (忽略掉衰减解以后) 是 $\xi_k = C(k)z(\eta)$, 其中系数由确定系数后的通解 (7.19) 在此极限下得到.

5.7.2 功率谱及其计算

在上一小节我们讨论经典扰动的相关函数的时候, 用到平均的概念. 对于经典的随机场, 它的含义是对统计系综的平均, 即在泛函空间 $\mathcal{F}$ 内的平均. 但是如果讨论的是量子场, 物理量都是算符, 因此平均的概念是在某个态上的平均. 在这里我们使用的是海森堡表象, 因此物理的量子态是不随时间变化的, 既然我们选择的初态是 $|0\rangle$, 那么所有的平均都应该在该 "真空态" 上进行. 当量子扰动过渡到经典扰动时, 量子平均也就过渡到经典的系综平均.

对于任何一个扰动场 X (算符), 其功率谱 $\mathcal{P}_X(k)$ 的定义为

$$\langle 0|X_{\vec{k}}^{\dagger} X_{\vec{k}'}|0\rangle \equiv \frac{2\pi^2}{k^3}\mathcal{P}_X(k)\delta^3(\vec{k} - \vec{k}'). \tag{7.22}$$

因此, 我们可以得到 u 和 ζ 的谱分别为

$$\mathcal{P}_u(k) = \frac{k^3}{2\pi^2}|\xi_k|^2, \quad \mathcal{P}_\zeta(k) = \frac{k^3}{2\pi^2}\left|\frac{\xi_k}{z}\right|^2 \xrightarrow{k\eta \to 0} \frac{k^3}{2\pi^2}|C(k)|^2. \tag{7.23}$$

晚期渐近功率谱就是结构形成所需的原初扰动谱, 它在暴胀结束以后演化成我们今天所观测到的微波背景辐射的各向异性和大尺度结构的不均匀性. 由于单场暴胀模型产生的扰动是绝热的, 曲率扰动在出视界后就被冻结, 因此上述的原初扰动谱在重新进视界以前被看做是常数.

一般我们把原初谱写成参数化的形式:

$$P_\zeta(k) = A_\mathrm{s} k^{n_\mathrm{s}-1}, \tag{7.24}$$

这里 A_s 是幅度, 目前的观测值为 10^{-10} 的量级, n_s 被称为谱指数. 一般地, $n_\mathrm{s} > 1$ 的谱叫做蓝谱; $n_\mathrm{s} < 1$ 的谱叫做红谱; 而 $n_\mathrm{s} = 1$ 的谱叫做标度不变谱, 也叫做 Harrison-Zel'dovich 谱, 目前的观测值是 $n_\mathrm{s} = 0.9603 \pm 0.0073$[3], 略小于 1, 所以我们说原初标量扰动谱是近标度不变的.

5.7.3 张量扰动谱及其谱指数

暴胀期间还会产生原初张量扰动, 也就是原初引力波, 它也会影响宇宙微波背景各向异性, 而且它也是我们用来检验暴胀模型的很重要的物理性质. 我们将在本小节中简要介绍张量扰动方程、张量扰动谱和谱指数.

如前面章节中所述, 线性张量扰动度规一般可以写成:

$$\mathrm{d}s^2 = a^2(\eta)\Big[\mathrm{d}\eta^2 - (\delta_{ij} + h_{ij}^\mathrm{T})\mathrm{d}x^i\mathrm{d}x^j\Big], \tag{7.25}$$

其中, h_{ij}^T 是对称、无迹、无散的三维张量, 它只有两个独立的物理自由度, 也就是它的极化, 用 $\lambda = 1,\ 2$ 表示. 张量扰动的展开式为

$$h_{ij}^\mathrm{T} = \int \frac{\mathrm{d}^3 k}{(2\pi)^{\frac{3}{2}}} \sum_{\lambda=1}^{2} \psi_{\vec{k},\lambda}(\eta) e_{ij}(\vec{k},\lambda)\mathrm{e}^{\mathrm{i}\vec{k}\cdot\vec{x}}, \tag{7.26}$$

这里 $e_{ij}(\vec{k},\lambda)$ 是前面提到过的极化张量. 同样, 可以定义张量扰动的功率谱 $\mathcal{P}_\mathrm{T}$ 为

$$\sum_{\lambda=1}^{2}\langle 0|\psi_{\vec{k},\lambda}^\dagger \psi_{\vec{l},\lambda}|0\rangle = \frac{2\pi^2}{k^3}\mathcal{P}_\mathrm{T}\delta^3(\vec{k}-\vec{l}). \tag{7.27}$$

与标量扰动的计算类似, 我们可以写出二级张量扰动的作用量:

$$\begin{aligned} {}^{(2)}S &= \frac{1}{8}\int a^2\Big[(h'_{ij})^2 - (\partial_l h_{ij})^2\Big]\mathrm{d}\eta\mathrm{d}^3\vec{x} \\ &= \frac{1}{2}\int \mathrm{d}^3\vec{k}\sum_{\lambda=1}^{2}\int\left[|v'_{\vec{k},\lambda}|^2 - \left(k^2 - \frac{a''}{a}\right)|v_{\vec{k},\lambda}|^2\right]\mathrm{d}\eta, \end{aligned} \tag{7.28}$$

其中 $v_{\vec{k},\lambda} = \dfrac{1}{2}a\psi_{\vec{k},\lambda}$. 量子化需要把它看做场算符, 并对模函数做展开:

$$\hat{v}_{\vec{k},\lambda}(\eta) = v_k(\eta)\hat{a}_{\vec{k},\lambda} + v_k^*(\eta)\hat{a}^\dagger_{-\vec{k},\lambda}, \tag{7.29}$$

$$[\hat{a}_{\vec{k},\lambda}, \hat{a}^\dagger_{\vec{l},\sigma}] = \delta_{\lambda\sigma}\delta^3(\vec{k}-\vec{l}), \quad \hat{a}_{\vec{k},\lambda}|0\rangle = 0, \quad \cdots. \tag{7.30}$$

可以得到模函数 v_k 的运动方程为

$$v_k'' + \left(k^2 - \frac{a''}{a}\right) v_k = 0. \tag{7.31}$$

它还必须满足如 (7.16) 式一样的归一化条件. 其他的程序与标量扰动中的讨论一样, 它的通解在早期渐近情形下对应于绝热真空, 即

$$v_k \to \frac{1}{\sqrt{2k}} \mathrm{e}^{-\mathrm{i}k\eta}, \quad k\eta \to -\infty. \tag{7.32}$$

这样, 它的晚期渐近形式就被确定下来了, 它应该具有形式

$$v_k = \tilde{C}(k) a, \quad k\eta \to 0. \tag{7.33}$$

因此, 我们最后得到的原初张量扰动谱是

$$\mathcal{P}_{\mathrm{T}}(k) = \frac{4k^3}{\pi^2} \left|\frac{v_k}{a}\right|^2 \xrightarrow{k\eta \to 0} \frac{4k^3}{\pi^2} |\tilde{C}(k)|^2. \tag{7.34}$$

张量谱的参数化形式与标量谱稍有不同,

$$\mathcal{P}_{\mathrm{T}}(k) = A_{\mathrm{T}} k^{n_{\mathrm{T}}}, \tag{7.35}$$

其中 A_{T} 和 n_{T} 分别对应于张量扰动的幅度和谱指数. 原初张量扰动在微波背景辐射的极化场上有独特的信号, 即它会产生有旋而无源的极化图样 (类似于电磁场中的磁力线, 因此被称做 B 模极化)[27]. 我们可以通过探测大角度上的微波背景辐射 B 模极化来探测原初张量扰动. 但是张量扰动的信号很微弱, 很难被观测到. 2013 年 Planck 卫星实验给出的结果是原初张量扰动如果存在的话其幅度应低于标量扰动幅度的十分之一[45]. 2014 年 3 月, 位于南极的地面望远镜实验组 BICEP2 声称首次观测到了微波背景辐射的原初 B 模极化的图样, 并推测原初引力波的幅度与标量扰动幅度之比为 0.20[46]. 这与 Planck 卫星实验的结果[45] 存在着一定的冲突. c 等前景水平估计过低[47,48], 这样有可能误将一部分噪声当做信号来处理. 由最新的 Planck 的前景观测结果[49] 外推也预示着 BICEP2 的结果有待商榷. 究竟结果如何, 我们还要等待新的观测数据的公布, 这一天很快就会到来. 如果观测到了原初引力波的信号, 将为暴胀宇宙学等原初扰动产生机制提供了强有力的观测证据, 也将对量子引力等基本物理理论的发展有极大的促进作用.

5.8 讨论与总结

宇宙学扰动理论是研究宇宙学的基本工具, 是理解宇宙大尺度结构和微波背景辐射各向异性的起源和演化的理论基础, 也是联系理论和观测实验的桥梁. 近十几

年来宇宙学在众多高精度、高灵敏度的观测和实验的推动下正逐步发展成为一门精密的学科. 目前的观测实验如 WMAP, Planck, SDSS 等的数据与理论的预期符合得很好, 这充分说明了宇宙学扰动理论的成功. 在不久的将来, 还有更新的实验比如 BOSS, CMBPol 等将以不同的方法对宇宙的非均匀性和各向异性进行不同波段、不同尺度的测量, 这些都为宇宙学的研究提供了不可多得的机遇. 而宇宙学扰动理论将是这类研究的一把利器.

在本章中, 我们对以均匀膨胀的时空为背景的线性宇宙学扰动理论做了一个简单的综述. 虽然线性扰动理论只是一个近似, 但是由于微波背景辐射的各向异性非常小, 所以它的精度很高. 另外非相对论物质虽然在宇宙晚期的较小尺度上已坍缩成团, 但是在宇宙早期或者大尺度 (星系团尺度以上) 上它的非均匀性仍然可以用线性理论来描述. 即使在小尺度上需要计算机模拟来研究成团性, 但是在模拟程序中人们常常需要线性理论的演化结果来设置成团的初始条件. 线性理论除了计算简单以外, 还有一个好处是它的结果非常灵敏地依赖初始条件, 也就是说, 我们对微波背景辐射的各向异性的测量精度几乎相当于我们对原初扰动谱的了解程度. 因此, 线性宇宙学扰动理论对宇宙学研究的重要性是不言而喻的.

本章的主要内容包括扰动理论的运动学、动力学, 扰动的统计性质以及原初扰动的产生等. 重点关注了扰动的张量分解、规范问题、流体和场的扰动方程、绝热扰动和熵扰动以及扰动的量子化等问题. 我们的目的是希望以简短的篇幅勾画出一个从原初扰动产生演化到微波背景辐射和大尺度结构的基本框架和整体图像. 但是本章还有几个重要的方面没有提到或者展开讨论, 主要包括如下几个方面:

(1) 我们没有涉及原初扰动非高斯性的讨论, 目前的观测对原初非高斯性限制得很强, 支持单场慢滚暴胀模型. 非高斯性一般与非线性联系在一起, 在本章讨论的线性扰动理论中, 规范不变的曲率扰动在暴胀期间表现为自由场. 如果要考虑自相互作用就必须考虑非线性扰动理论. 对于单场慢滚暴胀模型来说, 由于其势能曲线非常平坦, 可以预期它的自相互作用相对于目前的观测精度来说非常小, 因而非高斯性也非常小, 完全可以忽略不计[44].

(2) 我们也没有讨论暴胀产生的扰动在出视界后如何演变为经典的原初扰动, 这涉及从量子到经典的退相干, 关于这方面的问题请参考文献 [50].

(3) 这里我们只讨论了流体和场的扰动方程, 真实的宇宙过程中, 粒子并不完全具有理想流体的形式, 而且它们之间还有相互作用. 因此我们需要求解更基本的 Boltzmann 方程, 目前的计算微波背景辐射各向异性的计算机程序都是 Boltzmann 程序, 其理论基础请参考文献 [14].

(4) 本章的一些结论只在线性扰动理论中成立, 不能直接推广到非线性扰动理论中去, 比如标量、矢量和张量扰动在线性理论中是互相独立的, 但在非线性理论中不同类型的扰动之间会有混合和相互作用; 再比如本章关于规范问题的讨论, 如规范不变量的构造、规范条件的设定等也不适用于有非线性的扰动理论. 在包括非线性的扰动理论中, 规范问题的处理需要逐级考虑, 这方面的一些讨论请参考文献[51].

参 考 文 献

[1] E. W. Kolb and M. S. Turner, The Early Universe, Front. Phys. **69** (1990) 1.

[2] D. S. Gorbunov and V. A. Rubakov, Introduction to the theory of the early universe: Hot big bang theory,Hackensack, USA: World Scientific (2011) 473.

[3] P. A. R. Ade et al. [Planck Collaboration], arXiv: 1303. 5076 [astro-ph. CO].

[4] V. Mukhanov, Physical foundations of cosmology, Cambridge, UK: Univ. Pr. (2005) 421 .

[5] E. Bertschinger, astro-ph/9503125.

[6] V. F. Mukhanov, H. A. Feldman, and R. H. Brandenberger, Phys. Rept. **215** (1992) 203.

[7] C. Armendariz Picon, T. Damourm, and V. F. Mukhanov, Phys. Lett. **B458** (1999) 209 [hep-th/9904075].

[8] C. Armendariz Picon, V. F. Mukhanov, and P. J. Steinhardt, Phys. Rev. Lett. **85** (2000) 4438 [astro-ph/0004134].

[9] E. Lifshitz, J. Phys. (USSR) **10** (1946) 116.

[10] S. Weinberg, Gravitation and Cosmology: Principles and Applications of General Theory of Relativity, New York: Wiley (1972).

[11] U. Seljak and M. Zaldarriaga, Astrophys. J. **469** (1996) 437 [astro-ph/9603033].

[12] http://camb.info/.

[13] M. Li, Y. Cai, H. Li, R. Brandenberger, and X. Zhang, Phys. Lett. **B702** (2011) 5, arXiv: 1008. 1684 [astro-ph. CO].

[14] C. P. Ma and E. Bertschinger, Astrophys. J. **455** (1995) 7 [astro-ph/9506072].

[15] J. Liu, M. Li, and X. Zhang, JCAP **1106** (2011) 028, arXiv: 1011. 6146 [astro-ph. CO].

[16] G. B. Zhao, J. Q. Xia, M. Li, B. Feng, and X. Zhang, Phys. Rev. **D72** (2005) 123515 [astro-ph/0507482].

[17] M. Chevallier and D. Polarski, Int. J. Mod. Phys. **D10** (2001) 213 [gr-qc/0009008].

[18] E. V. Linder, Phys. Rev. Lett. **90**(2003) 091301 [astro-ph/0208512].

[19] D. H. Lyth and D. Wands, Phys. Lett. **B524** (2002) 5 [hep-ph/0110002].

[20] G. Dvali, A. Gruzinov, and M. Zaldarriaga, Phys. Rev. **D69** (2004) 023505 [astro-ph/0303591].

[21] M. Li, Phys. Lett. **B724** (2013)192, arXiv: 1306. 0191 [hep-th].

[22] K. A. Malik, D. Wands, and C. Ungarelli, Phys. Rev. **D67** (2003) 063516 [astro-ph/0211602].

[23] M. Kamionkowski and A. Kosowsky, Ann. Rev. Nucl. Part. Sci. **49**(1999)77 [astro-ph/9904108].

[24] D. Langlois, Phys. Rev. **D59** (1999) 123512 [astro-ph/9906080].

[25] M. Z. Li, X. L. Wang, B. Feng, and X. M. Zhang, Phys. Rev. **D65** (2002) 103511 [hep-ph/0112069].

[26] M. Li and X. Zhang, Phys. Lett. **B573** (2003) 20 [hep-ph/0209093].

[27] A. Challinor and H. Peiris, AIP Conf. Proc. **1132** (2009) 86, arXiv: 0903. 5158 [astro-ph.CO].

[28] S. Borgani, Phys. Rept. **251** (1995) 1 [astro-ph/9404054].

[29] P. A. R. Ade et al. [Planck Collaboration], arXiv: 1303. 5084 [astro-ph.CO].

[30] A. H. Guth, Phys. Rev. **D23** (1981) 347.

[31] A. D. Linde, Phys. Lett. **B108** (1982) 389.

[32] A. Albrecht and P. J. Steinhardt, Phys. Rev. Lett. **48** (1982) 1220.

[33] A. H. Guth and S. Y. Pi, Phys. Rev. Lett. **49** (1982) 1110.

[34] J. M. Bardeen, P. J. Steinhardt, and M. S. Turner, Phys. Rev. **D28** (1983) 679.

[35] S. W. Hawking, Phys. Lett. **B115** (1982) 295.

[36] A. A. Starobinsky, Phys. Lett. **B117** (1982) 175.

[37] M. Novello and S. E. P. Bergliaffa, Phys. Rept. **463** (2008) 127, arXiv: 0802. 1634 [astro-ph].

[38] T. Qiu, J. Evslin, Y. F. Cai, M. Li, and X. Zhang, JCAP **1110** (2011) 036, arXiv: 1108. 0593 [hep-th].

[39] G. F. R. Ellis and R. Maartens, Class. Quant. Grav. **21** (2004) 223 [gr-qc/0211082].

[40] Y. F. Cai, M. Li, and X. Zhang, Phys. Lett. **B718** (2012) 248, arXiv:1209.3437 [hep-th].

[41] P. J. Steinhardt and N. Turok, Science **296** (2002) 1436.

[42] N. D. Birrell and P. C. W. Davies, Quantum Fields in Curved Space, Submitted to: Cambridge Monogr.Math.Phys..

[43] R. L. Arnowitt, S. Deser, and C. W. Misner, Gen. Rel. Grav. **40** (2008) 1997 [gr-qc/0405109].

[44] J. M. Maldacena, JHEP **0305** (2003) 013 [astro-ph/0210603].

[45] P. A. R. Ade et al. [Planck Collaboration], arXiv: 1303. 5062 [astro-ph. CO].

[46] P. A. R. Ade et al. [BICEP2 Collaboration], Phys. Rev. Lett. **112** (2014) 241101, arXiv: 1403. 3985 [astro-ph. CO].

[47] M. J. Mortonson and U. Seljak, JCAP **1410** (2014) 035, arXiv: 1405. 5857 [astro-ph. CO].

[48] R. Flauger, J. C. Hill, and D. N. Spergel, JCAP **1408** (2014) 039, arXiv: 1405. 7351 [astro-ph.CO].

[49] R. Adam et al. [Planck Collaboration], arXiv: 1409. 5738 [astro-ph. CO].

[50] D. Polarski and A. A. Starobinsky, Class. Quant. Grav. **13** (1996) 377 [gr-qc/9504030].

[51] L. R. W. Abramo, R. H. Brandenberger, and V. F. Mukhanov, Phys. Rev. **D56** (1997) 3248 [gr-qc/9704037].

第六章　引力全息性质应用: 全息超导模型①

蔡荣根, 李　理

中国科学院理论物理研究所

本章对全息超导模型做一个简单的介绍. 首先介绍全息对偶的基本概念及其应用现状, 回顾超导的基本特征; 然后给出一个简单的全息超导模型, 并详细介绍该模型的主要性质, 包括凝聚、光学电导率以及对磁场的响应等; 最后给出全息超导研究的相关进展以及展望.

6.1　引　　言

黑洞具有一个正比于其表面引力的霍金温度, 一个正比于其视界面积的熵, 黑洞的温度和熵等满足热力学第一定律. 黑洞热力学暗指引力具有全息性质[1]. 所谓引力的全息性质是指一个引力体系的自由度由其表面面积来测度. 一个引力全息性质的具体实现, 规范场/引力对偶或 AdS/CFT 对应, 最早由 Juan Maldacena 在文章 [2] 中提出. 该猜想认为在 $\mathrm{AdS}_5\times\ \mathrm{S}^5$ 背景下的 IIB 型弦理论等价于 "生活" 在 AdS_5 边界上的 $3+1$ 维的 $\mathcal{N}=4$ 的 $\mathrm{U}\ (N)$ 超对称 Yang-Mills 场论. 由于对应的边界场论是一个共形场论 (CFT), AdS/CFT 对应因此得名. 作为全息原理的一个具体实现, AdS/CFT 对应的提出, 一方面加深了对引力性质的理解, 给出了一种可能实现量子引力的途径; 另一方面, AdS/CFT 是一个强弱对偶, 量子场论 (QFT) 的强耦合区域对应于弦理论或者说量子引力的弱耦合区域. 反之亦然. AdS/CFT 对应这一独特的性质为我们研究强耦合系统提供了一种强有力的方法.

引力全息性质认为某些量子场论等价于高一维的量子引力理论, 即

$$\begin{array}{ccc}\text{量子场论} & & \text{量子引力理论}\\ d\ \text{维时空} & \Leftrightarrow & d+1\ \text{维时空}.\end{array} \tag{1.1}$$

最典型的一个例子就是前面提到的四维时空中的 $\mathcal{N}=4$ 的超对称 Yang-Mills 理论和五维反德西特 (AdS) 时空中量子引力的等价性. 关于量子引力我们还没有一个完整的理论, 在实际上更为有用的是考虑这个对偶的极限情况. 我们知道量子引力

① 感谢国家自然科学基金的资助, 项目批准号: 10821504, 11035008, 11375247.

在低能弱耦合极限下可以由经典的广义相对论来描述. 根据全息对偶, 这要求所对应的边界场论的耦合强度 $\lambda \gg 1$, 而且单位体积内的自由度 $N \gg 1$①, 即

$$\begin{matrix} N \gg 1 \text{ 的强耦合 QFT} & \Leftrightarrow & \text{经典引力理论} \\ d \text{ 维时空} & & d+1 \text{ 维时空} \end{matrix} \tag{1.2}$$

因此, 我们可以用熟悉的经典引力来研究一些非引力的强耦合系统. 本章下面要介绍的全息超导就是一个典型的例子.

在全息对偶的具体应用中, 我们需要将对偶两边理论的相关物理量联系起来, 这就是所谓的全息字典. 最重要的一个字典是 GKPW 公式, 由 Witten[3] 和 Gubser, Klebanov, Polyakov[4] 两组成员独立给出. 它认为引力理论的配分函数等于边界场论的生成泛函, 即

$$Z_{\text{gravity}}[\Phi \to \phi_{(0)}] = \left\langle \exp\left(\mathrm{i}\int \mathrm{d}^d x \phi_{(0)} \mathcal{O}\right)\right\rangle_{\text{QFT}}, \tag{1.3}$$

其中 $\mathcal{O}$ 是场论的一个算符, $\phi_{(0)}$ 是 $\mathcal{O}$ 的源, 由引力时空中某个场 Φ 在 AdS 边界处的值决定. 这个公式一方面告诉我们如何从引力理论这边计算对偶的强相互作用系统的关联函数; 另一方面, 它还告诉我们, 边界场论的某一算符对应于对偶引力理论中的一个动力学场. 一些具体的算符和场的对应关系如下:

$$\begin{matrix} \text{能量动量张量 } T^{ab} & & \text{度规场 (引力子)} g_{\mu\nu} \\ \text{整体守恒流 } J^a & \Leftrightarrow & \text{Maxwell 场 } A_\mu \\ \text{标量算符 } \mathcal{O}_B & & \text{标量场 } \Psi. \end{matrix} \tag{1.4}$$

还有一个重要的对应关系是场论的整体对称性对应于引力理论的局域对称性. 此外, 我们知道对一个引力系统, 尤其是包含黑洞的情况, 其具有明确定义的能量 E, 温度 T 和熵 S 等热力学量, 这些量也就自然与对偶场论中的能量、温度、熵等一一对应起来. 这些对应关系在下面构造全息超导模型的时候会用到. 为了给出更具体的图像, 这里举一个简单的例子: Maxwell 场 A_μ 在边界处的值耦合于一个守恒流, 守恒流的时间分量就是守恒荷, 而与守恒荷耦合的就自然是化学势, 所以引力理论中的 Maxwell 场在边界处的值给出了对偶场论的化学势.

在具体计算引力理论者边的配分函数时, 一般取鞍点近似, 也就是满足运动方程的构型是主导项. 这样, 我们可以得到在实际计算中常用的一个关系:

$$S_{\text{on-shell}}[\phi_{(0)}] = W_{\text{QFT}}[\phi_{(0)}], \tag{1.5}$$

① 从弦理论的角度看, $N \gg 1$ 对应到引力理论这边是要求弯曲时空的曲率远小于弦尺度, 可以用经典引力理论来描写. 但是这并不意味着一定是广义相对论, 原则上弦理论的高阶效应会导致高阶曲率项的出现. 强耦合 $\lambda \gg 1$ 则意味着可以忽略弦理论的高阶修正项, 这样弦理论的低能有效理论可以表述为广义相对论.

其中等式左边是引力的在壳作用量, 右边是场论连通格林函数的生成泛函. 通过对外源 $\phi_{(0)}$ 泛函求导, 我们可以得到算符 $\mathcal{O}$ 的关联函数. 在量子场论中, 关联函数会遇到紫外发散, 而计算引力在壳作用量会发现在引力的边界处也存在发散, 两边都需要重整化. 在全息对偶中引力描述比场论多出一维, 这个额外的径向维度对应着场论中的能标. 引力理论中靠近 AdS 边界的物理对应着场论中的紫外物理, 而在引力理论中靠近边界意味着在远离 AdS 中心的大尺度上, 也即描述引力理论中的红外物理. 这个关系被称为紫外/红外对应[5], 即场论中的紫外发散对应着引力理论中的红外发散. 我们可以系统地通过引入协变的表面抵消项来消除引力中的红外发散, 从而得到重整化后的场论的关联函数, 整个过程称为全息重整化[6–9]. 得到了关联函数, 就可以知道强耦合系统的很多有用信息. 具体地说, 对于稳态的外源, 如温度、化学势、作用量中加入的相关算符, 我们就可以计算出系统相应的响应, 如能量密度、荷密度、算符真空期望值; 如果考虑加入一个依赖于时间和空间的小扰动, 可以通过线性响应理论去计算系统的输运系数, 根据 Kubo 公式, 输运系数由推迟格林函数决定, 而推迟格林函数就可以通过上面提到的计算关联函数的步骤得到. 关于全息对应关系的建立和具体计算方法, 可以参考文献 [10, 11].

在多体系统中, 存在大量的强耦合系统, 比如一些材料中观察到很强的电子关联, 这对基于弱相互作用的微扰论等传统方法和准粒子概念提出了巨大挑战. AdS/CFT 对应是研究强耦合体系的一个有效的方法, 具有很强的可操作性. 通过对偶到引力理论, 强关联系统可以采用传统的途径 (尤其是微扰方法) 处理. 我们期望全息对偶可以为理解这些强相互作用系统提供新的曙光. 同时, 高能物理中的一些新奇的想法也许可以借由凝聚态系统得以实验验证, 可以期待发现某种材料, 其性质恰好由对偶的引力理论描述.

很多强耦合量子多体系统在临界点时具有标度变换的不变性, 可以用强耦合的共形场论来描述, 全息对偶近年来在多体体系中的应用方兴未艾, 研究取得了许多重要的进展. 量子相变是发生在绝对零度的相变, 而实验上也的确支持量子临界点的存在. 虽然物质不能达到在绝对零度的量子临界点, 但在达到量子临界点之前产生了很多显著的效应[12–14]. 全息方法在量子临界现象方面的应用可以参见文献 [15–17]. 量子色动力学 (QCD) 中有许多问题通过传统的微扰论很难去解决, 尤其是研究 QCD 的低能强耦合性质以及构造 QCD 的完整相图. 虽然人们还没有能够构造出完全对偶于 QCD 的引力理论, 但是全息方法为理解 QCD 的低能性质提供了帮助. 相关文献可以参考文献 [18–29] 以及其中的引用文献. 另外, AdS/CFT 也可以应用到冷原子以及非相对论系统, 详见文献 [30–34]; 在费米液体和非费米液体方面的应用研究参见文献 [35–38]. 全息对偶在其他方面的应用还包括流体/引力对偶[39–41], 全息纠缠熵[42–44], Kerr/CFT[45,46] 等, 有兴趣的读者可以查阅相关文献, 此处不再赘述.

本章的关注点是全息对偶在超导物理方面的应用. 我们首先对超导做一个简单的介绍, 然后给出一个简单的全息超导模型, 详细介绍这个模型的性质, 包括其凝聚随温度的行为, 光学电导率以及对磁场的响应等, 最后我们给出全息超导的最新进展以及仍待解决的一些问题.

6.2　超　　导

超导的发现源于 1911 年荷兰物理学家 H. Kamerlingh Onnes 观察到水银在 4.2K 附近电阻突然消失的现象. 零电阻是超导体的一个基本特征, 由于没有电阻, 电流可以在超导体中无耗散地自由传输①. 区别超导体和理想导体的一个本质特征是超导体的抗磁性, 即外加磁场不能进入或大范围进入超导体内部②. 该现象是 1933 年由 W.Meissner 和 R.Ochsenfeld 发现的, 称为 Meissner 效应. Meissner 效应独立于零电阻效应, 是判断一个材料是否为超导体的一个基本判据. 超导现象的第一个宏观解释是 1935 年由 London 兄弟 (F.London 和 H.London) 给出. 他们提出的 London 方程中有 $J_{\rm i} \propto A_{\rm i}$, 即超导电流正比于电磁失势. 方程两边对时间求导给出 $E_{\rm i} \propto \partial J_{\rm i}/\partial t$, 说明电场会一直加速超导电子, 给出了无穷大的直流电导率; 而同时对方程两边求空间导数并结合 Maxwell 方程会得到 $\nabla^2 B_{\rm i} \propto B_{\rm i}$, 这意味着磁场在超导体内部指数衰减, 解释了 Meissner 效应.

1950 年, Landau 和 Ginzburg 提出了超导的唯象理论[47]. 他们引入了一个复标量场 ψ 作为标志超导相变的序参量, 超导电子的密度由 $|\psi|^2$ 给出. 体系的自由能可以写为

$$F = \alpha(T - T_{\rm c})|\psi|^2 + \frac{\beta}{2}|\psi|^4 + \cdots, \tag{2.1}$$

其中 α 和 β 为正的常数, 省略的项包括了 ψ 的导数项和高幂次的项. 系统存在一个临界温度 $T_{\rm c}$, 当温度 $T > T_{\rm c}$ 时, 自由能的最低点在 $\psi = 0$; 而当 $T < T_{\rm c}$ 时, 自由能的最低点是在 ψ 非零的位置. 基态的 ψ 值非零就破坏了 U (1) 对称性. 从这个对称性自发破缺的 Landau-Ginzburg 理论可以直接得到 London 方程.

超导电性的微观解释在 1957 年由 Bardeen, Cooper 和 Schriffer 给出, 称为 BCS 理论[48]. 在该微观图像里, 费米面附近的两个电子可以通过交换声子而形成一种有效的吸引相互作用, 在临界温度 $T_{\rm c}$ 以下形成 Cooper 对的凝聚. Cooper 对可以在材料内部无阻碍地运动, 导致直流电阻为零. 但是 Cooper 对的束缚能比较小, 从超导的基态激发一个准粒子需要能量 $\Delta \simeq 1.7T_{\rm c}$, 当入射光子的能量 ω 高于 2Δ 时就

① 超导体的电阻为零是对直流电而言的, 对交流电电阻并不为零, 但是一般在低频时很小.

② 前者称为第一类超导体, 具有完全抗磁性; 后者称为第二类超导体, 磁场通过形成 Abrikosov 格点的方式部分进入超导体内部. 超导体的抗磁性不是绝对的, 当外磁场超过某一个临界值的时候就会破坏超导电性.

会拆散 Cooper 对, 激发出两个准粒子. 因此, 我们可以在光学电导率的图上看到一个能隙 $\omega_{\mathrm{g}} = 2\Delta \simeq 3.5T_{\mathrm{c}}$. 值得一提的是, Gor'kov 在 1958 年证明了 BCS 理论在临界温度处可以导出 Landau-Ginzburg 理论.

随着一系列高温超导材料的发现[49,50], 实验表明 BCS 理论中电子通过声子配对的机制在这些高 T_{c} 的材料中不再适用. 一般认为高温超导材料是强耦合的系统. 我们前面提到, 全息对偶是研究强相互作用场论的新的途径, 所以可以用来帮助我们理解高温超导现象. 可以通过全息的方法来计算高温超导系统的动力学输运性质, 比如电导率和热导率, 这在通常的凝聚态方法里面是很难实现的. 下面介绍一个简单的全息超导模型, 将会看到这个简单的模型可以给出很多超导的基本性质.

6.3 全息超导模型

全息超导, 顾名思义, 就是从引力全息性质的角度来研究超导现象. 有了前面关于全息对偶和超导的基础知识, 我们现在就可以构造全息超导模型. 前面提到超导电性的微观起源是由于 Cooper 对的凝聚, Cooper 对带有电磁场的 U(1) 荷, 其凝聚会导致 U(1) 规范对称性的破缺. 事实上, 不考虑微观机制, U(1) 对称性的自发破缺可以看成是超导发生的标志[5], 这也是我们构造全息模型的基本出发点.

为了描述超导相变, 首先需要引入温度, 根据前面的对应字典, 要求我们考虑一个有限温度的黑洞系统. 另外, 我们需要在引力理论这边引入一个可以表征 U(1) 对称性的场, 考虑到边界系统的整体流对应到引力这边的一个规范场, 最自然的实现是在引力理论这边引入一个 Maxwell 场. 在超导中, 我们还需要表征凝聚的算符, 在引力理论这边我们就需要引入相应的动力学场. 超导中非零的凝聚"翻译"到引力这边, 就要求对应的场在黑洞外面有一个稳定的非平凡的构型, 也就是要求黑洞有"毛". 因此, 我们需要找到一个引力系统, 它在高温的时候是无毛的, 但是在低温的时候变得有毛. 这个看起来似乎很难实现, 因为我们知道黑洞有一个"无毛定理", 即描述一个黑洞只需要几个简单的参量, 比如质量、电荷和角动量, 其余的一些表征物质信息的参数都无法在黑洞外面表现出来. 这是因为在渐近平直的时空里面, 物质要么被黑洞吸收了, 要么跑到了无穷远处. 但是, 如果我们考虑一个渐近 AdS 的黑洞背景, 情况就发生了改变. 一个简单的图像是考虑在 AdS 黑洞背景中运动的一个带电标量粒子: 一方面, AdS 背景提供了一个有效的禁闭势, 粒子不会跑到无穷远处就会被黑洞吸引, 有掉入黑洞视界的趋势; 另一方面, 由于黑洞和粒子带有相同的电荷, 相互之间的斥力又会把带电粒子推离视界, 当两种作用达到平衡时, 标量粒子就会在视界附近形成凝聚.

这个图像的一个具体实现由 Gubser 在 2008 年给出[52]. 他研究了在 AdS 黑洞

背景中的一个复标量场行为. 具体模型如下:

$$S=\int \mathrm{d}^4x\sqrt{-g}\left(R-2\Lambda-\frac{1}{4}F_{\mu\nu}F^{\mu\nu}-|\nabla\Psi-\mathrm{i}qA\psi|^2-m^2|\Psi|^2\right), \tag{3.1}$$

其中 R 是曲率标量, $\Lambda=-3/L^2$ 为负宇宙学常数, L 为 AdS 半径, A_μ 是 U(1) 规范场, 场强 $F_{\mu\nu}=\partial_\mu A_\nu-\partial_\nu A_\mu$, Ψ 是复标量场, 它具有质量 m 且带有 U(1) 场的荷 q. 不考虑物质场 (Maxwell 场和复标量场), 这个系统具有 AdS-Schwarzschild 黑洞解. 当温度降低时, 这个黑洞会变的不稳定, 而形成一个具有非平凡标量毛的黑洞: 考虑一个带电静态黑洞, 这个时候标量场的有效质量为

$$m_{\mathrm{eff}}^2=m^2+q^2g^{tt}A_t^2,$$

等号右边的第二项中度规 g^{tt} 在视界附近是一个很大的负数, 这就使得 m_{eff}^2 在视界附近负得足够厉害, 导致不稳定性的出现. 这种不稳定性就会导致复标量场在黑洞视界附近凝聚下来, 形成稳定的标量毛, 从而破坏了 U(1) 规范对称性, 导致了超导现象①.

现在我们详细分析一下这个模型. 考虑一个标度变换 $A_\mu\to A_\mu/q$ 和 $\Psi\to\Psi/q$, 则物质部分的作用量前面出现一个整体因子 $1/q^2$, 当 q 很大的时候, 物质场对引力背景的影响会被大大压低. 所谓的探子极限就对应于 $q\to\infty$ 且同时保证 qA_μ 和 $q\psi$ 是有限的情况, 这个时候我们可以不考虑物质场对背景引力构型的影响. 考虑探子极限可以在尽量保持我们所关心物理不变的情况下简化分析过程, 第一个全息超导模型就是在这个极限下给出的[53]. 考虑物质场反作用的情况可以参见文献 [54].

6.3.1　凝聚

在探子极限下, 引力背景为 3+1 维具有平面视界的 AdS-Schwarzschild 黑洞

$$\mathrm{d}s^2=-f(r)\mathrm{d}t^2+\frac{\mathrm{d}r^2}{f(r)}+r^2(\mathrm{d}x^2+\mathrm{d}y^2), \tag{3.2}$$

其中

$$f=\frac{r^2}{L^2}\left(1-\frac{r_{\mathrm{h}}^3}{r^3}\right). \tag{3.3}$$

① 在全息对偶中, 引力理论中的 U(1) 规范对称性对应于边界场论中的整体 U(1) 对称性. 因此, 虽然标量毛的出现破坏了引力这边的局域 U(1) 对称性, 翻译到对偶场论那边, 是一个标量算符的凝聚破坏了整体 U(1) 对称性. 所以严格来说, 这是超流相变全息实现, 而不是超导相变的实现. 但是, 对一些我们所关心的问题, 比如计算电导率, 此时超导和超流相变的差别并不重要, 我们可以认为整体对称性被轻微地规范了. 实际上, 很多的凝聚态系统并不考虑动力学的光子, 因为其效应通常很小. 在 BCS 理论里只是考虑了电子和声子, 电磁场一般是作为外场引入的.

黑洞的共形边界 ($r\to\infty$) 为一个 2+1 维的平坦闵氏时空, 其对偶的场论生活其中. 视界的位置 $r_{\rm h}$ 与黑洞 Hawking 温度的关系为

$$T=\frac{3r_{\rm h}}{4\pi L^2}. \tag{3.4}$$

根据全息字典, 这个温度也是对偶场论的温度. 这个 AdS-Schwarzschild 黑洞描述一个 AdS 边界上 2+1 维共形场论热态.

现在考虑, 在这个固定的黑洞背景中的 Maxwell 场和复标量场的运动方程. 根据对称性, 设

$$\varPsi=\psi(r),\quad A_t=\phi(r),\quad A_r=A_x=A_y=0. \tag{3.5}$$

此时, 可以发现, Maxwell 方程的 r 分量要求 ψ 场的相位是一个常数. 不失一般性, 可以取 ψ 为一个实数, 得到两个相互耦合的非线性方程①

$$\psi''+\left(\frac{f'}{f}+\frac{2}{r}\right)\psi'+\frac{\phi^2}{f^2}\psi-\frac{m^2}{f}\psi=0, \tag{3.6}$$

$$\phi''+\frac{2}{r}\phi'-\frac{2\psi^2}{f}\phi=0. \tag{3.7}$$

一般情况下, 这组方程并不存在一个解析的解. 因此, 一般采用数值方法求解上面这组方程. 为此, 我们需要给出合适的边界条件, 这包括视界和无穷远边界处的边界条件.

在视界处, 要求 A_μ 的模 $g^{\mu\nu}A_\mu A_\nu$ 在视界处有限, 由于 g^{tt} 是发散的, 就导致 $\phi(r_{\rm h})$ 为零. 但是我们知道, A_μ 依赖于规范选取, 所以要求 A_μ 的模有限看起来并不是那么自然. 事实上, 下面的讨论可以看出为何要求 $\phi(r_{\rm h})=0$. 我们知道 Maxwell 方程的源当然是规范不变的, 在我们考虑的情况下 ψ 是一个实数, 这个流恰好是 ψ^2A_μ. 我们要求这个流在视界处有限就是要求 A_μ 在视界处有限, 因此就得到 $\phi(r_{\rm h})=0$. 另外考虑欧氏号差下的情况, 这个时候欧氏的时间方向是一个紧致的圆圈, A_μ 沿着这个紧致圆圈的 Wilson 圈 (Wilson loop) 是有限的且是规范不变的. 如果 A_t 在视界处不为零, 则 Wilson 圈在这个测度为零的路径上也不等于零, 这就导致 Maxwell 场有奇异性. 要求方程的解在视界处光滑也对标量场提出了限制, 把 (3.6) 式两边同时乘以 f 并在视界处取值, 我们得到 $f'\psi'=m^2\psi$, 因此 $\psi(r_{\rm h})$ 和 $\psi'(r_{\rm h})$ 并不是独立的. 对于两个二阶常微分方程, 从视界处求解一般需要 4 个边界条件, 但是如果要求解在视界处不奇异的话, 我们最终剩下了两个条件, 也就是说, 我们可以用 $\psi(r_{\rm h})$ 和 $\phi'(r_{\rm h})$ 这两个参数来标记方程组的解.

① 在探子极限下, q 取任何非零的值对我们的讨论没有影响, 在后面的讨论中我们取 $q=1$.

在无穷远 $r \to \infty$ 的边界处, 物质场具有如下的渐近展开形式:

$$\psi = \left(\frac{\psi_-}{r^{\lambda_-}} + \cdots\right) + \left(\frac{\psi_+}{r^{\lambda_+}} + \cdots\right), \tag{3.8}$$

$$\phi = \mu - \frac{\rho}{r} + \cdots, \tag{3.9}$$

其中 $\lambda_\pm = \frac{1}{2}\left(3 \pm \sqrt{9+4m^2L^2}\right)$. 根据全息对应字典, μ 和 ρ 分别解释为边界场论的化学势和荷密度. ψ 与边界场论的一个带有 U(1) 荷的标量算符 $\mathcal{O}$ 对应, 而 ψ_- 和 ψ_+ 则分别给出与 $\mathcal{O}$ 耦合的源和 $\mathcal{O}$ 的期望值①. 我们要求 U(1) 对称性是自发破缺的, 所以我们关掉源项, 即要求 ψ_- 为零, 这样 ψ_+ 就给出了算符 $\mathcal{O}$ 的真空期望值.

我们采用正则系综, 即固定系统的荷密度 ρ. 图 6–1 展示了凝聚 $\mathcal{O}$ 随温度的变化行为, 这个凝聚行为非常类似于 BCS 理论的预言以及很多实际的观测. 我们可以看到, 随着温度逐渐降低, 当低于临界温度 T_c 时, 凝聚开始出现并迅速增加, 最后趋于一个稳定的值. 在临界温度附近, 可以发现 $\mathcal{O} \propto T_c^2(1-T/T_c)^{1/2}$, 临界指数是 1/2, 与 Landau-Ginzburg 理论的结果一致. 非零凝聚的出现说明黑洞背景中具有稳定的标量毛, 我们可以比较有毛的构型和无毛的解 $\psi = 0, \phi = \mu - \rho/r$(代表没有凝聚的正常相) 之间的自由能, 看一看凝聚相是否是热力学稳定的. 结果显示凝

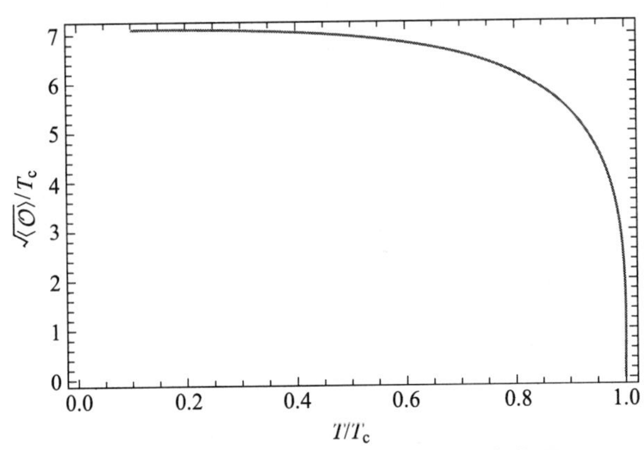

图 6–1　凝聚 $\langle\mathcal{O}\rangle = \psi_+$ 随温度的变化图

这里取 $m^2 = -2$, $L = 1$ 和 $q = 1$; 临界温度 $T_c \simeq 0.118\sqrt{\rho}$

① 严格来说, 上面的渐近展开形式是对自由的标量场和 U(1) 场才成立. 但是, 当 m^2 比较大的时候, 可归一性 (normalizability) 要求 ψ 的领头阶系数 ψ_- 为零, 这个时候两个场的相互作用在边界附近可以忽略. 另一种情况是当 $-9/4 < m^2L^2 < -5/4$, 标量场的两支解都是可归一的, 也就是说 ψ_- 可以不为零, 但是这个时候因为 ψ 的领头阶在边界处衰减得足够快, 相互作用项对渐进解的形式没有影响. 对后一种情况, 也可以把 ψ_+ 解释为标量算符的源, 把 ψ_- 解释为期望值[55].

聚相的自由能的确比正常相的低, 在临界点处的自由能之差正比于 $(T_c - T)^2$, 说明这是一个典型的二阶相变. 这里没有标量场的黑洞解对应于导体相, 具有非平凡标量场的黑洞解对应于超导相. 利用这个无毛黑洞/有毛黑洞的相变来实现导体/超导相变.

6.3.2 电导率

为了证实得到的热力学稳定的凝聚相确实是超导态, 需要计算一下这个系统的电导率. 前面提到, 我们可以通过线性响应来计算输运系数, 光学电导率 $\sigma(\omega)$ 直接联系于推迟流–流两点关联函数

$$\sigma(\omega) = \frac{1}{\mathrm{i}\omega} G^R_{JJ}(\omega, k=0),$$

其中 J 就是对应于 U(1) 对称性的守恒流. 利用全息对偶, 我们可以从引力这边来计算推迟格林函数 G^R_{JJ}[56]. 根据全息对偶, 考虑黑洞背景中 Maxwell 场的扰动. 根据问题的对称性, 可以只考虑矢量场沿 x 方向的扰动 A_x. 设零动量的扰动具有形式 $A_x(t,r) = \mathrm{e}^{-\mathrm{i}\omega t} A_x(r)$, 代入 Maxwell 方程我们可以得到线性化的运动方程

$$A_x'' + \frac{f'}{f} A_x' + \left(\frac{\omega^2}{f^2} - \frac{2\psi^2}{f}\right) A_x = 0. \tag{3.10}$$

为了计算推迟格林函数 $G^R_{J_x J_x}$, 我们在黑洞视界处要求入射边界条件. 这一边界条件表示扰动只能落入黑洞而不能从黑洞内传出, 与推迟格林函数代表的因果关系一致. 最后得到推迟格林函数为

$$G^R_{J_x J_x} = -\lim_{r\to\infty} f A_x A_x', \tag{3.11}$$

其中我们已经要求 $A_x(r)$ 在边界处做了归一化, 即 $A_x(r\to\infty) = 1$. 从扰动方程我们知道, $A_x(r)$ 在无穷远边界处的渐近行为是

$$A_x = A_x^{(0)} + \frac{A_x^{(1)}}{r} + \cdots, \tag{3.12}$$

代入上面推迟格林函数的表达式, 我们得到电导率

$$\sigma(\omega) = \frac{1}{\mathrm{i}\omega} G^R_{J_x J_x}(\omega, k=0) = \frac{A_x^{(1)}}{\mathrm{i}\omega A_x^{(0)}}. \tag{3.13}$$

电导率随频率的具体行为由数值计算给出, 结果如图 6–2 所示. 左图是电导率实部随频率的变化行为, 其中水平横线是温度高于临界温度时正常态的电导率, 它是与频率无关的常数, 另外三条曲线代表温度低于临界温度时的情况, 从左到右温度逐渐降低. 可以看到在低频的情况下 Re(σ) 的值非常小, 接近于零; 但是随着频率

增加到某一个特殊值 $\omega_{\rm g}$, $\mathrm{Re}(\sigma)$ 会迅速上升, 达到一个峰值后下降, 最后逐渐趋于一个稳定值. 还有一个关键特征是直流电导率是发散的, 即 $\mathrm{Re}(\sigma(\omega=0))=\infty$. 这可以从右图电导率的虚部 $\mathrm{Im}(\sigma(\omega))$ 看出来, 我们发现在频率很低的时候, $\mathrm{Im}(\sigma(\omega)) \propto 1/\omega$. Kramers-Kronig 关系告诉我们, 电导率的实部和虚部满足

$$\mathrm{Im}(\sigma(\omega)) = -\frac{1}{\pi}\mathcal{P}\int_{-\infty}^{\infty} \frac{\mathrm{Re}(\sigma(\omega'))\mathrm{d}\omega'}{\omega'-\omega}. \tag{3.14}$$

从这个关系式可以看到, 电导率的虚部有一个极点 $\mathrm{Im}(\sigma(\omega)) \propto 1/\omega$ 代表电导率的实部有一个 δ 函数 $\mathrm{Re}(\sigma(\omega)) \propto \delta(\omega)$. 这说明凝聚相的直流电阻为零, 恰好就是我们预期的超导的零电阻现象. 我们从全息模型得到的电导率行为与通常超导体是一致的, 按照传统的图像, 我们可以把 $\omega_{\rm g}$ 叫做频率能隙, 代表拆开 Cooper 对所需要的最低能量. 另外, 我们知道有限的电导率代表系统存在耗散, 在引力这边, 耗散是由于能量被黑洞吸收了, 这恰好对应于我们在视界处所取的入射边界条件.

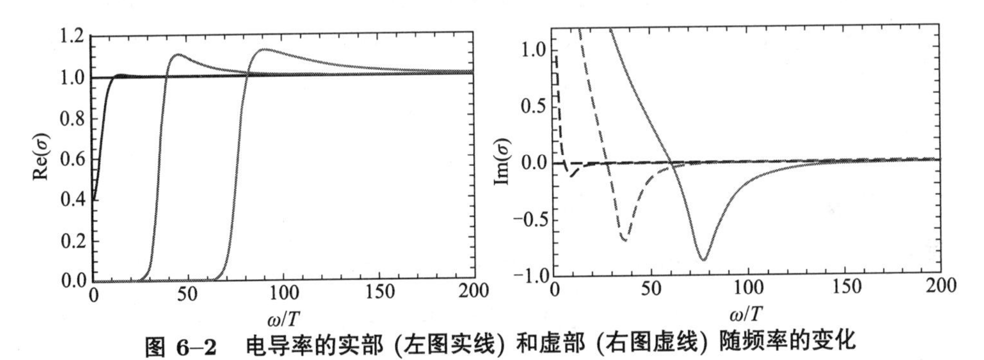

图 6–2 电导率的实部 (左图实线) 和虚部 (右图虚线) 随频率的变化

这里取 $m^2=-2$, $L=q=1$. 水平横线代表高于临界温度 $T_{\rm c}$ 时的情况. 其他曲线从左往右分别代表 $T/T_{\rm c}\simeq 0.888$ (蓝线), $T/T_{\rm c}\simeq 0.222$ (绿线) 和 $T/T_{\rm c}\simeq 0.105$ (红线). 电导率实部在 $\omega=0$ 处有一个 δ 函数

这里我们考虑 3+1 维引力系统, 对应于一个 2+1 维的边界场论. 对于其他维度的系统, 结果是类似的[57]. 一个有意思的结果是对 2+1 维和 3+1 维的超导, 对不同的凝聚算符维度有 $\omega_{\rm g}/T_{\rm c}\simeq 8$, 误差在 8% 以内[57], 而在 BCS 理论中, $\omega_{\rm g}/T_{\rm c}$ 的数值一般为 3.5 左右, 从全息的模型得到的结果是 BCS 理论的 2 倍多, 这显示了这一引力全息模型确实对应于一个强耦合系统. 有趣的是, 一些高温超导材料的能隙非常接近于这一全息模型给出的值[58].

6.3.3 磁场效应

超导体的另一重要特性是超导体的抗磁性. 我们知道当外磁场增加到一定强度会使材料从超导态回到正常态, 根据转变的方式, 超导体分为第一类超导体和第

二类超导体. 对前一种, 当达到临界磁场 $B_{\rm c}$, 通过一个一阶相变磁场均匀进入材料, 从而破坏了超导电性. 后一种情况复杂一些, 存在一个下临界磁场 $B_{\rm c1}$ 和上临界磁场 $B_{\rm c2}$. 当磁场强度 $B = B_{\rm c1}$ 时, 外磁场开始进入超导体并形成格点结构, 随着磁场增加, 格点变得越来越密集, 最终在 $B = B_{\rm c2}$ 时通过一个二阶相变回到正常态①. 全息超导模型在磁场下的行为已经被研究得比较透彻[60−66], 结果表明全息模型描述的是第二类超导体.

1. (T, B) 相图

为了讨论的方便, 对 (3.2) 式中的度规做一个坐标变换②, 得到新坐标系下的度规

$$\mathrm{d}s^2 = \frac{L^2\alpha^2}{u^2}(-h(u)\mathrm{d}t^2 + \mathrm{d}x^2 + \mathrm{d}y^2) + \frac{L^2\mathrm{d}u^2}{u^2h(u)}, \tag{3.15}$$

其中 $h(u) = 1 - u^3, \alpha(T) = 4\pi T/3 = r_{\rm h}/L^2$. 在这个坐标系下, 径向坐标 u 是一个无量纲的数, 视界的位置在 $u = 1$, 而共形边界在 $u = 0$ 处. 这个时候我们考虑一个有确定化学势 μ 和外磁场 B 的边界系统. 在全息框架下, 它们由引力理论中的场在边界处的值给出, 即 $\mu = A_t(x, y, u = 0), B = F_{xy}(x, y, u = 0)$. 在保持系统温度 T 和化学势 μ 不变的情况下来调节磁场 B 的大小, 我们将会发现, 复标量场 Ψ 会在磁场低于某一临界磁场 $B = B_{\rm c2}$ 的时候发生凝聚.

定义一个偏离参数 $\epsilon = (B_{\rm c2} - B)/B_{\rm c2}$, 表示对临界磁场 $B_{\rm c2}$ 的微小偏离. 我们按照 ϵ 的幂次把复标量场 Ψ 和规范场 A_μ 展开, 即

$$\Psi(\vec{x}, u) = \epsilon^{1/2}\psi_1(\vec{x}, u) + \epsilon^{3/2}\psi_2(\vec{x}, u) + \cdots, \tag{3.16}$$

$$A_\mu(\vec{x}, u) = A_\mu^{(0)}(\vec{x}, u) + \epsilon A_\mu^{(1)}(\vec{x}, u) + \cdots, \tag{3.17}$$

其中 $\vec{x} = (x, y)$. 考虑到系统是在临界磁场附近, ϵ 零阶的解给出了临界磁场 $B_{\rm c2}$ 和化学势 μ

$$A_t^{(0)} = \mu(1 - u), \quad A_x^{(0)} = 0, \quad A_y^{(0)} = B_{\rm c2}x. \tag{3.18}$$

把零阶的解代入运动方程, 并考虑 $\psi_1(\vec{x}, u) = \mathrm{e}^{\mathrm{i}py}\varphi(x, u; p)/L$, 其中 p 是一个常数, 我们可以得到 $\varphi(x, u; p)$ 满足的方程

$$\begin{aligned}&\left[u^2\frac{\partial}{\partial u}\left(\frac{h(u)}{u^2}\frac{\partial}{\partial u}\right) + \frac{\left(A_t^{(0)}(u)\right)^2}{\alpha^2h(u)} - \frac{m^2L^2}{u^2}\right]\varphi(x, u; p)\\ &= \frac{1}{\alpha^2}\left[-\frac{\partial^2}{\partial x^2} + (p - B_{\rm c2}x)^2\right]\varphi(x, u; p).\end{aligned} \tag{3.19}$$

可以看到方程左边只是对 u 的导数, 而右边只含有对 x 的导数, 因此可以对 $\varphi(x, u; p)$ 进一步分离变量 $\varphi_n(x, u; p)=\rho_n(u)\gamma_n(x; p)/L$. 代入方程 (3.19) 可以得到

① 关于第二类超导体在磁场下的行为, 一个比较好的综述文献是 [59].

② 具体变换形式是 $r \to r_{\rm h}/u, (x, y) \to (x, y)/L$, 时间坐标保持不变.

$$\left(-\frac{\partial^2}{\partial X^2}+\frac{X^2}{4}\right)\gamma_n(x;p)=\frac{\lambda_n}{2}\gamma_n(x;p), \tag{3.20}$$

$$h\rho_n''(u)-\left(\frac{2h}{u}+3u^2\right)\rho_n'(u)$$
$$=\left(\frac{m^2L^2}{u^2}-\frac{9\mu^2(1-u)^2}{16\pi^2T^2h}+\frac{9B_{c2}\lambda_n}{16\pi^2T^2}\right)\rho_n, \tag{3.21}$$

其中 λ_n 是变量分离常数, $X=\sqrt{2B_{c2}}(x-p/B_{c2})$. 可以看到方程 (3.20) 就是一维简谐振子的本征方程, 其解可以用 Hermite 函数 H_n 表示, 即

$$\gamma_n(x;p)=\mathrm{e}^{-X^2/4}H_n(X).$$

相应的本征值 $\lambda_n=2n+1$, n 取一系列的非负整数①.

现在我们来研究相图, 即超导的相变温度如何随着磁场变化. 方程 (3.21) 由两个参数决定: T/μ 和 B_{c2}/μ^2, 因为我们要求标量场在边界处给出的源项是零, 则只有 T/μ 和 B_{c2}/μ^2 满足特定的关系才能使得标量场有一个非平凡的解. 这个非平凡解的出现就预示着从正常态到超导态相变的发生. 从方程 (3.21) 的右边可以看到, 磁场的出现对标量场的质量贡献了一个正的修正项, 因此对于给定的 T/μ, 磁场越大, 标量场越难发生凝聚, B_{c2} 给出了超导相变的上临界磁场.

在图 6–3 中我们给出了超导转变温度和临界磁场的相图. 可以很清楚地看到,

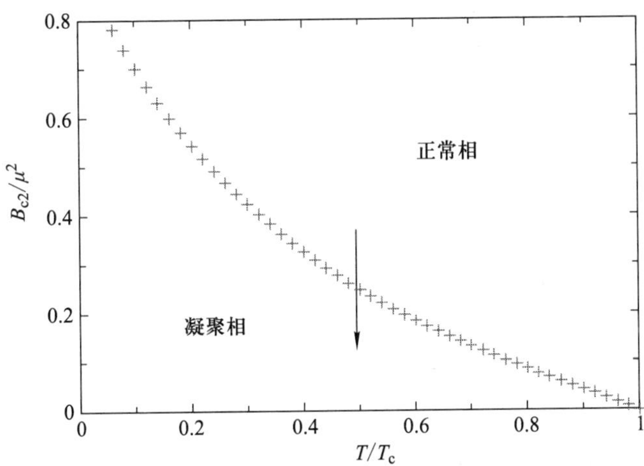

图 6–3 超导相变温度随磁场的变化图

T_c 是没有外磁场时的临界温度. 这里取 $m^2=-2$, $L=1$ 和 $q=1$

① 这非常类似于我们熟知的 Landau 能级结构. 这些解就是文献 [61] 得到的所谓 “液滴” (droplet) 解, 这些解会随着距离 $|x|$ 的增加而快速地衰减. 下面我们只考虑本征值最低的解, 即取 $n=0$, 因为这个解是最稳定的.

B_{c2} 随着温度的增加而减小, 并最终在 $T = T_c$ 处变为零, T_c 就是我们前面得到的在没有外磁场的时候超导相变的温度.

2. 三角格点

在第二类超导体中, 磁场会形成周期性的 Abrikosov 格点结构. 现在我们在前面解的基础上来构造格点解. 仔细观察方程 (3.20) 和 (3.21) 式, 可以发现本征值 λ_n 不依赖于 p 的具体取值. 因此, 在 $\epsilon^{1/2}$ 阶, 不同 p 的解 $\mathrm{e}^{\mathrm{i}py}\rho_n(u)\gamma_n(x;p)$ 的线性叠加仍然满足运动方程. 这样, 考虑如下的线性组合[65]:

$$\psi_1(x,y,u) = \frac{\rho_0(u)}{L}\sum_{l=-\infty}^{\infty} c_l\,\mathrm{e}^{\mathrm{i}p_l y}\gamma_0(x;p_l), \quad c_l = \mathrm{e}^{-\mathrm{i}\frac{\pi a_2}{a_1^2}l^2}, \quad p_l = \frac{2\pi\sqrt{|qB|}l}{a_1},$$
$$\gamma_0(x;p) = \mathrm{e}^{-X^2/4} = \exp\left[-\frac{1}{2}\left(\frac{x}{\sqrt{B_{c2}}} - p\sqrt{B_{c2}}\right)^2\right], \tag{3.22}$$

这里面 a_1 和 a_2 是两个任意的参数, $\gamma_0(x;p)$ 是方程 (3.20) 的最低本征值解.

这种组合得到的解 $\psi_1(x,y,u)$ 具有如下的性质:

$$\psi_1(x,y,u) = \psi_1\left(x, y + \frac{a_1}{\sqrt{B_{c2}}}, u\right), \tag{3.23}$$

$$\psi_1\left(x + \frac{2\pi}{a_1\sqrt{B_{c2}}}, y + \frac{a_2}{a_1\sqrt{B_{c2}}}, u\right) = \exp\left[\frac{2\pi\mathrm{i}}{a_1}\left(\sqrt{B_{c2}}y + \frac{a_2}{2a_1}\right)\right]\psi_1(x,y,u), \tag{3.24}$$

同时它还有如下的零点:

$$\boldsymbol{x}_{m,n} = \left(m + \frac{1}{2}\right)\boldsymbol{b}_1 + \left(n + \frac{1}{2}\right)\boldsymbol{b}_2, \tag{3.25}$$

两个矢量 $\boldsymbol{b}_1 = \frac{a_1}{\sqrt{B_{c2}}}\partial_y$, $\boldsymbol{b}_2 = \frac{2\pi}{a_1\sqrt{B_{c2}}}\partial_x + \frac{a_2}{a_1\sqrt{B_{c2}}}\partial_y$, m 和 n 是两个整数.

根据全息字典, 对偶于 $\varPsi$ 的算符的期望值由 $\varPsi$ 在共形边界处的值给出, 所以 $\langle\mathcal{O}\rangle$ 具有 (3.23) 式的周期性, 同时在 $\boldsymbol{x}_{m,n}$ 处具有零点, 这正是我们希望得到的格点解. 格点的具体结构依赖于参数 a_1 和 a_2 的取值. 如果我们取

$$a_1 = \frac{2\sqrt{\pi}}{\sqrt[4]{3}}, \quad a_2 = \frac{2\pi}{\sqrt{3}}, \tag{3.26}$$

就得到了三角格点, 这正是 Landau-Ginzburg 理论所预言的结构[67]. 对于三角格点, 我们在图 6–4 中画出了凝聚的模在 (x,y) 平面的构型. 我们需要强调一点, 超导的基态是由自由能最低的格点解给出的. 对于通过线性组合得到的格点解, 我们必须找到那组合适的参数 a_1 和 a_2, 使得由它们给出的解是最稳定的. 事实上, 文献

[65] 分析了自由能随这两个参数的行为, 发现在长波极限下, 自由能的最低点恰好对应着三角格点结构.

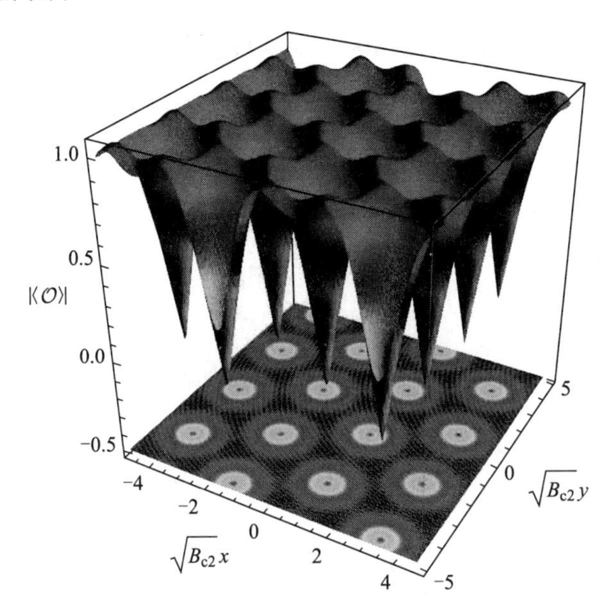

图 6–4 凝聚的模在 $(\boldsymbol{x}, \boldsymbol{y})$ 平面所形成的三角格点结构

底平面是其投影. 因为我们是通过线性叠加构造的格点解, 凝聚模的绝对大小没有意义, 重要的是其随空间的相对变化, 图中凝聚模的最大值的取值是为了画图方便

上面的分析告诉我们, 在临界磁场 B_{c2} 处, 全息超导模型给出的相变伴随着格点结构的形成. 在临界点附近凝聚的值非常小, 因此我们可以只考虑线性化的运动方程. 一个非常有意思的问题就是能否得到远离临界磁场时候的格点解. 当然第一步就是构造单个格点的解, 这个时候我们就需要去求解偏微分方程组. 在探子极限下, 这样的解已经被构造出来[64]. 由于在边界系统中, Maxwell 场没有动力学, 文章 [64] 考虑的是在有限空间里面的一个均匀磁场, 穿过这个有限空间的磁通量是 $2\pi n$, 这正是超导体磁通量子化所要求的.

3. 特征长度

超导中一个非常重要的特征长度就是相干长度 ξ, 它是描述超导序参量在空间变化的特征尺度, 实际上就是序参量的关联长度. 在傅里叶空间, ξ 出现在序参量两点关联函数极点的位置

$$\langle\mathcal{O}(\vec{k})\mathcal{O}(-\vec{k})\rangle \simeq \frac{1}{|\vec{k}|^2 + 1/\xi^2}. \tag{3.27}$$

对于这个全息超导模型, 可以比较简单地计算出两点关联函数, 结果显示超导相干

长度在临界点附近[52]

$$\xi T_c \propto (1 - T/T_c)^{-1/2}.$$

前面电导率的计算告诉我们, 从全息对偶出发可以得到 J_x 的推迟格林函数

$$G^R_{J_xJ_x}(\omega, k) = \frac{A_x^{(1)}(\omega, k)}{A_x^{(0)}(\omega, k)}. \tag{3.28}$$

在长波低频情况下, 可以定义两个关联长度 ξ_ω 和 ξ_k

$$\mathrm{Re}(G^R_{J_xJ_x})(\omega, k) = n_s(1 - \xi_\omega^2\omega^2 + \xi_k^2k^2 + \cdots), \tag{3.29}$$

结果显示[57]

$$\xi_k T_c \simeq 0.1(1 - T/T_c)^{-1/2}.$$

得到与相干长度 ξ 相同的发散行为, 这些发散行为与 Landau-Ginzburg 理论的结果是一致的.

6.4 进一步发展

前面的讨论都基于一个简单的全息超导模型 (3.1), 同时还忽略了物质场对引力背景的反作用. 即使在如此简化的情况下, 我们仍可以看到这个全息模型给出了与超导一致的很多性质, 比如直流电阻为零, 光学电导率存在能隙, 相变温度随外磁场减小, 以及形成格点结构等①. 这表明这个全息超导模型虽然简单, 但是确实抓住了超导的一些本质特征.

超导作为一种宏观量子现象, 可以由一个宏观波函数描述. 在 BCS 图像中, 这个宏观波函数起源于两电子束缚态 Cooper 对的形成. 根据配对电子轨道角动量 l 的取值, 可以分为 s 波 ($l = 0$), p 波 ($l = 1$), d 波 ($l = 2$), f 波 ($l = 3$) 等, s 和 d 波超导体中电子是自旋单态配对, 而 p 和 f 波超导体中是自旋三重态配对. 上面详细介绍的全息模型中引入了一个标量场作为序参量, 描述的是 s 波超导. 原则上, 我们可以构造其他类型的全息超导模型. p 波超导需要引入一个矢量作为序参量[72], 最早的全息 p 波模型是在引力理论中引进一个 SU(2) 规范场, 其中一个生成元分量耦合到边界的一个矢量算符[73,74]. 还有一种构造方式是直接在引力理论中引入一个复矢量场和 U(1) 规范场耦合[75,76]. 全息 d 波超导的构造是在引力理论中加入一个对称无迹的二阶张量场[77,78].

本章介绍的在 AdS-Schwarzschild 黑洞背景中全息 s 波模型考虑的是从导体到超导体的相变. 我们可以考虑其他的引力背景, 用以描述其他情况下的超导相变. 比

① 由于篇幅限制, 我们无法给出更多的计算细节, 感兴趣的读者可以参考综述文献 [68–71].

如, 我们可以利用 AdS 孤子背景[79], 其几何看起来像一个雪茄, 有一个空间维是紧致的, 因此该背景的能量比通常的 AdS 时空要低, 存在着一个能隙. 这个带有能隙的特征与凝聚态里面的绝缘体是类似的, 所以可以被用来构造全息绝缘体/超导相变[80]. 文章 [80] 的结果显示, 当化学势大于某一临界值, 带电标量场出现凝聚. 通过电导率的计算可以发现正常态的直流电导率为零, 而凝聚相的直流电导发散, 符合从绝缘体到超导体相变的图像. 考虑到实际超导材料是非相对论性的, 时间和空间并不平权, 我们还可以推广到非相对论的情况, 比如考虑 Lifshitz 背景下的全息模型[81–84].

实际的材料由于晶格的存在破坏了空间的平移对称性, 晶格的存在及其结构对材料的性质有个非常重要的影响. 在 BCS 理论中, 恰好就是由于晶格的振动才使得电子配对. 本章主要考虑的是平移不变的情况, 没有体现出晶格的影响, 因此和实际的高温超导材料相比还太过理想化. 已经有一些工作尝试在全息模型里面引入 (或模拟) 格点的效果[85–87]. 一个有意思的结果是发现光学电导率在某一频率区间表现出幂次率, 这跟一些实际的高温超导材料的观测是相符的.

真实的高温超导材料里面存在很多序参量, 比如超导凝聚、条纹相、电荷密度波、自旋密度波以及反铁磁序等, 这些序参量之间还会存在复杂的竞争和共存关系[77,89]. 研究这些序参量之间的相互作用对理解高温超导的机理有很重要的作用. 文献 [90, 91] 研究了两个 s 波序参量的模型, 文献 [92, 93] 讨论了两个 p 波序参量的情况, 而文献 [94, 95] 分析了一个 s 波和一个 p 波序参量的情况, 对于超导序参量和其他序参量关系的研究可以参见文献 [96–98].

其他进展还包括研究全息超导里面的费米子的响应[99–102], 分析超导相变前后全息纠缠熵的行为[103–106], 全息 Little-Park 效应[107], 构造全息约瑟夫森结[108–111], 以及研究全息超导的动力学演化过程[112–116], 等等. 我们在此就不在赘述, 大家可以参考罗列的相应文献.

6.5　总结和展望

对于一个强相互作用的系统, 准粒子的概念和微扰论方法通常是不适用的, 而全息对偶为理解现实的强关联系统提供了一条崭新的途径, 我们得以把一个强相互作用的问题映射到经典的引力理论. 虽然具有全息对应的每个 “边界” 系统有其独特的性质, 但也应该很自然地期望它们展现出强耦合系统的一些普适性质. 事实也确实如此, 比如, 全息对偶暗示我们, 强耦合流体系统的剪切黏滞系数 η 与熵密度 s 的比值 η/s 是非常小的[117,118]. 站在实用的角度, 我们可以把全息对偶看成是一个机器, 而对应字典就是操作手册, 当我们需要计算强耦合系统的某一物理量时, 就根据字典在对偶的引力系统中做相应操作, 最后输出结果.

我们看到全息超导模型给出了超导的很多基本特征, 这里我们有几点需要强调一下. 全息 s 波模型 (3.1) 是在弯曲背景下引入了一个 U(1) 规范场和与之最小耦合的复标量场, 这跟 Landau-Ginzburg 理论是很类似的, 但是它们有两个重要的不同. 首先, Landau-Ginzburg 理论在低温下的不稳定性是人为要求的 (见 (2.1) 式右边第一项), 而在全息模型里面, 不稳定性是自然演化出来的; 其次, Landau-Ginzburg 理论只在相变点附近才是成立的, 而全息模型适用于整个相变过程. 最近, 文章 [19] 尝试在全息超导模型的临界点处推导出 Landau-Ginzburg 理论.

我们知道 Coleman-Mermin-Wagner-Hohenberg 定理[20] 不允许在 2+1 维的有限温度系统里面存在连续对称性的自发破缺, 但是我们确实从全息的方法实现了 2+1 维场论的 U(1) 对称性的自发破缺, 全息的结果看起来与上述定理是矛盾的, 这是否说明全息对偶是错误的呢? 上面这个定理的物理图像是系统出现的序参量会被其本身的热涨落所破坏. 注意到我们是在经典引力情况下构建的全息模型, 而这只有在大 N 极限下才成立, 正是这个大 N 极限压低了热力学扰动, 从而使得破坏 U(1) 对称性的凝聚得以产生, 绕开了 Coleman-Mermin-Wagner-Hohenberg 定理的限制[21].

本章中一直强调说全息超导模型描述的是超导现象, 但是我们可以看到在作用量中并没有任何费米子自由度. 事实上, 我们考虑的相当于由多费米子束缚态所形成的一个玻色凝聚, 我们是在这个有效的玻色自由度的观点讨论问题. 当然, 在这个全息模型 (3.1) 式中, 凝聚是由一个复标量场 Ψ 表征的, 它的电荷联系着组成它的微观费米自由度的电荷. 因为凝聚是标量, 说明它对应的束缚电子态是一个无自旋的态. 从 BCS 理论的角度来看, 是电子配对成一个自旋单态, 正文中在分析一些计算结果时, 实际上也采用了这个图像. 但是必须强调的是, 以上的图像在强耦合情况下不一定适用, 在相互作用很强的系统中谈论单个电子或电子对可能是不合理的. 之所以使用了弱耦合的语言, 是为了给出一个物理上容易理解的图像. 必须注意, 这里讨论的是完全不同于弱相互作用的情况, 我们需要一个开放的思想.

作为本章的结尾, 我们对全息超导模型做一个简单展望. 首先, 超导现象实际伴随的是 U(1) 规范对称性的自发破缺, 而现有的全息模型实现的是整体对称性的破缺, 如何去构建真正的全息超导①? 其次, 正文中也提到, 实际的高温超导包含很多不同的相, 能否从全息对偶的角度去实现这些相, 去构造出高温超导的完整相图, 去分析赝能隙态, 以及最终理解高温超导的配对机制②. 最后, 全息模型能否对高温超导给出一些实验可以验证的预言. 这一方面可以帮助我们理解真实的高温超导现象; 另一方面也可以作为全息对偶的一个实验证明. 总的来说, 不管是全息对偶

① 一些初步的尝试可以参见文献 [122–124].

② 当然, 这里面有一个微妙的问题, 就是在强相互作用的情况下 “配对机制” 还是否是一个正确的概念.

本身, 还是其在各个领域, 尤其是在凝聚态中的应用, 都处于发展阶段. 这是一个全新的领域, 有着大量的问题需要去研究、有着广阔的空间去拓展. 正如 Horowitz 和 Polchinski 在文章 [125] 中所说的: “We find it difficult to believe that nature does not make use of it, but the precise way in which it does so remains to be discovered.”①我们期待着新的进展出现!

参考文献

[1] G. 't Hooft, Dimensional reduction in quantum gravity,gr-qc/9310026. L. Susskind, The World as a hologram, J. Math. Phys. **36** (1995) 6377 [hep-th/9409089].

[2] J. M. Maldacena, The large N limit of superconformal field theories and supergravity,Adv. Theor. Math. Phys. **2** (1998)231 [Int. J. Theor. Phys. **38** (1999) 1113], arXiv: hep-th/9711200.

[3] E. Witten, Anti-de Sitter space and holography, Adv. Theor. Math. Phys. **2** (1998) 253, arXiv: hep-th/9802150.

[4] S. S. Gubser, I. R. Klebanov, and A. M. Polyakov, Gauge theory correlators from non-critical string theory, Phys. Lett. **B428** (1998) 105, arXiv: hep-th/9802109.

[5] L. Susskind and E. Witten, The holographic bound in anti-de Sitter space, arXiv: hep-th/9805114.

[6] M. Henningson and K. Skenderis, The holographic Weyl anomaly, JHEP **9807** (1998) 023, arXiv: hep-th/9806087;
M. Henningson and K. Skenderis, Holography and the Weyl anomaly, Fortsch. Phys. **48** (2000) 125, arXiv: hep-th/9812032.

[7] S. de Haro, S. N. Solodukhin, and K. Skenderis, Holographic reconstruction of spacetime and renormalization in the AdS/CFT correspondence, Commun. Math. Phys. **217** (2001) 595, arXiv: hep-th/0002230.

[8] M. Bianchi, D. Z. Freedman, and K. Skenderis, How to go with an RG flow, JHEP **0108** (2001) 041, arXiv: hep-th/0105276.

[9] M. Bianchi, D. Z. Freedman, and K. Skenderis,Holographic renormalization, Nucl. Phys. **B631** (2002) 159, arXiv: hep-th/0112119.

[10] J. McGreevy, Holographic duality with a view toward many-body physics, Adv. High Energy Phys. **2010** (2010) 723105, arXiv: 0909. 0518 [hep-th].

[11] A. Adams, L. D. Carr, T. Sch?fer, P. Steinberg, and J. E. Thomas, Strongly Correlated Quantum Fluids: Ultracold Quantum Gases, Quantum Chromodynamic Plas-

① “我们很难相信大自然不会使用它, 但使用它的确切方式还有待发现.”

mas, and Holographic Duality,New J. Phys. **14** (2012)115009, arXiv: 1205. 5180 [hep-th].

[12] Q. Si, S. Rabello, K. Ingersent, and J. L. Smith, Locally critical quantum phase transitions in strongly correlated metals, Nature **413** (2001) 804.

[13] P. Gegenwart, Q. Si, and F. Steglich, Quantum criticality in heavy-fermion metals, Nature Physics **4** (2008) 186.

[14] D. M. Broun, What lies beneath the dome?, Nature Physics **4** (2008) 170.

[15] C. P. Herzog, P. Kovtun, S. Sachdev, and D. T. Son, Quantum critical transport, duality, and M-theory, Phys. Rev. **D75** (2007) 085020 [hep-th/0701036].

[16] S. A. Hartnoll and C. P. Herzog, Ohm's Law at strong coupling: S duality and the cyclotron resonance, Phys. Rev. **D76** (2007) 106012, arXiv: 0706. 3228 [hep-th].

[17] S. A. Hartnoll, P. K.Kovtun, M. Müller, and S. Sachdev, Theory of the Nernst effect near quantum phase transitions in condensed matter and in dyonic black holes, Phys. Rev. **B76** (2007) 144502, arXiv: 0706. 3228 [cond-mat. str-el].

[18] J. Polchinski and M. J. Strassler, Hard scattering and gauge / string duality, Phys. Rev. Lett. **88** (2002) 031601 [hep-th/0109174].

[19] H. Boschi Filho and N. R. F. Braga, QCD / string holographic mapping and glueball mass spectrum,Eur. Phys. J. **C32** (2004)529 [hep-th/0209080].

[20] J. Erlich, E. Katz, D. T. Son, and M. A. Stephanov, QCD and a holographic model of hadrons, Phys. Rev. Lett. **95** (2005) 261602 [hep-ph/0501128].

[21] G. F. de Teramond and S. J. Brodsky, Hadronic spectrum of a holographic dual of QCD, Phys. Rev. Lett. **94** (2005) 201601 [hep-th/0501022].

[22] J. Babington, J. Erdmenger, N. J. Evans, Z. Guralnik, and I. Kirsch, Chiral symmetry breaking and pions in nonsupersymmetric gauge/ gravity duals, Phys. Rev. **D69** (2004) 066007 [hep-th/0306018].

[23] M. Kruczenski, D. Mateos, R. C. Myers, and D. J. Winters, Towards a holographic dual of large N(c) QCD, JHEP **0405** (2004) 041 [hep-th/0311270].

[24] S. S. Gubser, Drag force in AdS/CFT,Phys. Rev. **D74** (2006) 126005 [hep-th/0605182].

[25] E. Shuryak, S. J. Sin, and I. Zahed, A Gravity dual of RHIC collisions, J. Korean Phys. Soc. **50** (2007) 384 [hep-th/0511199].

[26] N. Evans, A. Gebauer, M. Magou, and K. Y. Kim, Towards a Holographic Model of the QCD Phase Diagram, J. Phys. **G39** (2012) 054005, arXiv: 1109. 2633 [hep-th].

[27] C. P. Herzog, A Holographic Prediction of the Deconfinement Temperature, Phys. Rev. Lett. **98** (2007) 091601 [hep-th/0608151].

[28] P. Colangelo, F. Giannuzzi, and S. Nicotri, Holography, Heavy-Quark Free Energy, and the QCD Phase Diagram, Phys. Rev. **D83** (2011) 035015, arXiv: 1008. 3116

[hep-ph].

[29] H. Y. Chen, K. Hashimoto, and S. Matsuura, Towards a Holographic Model of Color-Flavor Locking Phase, JHEP **1002** (2010) 104, arXiv: 0909. 1296 [hep-th].

[30] Y. Nishida and D. T. Son, Nonrelativistic conformal field theories, Phys. Rev. **D76** (2007) 086004, arXiv: 0706. 3746 [hep-th].

[31] D. T. Son, Toward an AdS/cold atoms correspondence: A Geometric realization of the Schrodinger symmetry, Phys. Rev. **D78** (2008) 046003, arXiv: 0804. 3972 [hep-th].

[32] K. Balasubramanian and J. McGreevy, Gravity duals for non-relativistic CFTs, Phys. Rev. Lett. **101** (2008) 061601, arXiv: 0804. 4053 [hep-th].

[33] S. Kachru, X. Liu, and M. Mulligan, Gravity Duals of Lifshitz-like Fixed Points, Phys. Rev. **D78** (2008) 106005, arXiv: 0808. 1725 [hep-th].

[34] S. S. Pal, Anisotropic gravity solutions in AdS/CMT, arXiv: 0901. 0599 [hep-th].

[35] S. S. Lee, A Non-Fermi Liquid from a Charged Black Hole: A Critical Fermi Ball, Phys. Rev. **D79** (2009)086006, arXiv: 0809. 3402 [hep-th].

[36] H. Liu, J. McGreevy, and D. Vegh, Non-Fermi liquids from holography, Phys. Rev. **D83** (2011) 065029, arXiv: 0903. 2477 [hep-th].

[37] T. Faulkner, H. Liu, J. McGreevy, and D. Vegh, Emergent quantum criticality, Fermi surfaces, and AdS(2), Phys. Rev. **D83** (2011)125002, arXiv: 0907. 2694 [hep-th].

[38] S. A. Hartnoll, J. Polchinski, E. Silverstein, and D. Tong, Towards strange metallic holography, JHEP **1004** (2010) 120, arXiv: 0912. 1061 [hep-th].

[39] S. Bhattacharyya, V. EHubeny, S. Minwalla, and M. Rangamani, Nonlinear Fluid Dynamics from Gravity, JHEP **0802** (2008) 045, arXiv: 0712. 2456 [hep-th].

[40] M. Rangamani, Gravity and Hydrodynamics: Lectures on the fluid-gravity correspondence,Class. Quant. Grav. **26** (2009) 224003, arXiv: 0905. 4352 [hep-th].

[41] I. Bredberg, C. Keeler, V. Lysov, and A. Strominger, From Navier-Stokes To Einstein, JHEP **1207** (2012) 146, arXiv: 1101. 2451 [hep-th].

[42] S. Ryu and T. Takayanagi, Holographic derivation of entanglement entropy from AdS/CFT, Phys. Rev. Lett. **96** (2006) 181602 [hep-th/0603001].

[43] S. Ryu and T. Takayanagi, Aspects of Holographic Entanglement Entropy, JHEP **0608** (2006) 045 [hep-th/0605073].

[44] V. E. Hubeny, M. Rangamani, and T. Takayanagi, A Covariant holographic entanglement entropy proposal, JHEP **0707** (2007) 062, arXiv: 0705. 0016 [hep-th].

[45] M. Guica, T. Hartman, W. Song, and A. Strominger, The Kerr/CFT Correspondence, Phys. Rev. **D80** (2009) 124008, arXiv: 0809. 4266 [hep-th].

[46] D. D. K. Chow, M. Cvetic, H. Lu, and C. N. Pope, Extremal Black Hole/CFT Correspondence in (Gauged) Supergravities, Phys. Rev. **D79** (2009) 084018, arXiv:

0812. 2918 [hep-th].

[47] V. L. Ginzburg and L. D. Landau, On the Theory of superconductivity, Zh. Eksp. Teor. Fiz. **20** (1950) 1064.

[48] J. Bardeen, L. N. Cooper, and J. R. Schrieffer, Theory Of Superconductivity, Phys. Rev. **108** (1957) 1175.

[49] J. G. Bednorz and K. A. Muller, Possible high T_c superconductivity in the Ba-La-Cu-O system, Z. Phys. **B64** (1986) 189.

[50] Y. Kamihara,T. Watanabe, M. Hirano, and H. Hosono, Iron-Based Layered Superconductor La[O1-xFx]FeAs (x = 0.05-0.12) with Tc=26 K, J. Am. Chem. Soc. **130** (2008) 3296.

[51] S. Weinberg, Superconductivity for Particular Theorists, Progress of Theoretical Physics Supplement, **86** (1986) 43.

[52] S. S. Gubser, Breaking an Abelian gauge symmetry near a black hole horizon, Phys. Rev. **D78** (2008)065034, arXiv: 0801. 2977 [hep-th].

[53] S. A. Hartnoll, C. P. Herzog, and G. T. Horowitz, Building a Holographic Superconductor, Phys. Rev. Lett. **101** (2008) 031601, arXiv: 0803. 3295 [hep-th].

[54] S. A. Hartnoll, C. P. Herzog and G. T. Horowitz, Holographic Superconductors, JHEP **0812** (2008) 015, arXiv: 0810. 1563 [hep-th].

[55] I. R. Klebanov and E. Witten, AdS / CFT correspondence and symmetry breaking, Nucl. Phys. **B556** (1999) 89 [hep-th/9905104].

[56] D. T. Son and A. O. Starinets, Minkowski space correlators in AdS / CFT correspondence: Recipe and applications, JHEP **0209** (2002) 042 [hep-th/0205051].

[57] G. T. Horowitz and M. M. Roberts, Holographic Superconductors with Various Condensates, Phys. Rev. **D78** (2008) 126008, arXiv: 0810. 1077 [hep-th].

[58] K. K. Gomes, A. N. Pasupathy, A. Pushp, S. Ono, Y. Ando, and A. Yazdani, Visualizing pair formation on the atomic scale in the high-Tc superconductor $Bi_2Sr_2CaCu_2-O_{8+\delta}$, Nature **447** (2007) 569.

[59] Baruch Rosenstein and Dingping Li, Ginzburg-Landau theory of type Ⅱ superconductors in magnetic field, Nature **82** (2010) 109.

[60] E. Nakano and W. Y. Wen, Critical magnetic field in a holographic superconductor, Phys. Rev. **D78** (2008)046004, arXiv: 0804. 3180 [hep-th].

[61] T. Albash and C. V. Johnson, A Holographic Superconductor in an External Magnetic Field, JHEP **0809** (2008)121,arXiv: 0804. 3466 [hep-th].

[62] K. Maeda and T. Okamura, Characteristic length of an AdS/CFT superconductor, Phys. Rev. **D78** (2008)106006, arXiv: 0809. 3079 [hep-th].

[63] T. Albash and C. V. Johnson, Vortex and Droplet Engineering in Holographic Superconductors, Phys. Rev. **D80** (2009) 126009, arXiv: 0906. 1795 [hep-th].

[64] M. Montull, A. Pomarol and P. J. Silva, The Holographic Superconductor Vortex, Phys. Rev. Lett. **103** (2009) 091601, arXiv: 0906. 2396 [hep-th].

[65] K. Maeda, M. Natsuume, and T. Okamura, Vortex lattice for a holographic superconductor, Phys. Rev. **D81** (2010) 026002, arXiv: 0910. 4475 [hep-th].

[66] K. Maeda and T. Okamura, Vortex flow for a holographic superconductor, Phys. Rev. **D83** (2011) 066004, arXiv: 1012. 0202 [hep-th].

[67] R. D. Parks, Superconductivity, Marcel Dekker Inc., New York, 1969;
A. A. Abrikosov, Fundamentals of the Theory of Metals, North-Holland, New York (1988);
M. Tinkham, Introduction to Superconductivity, McGraw-Hill Inc., New York (1996).

[68] S. A. Hartnoll, Lectures on holographic methods for condensed matter physics, Class. Quant. Grav. **26** (2009) 224002, arXiv: 0903. 3246 [hep-th].

[69] C. P. Herzog, Lectures on Holographic Superfluidity and Superconductivity, J. Phys. **A42** (2009) 343001, arXiv: 0904. 1975 [hep-th].

[70] G. T. Horowitz, Introduction to Holographic Superconductors, Lect. Notes Phys. **828** (2011) 313, arXiv: 1002. 1722 [hep-th].

[71] D. Musso, Introductory notes on holographic superconductors, arXiv: 1401. 1504 [hep-th].

[72] P. Olesen, Anti-screening ferromagnetic superconductivity, arXiv: 1311. 4519 [hep-th].

[73] S. S. Gubser and S. S. Pufu, The Gravity dual of a p-wave superconductor, JHEP **0811** (2008) 033, arXiv: 0805. 2960 [hep-th].

[74] M. Ammon, J. Erdmenger, V. Grass, P. Kerner, and A. O'Bannon, On Holographic p-wave Superfluids with Back-reaction, Phys. Lett. **B686** (2010) 192, arXiv: 0912. 3515 [hep-th].

[75] R. G. Cai, S. He, L. Li, and L. F. Li, A Holographic Study on Vector Condensate Induced by a Magnetic Field, JHEP **1312** (2013) 036, arXiv: 1309. 2098 [hep-th].

[76] R. G. Cai, L. Li, and L. F. Li, A Holographic P-wave Superconductor Model, JHEP **1401** (2014) 032, arXiv: 1309. 4877 [hep-th].

[77] J. W. Chen, Y. J. Kao, D. Maity, W. Y. Wen, and C. P. Yeh, Towards A Holographic Model of D-Wave Superconductors, Phys. Rev. **D81** (2010) 106008, arXiv: 1003. 2991 [hep-th].

[78] F. Benini, C. P. Herzog, R. Rahman, and A. Yarom, Gauge gravity duality for d-wave superconductors: prospects and challenges, JHEP **1011** (2010) 137, arXiv: 1007. 1981 [hep-th].

[79] G. T. Horowitz and R. C. Myers, The AdS / CFT correspondence and a new positive energy conjecture for general relativity, Phys. Rev. **D59** (1998) 026005 [hep-th/9808079].

[80] T. Nishioka, S. Ryu, and T. Takayanagi, Holographic Superconductor/Insulator Transition at Zero Temperature, JHEP **1003** (2010) 131, arXiv: 0911. 0962 [hep-th].

[81] E. J. Brynjolfsson, U. H. Danielsson, L. Thorlacius, and T. Zingg, Holographic Superconductors with Lifshitz Scaling, J. Phys. **A43** (2010) 065401, arXiv: 0908. 2611 [hep-th].

[82] R. G. Cai and H. Q. Zhang, Holographic Superconductors with Horava-Lifshitz Black Holes, Phys. Rev. **D81** (2010) 066003, arXiv: 0911. 4867 [hep-th].

[83] S. J. Sin, S. S. Xu, and Y. Zhou, Holographic Superconductor for a Lifshitz fixed point, Int. J. Mod. Phys. **A26** (2011) 4617, arXiv: 0909. 4857 [hep-th]].

[84] J. W. Lu, Y. B. Wu, P. Qian, Y. Y. Zhao, and X. Zhang, Lifshitz Scaling Effects on Holographic Superconductors, arXiv: 1311. 2699 [hep-th].

[85] G. T. Horowitz, J. E. Santos, and D. Tong, Optical Conductivity with Holographic Lattices, JHEP **1207** (2012) 168, arXiv: 1204. 0519 [hep-th].

[86] G. T. Horowitz, J. E. Santos, and D. Tong, Further Evidence for Lattice-Induced Scaling, JHEP **1211** (2012) 102, arXiv: 1209. 1098 [hep-th].

[87] G. T. Horowitz and J. E. Santos, General Relativity and the Cuprates, arXiv: 1302. 6586 [hep-th].

[88] E. Berg, E. Fradkin, S. A. Kivelson, and J. M. Tranquada, Striped superconductors: how spin, charge and superconducting orders intertwine in the cuprates, New J. Phys. **11** (2009) 115004.

[89] J. Zaanen, A Modern, but way too short history of the theory of superconductivity at a high temperature, arXiv: 1012. 5461 [cond-mat. supr-con].

[90] D. Musso, Competition/Enhancement of Two Probe Order Parameters in the Unbalanced Holographic Superconductor, JHEP **1306** (2013) 083, arXiv: 1302. 7205 [hep-th].

[91] R. G. Cai, L. Li, L. F. Li and Y. Q. Wang, Competition and Coexistence of Order Parameters in Holographic Multi-Band Superconductors, JHEP **1309** (2013) 074, arXiv: 1307. 2768 [hep-th].

[92] A. Amoretti, A. Braggio, N. Maggiore, N. Magnoli, and D. Musso, Coexistence of two vector order parameters: a holographic model for ferromagnetic superconductivity, JHEP **1401** (2014) 054, arXiv: 1309. 5093 [hep-th].

[93] A. Donos, J. P. Gauntlett, and C. Pantelidou, Competing p-wave orders, Class. Quant. Grav. **31** (2014) 055007, arXiv: 1310. 5741 [hep-th].

[94] Z. Y. Nie, R. G. Cai, X. Gao, and H. Zeng, Competition between the s-wave and p-wave superconductivity phases in a holographic model, JHEP **1311** (2013) 087, arXiv: 1309. 2204 [hep-th].

[95] I. Amado, D. Arean, A. Jimenez-Alba, L. Melgar, and I. S. Landea, Holographic s+p Superconductors,Phys. Rev. **D89** (2014) 026009, arXiv: 1309. 5086 [hep-th].

[96] P. Basu, J. He, A. Mukherjee, M. Rozali, and H. H. Shieh, Competing Holographic Orders, JHEP **1010** (2010) 092, arXiv: 1007. 3480 [hep-th].

[97] A. Donos, J. P. Gauntlett, J. Sonner, and B. Withers, Competing orders in M-theory: superfluids, stripes and metamagnetism, JHEP **1303** (2013) 108, arXiv: 1212. 0871 [hep-th].

[98] Y. Liu, K. Schalm, Y. W. Sun, and J. Zaanen, Bose-Fermi competition in holographic metals, JHEP **1310** (2013) 064, arXiv: 1307. 4572 [hep-th].

[99] J. W. Chen, Y. J. Kao, and W. Y. Wen, Peak-Dip-Hump from Holographic Superconductivity, Phys. Rev. **D82** (2010) 026007, arXiv: 0911. 2821 [hep-th].

[100] T. Faulkner, G. T. Horowitz, J. McGreevy, M. M. Roberts, and D. Vegh, Photoemission "experiments" on holographic superconductors, JHEP **1003** (2010) 121, arXiv: 0911. 3402 [hep-th].

[101] S. S. Gubser, F. D. Rocha, and P. Talavera, Normalizable fermion modes in a holographic superconductor, JHEP **1010** (2010) 087, arXiv: 0911. 3632 [hep-th].

[102] F. Benini, C. P. Herzog, and A. Yarom, Holographic Fermi arcs and a d-wave gap, Phys. Lett. **B701** (2011) 626, arXiv: 1006. 0731 [hep-th].

[103] T. Albash and C. V. Johnson, Holographic Studies of Entanglement Entropy in Superconductors, JHEP **1205** (2012)079, arXiv: 1202. 2605 [hep-th].

[104] R. G. Cai, S. He, L. Li, and Y. L. Zhang, Holographic Entanglement Entropy in Insulator/Superconductor Transition, JHEP **1207** (2012) 088, arXiv: 1203. 6620 [hep-th].

[105] R. G. Cai, S. He, L. Li, and Y. L. Zhang, Holographic Entanglement Entropy on P-wave Superconductor Phase Transition, JHEP **1207** (2012)027, arXiv: 1204. 5962 [hep-th].

[106] R. G. Cai, S. He, L. Li, and L. F. Li, Entanglement Entropy and Wilson Loop in Stúckelberg Holographic Insulator/Superconductor Model, JHEP **1210** (2012) 107, arXiv: 1209. 1019 [hep-th].

[107] M. Montull, O. Pujolas, A. Salvio, and P. J. Silva, Flux Periodicities and Quantum Hair on Holographic Superconductors, Phys. Rev. Lett. **107** (2011) 181601, arXiv: 1105. 5392 [hep-th].

[108] G. T. Horowitz, J. E. Santos, and B. Way, A Holographic Josephson Junction, Phys. Rev. Lett. **106** (2011) 221601, arXiv: 1101. 3326 [hep-th].

[109] E. Kiritsis and V. Niarchos, Josephson Junctions and AdS/CFT Networks, JHEP **1107** (2011) 112 [Erratum-ibid. **1110** (2011) 095], arXiv: 1105. 6100 [hep-th].

[110] Y. Q. Wang, Y. X. Liu, R. G. Cai, S. Takeuchi, and H. Q. Zhang, Holographic SIS Josephson Junction, JHEP **1209** (2012) 058, arXiv: 1205. 4406 [hep-th].

[111] R. G. Cai, Y. Q. Wang, and H. Q. Zhang, A holographic model of SQUID, JHEP **1401** (2014) 039, arXiv: 1308. 5088 [hep-th].

[112] K. Murata, S. Kinoshita, and N. Tanahashi, Non-equilibrium Condensation Process in a Holographic Superconductor, JHEP **1007** (2010) 050, arXiv: 1005. 0633 [hep-th].

[113] M. J. Bhaseen, J. P. Gauntlett, B. D. Simons, J. Sonner, and T. Wiseman, Holographic Superfluids and the Dynamics of Symmetry Breaking, Phys. Rev. Lett. **110** (2013) 015301, arXiv: 1207. 4194 [hep-th].

[114] P. Basu, D. Das, S. R. Das, and T. Nishioka, Quantum Quench Across a Zero Temperature Holographic Superfluid Transition, JHEP **1303** (2013) 146, arXiv: 1211. 7076 [hep-th].

[115] W. J. Li, Y. Tian, and H. B. Zhang, Periodically Driven Holographic Superconductor, JHEP **1307** (2013) 030, arXiv: 1305. 1600 [hep-th].

[116] A. M. Garc ía-Garc ía, H. B. Zeng, and H. Q. Zhang, A thermal quench induces spatial inhomogeneities in a holographic superconductor, arXiv: 1308. 5398 [hep-th].

[117] P. Kovtun, D. T. Son, and A. O. Starinets, Holography and hydrodynamics: Diffusion on stretched horizons, JHEP **0310** (2003) 064 [hep-th/0309213].

[118] M. Brigante, H. Liu, R. C. Myers, S. Shenker, and S. Yaida, The Viscosity Bound and Causality Violation, Phys. Rev. Lett. **100** (2008) 191601, arXiv: 0802. 3318 [hep-th].

[119] L. Yin, D. Hou, and H. C. Ren, The Ginzburg-Landau Theory of a Holographic Superconductor, arXiv: 1311. 3847 [hep-th].

[120] S. R. Coleman, There are no Goldstone bosons in two-dimensions, Commun. Math. Phys. **31** (1973) 259;
N. D. Mermin and H. Wagner, Absence of ferromagnetism or antiferromagnetism in one-dimensional or two-dimensional isotropic Heisenberg models,Phys. Rev. Lett. **17** (1966)1133;
P. C. Hohenberg, Existence of Long-Range Order in One and Two Dimensions, Phys. Rev. **158** (1967)383.

[121] D. Anninos, S. A. Hartnoll, and N. Iqbal, Holography and the Coleman-Mermin-Wagner theorem, Phys. Rev. **D82** (2010) 066008, arXiv: 1005. 1973 [hep-th].

[122] O. Domenech, M. Montull, A. Pomarol, A. Salvio, and P. J. Silva, Emergent Gauge Fields in Holographic Superconductors, JHEP **1008** (2010) 033, arXiv: 1005. 1776 [hep-th].

[123] P. J. Silva, Dynamical gauge fields in holographic superconductors, Fortsch. Phys. **59** (2011)756.

[124] X. Gao, M. Kaminski, H. B. Zeng, and H. Q. Zhang, Non-Equilibrium Field Dynamics of an Honest Holographic Superconductor, JHEP **1211** (2012) 112, arXiv: 1204. 3103 [hep-th].

[125] G. T. Horowitz and J. Polchinski, Gauge/gravity duality, In *Oriti, D. (ed.): Approaches to quantum gravity* 169-186 [gr-qc/0602037].

第七章　暴胀宇宙模型是可以替代的么?①

朴云松
中国科学院大学

7.1　引　　言

20 世纪 60 年代, 宇宙微波背景辐射的发现及轻元素丰度的观测等重要发现使大爆炸宇宙模型得到了广泛的承认. 不过同时大爆炸模型的一些问题, 诸如平坦性和视界问题、原初扰动的起源等, 也一直困扰着宇宙学家们.

20 世纪 80 年代初, Guth 提出了暴胀模型[1]. 在这个模型中, 宇宙在其演化的极早期经历了一个近指数的膨胀阶段, 即暴胀, 在暴胀结束后, 宇宙是非常冷的, 此时需要有一个重加热机制, 使暴胀场的能量迅速地释放出来. 宇宙在重加热到一定的温度后, 才进入了我们常说的大爆炸宇宙模型的演化. Guth 模型一般被称为旧暴胀模型, 由于该模型中暴胀不能自然结束, 即存在退出问题, 而随后被 Linde[2] 和 Steinhardt[3] 等人的新暴胀模型所代替. 在新暴胀模型中, 暴胀场沿着其有效势缓慢地滚动, 场的势能推动宇宙暴胀, 当场滚动到其有效势的极小时, 暴胀结束, 宇宙重加热, 接着自然地进入了热大爆炸宇宙模型的演化. 目前, 人们构造暴胀宇宙模型主要是基于新暴胀模型的思想. 在新暴胀模型提出之前, 方励之研究了宇宙演化时的粒子产生, 也得到了暴胀解[4].

暴胀宇宙模型解决了大爆炸宇宙模型长期存在的平坦性和视界等问题, 同时在暴胀时, 真空的量子涨落将被拉伸到视界以外成为标度不变的原初扰动, 正是这些原初扰动在辐射和物质为主时再进入视界导致了宇宙结构的形成和宇宙微波背景辐射的涨落.

2013 年, Planck 组发布了对宇宙微波背景辐射观测的最新结果[5], 与暴胀模型对于原初扰动的预言非常自洽. 从 WMAP 到 Planck, 暴胀模型一直被许多人认为是未来可获得诺贝尔奖的工作. 不过围绕着暴胀, 极早期宇宙的一些困惑依然悬而未决. 首先, 自暴胀提出的三十多年来, 人们从粒子物理、超弦理论中构造了许许多

① 感谢卢建新教授邀请作者参加这次高级研讨班, 感谢国家自然科学基金的资助, 项目批准号: 11222546.

多可能的暴胀模型, 但这些唯象的模型大多数很难有合理的基本物理起源. 暴胀子是什么, 为什么需要这样的精细调节, 这些关键的问题依然没有一个得到公众认可的答案[6,7]. 其次, 尽管暴胀解决了大爆炸宇宙模型存在的一些问题, 但是大爆炸本身仍然有许多问题是暴胀所不能解决的, 例如空时奇异性问题等. 这些困惑和问题的存在, 迫使人们不得不在更深入的层次上思考暴胀及其相关的极早期宇宙物理.

2001 年, Khoury 和 Steinhardt 等人提出了 Ekpyrotic 模型[8], 在这个模型中, 宇宙初始是收缩的, 不过随着能量密度的增大, 在某一时刻宇宙将停止收缩并反弹进入膨胀阶段, 此后宇宙将开始标准热大爆炸模型的演化. 若仅仅是这样一个图像, 那这个模型将是已提出的许多反弹宇宙模型之一, 没有任何新奇之处. 在此前的反弹模型, 例如前大爆炸 (Pre-big bang) 模型中[9], 人们很难得到标度不变的原初扰动, 尽管那时人们正在探索其怎样由熵扰动产生, 但是结果依赖于由熵扰动到绝热扰动的转换机制, 因此具有很大的不确定性, 这是当时人们对于反弹模型的印象. 而暴胀模型可以直接产生标度不变的绝热扰动, 这是其相比于反弹模型的优势. 不过, Ekpyrotic 模型虽然本质上也属于反弹宇宙模型, 但却是个例外, 因为这个模型中的收缩是缓慢的, 其提出者声称就是这个缓慢收缩时期可以有暴胀一样的效果, 或许可以直接给出绝热扰动的标度不变谱.

就是这个可以产生标度不变绝热扰动的说法和 Steinhardt 在国际宇宙学界的影响力使 Ekpyrotic 模型自提出起, 就引起了各界的广泛关注. 围绕扰动、反弹机制等问题, 各方的争议就一直没有停止过.

不过, 不论 Ekpyrotic 模型最终是否成功, 或是否像其提出者声称的那样可以给出标度不变的绝热扰动, 其对极早期宇宙研究的影响都是深远的. 毕竟自 Guth 起这 20 年间, 除了暴胀之外, 我们很难听到不同的声音, 这在某种程度上阻碍了人们对于极早期宇宙物理的深刻理解. Ekpyrotic 模型的提出及其所造成的轰动效应是一个使人们重新认识极早期宇宙的好的开端, 在其后的 10 年间, 人们逐渐发现除暴胀外, 还有一些演化, 或可替代暴胀的模型, 能够解决平坦性和视界问题并产生标度不变的绝热扰动. 因此在某种意义上, Ekpyrotic 模型的提出标志着可替代暴胀的早期宇宙模型开始正式走上了极早期宇宙研究的舞台.

7.2　“可替代” 的原因

暴胀模型解决了大爆炸宇宙模型的平坦性和视界问题, 并产生了宇宙结构形成所需要的标度不变的绝热扰动, 这被看做是暴胀模型的成功之处.

我们首先看大爆炸模型的平坦性问题. 宇宙是平坦的, 意味着

$$|\Omega-1|\sim\frac{1}{a^2H^2} \tag{2.1}$$

为零, 在这 Ω 是宇宙中物质密度与临界密度的比值. $|\Omega-1|$ 沿时间回溯是衰减的, 由于现在 Ω_0-1 是小于 1 的量级, 因此在早期它必须被精细调节到非常接近于零而又不是零的一个值. 如果在宇宙的早期, 它对于零有任何一个微小的偏离都将使我们得不到目前观测到的平坦宇宙, 这就是平坦性问题.

我们再看大爆炸模型的视界问题. 由于光速的有限性, 我们目前的可观测宇宙是在一个有限的范围内. 在 t 时刻, 其向前光锥为

$$l_f(t)=\int_0^t \frac{\mathrm{d}t'}{a(t')}\simeq 3t_0^{2/3}t^{1/3}, \tag{2.2}$$

这里 t_0 是现在时刻. 对于现在的一个观测者, 他所能看到的宇宙也有一个范围, 其过去光锥为

$$l_p(t)=\int_t^{t_0} \frac{\mathrm{d}t'}{a(t')}\simeq 3t_0\left(1-\left(\frac{t}{t_0}\right)^{1/3}\right). \tag{2.3}$$

人们可以看到, 在最后散射面时刻, 即宇宙微波背景的形成时刻, 过去光锥要远远大于向前光锥. 具体计算可以得到今天观测的宇宙在那时应该包含

$$\left(\frac{l_p}{l_f}\right)^3\approx 10^4\ \text{个} \tag{2.4}$$

没有因果联系的区域. 当然再往前追溯, 情况会更严重. 由于目前观测到的宇宙中各个部分间在极早期没有因果联系, 或者说目前的宇宙是由为数众多的曾是因果无关的区域所组成的, 那么我们很难理解我们现在看到的宇宙在大尺度上是均匀且各向同性的, 这就是视界问题.

在大爆炸宇宙模型中, 无论是在物质为主还是辐射为主时期, 其共动的 Hubble 长度都是随时间增大的, 这是平坦性和视界问题的根源. 因此, 如果宇宙在早期存在一个共动的 Hubble 长度随时间减小的演化时期, 就可以自然地避免这两个问题. 暴胀是一个例子, 但这还有很多可能性[10], 图 7–1 是这些不同演化的示意图. 由于我们的观测宇宙是辐射或物质为主的膨胀宇宙, 因此在某一时刻, 这些极早期演化必须通过某种物理过程转变到辐射为主的膨胀宇宙. 在暴胀模型中, 这个转变过程就是通常所说的重加热. 因为暴胀过程中温度将随时间迅速地降低, 所以为了在暴胀后能得到一个高温的热大爆炸宇宙, 人们要求暴胀子的能量在暴胀结束后转化为辐射并加热宇宙到需要的温度. 但是对于收缩宇宙来说, 至少这还需要一个从收缩到膨胀的反弹机制. 因此对于不同的极早期演化, 人们需要的 "相变" 一般是不同的. 不过我们可以统称这样的 "相变" 为 "重加热", 在 "重加热" 后, 宇宙将被期待遵循标准热大爆炸宇宙模型的演化.

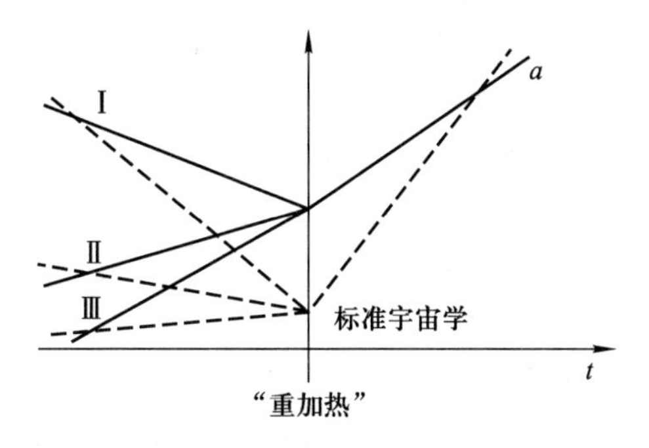

图 7–1　不同演化的示意图

在 “重加热” 之前, 人们有三大类膨胀或收缩演化, 可以导致共动的 Hubble 长度随时间减小, 这些演化都能够解决大爆炸模型的平坦性和视界问题. I 是一个收缩的演化, 但是其物理的 Hubble 长度的收缩比标度因子更快, 代表性模型是 Ekpyrotic 模型和物质收缩模型; II 是一个膨胀的演化, 其物理的 Hubble 长度收缩, 代表性模型是缓慢膨胀模型; III 也是一个膨胀的演化, 不过与 II 不同的是其物理的 Hubble 长度也膨胀, 代表性模型是暴胀模型. 这里, 实线是标度因子的演化, 虚线是物理的 Hubble 长度的演化

接下来, 我们来看图 7–1 的哪些演化能给出近标度不变的绝热扰动? 在动量空间中, 共动的曲率扰动 $\mathcal{R}$ 满足方程[11]

$$u_k'' + \left(c_{\mathrm{s}}^2 k^2 - \frac{z''}{z}\right) u_k = 0, \tag{2.5}$$

其中 $u_k \equiv z\mathcal{R}_k$, $z \equiv a\sqrt{2M_{\mathrm{P}}^2|\epsilon|}/c_{\mathrm{s}}$, M_{P} 是 Planck 标度, c_{s} 是曲率扰动的声速, 可以看做常数. 扰动谱的标度不变性要求

$$\frac{z''}{z} \sim \frac{2}{(\eta_* - \eta)^2}. \tag{2.6}$$

这暗示着

$$z \sim \frac{a\sqrt{|\epsilon|}}{c_{\mathrm{s}}} \sim \frac{1}{\eta_* - \eta}, \tag{2.7}$$

或者

$$z \sim \frac{a\sqrt{|\epsilon|}}{c_{\mathrm{s}}} \sim (\eta_* - \eta)^2 \tag{2.8}$$

必须被满足, 前者是常数模, 后者是增长模. 在原则上, 标度因子 a 和 $|\epsilon|$ 都可以是随时间变化的. 不过由于二者是相互依赖的, 所以在它们都随时间变化的情况下很难有解析的解. 因此, 人们感兴趣的是仅仅二者之一随时间变化的情况. 例如, 当 $|\epsilon|$

是常数时, 常数模给出暴胀解, 这就是为什么暴胀能够给出标度不变的绝热扰动的原因; 而增长模也给出一个标度不变的绝热扰动的演化, 这就是 Wands 于 1998 年首先发现的普通物质主导的收缩解[12], 这个解尽管发现得早, 但却是在 Ekpyrotic 模型提出之后才得到广泛地关注. 在 7.1 节提到的前大爆炸模型事实上相应于一个动能主导的收缩演化, 因此其并不能给出标度不变的绝热扰动, 这也是其不如 Ekpyrotic 模型更加有吸引力的原因之一.

不过, 这显然还有一种情况, 那就是 a 几乎为常数的情况, 这要求 $|\epsilon| \gg 1$ 且随时间迅速变化. 因为 a 几乎为常数, 所以其演化一般被称为缓慢收缩或缓慢膨胀. Ekpyrotic 模型相应于缓慢收缩解, 最初由于在模型中 $|\epsilon|$ 是常数, 所以人们认为其不能给出标度不变的绝热扰动, 不过这很快被 Khoury 和 Steinhardt 在 2009 年的发现所改变[13]. 而缓慢膨胀解是作者在 2003 年发现的[14], 并于 2010 年重新阐明[15].

2010 年, Ekpyrotic 模型的提出者之一 Khoury 证明了暴胀模型、物质收缩解、Ekpyrotic 模型和缓慢膨胀解是仅有的几个能够直接给出标度不变的绝热扰动的早期宇宙演化[16]. 图 7–2 给出了怎样实现这几个极早期宇宙模型的示意图.

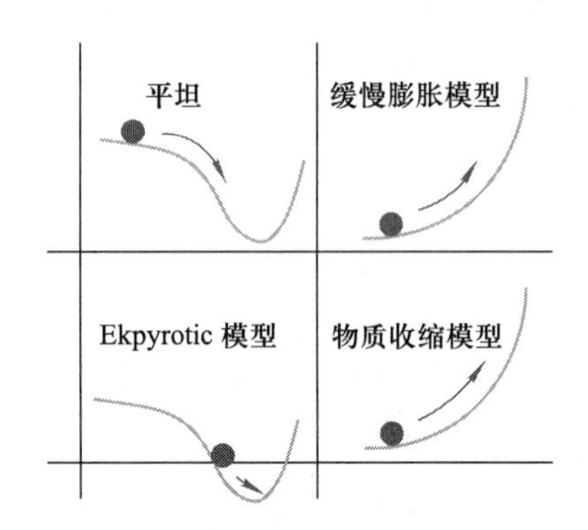

图 7–2 四个模型在有效场论框架内的实现方式

在 "重加热" 之前, 迄今人们知道有四个代表性模型可以产生标度不变的绝热扰动. 暴胀模型的最简单实现方式是标量场沿着它的有效势缓慢地向下滚动, 这个有效势必须非常平坦; Ekpyrotic 模型也是标量场沿着它的有效势缓慢地向下滚动, 只不过这个有效势必须是负的, 且非常陡; 缓慢膨胀模型是标量场沿着它的有效势向上滚动, 向上的滚动意味着相应的标量场必须违反零能条件; 物质收缩模型也是标量场沿着它的有效势向上滚动, 不同的是其向上的滚动是由标度因子的收缩驱动的

因此, 尽管众所周知解决平坦性和视界问题及产生标度不变的绝热扰动被看做是暴胀模型的成功之处, 但这几点并不是其所独有的, 这是存在暴胀的可替代模型的原因.

7.3 可替代暴胀模型的发展

从上一节可以看到, 以演化来分, 可替代暴胀模型有两类. 一类是极早期时宇宙是收缩的. 对于这类模型, 这必须有一个反弹机制使宇宙在某一时刻 "相变" 到辐射为主的膨胀宇宙, 因此可以统称这类模型为反弹类的宇宙模型, 代表性模型是 Ekpyrotic 模型, 物质收缩解相关的宇宙模型也是同样, 这是相应的模型在国外有时被称为物质反弹模型的原因. 另一类是膨胀类的宇宙模型, 例如缓慢膨胀模型, 即极早期时宇宙是缓慢膨胀的, 这个时期给出了标度不变的原初扰动, 接着宇宙 "重加热", 成为辐射为主的膨胀宇宙.

最早声称可以替代暴胀的反弹类宇宙模型是前大爆炸模型, 由 Veneziano 等人于 20 世纪 90 年代初提出[9]. 他们发现超弦理论的低能有效修正可以给出一个从收缩宇宙到膨胀宇宙的反弹, 而这里的收缩相, 就是他们所称的前大爆炸时期. 这个模型除了有上述提到的产生标度不变的原初扰动的困难外, 还有一个问题是虽然修改引力作用量可以导致一个连续的反弹背景, 但扰动怎样穿过反弹却很难有定论, 这事实上也是此后所有修改引力理论的反弹模型所面临的共同问题. 当时人们为绕开这个棘手的问题, 在计算扰动时会强加一个反弹面, 并要求在这个反弹面上反弹前后的扰动是连续的[17]. 不过人们很快发现选取不同反弹面得到的扰动谱将会有很大的不同, 若事实是这样的话, 那反弹宇宙模型将很难有明确的预言. 相关的问题在 Ekpyrotic 模型提出后更显尖锐[18]. 而在不修改引力的有效场论框架下实现反弹模型却没有这个问题[19,20], 这也是过去几年中, 相关的研究正在获得广泛关注的原因. 现在, Ekpyrotic 模型的提出者们也正在使用有效场论框架下的反弹来替代原初版本中的反弹机制.

对于反弹类的可替代模型, 还有一个问题需要解决. 在宇宙收缩时, 各向异性将迅速增长, 若其在反弹前占据主导地位的话, 宇宙在空间各个方向的收缩将不再是同步的, 这将阻止反弹的发生, 这就是所谓的各向异性问题[21,22]. 所谓的物质反弹模型很难避免这个问题, 这使其可行性从被提出开始就广被质疑. 不过, 幸运的是 Ekpyrotic 模型不存在这个问题[23], 这是缓慢收缩带来的额外好处, 因为就是这个缓慢收缩导致了 Ekpyrotic 场的能量密度的增长远快于各向异性相应的能量密度, 使各向异性永远不能成为主导.

可替代暴胀的膨胀类宇宙模型是作者于 2003 年初提出的缓慢膨胀模型[14]. 我们指出标度不变的扰动可以在缓慢膨胀时期产生, 不需要暴胀, 因此顾名思义我们称这类模型为缓慢膨胀模型. 在这个模型中, 宇宙由始至终都是膨胀的, 这与暴胀模型相同, 不同的是在极早期时宇宙的膨胀是非常缓慢的. 对于这类模型, 当人们沿着时间往回追溯时, 在过去无穷远处标度因子将趋近于常数, 这意味着这样的宇

宙可以没有一个 "开始". 我们的模型在这一点上与 2002 年底 Ellis 和 Maartens 提出的想法类似, 他们称这类模型为 Emergent 宇宙模型[24]. 不过他们的动机是怎样避免宇宙极早期的奇异性, 因此他们在设计 Emergent 模型时依然使用暴胀阶段来给出标度不变的绝热扰动, 因此正像他们的文章题目所说的, 他们的模型是 "一个没有奇异性的暴胀模型". 而正是我们关于缓慢膨胀解的工作才使人们意识到这类模型可以不需要暴胀而给出标度不变的原初扰动, 这是缓慢膨胀思想被作为是暴胀的可替代模型的最早的工作.

不管是反弹类的模型还是缓慢膨胀类的模型, 在有效场论的框架内, 其实现都必须违反零能条件. 在反弹模型中, 零能条件的违反仅仅发生在反弹附近[19,20]. 而在缓慢膨胀模型中, 零能条件的违反则发生在从开始到 "相变" 再到辐射为主的观测宇宙之前的整个时期[14]. 所谓的零能条件是指物质的能量密度和压强之和大于零. 常规物质或场都是满足零能条件的, 而破坏零能条件的系统一般都会有幽灵 (ghost) 存在, 幽灵等效于一类具有负能的场, 其与系统其他场的相互作用将会导致真空的不稳定性, 其结果显然是不可接受的. 因此若要可替代模型在有效场论的框架内是自洽的, 其违反零能条件的演化则必须是 "健康" 的, 即没有幽灵, 这是至关重要的.

2005 年李明哲等人[25] 最早研究了一类高阶导数场主导的宇宙学演化, 这类场可以违反零能条件, 但是因其场方程含有高于二阶导数的项, 而依然不能避免幽灵. 不过他们的工作提供了一个解决问题的方向, 2009 年 Galileon 场应时而生[26]. Galileon 场同样是一个高阶导数场, 尽管其作用量含有高阶导数, 但是其场方程却最高只有二阶导数. 正是由于这个性质, Galileon 场可以产生不具有幽灵不稳定性的违反零能条件的演化. Galileon 场最初是因为其拉氏量具有 Galileon 共形对称性而得名, 不过现在一般泛指 Horndeski 在四十多年前提出的一类作用量含有高阶导数, 但是其场方程却最高只有二阶导数的场[27].

在 Galileon 场出现前, 人们为违反零能条件一直使用幽灵类的场来构造可替代暴胀的模型, 尽管众所周知原初扰动的计算结果并不受此影响, 但这却使相关的研究一直饱受争议. 而 Galileon 场的出现则使可替代暴胀模型的研究再现生机. 2011 年邱涛等人[28] 和 2012 年蔡一夫等人[29] 使用 Galileon 标量场给出了无幽灵的宇宙学反弹, 这个结果是对 Ekpyrotic 模型等反弹类早期宇宙模型的重要支持. 2010 年 Creminelli 等人[30] 使用 Galileon 标量场实现了一个缓慢膨胀类的演化, 他们称其为 Galilean genesis 模型. 不过其模型中标度因子缓慢膨胀的速度不够 "慢", 因此不能给出标度不变的绝热扰动. 2011 年刘志国、张君和作者则使用 Galileon 场构造了一个能够产生标度不变的绝热扰动的缓慢膨胀模型[31], 并且讨论了其与 Emergent 宇宙模型的相关性.

值得提到的是, 若声速是可变的, 那么人们还可以得到更多产生标度不变的绝热扰动的可能性[32,33]. 此外, 与在暴胀模型中相似, 人们也可以利用非背景场来产生扰动, 常见的有 Lyth 和 Wands 的曲率子机制[34]、Rubakov[35] 和 Khoury[36] 等人的共形机制等. 这种来自于非背景场的扰动属于熵扰动, 原则上人们总可以通过适当地选择熵场与背景场或曲率的耦合, 来使熵扰动是标度不变的, 并且使它在适当的时机转化为绝热扰动, 但这显然增加了模型的复杂性. 这里, 我们将不具体讨论这些情况.

7.4　总　　结

在过去的三十年中, 暴胀理论已经发展得非常完善, 其提出无论在当时还是现在都可看做是宇宙学的一个里程碑式的成就. 尽管在 WMAP 和 Planck 后, 暴胀模型已被广泛地接受, 成为现代宇宙学的一个重要的组成部分, 但是像我们已经介绍的, 这依然可以有一些可替代暴胀的模型. 这些可替代模型都能解决平坦性和视界问题并产生标度不变的绝热扰动, 其结果可以与 Planck 观测自洽. 这个事实已经使人们意识到原初标量扰动的观测是不能告诉我们极早期宇宙到底发生了什么的, 正是从这种意义上, 人们认为目前的观测数据还不足以证实暴胀模型, 或许原初引力波的探测才是决定性的.

暴胀模型具有着 “流行” 模型的一些基本要素, 即模型实现的简单性和多样性, 通俗地说, 就是像流行歌曲一样旋律简单, 易于 “传唱”, 这是那些可替代暴胀的模型所不可比拟的. 目前来看, 尽管这些可替代模型跟暴胀模型一样都能够解决平坦性和视界问题, 给出标度不变的原初扰动, 但这些模型由于自身的复杂性及还没有解决的困难而距离一个现实的可操作的模型还有很远. 因此至少在目前, 暴胀模型仍然是早期宇宙模型的最有希望的候选者. 不过值得强调的是, 这里所谓的 “最有希望” 并不是指观测上最倾向, 目前的观测数据对于暴胀及其可替代模型来说没有任何倾向性, 而仅仅是指从模型构造的角度来看 “最简单”, 不过应该注意到的是这种简单性是其以回避其他一些问题为代价的, 例如暴胀空时的初始奇异性.

近来 Planck 组发现宇宙微波背景辐射在大角尺度上存在功率压低、南北半球功率不对称等暴胀理论所不能解释的反常. 我们指出这些反常或许暗示着宇宙在暴胀之前经历了一个反弹[37,38], 见图 7–3. 因此在某种意义上, 这里所谓的 “可替代”, 事实上并不仅仅是着眼于 “替代”, 其目的是想唤起人们对超越暴胀模型的极早期宇宙物理的深刻思考. 正是有了过去十几年对可替代模型的追求, 才有了人们对于原初扰动和空时奇异性的深入探索, 才有了人们对于隐藏在暴胀模型背后的物理的深刻理解. 伴随着精确宇宙学时代, 可替代暴胀模型的研究正日益活跃, 其相关研究正在深刻改变着人们对极早期宇宙的认识.

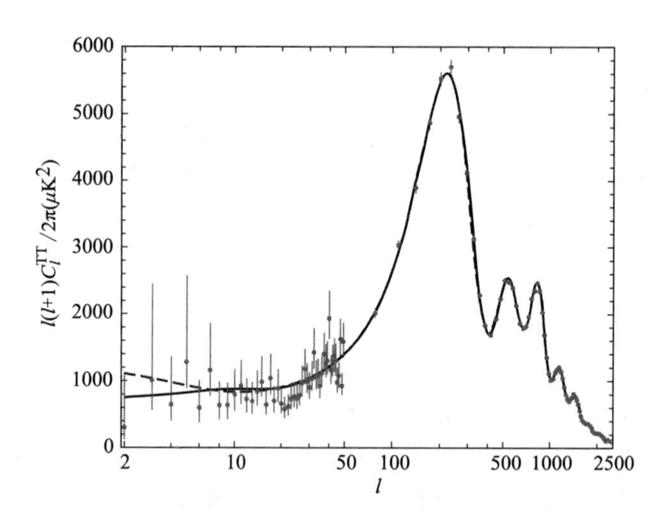

图 7–3 基于反弹暴胀模型, 拟合了宇宙微波背景辐射的温度功率谱

虚线是暴胀模型的幂律功率谱的结果, 实线是反弹暴胀模型的结果

参 考 文 献

[1] A. H. Guth Phys. Rev. **D23** (1981) 347.

[2] A. D. Linde, Phys. Lett. **B108** (1982) 389.

[3] A. Albrecht and P. J. Steinhardt, Phys. Rev. **D48** (1982) 1220.

[4] L. Z. Fang, Phys. Lett. **B95** (1980) 154.

[5] P. A. R. Ade et al. [Planck Collaboration], arXiv: 1303. 5082 [astro-ph.CO].

[6] D. H. Lyth and A. Riotto, Phys. Rept. **314** (1999) 1.

[7] 朴云松, 暴胀模型若干问题的研究(2003);
朴云松, 张元仲, 暴胀宇宙学的研究与发展, 物理 **34** (2005) 7, 491.

[8] J. Khoury, B. A. Ovrut, P. J. Steinhardt, and N. Turok, Phys. Rev. **D64** (2001) 123522.

[9] M. Gasperini and G. Veneziano, Astropart. Phys. **1** (1993) 317.

[10] Y. S. Piao and Y. Z. Zhang, Phys. Rev. **D70** (2004) 043516 .

[11] V. Mukhanov, Physical Foundations of Cosmology, Cambridge University Press (2005).

[12] D. Wands, Phys. Rev. **D60** (1999) 023507.

[13] J. Khoury and P. J. Steinhardt, Phys. Rev. Lett. **104** (2010) 091301.

[14] Y. S. Piao and E Zhou, Phys. Rev. **D68** (2003) 083515;
Y. S. Piao and Y. Z. Zhang, Phys. Rev. **D70** (2004) 063513 .

[15] Y. S. Piao, Phys. Lett. **B701** (2011) 526.

[16] J. Khoury and G. E. J. Miller, Phys. Rev. **D84** (2011) 023511.

[17] N. Deruelle and V. F. Mukhanov, Phys. Rev. **D52** (1995) 5549 [gr-qc/9503050].

[18] R. Durrer and F. Vernizzi, Phys. Rev. **D66** (2002) 083503 [hep-ph/0203275].

[19] Y. F. Cai, T. Qiu, Y. S. Piao, M. Li, and X. M. Zhang, JHEP **0710** (2007) 071.

[20] E. I. Buchbinder, J. Khoury and B. A. Ovrut, Phys. Rev. **D76** (2007) 123503.

[21] C. W. Misner, Phys. Rev. Lett. **22** (1969) 1071.

[22] V. A. Belinsky, I. M. Khalatnikov and E. M. Lifshitz, Adv. Phys. **19** (1970) 525.

[23] J. K. Erickson, D. H. Wesley, P. J. Steinhardt, and N. Turok, Phys. Rev. **D69** (2004) 063514.

[24] G. F. R. Ellis and R. Maartens, Class. Quant. Grav. **21** (2004) 223.

[25] M. Li, B. Feng, and X. M. Zhang, JCAP **0512** (2005) 002.

[26] A. Nicolis, R. Rattazzi, and E. Trincherini, Phys. Rev. **D79** (2009) 064036.

[27] G. W. Horndeski, Int. J. Theor. Phys. **10** (1974) 363.

[28] T. Qiu, J. Evslin, Y. F. Cai, M. Li, and X. Zhang, JCAP **1110** (2011) 036.

[29] Y. F. Cai, et.al. JCAP **1208** (2012) 020.

[30] P. Creminelli, A. Nicolis, and E. Trincherini, JCAP **1011** (2010) 021.

[31] Z. G. Liu, J. Zhang, and Y. S. Piao, Phys. Rev. **D84** (2011) 063508;
Z. G. Liu, Y. S. Piao, Phys. Lett. **B718** (2013) 734.

[32] C. Armendariz Picon, JCAP **0610** (2006) 010.

[33] Y. S. Piao, Phys. Rev. **D75** (2007) 063517.

[34] D. H. Lyth and D. Wands, Phys. Lett. **B524** (2002) 5.

[35] V. Rubakov, JCAP **0909** (2009) 030.

[36] K. Hinterbichler and J. Khoury, JCAP **1204** (2012) 023.

[37] Y. S. Piao, B. Feng, and X. M. Zhang, Phys. Rev. **D69** (2004) 103520.

[38] Z. G. Liu, Z. K. Guo, and Y. S. Piao, Phys. Rev. **D88** (2013) 063539.

第八章 暗物质和暗能量相互作用①

何建华[1], 徐晓东[2], 王 斌[2]

[1] 意大利布雷拉国家天体物理研究所天文台

[2] 上海交通大学物理与天文系

8.1 暗能量和暗物质相互作用相对论动力学模型

8.1.1 暗能量简介

随着天文技术手段的不断进步, 越来越多的观测显示宇宙膨胀速度非但没有在自身引力的吸引下变慢, 反而在一种看不见的、神秘力量的控制和推动下变快[1]. 这一个完全出乎意料的观测结果, 从根本上动摇了人们对宇宙的传统理解. 人们将这种神秘的推动力的来源, 称为 "暗能量". 暗能量是近二十多年以来, 宇宙学乃至物理学中最重要的发现. 它的存在向人类发起了新的认知世界的挑战. 对暗能量的研究将带来一场革命, 其深刻程度不亚于 20 世纪的两场物理学革命. 因此, *Science* 杂志将暗能量列为 21 世纪人类所面临而未解决的十大科学难题之首.

在理论方面, 暗能量一个可能的解释便是 Einstein 著名的宇宙常数. 暗能量的存在意味着宇宙常数不为零. 然而非零的宇宙常数却面临着十分严重的问题: 现今所观察到的数值远远小于理论所能预测的值. 因而更多的人认为暗能量可能是一种具有奇异性质的场. 这种场被称做 quintessence. 它与宇宙常数不同, 具有随时间变化的状态方程. 然而关于 quintessence 的本质, 目前仍然不为人所知. 它可能是一种具有反引力性质并且真实存在的物质能量形式, 也可能只是一种修改引力效应[2].

除此之外, 虽然宇宙常数模型 (LCDM) 能够与现有的实验数据吻合, 但是它面临着 "巧合性" 问题. 在宇宙漫长的演化过程中, 暗能量和暗物质的能量密度只有在现今时刻才处于同一个数量级[3]. 而在宇宙的早期以及将来, 这一数量级的差别将高达 10^{30}.

---

① 感谢国家科技部 973 基金的资助, 项目批准号: 2013CB834900, 2010CB833000; 感谢国家自然科学基金的资助, 项目批准号: 11375113; 感谢上海市重点实验室项目的资助, 项目批准号: 11D22260700.

另一方面, 最新的实验数据显示, 暗能量在宇宙中约占 73%, 暗物质约占 23%, 普通物质仅占 4%. 因此无论是从经典物理还是从场论的观点, 我们都会有这样的疑问, 占到宇宙总份额 96% 的 "暗能量" 与 "暗物质" 之间是否存在着相互作用? 如果确实存在着某种相互作用, 那么它对宇宙演化会产生什么样的影响? 我们怎么能知道这种相互作用的存在以及它对解决 "巧合性" 问题, 理解 "暗能量"、"暗物质" 物理本质有什么帮助?

对于这些问题已经有大量的文献进行了讨论[4−21]. 文献认为: 暗能量、暗物质的相互作用会在能量密度演化中形成吸引子解, 能够提供一种机制解决 "巧合性" 问题[8,4,6]; 这种相互作用的耦合常数可以达到 QED 精细结构常数的量级[11,14], 并且会在大尺度范围内产生影响, 从而影响宇宙微波背景辐射 TT 温度角关联谱的小极矩部分[11,13]; 在结构形成过程中, 这种相互作用也可以影响平衡[25], 使引力坍缩系统进程变得更为复杂[15]. 另外考虑暗能量、暗物质相互作用的宇宙热力学也被提出[20]. 由于这种模型具有独特的性质, 越来越多的学者、研究人员参与到讨论之中, 新的文献不断涌现.

因为我们现在对暗物质和暗能量的物理本质不清楚, 这直接导致目前我们对它们之间的相互作用的认识只能停留在概念和唯象的水平. 因此这里我们并不侧重于对具体模型的讨论, 而侧重于对基本概念的阐释, 侧重于对一般性质的归纳, 讨论暗能量、暗物质相互作用体系的基本动力学性质, 为暗能量和暗物质的深入研究提供一种新的思路与途径.

8.1.2　暗能量、暗物质相互作用相对论动力学模型

下面我们来具体介绍暗能量、暗物质相互作用的模型. 暗能量、暗物质的能冲张量分别满足

$$\nabla_\mu T^{\mu\nu}_{(\lambda)} = Q^\nu_{(\lambda)}, \tag{1.1}$$

其中 $Q^\nu_{(\lambda)}$ 是相互作用矢量, λ 代表暗物质或者暗能量. 暗能量和暗物质的总流体满足守恒方程, 因此,

$$\sum_{(\lambda)} Q^\nu_{(\lambda)} = 0. \tag{1.2}$$

如果暗能量和暗物质体系之间是完全非弹性相互作用, 相互作用矢量可以表示为 $Q^\nu_{\rm c} = Q_{\rm c} U^\nu_t = -Q_{\rm d} U^\nu_t = -Q^\nu_{\rm d}$, 其中下标 "c" 表示暗物质, "d" 表示暗能量, U^ν_t 是能量迁移 4 速度. 在平坦的 Friedmann-Robertson-Walker(FRW) 背景中, 暗能量和暗物质的能量守恒方程分别为

$$\begin{aligned} &\rho'_{\rm c} + 3\mathcal{H}\rho_{\rm c} = aQ_{\rm c}, \\ &\rho'_{\rm d} + 3\mathcal{H}(1+w)\rho_{\rm d} = aQ_{\rm d}, \end{aligned} \tag{1.3}$$

其中 $Q_{\rm c}$, $Q_{\rm d}$ 分别表示暗物质、暗能量之间能量的转移. 由于总能量守恒, 我们有 $Q_{\rm c}=-Q_{\rm d}$. 由 (1.3) 式可知, 在相互作用下, 暗能量和暗物质的有效状态方程可以分别表示为

$$
\begin{aligned}
w_{\rm c,eff} &= -\frac{aQ_{\rm c}}{3\mathcal{H}\rho_{\rm c}},\\
w_{\rm d,eff} &= w-\frac{aQ_{\rm d}}{3\mathcal{H}\rho_{\rm d}}.
\end{aligned} \tag{1.4}
$$

下面介绍扰动方程. 在扰动的空间中, 我们构造规范不变量为

$$
\begin{aligned}
&\Psi=\psi-\frac{1}{k}\mathcal{H}\left(B+\frac{E'}{2k}\right)-\frac{1}{k}\left(B'+\frac{E''}{2k}\right),\quad \Phi=\phi+\frac{1}{6}E-\frac{1}{k}\mathcal{H}\left(B+\frac{E'}{2k}\right);\\
&\delta Q^I_{p\lambda}=\delta Q_{p\lambda}-Q^0_{\lambda}\frac{E'}{2k},\quad Q^{0I}_{\lambda}=\delta Q^0_{\lambda}-\frac{Q^{0'}_{\lambda}}{\mathcal{H}}\left(\phi+\frac{E}{6}\right)+Q^0_{\lambda}\left[\frac{1}{\mathcal{H}}\left(\phi+\frac{E}{6}\right)\right]';\\
&D_{g\lambda}=\delta_{\lambda}-\frac{\rho'_{\lambda}}{\rho_{\lambda}\mathcal{H}}\left(\phi+\frac{E}{6}\right),\quad V_{\lambda}=v_{\lambda}-\frac{E'}{2k},
\end{aligned} \tag{1.5}
$$

其中 λ 分别代表暗能量和暗物质. 利用上面的不变量, 规范不变的扰动方程表示为

$$
\begin{aligned}
D'_{g\rm c}+\left[\left(\frac{a^2Q^0_{\rm c}}{\rho_{\rm c}\mathcal{H}}\right)'+\frac{\rho'_{\rm c}}{\rho_{\rm c}\mathcal{H}}\frac{a^2Q^0_{\rm c}}{\rho_{\rm c}}\right]\Phi &= -\frac{a^2Q^0_{\rm c}}{\rho_{\rm c}}D_{g\rm c}-\frac{a^2Q^0_{\rm c}}{\rho_{\rm c}\mathcal{H}}\Phi'-kU_{\rm c}+2\Psi\frac{a^2Q^0_{\rm c}}{\rho_{\rm c}}+\\
&\quad \frac{a^2Q^{0'}_{\rm c}}{\rho_{\rm c}\mathcal{H}}\Phi-\frac{a^2Q^0_{\rm c}}{\rho_{\rm c}}\left(\frac{\Phi}{\mathcal{H}}\right)'+\frac{a^2\delta Q^{0I}_{\rm c}}{\rho_{\rm c}},\\
U'_{\rm c}+\mathcal{H}U_{\rm c} &= k\Psi-\frac{a^2Q^0_{\rm c}}{\rho_{\rm c}}U_{\rm c}+\frac{a^2\delta Q^I_{pc}}{\rho_{\rm c}};
\end{aligned} \tag{1.6}
$$

$$
\begin{aligned}
&D'_{g\rm d}+\left[\left(\frac{a^2Q^0_{\rm d}}{\rho_{\rm d}\mathcal{H}}\right)'-3w'+3(C^2_{\rm e}-w)\frac{\rho'_{\rm d}}{\rho_{\rm d}}+\frac{\rho'_{\rm d}}{\rho_{\rm d}\mathcal{H}}\frac{a^2Q^0_{d}}{\rho_{\rm d}}\right]\Phi+\left[3\mathcal{H}(C^2_{\rm e}-w)+\frac{a^2Q^0_{\rm d}}{\rho_{\rm d}}\right]D_{g\rm d}\\
&\quad =-kU_{\rm d}+3\mathcal{H}(C^2_{\rm e}-C^2_{\rm a})\frac{\rho'_{\rm d}}{\rho_{\rm d}}\frac{U_{\rm d}}{(1+w)k}+2\Psi\frac{a^2Q^0_{\rm d}}{\rho_{\rm d}}+\frac{a^2\delta Q^{0I}_{\rm d}}{\rho_{\rm d}}+\frac{a^2Q^{0'}_{\rm d}}{\rho_{\rm d}\mathcal{H}}\Phi-\\
&\quad \frac{a^2Q^0_{\rm d}}{\rho_{\rm d}}\left(\frac{\Phi}{\mathcal{H}}\right)'-\frac{a^2Q^0_{\rm d}}{\rho_{\rm d}\mathcal{H}}\Phi',\\
&U'_{\rm d}+\mathcal{H}(1-3w)U_{\rm d}=kC^2_{\rm e}D_{g\rm d}+kC^2_{\rm e}\frac{\rho'_{\rm d}}{\rho_{\rm d}\mathcal{H}}\Phi-\left(C^2_{\rm e}-C^2_{\rm a}\right)\frac{U_{\rm d}}{1+w}\frac{\rho'_{\rm d}}{\rho_{\rm d}}+(1+w)k\Psi-\\
&\quad \frac{a^2Q^0_{\rm d}}{\rho_{\rm d}}U_{\rm d}+(1+w)\frac{a^2\delta Q^I_{pd}}{\rho_{\rm d}},
\end{aligned} \tag{1.7}
$$

其中 $U_{\lambda}=(1+w_{\lambda})V_{\lambda}$. 这里我们使用了,

$$
\frac{\delta p_{\rm d}}{\rho_{\rm d}}=C^2_{\rm e}\delta_{\rm d}-(C^2_{\rm e}-C^2_{\rm a})\frac{\rho'_{\rm d}}{\rho_{\rm d}}\frac{v_{\rm d}+B}{k}, \tag{1.8}
$$

$C_{\rm e}^2$ 是在暗能量静止参考系中的有效声子速度, 它是一个规范不变量, $C_{\rm a}^2=\dot{P}_{\rm d}/\dot{\rho}_{\rm d}$ 是绝热声子速度.

在以上的讨论中, 我们给出了暗能量、暗物质相互作用体系一般的结果. 然而, 在现阶段我们不可能根据第一性原理给出相互作用项的具体形式. 因此我们采用唯象的方法: 认为暗物质、暗能量之间的能量转移正比于能量密度. 我们将具体的相互作用项写为 $Q_{\rm c}=-Q_{\rm d}=Q=3H(\xi_1\rho_m+\xi_2\rho_{\rm d})$[31,26]. 因而扰动的相互作用项零分量可以表示为

$$
\begin{aligned}
\delta Q_{\rm c}&=3H(\xi_1\delta\rho_{\rm c}+\xi_2\delta\rho_{\rm d}),\\
\delta Q_{\rm d}&=-3H(\xi_1\delta\rho_{\rm c}+\xi_2\delta\rho_{\rm d}),\\
\delta Q_{\rm c}^0&=-3H(\xi_1\rho_{\rm c}+\xi_2\rho_{\rm d})\frac{\psi}{a}+3H(\xi_1\delta\rho_{\rm c}+\xi_2\delta\rho_{\rm d})\frac{1}{a},\\
\delta Q_{\rm d}^0&=3H(\xi_1\rho_{\rm c}+\xi_2\rho_{\rm d})\frac{\psi}{a}-3H(\xi_1\delta\rho_{\rm c}+\xi_2\delta\rho_{\rm d})\frac{1}{a}.
\end{aligned}
$$

(1.5) 式规范不变的相互作用项可以表示为

$$
\begin{aligned}
\frac{a^2\delta Q_{\rm c}^{0I}}{\rho_{\rm c}}=&-3\mathcal{H}(\xi_1+\xi_2/r)\varPsi+3\mathcal{H}(\xi_1D_{g\rm c}+\xi_2D_{g\rm d}/r)\varPhi+3\left(\xi_1\frac{\rho_{\rm c}'}{\rho_{\rm c}}+\frac{\xi_2}{r}\frac{\rho_{\rm d}'}{\rho_{\rm d}}\right)-\\
&\frac{a^2}{\rho_{\rm c}}\frac{Q_{\rm c}^{0'}}{\mathcal{H}}\varPhi+\frac{a^2Q_{\rm c}^0}{\rho_{\rm c}}\left(\frac{\varPhi}{\mathcal{H}}\right)',\\
\frac{a^2\delta Q_{\rm d}^{0I}}{\rho_{\rm d}}=&\,3\mathcal{H}(\xi_1r+\xi_2)\varPsi-3\mathcal{H}(\xi_1D_{g\rm c}r+\xi_2D_{g\rm d})-3\left(\xi_1r\frac{\rho_{\rm c}'}{\rho_{\rm c}}+\xi_2\frac{\rho_{\rm d}'}{\rho_{\rm d}}\right)\varPhi-\\
&\frac{a^2Q_{\rm d}^{0'}}{\rho_{\rm d}}\varPhi+\frac{a^2Q_{\rm d}^0}{\rho_{\rm d}}\left(\frac{\varPhi}{\mathcal{H}}\right)',
\end{aligned}
$$

其中 $r=\rho_{\rm c}/\rho_{\rm d}$. 对于空间分量, v_t 是一个自由变量. 我们将 v_t 取为零, 即 $v_t=0$, 因而在暗能量、暗物质相互作用体系中没有由能量迁移惯性所引起的非引力相互作用, 因此 $\delta Q_{p\lambda}^I=0$. 在指定了具体的相互作用矢量的形式后, 我们得到暗能量、暗物质相互作用体系中规范不变的扰动方程:

$$
\begin{aligned}
D_{g\rm c}'=&-kU_{\rm c}+3\mathcal{H}\varPsi(\xi_1+\xi_2/r)-3(\xi_1+\xi_2/r)\varPhi'+3\mathcal{H}\xi_2(D_{g\rm d}-D_{g\rm c})/r,\\
U_{\rm c}'=&-\mathcal{H}U_{\rm c}+k\varPsi-3\mathcal{H}(\xi_1+\xi_2/r)U_{\rm c};\\
D_{g\rm d}'=&-3\mathcal{H}(C_{\rm e}^2-w)D_{g\rm d}+\left[3w'-9\mathcal{H}(w-C_{\rm e}^2)(\xi_1r+\xi_2+1+w)\right]\varPhi-\\
&9\mathcal{H}^2(C_{\rm e}^2-C_{\rm a}^2)\frac{U_{\rm d}}{k}+3(\xi_1r+\xi_2)\varPhi'-3\varPsi\mathcal{H}(\xi_1r+\xi_2)+3\mathcal{H}\xi_1r(D_{g\rm d}-D_{g\rm c})-\\
&9\mathcal{H}^2(C_{\rm e}^2-C_{\rm a}^2)(\xi_1r+\xi_2)\frac{U_{\rm d}}{(1+w)k}-kU_{\rm d},
\end{aligned}
\tag{1.9}
$$

$$U'_{\rm d} = -\mathcal{H}(1-3w)U_{\rm d} - 3kC_{\rm e}^2(\xi_1 r + \xi_2 + 1 + w)\Phi + 3\mathcal{H}(C_{\rm e}^2 - C_{\rm a}^2)(\xi_1 r + \xi_2)\frac{U_{\rm d}}{(1+w)} + 3(C_{\rm e}^2 - C_{\rm a}^2)\mathcal{H}U_{\rm d} + kC_{\rm e}^2 D_{g{\rm d}} + (1+w)k\Psi + 3\mathcal{H}(\xi_1 r + \xi_2)U_{\rm d}. \tag{1.10}$$

求解上述扰动演化方程需要指定初始条件, 为此我们考查规范不变量 $\zeta = \phi - \mathcal{H}\delta\tau$, 如果 $\zeta_{\rm c} = \zeta_{\rm d} = \zeta$, 我们可以得到绝热初始条件为

$$\frac{D_{g{\rm c}}}{1-\xi_1-\xi_2/r} = \frac{D_{g{\rm d}}}{1+w+\xi_1 r+\xi_2}. \tag{1.11}$$

另一方面, 通过扰动的 Einstein 方程, 空间曲率扰动可以由下式计算出:

$$\Phi = \frac{4\pi Ga^2\sum_i \rho_i[D_g^i - \rho'_i U_i/\rho_i(1+w_i)k]}{k^2 - 4\pi Ga^2\sum_i \rho'_i/\mathcal{H}}. \tag{1.12}$$

至此, 扰动体系在指定了初始条件后完全被确定.

8.1.3 超粒子视界的稳定性

在通常的情况下, 当 Fourier 空间中扰动的波长远远大于粒子视界的时候 ($k << aH(a)$), 扰动随时间的增长会变得非常缓慢, 甚至停止增长而凝固在粒子视界之外. 但是, Marrtens 在文献 [21] 指出在暗能量和暗物质相互作用的体系中, 当相互作用项正比于暗物质能量密度 $Q = 3H\xi_1\rho_{\rm c}$ 或暗物质、暗能量总能量密度时, $Q = 3H\xi(\rho_{\rm c} + \rho_{\rm d})$; 当暗能量状态方程大于 -1 时 ($w > -1$), 时空曲率扰动 Φ 会出现快速增长不稳定的情况. 虽然文献 [21] 对这种不稳定性做了初步分析, 但是并没有使问题得到彻底解决. 如果暗物质和暗能量相互作用时的扰动出现不稳定, 那将直接导致暗物质和暗能量相互作用的物理模型出现问题. 本节我们将对暗物质和暗能量相互作用时扰动理论的稳定性问题做一彻底而全面的分析, 寻找稳定性窗口, 从而使暗物质和暗能量相互作用的物理模型在理论上成立.

为了方便起见, 我们使用和文献 [21] 中同样的条件. 我们假定暗能量状态方程为常数, 因此 $C_{\rm a}^2 = w$, 有效声子速度 $C_{\rm e}^2 = 1$. (1.9), (1.10) 式可以化简为

$$D'_{g{\rm d}} = (-1+w+\xi_1 r)3\mathcal{H}D_{g{\rm d}} - 9\mathcal{H}^2(1-w)\left(1+\frac{\xi_1 r+\xi_2}{1+w}\right)\frac{U_{\rm d}}{k} - kU_{\rm d} - 3\mathcal{H}\xi_1 r D_m + 3(\xi_1 r+\xi_2)\Phi' - 3\Psi\mathcal{H}(\xi_1 r+\xi_2) + 9\mathcal{H}(1-w)(\xi_1 r+\xi_2+1+w)\Phi,$$

$$U'_{\rm d} = 2\left[1+\frac{3}{1+w}(\xi_1 r+\xi_2)\right]\mathcal{H}U_{\rm d} + kD_{g{\rm d}} - 3k(\xi_1 r+\xi_2+1+w)\Phi + (1+w)k\Psi.$$

在超视界近似下 $k << aH(a)$, 上式可以近似表示为

$$D'_{gd} \approx (-1 + w + \xi_1 r)3\mathcal{H}D_{gd} - 9\mathcal{H}^2(1-w)\left(1 + \frac{\xi_1 r + \xi_2}{1+w}\right)\frac{U_{\rm d}}{k},$$
$$U'_{\rm d} \approx 2\left[1 + \frac{3}{1+w}(\xi_1 r + \xi_2)\right]\mathcal{H}U_{\rm d} + kD_{gd}. \tag{1.13}$$

当相互作用项正比于暗物质能量密度时, $Q = 3H\xi_1\rho_{\rm c}$ ($\xi_2 = 0$), 注意到, 在宇宙演化早期有 $\xi_1 r = -w$. (1.13) 式化简为

$$D'_{gd} \approx -3\mathcal{H}D_{gd} - 9\mathcal{H}^2\frac{1-w}{1+w}\frac{U_{\rm d}}{k},$$
$$U'_{\rm d} \approx 2\frac{1-2w}{1+w}\mathcal{H}U_{\rm d} + kD_{gd}. \tag{1.14}$$

将上式化为 D_{gd} 的二阶微分方程, 我们得到

$$D''_{gd} \approx \left(2\frac{\mathcal{H}'}{\mathcal{H}} - \frac{1+7w}{1+w}\mathcal{H}\right)D'_{gd} + 3(\mathcal{H}' - \mathcal{H}^2)D_{gd}. \tag{1.15}$$

在宇宙早期辐射为主要物质的时候, 我们有 $\mathcal{H} \sim \frac{1}{\tau}, \mathcal{H}' \sim -\frac{1}{\tau^2}, \frac{\mathcal{H}'}{\mathcal{H}} \sim -\frac{1}{\tau}$. 因此, (1.15) 式可以近似写为

$$D''_{gd} \approx -3\frac{1+3w}{1+w}\frac{D'_{gd}}{\tau} - \frac{6}{\tau^2}D_{gd}, \tag{1.16}$$

该方程的解为

$$D_{gd} \approx C_1\tau^{r_+} + C_2\tau^{r_-}, \tag{1.17}$$

其中 C_1, C_2 为常数, 而指数 r_+, r_- 为

$$r_+ = -\frac{1+4w+\sqrt{-5-4w+10w^2}}{1+w},$$
$$r_- = -\frac{1+4w-\sqrt{-5-4w+10w^2}}{1+w}. \tag{1.18}$$

在文献 [21] 里的 (84) 和 (85) 式中, $\alpha = 0$ 便是 (1.18) 式给出的结果. 从图 8–1 中可以看出, 当 $w < -1/4$ 时, r_+ 和 r_- 是正值, 因而 D_{gd} 是增长模. 当 D_{gd} 增长过快时, 体系便出现不稳定的现象.

以上的分析说明, 当暗能量与暗物质的相互作用正比于暗物质能量密度时, $Q = 3H\xi_1\rho_{\rm c}$ ($\xi_2 = 0$), 如果暗能量状态方程 $-1 < w < -1/4$ 时, 暗能量能量密度的扰动是增长模, 而与非零 ξ_1 的大小无关. 但是从图 8–2 中可以看到, ξ_1 越小, 扰动增长的越慢, 而 ξ_1 越大, 扰动增长的越快. 当 $-1/4 < w < 0$ 时, 暗能量能量密度的扰动是衰减模, 体系是稳定的.

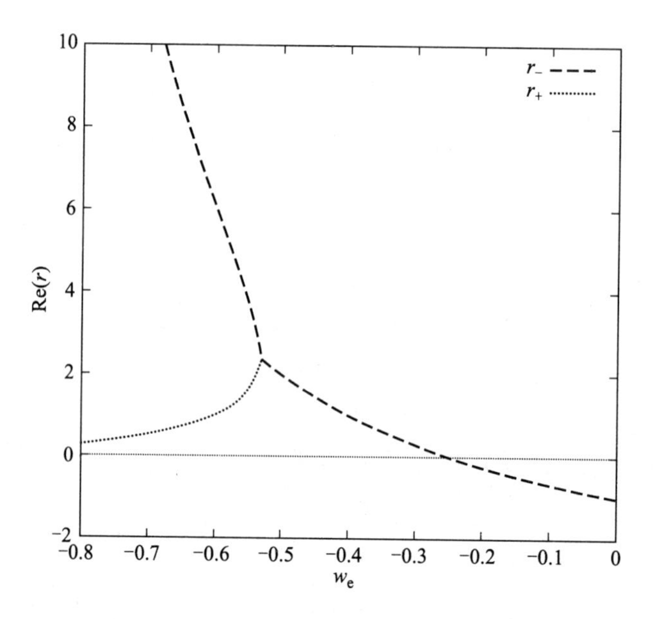

图 8–1 r_- 和 r_+ 随暗能量状态方程 w 的变化

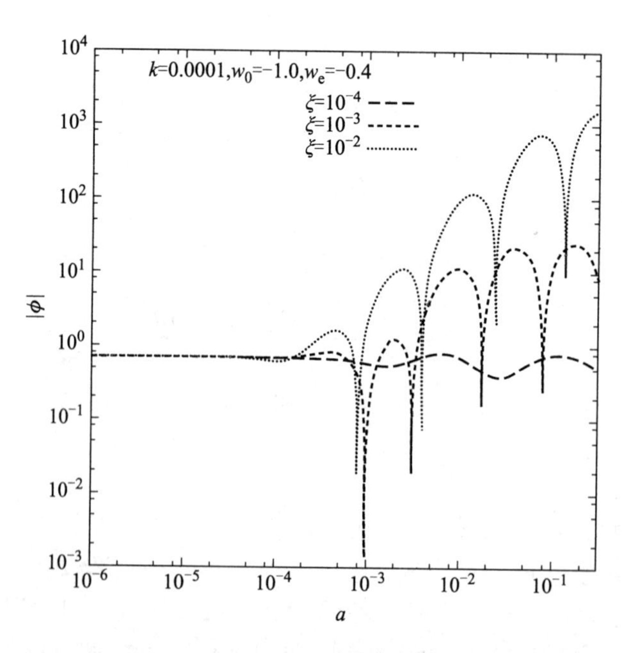

图 8–2 空间曲率扰动随耦合常数的变化

下面我们讨论当相互作用项正比于暗能量能量密度 $Q = 3H\xi_2\rho_{\rm d}$ $(\xi_1 = 0)$ 的情况. 在这种情况下, (1.13) 式可以化简为

$$
\begin{aligned}
D'_{g\rm d} &\approx (-1+w)3\mathcal{H}D_{g\rm d} - 9\mathcal{H}^2(1-w)\left(1+\frac{\xi_2}{1+w}\right)\frac{U_{\rm d}}{k},\\
U'_{\rm d} &\approx 2\left(1+\frac{3\xi_2}{1+w}\right)\mathcal{H}U_{\rm d} + kD_{g\rm d}.
\end{aligned}
\tag{1.19}
$$

因而, 我们可以得到 $D_{g\rm d}$ 的二阶微分方程

$$
D''_{g\rm d} = \left[\left(-1+3w+\frac{6\xi_2}{1+w}\right)\mathcal{H}+2\frac{\mathcal{H}'}{\mathcal{H}}\right]D'_{g\rm d} + 3(1-w)\left[\mathcal{H}'+\mathcal{H}^2\left(-1+\frac{3\xi_2}{1+w}\right)\right]D_{g\rm d}.
\tag{1.20}
$$

在宇宙早期辐射为主要物质的时候, (1.20) 式可化简为

$$
D''_{g\rm d} = \left(-3+3w+\frac{6\xi_2}{1+w}\right)\frac{D'_{g\rm d}}{\tau} + 3(1-w)\left(-2+\frac{3\xi_2}{1+w}\right)\frac{D_{g\rm d}}{\tau^2}.
\tag{1.21}
$$

我们引入辅助变量,

$$
\begin{aligned}
\Gamma &= 3w^2 + w + 6\xi_2 - 2,\\
\Delta &= 9w^4 + 30w^3 + 13w^2 + (-28+12\xi_2)w + 36\xi_2^2 + 12\xi_2 - 20.
\end{aligned}
\tag{1.22}
$$

我们发现, 当 $\Delta > 0$,

$$
D_{g\rm d} \sim C_1\tau^{r_1} + C_2\tau^{r_2},
\tag{1.23}
$$

其中

$$
\begin{aligned}
r_1 &= \frac{1}{2}\frac{\Gamma}{1+w} + \frac{1}{2}\frac{\sqrt{\Delta}}{1+w},\\
r_2 &= \frac{1}{2}\frac{\Gamma}{1+w} - \frac{1}{2}\frac{\sqrt{\Delta}}{1+w}.
\end{aligned}
\tag{1.24}
$$

而当 $\Delta < 0$,

$$
D_{g\rm d} \sim C_1\tau^{\frac{1}{2}\frac{\Gamma}{1+w}}\cos\frac{1}{2}\frac{\sqrt{|\Delta|}}{1+w}\ln\tau + C_2\tau^{\frac{1}{2}\frac{\Gamma}{1+w}}\sin\frac{1}{2}\frac{\sqrt{|\Delta|}}{1+w}\ln\tau.
\tag{1.25}
$$

从图 8–3 中, 我们可以看到, 当 w 的值在 -1 附近时, Δ 值为正. 当 ξ_2 的取值越小, Δ 值为正的区域越小. $w = -1$ 是一个奇点, 在该点 r_+ 将发散, 因此 (1.23) 式中的密度扰动将随之发散. 当 $w > -1$, 在一个非常小的状态方程的区间 δw 内, 有 $\Delta > 0$, 此时 $\Gamma/2(1+w)$ 也是正值, 因此密度扰动是增长模, 体系将不稳定. 但是当 w 在这个区间之外时, 有 $\Delta < 0$, 与此同时 $\Gamma/2(1+w)$ 也小于零, 因而得到 (1.25) 式中的稳定解.

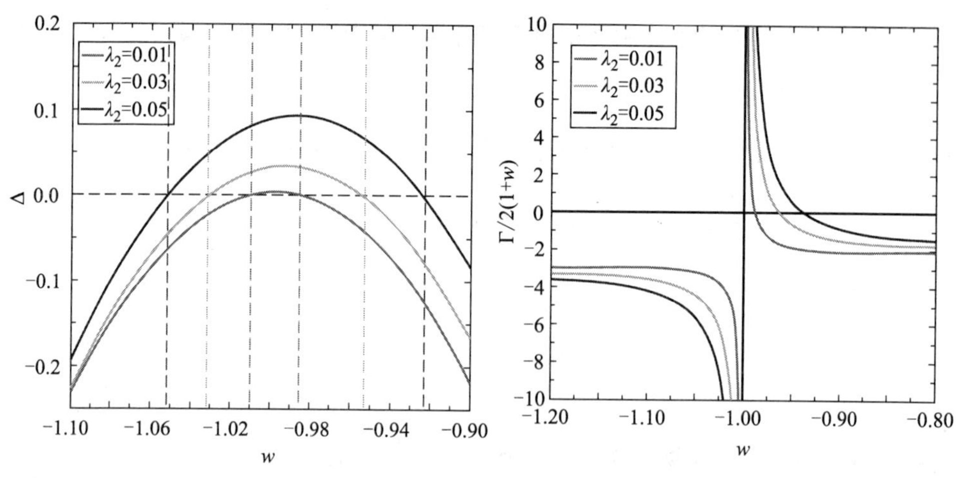

图 8–3 Δ, Γ 随暗能量状态方程 w 的行为

图中 $\lambda_2 = \xi_2$

以上的分析说明, 当暗能量与暗物质的相互作用正比于暗能量能量密度时, $Q = 3H\xi_2\rho_{\rm d}$ $(\xi_1 = 0)$, 在 $w < -1$ 的情况下不会出现不稳定的现象. 当 $w > -1$ 时, 只有当暗能量状态方程非常接近 -1 时, 暗能量密度扰动会出现不稳定的增长解. 而当 w 并不处在 -1 附近时, 暗能量密度扰动是稳定解, 因而体系是稳定的.

8.1.4 总结

我们知道在标准暴胀模型中, 在宇宙早期, 当能量密度扰动的波长处在超粒子视界范围时, 扰动处于不增长的凝固状态. 只有当这些扰动的波长重新进入到粒子视界范围内, 扰动才能在引力的放大作用下快速增长. 但是如果宇宙中的暗能量与暗物质发生相互作用并且有能量传递的时侯, 即使物质密度扰动的波长处在超粒子视界范围的情况下, 这些扰动也可能会出现快速增长, 进而造成整个体系的不稳定.

关于这种不稳定, 我们要指出:

第一, 它发生在宇宙早期, 而标准模型在宇宙早期是稳定的. 这是因为, 此时宇宙中的主要物质是辐射. 由于辐射会与电子发生非常强的相互作用, 使得辐射重子紧束缚体系具有非常大的弹性. 这种弹性可以对抗引力扰动的压缩, 从而阻碍引力扰动保持体系稳定.

第二, 这种不稳定与相互作用的具体形式密切相关. 当相互作用正比于暗物质能量密度 $Q = 3H\xi_1\rho_{\rm c}$ 或暗能量、暗物质总能量密度时, $Q = 3H\xi(\rho_{\rm c} + \rho_{\rm d})$, 当 $-1 < w < -1/4$, 体系存在这种不稳性. 当相互作用正比于暗能量能量密度时, $Q = 3H\xi_2\rho_{\rm d}$, 体系是稳定的, 并且与 w, ξ_2 的取值无关.

第三, 产生这种不稳定的原因跟宇宙早期暗能量能量密度的大小相关. 当相互作用正比于暗物质能量密度或总能量密度时, 由于背景演化方程存在吸引子解, 因而在宇宙早期有 $\xi_1 r = -w$, 暗能量能量密度与暗物质能量密度可以比拟, 从而产生非常巨大的暗能量涨落, 进而造成体系的不稳定. 而如果暗能量能量密度在早期可以忽略, 比如相互作用正比于暗能量能量密度时, $Q = 3H\xi_2\rho_{\rm d}$, 暗能量涨落相比于其他涨落就可以被忽略, 从而体系可以保持稳定.

第四, 这种不稳定与暗能量状态方程 w 也密切相关. 当 $w < -1$ 时, 所有上述相互作用模型都是稳定的. 而当 $w > -1$ 时, 即使相互作用正比于暗物质能量密度或暗能量、暗物质总能量密度时, 如果当 $w > -1/4$ 时, 这些模型仍然是稳定的. 因此, 我们可以使用随时间变化的暗能量状态方程来避免这种不稳定的出现. 例如, 我们将 w 写为 $w(a) = aw_0 + (1-a)w_{\rm e}$, 其中 w_0 是晚期暗能量状态方程, 而 $w_{\rm e}$ 是早期暗能量状态方程. 如果我们限制 $w_{\rm e} > -1/4$, 这样就可以避免不稳定. 具体讨论可以参考文献 [32].

8.2 暗能量、暗物质相互作用在宇宙微波背景辐射中的印迹

宇宙微波背景辐射是宇宙学中最为重要的研究对象之一. 对它的研究经历了两次革命. 第一次革命是宇宙微波背景辐射的发现. 1965 年, 美国新泽西州贝尔实验室的两位无线电工程师阿尔诺・彭齐亚斯 (Arno Penzias) 和罗伯特 · 威尔逊 (Robert Wilson) 发现无线电天线接收器中存在着无法阐明的噪声. 后来证实这种噪声正是由于宇宙大爆炸后残留的背景辐射造成的. 背景辐射的发现强有力地支持了大爆炸学说. 第二次革命来自美国国家航空航天局 (NASA) 1989 年发射的 COBE 卫星的观测. COBE 卫星发现虽然微波背景辐射的均匀性非常好, 但是仍然存在着极其细微的各向异性的差别 $\dfrac{\delta T}{T} < 10^{-5}$. COBE 卫星的结果开启了精确宇宙学的时代. 宇宙早期的这种细微的各向异性差别, 对于形成今天所观察到的宇宙中的各种结构来说极为重要. 正是由于宇宙早期存在这些原初扰动, 它才能够在引力的作用下形成今天所观察到的世界.

对于微波背景辐射研究而言, 又一重要事件是 WMAP 卫星的上天. WMAP 卫星用以前所未有的实验精度观测了背景辐射的各向异性. 高质量的实验数据, 使我们对宇宙模型中参数的约束可以精确到 1% 的量级. 目前, 已有大量文献使用不同数据对相互作用模型进行拟合[1,20]. 这里我们将使用 WMAP 七年观测数据, 对暗能量、暗物质相互作用模型进行拟合, 并且讨论暗能量、暗物质相互作用对 ISW-LSS 关联的影响.

8.2.1 背景动力学分析与宇宙模型参数的简并

我们考虑宇宙背景是平坦的 Friedmann-Robertson-Walker(FRW) 时空. 暗能

量、暗物质能量守恒方程分别为

$$\begin{aligned}\rho_{\mathrm{c}}'+3\mathcal{H}\rho_{\mathrm{c}}&=aQ_{\mathrm{c}},\\ \rho_{\mathrm{d}}'+3\mathcal{H}(1+w)\rho_{\mathrm{d}}&=aQ_{\mathrm{d}}.\end{aligned}\tag{2.1}$$

我们使用与 8.1 节中相同的唯象模型 $Q=3H(\xi_1\rho_{\mathrm{m}}+\xi_2\rho_{\mathrm{d}})$ 来描述相互作用. 由于受稳定性的影响, 在这里我们将所有物理上可能的模型与参数约束列入表 8–1 中, 其中有效状态方程分别定义为

$$\begin{aligned}w_{\mathrm{c,eff}}&=-\frac{aQ_{\mathrm{c}}}{3\mathcal{H}\rho_{\mathrm{c}}},\\ w_{\mathrm{d,eff}}&=w-\frac{aQ_{\mathrm{d}}}{3\mathcal{H}\rho_{\mathrm{d}}}.\end{aligned}\tag{2.2}$$

表 8–1 相互作用模型

模　型	Q	DE EoS	$w_{\mathrm{d,eff}}$	参数约束
I	$3\xi_2H\rho_{\mathrm{d}}(\xi_1=0)$	$-1<w<0$	$w+\xi_2$	$\xi_2<-2w\Omega_{\mathrm{c}}$
II	$3\xi_2H\rho_{\mathrm{d}}(\xi_1=0)$	$w<-1$	$w+\xi_2$	$\xi_2<-2w\Omega_{\mathrm{c}}$
III	$3\xi_1H\rho_{\mathrm{c}}(\xi_2=0)$	$w<-1$	$w+\xi_1r$	$0<\xi_1<-w/4$
IV	$3\xi H(\rho_{\mathrm{c}}+\rho_{\mathrm{d}})(\xi=\xi_1=\xi_2)$	$w<-1$	$w+\xi(r+1)$	$0<\xi<-w/4$

下面我们讨论背景演化方程的性质. 首先定义 $r=\rho_{\mathrm{c}}/\rho_{\mathrm{d}}$ 作为暗能量能量密度与暗物质能量密度的比值. 当 r 在宇宙演化过程中不随时间变化时, 我们有 $r'=\dfrac{\rho_{\mathrm{c}}'}{\rho_{\mathrm{c}}}-r\dfrac{\rho_{\mathrm{d}}'}{\rho_{\mathrm{d}}}=0$, 因而我们得到一个关于 r 的二次方程,

$$\xi_1r^2+(\xi_1+\xi_2+w)r+\xi_2=0.\tag{2.3}$$

当相互作用项正比于暗能量能量密度时 (模型 I, II) ($\xi_1=0$), 方程 (2.3) 退化为一次方程, 根为 $r=-\dfrac{\xi_2}{\xi_2+w}$. 经检验这个根发生在将来. 在文献 [14] 中我们发现, 如果 $\xi_2>-2w\Omega_{\mathrm{c}}$ 在宇宙早期将导致负的暗物质能量密度 ($\rho_{\mathrm{c}}<0$), 因此我们要求 $\xi_2<-2w\Omega_{\mathrm{c}}$. 对于有效状态方程我们有 $w_{\mathrm{d,eff}}=w+\xi_2$, 从 $w_{\mathrm{d,eff}}$ 我们可以看到, 由于 w 和 ξ_2 对有效状态方程的贡献是一样的, 因此在这种情况下不可能通过宇宙背景演化的观测, 例如超新星光度距离观察, 将 w 和 ξ_2 区分开.

当相互作用项正比于暗物质能量密度或暗能量、暗物质总能量密度时 (模型 III, IV), 二次方程 (2.3) 有两个根:

$$\begin{aligned}(r\xi_1)_1&=-\frac{1}{2}(w+\xi_1+\xi_2)+\frac{1}{2}\sqrt{(\xi_1+\xi_2+w)^2-4\xi_1\xi_2},\\ (r\xi_1)_2&=-\frac{1}{2}(w+\xi_1+\xi_2)-\frac{1}{2}\sqrt{(\xi_1+\xi_2+w)^2-4\xi_1\xi_2}.\end{aligned}$$

经检验 $(r\xi_1)_1$ 发生在过去, $(r\xi_1)_2$ 发生在将来. 当相互作用项正比于暗物质能量密度时 (模型 Ⅲ) $(\xi_2=0)$, 当 $\xi_1<-w/4$, 上述两个根是实根, 并且可以化简为

$$\begin{aligned}(r\xi_1)_1 &= -(w+\xi_1)>0,\\ (r\xi_1)_2 &= 0.\end{aligned} \tag{2.4}$$

在这种情况下, 暗能量有效状态方程在过去和将来行为将不再一样. 在宇宙早期, 有效状态方程为

$$w_{\mathrm{d,eff}}\approx -\xi_1. \tag{2.5}$$

此时有效状态方程仅与相互作用项有关. 而在现今或宇宙演化到将来时, 暗能量有效状态方程为

$$w_{\mathrm{d,eff}}\approx w. \tag{2.6}$$

此时它不再与相互作用项相关. 因此在这种情况下, 由于有效状态方程在早期和晚期有不同的行为, 因而 ξ 与 w 不再有简并.

当相互作用项正比于暗能量、暗物质总能量密度时 (模型 Ⅳ) $(\xi_1=\xi_2)$, 当 $\xi<-w/4$, 方程 (2.3) 有两个实根:

$$\begin{aligned}(r\xi)_1 &= -\frac{1}{2}(w+2\xi)+\frac{1}{2}\sqrt{(2\xi+w)^2-4\xi^2}\\ &\approx -(w+2\xi),\\ (r\xi)_2 &= -\frac{1}{2}(w+2\xi)-\frac{1}{2}\sqrt{(2\xi+w)^2-4\xi^2}\\ &\approx -\frac{\xi^2}{w}\approx \xi^2.\end{aligned} \tag{2.7}$$

相应的暗能量有效状态方程为: 早期 $w_{\mathrm{d,eff}}\approx-\xi$, 现在或将来 $w_{\mathrm{d,eff}}\approx w+\xi^2+\xi$. 因而我们发现暗能量状态方程和相互作用项之间参数存在简并.

以上我们讨论了相互作用模型中宇宙学参数之间在背景演化中可能存在着的简并. 但是我们需要强调, 即使在背景演化中存在着简并的参数, 在扰动的空间中这种简并却不一定存在. 因此, 我们需要进一步讨论扰动对参数简并的影响. 这里我们主要讨论参数在 CMB 谱中的简并.

我们根据 (1.9), (1.10) 式, 利用 CMBEASY 代码计算出 CMB 温度谱. 图 8–4, 8–5 中是理论计算的结果. 当暗物质密度 $\omega_{\mathrm{c}}=\Omega_{\mathrm{c}}h^2$ 固定的时候, 我们从图 8–5 中可以看到, 暗能量状态方程 w 发生变化仅仅对小 l 的部分产生影响, 而保持声子峰不变. w 的数值变大时, 小 l 谱的数值随之增大. 但是 $w>-1$ 时, 小 l 谱数值变化的幅度明显大于 $w<-1$ 时的情况. 与此同时我们发现, 相互作用也会对 CMB 小 l 谱产生影响. 如果耦合常数为正值, 耦合常数越大, 小 l 谱的数值会被压得越

小. 当相互作用正比于暗物质能量密度或总能量能量密度时, 我们看到这种压缩效应远强于相互作用正比于暗能量能量密度时的情况. 除了对小 l 谱的影响外, 相互作用同时也会对声子峰产生影响, 这一点与暗能量状态方程 w 明显不同.

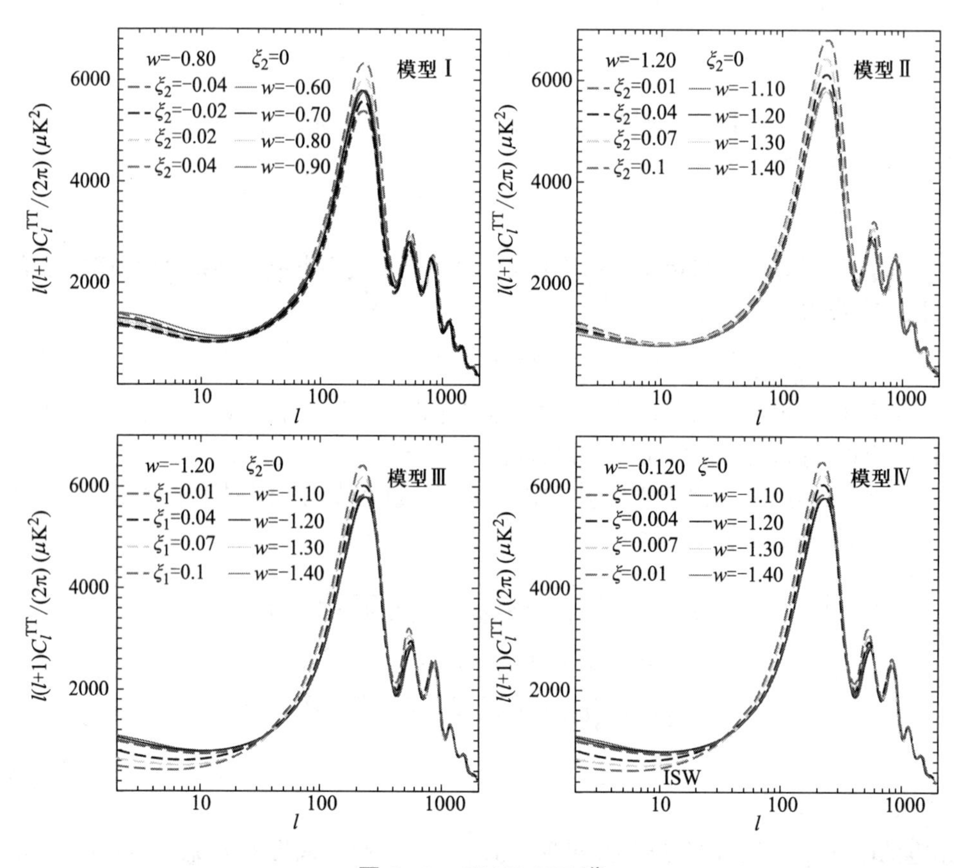

图 8–4 CMB TT 谱

下面我们讨论暗物质密度 $\omega_c = \Omega_c h^2$ 对 CMB 温度谱产生的影响. 从图 8–5 中我们发现, $\omega_c = \Omega_c h^2$ 并不会在小 l 谱产生明显的影响, 但是 ω_c 会引起声子峰高度的变化. 当 ω_c 变小时, 声子峰会升高; 当 ω_c 变大时, 声子峰会降低. 暗物质密度在声子峰的这一特点与相互作用产生的影响十分相似, 因而暗物质密度和相互作用之间可能出现非常强的简并. 为了避免这一情况的发生, 我们需要加入对暗物质密度有着非常强约束的实验数据, 以及考虑 CMB 小 l 谱中相应的作用来消除这一简并. 关于这一点我们在下一小节当中会再次提到.

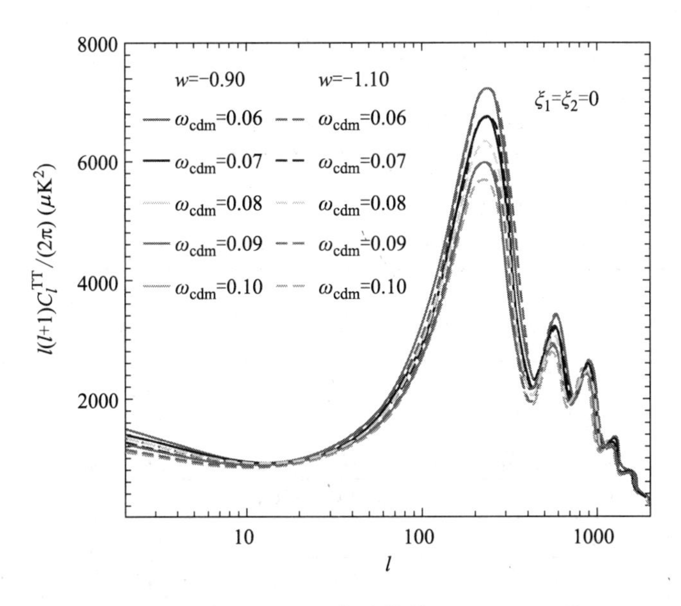

图 8–5　随 $\omega_{\rm c} = \Omega_{\rm c}h^2$ 变化的 CMB TT 谱

8.2.2 实验数据拟合

在这一小节中, 我们将使用极大似然估计对宇宙模型中的参数进行拟合. 宇宙模型的参数空间为

$$P = (h, \omega_{\rm b}, \omega_{\rm cdm}, \tau, \ln(10^{10}A_{\rm s}), n_{\rm s}, \xi_1, \xi_2, w),$$

其中 h 是 Hubble 常数, $\omega_{\rm b} = \Omega_{\rm b}h^2, \omega_{\rm cdm} = \Omega_{\rm cdm}h^2$ 分别是重子密度、暗物质密度, $A_{\rm s}$ 是原初标量扰动幅, $n_{\rm s}$ 是标量扰动谱因子, ξ_1 和 ξ_2 是相互作用耦合常数, w 是暗能量状态方程. 我们假设空间是平坦的 $\Omega_k = 0$. 我们使用 CMBEASY 代码[22]. 宇宙微波背景辐射各向异性数据来自 Wilkinson Microwave Anisotropy Probe (WMAP) 卫星七年观测的数据. 在 Bayesian 统计方法中, 我们限定宇宙模型参数的范围为表 8–2. 参数拟合的结果列在表 8–3 中, 其中误差是 1σ. $\Omega_{\rm c}h^2$, 暗能量状态方程 w, 以及相互作用耦合常数 ξ 的一维似然函数如图 8–6 所示. 我们可以看到, 当相互作用项正比于暗能量密度时,WMAP 数据并不能够对这三个参数进行很好的约束. 这是因为它们之间存在着简并. 这一点可以从图 8–4 以及图 8–5 中看出. 我们可以看到在 CMB 温度谱中小 l 的部分, w 和 ξ 对谱的影响是相似的. 而在第一声子峰的位置, $\omega_{\rm c}h^2$ 和 ξ 对谱的影响也是相似的. 另一方面, 当相互作用项正比于暗物质能量密度或总能量密度时, 宇宙微波背景辐射数据能够对 $\Omega_{\rm c}h^2$, ξ 给出很好的约束, 但是不能对 w 给出很好的约束. 这一点也可以从图 8–4 以及图 8–5 中得到印证. $\Omega_{\rm c}h^2$, ξ 之间的简并可以通过 CMB 温度谱中小 l 的部分来区分. 但是

当 $w < -1$, CMB 温度谱中小 l 的部分对暗能量状态方程 w 的变化并不敏感.

表 8–2 在 Bayesian 统计中参数设定的范围

$0 < \Omega_c h^2 < 0.5$	
$-1 < w < -0.1$ (模型 I),	$-2.5 < w < -1$ (模型 II, III, IV)
$-0.4 < \xi < 0.4$ (模型 I, II),	$0 < \xi < 0.02$ (模型 III, IV)

表 8–3 WMAP 七年数据宇宙学参数拟合结果

参 数	模型 I	模型 II	模型 III	模型 IV
h	$0.678^{+0.061}_{-0.075}$	$1.09^{+0.23}_{-0.26}$	$0.80^{+0.21}_{-0.13}$	$0.83^{+0.36}_{-0.15}$
$\Omega_b h^2$	$0.0224^{+0.0006}_{-0.0006}$	$0.0221^{+0.0005}_{-0.0005}$	$0.0219^{+0.0006}_{-0.0006}$	$0.0219^{+0.0006}_{-0.0006}$
$\Omega_c h^2$	< 0.111(68%CL)	< 0.151(68%CL)	$0.117^{+0.009}_{-0.007}$	$0.119^{+0.008}_{-0.007}$
τ	$0.084^{+0.015}_{-0.014}$	$0.085^{+0.015}_{-0.014}$	$0.087^{+0.016}_{-0.015}$	$0.085^{+0.016}_{-0.015}$
n_s	$0.966^{+0.014}_{-0.015}$	$0.957^{+0.014}_{-0.014}$	$0.944^{+0.016}_{-0.016}$	$0.943^{+0.017}_{-0.018}$
$\ln(10^{10} A_s)$	$3.071^{+0.037}_{-0.036}$	$3.072^{+0.036}_{-0.035}$	$3.079^{+0.039}_{-0.038}$	$3.077^{+0.037}_{-0.035}$
w	< -0.694(68%CL)	不受限	不受限	不受限
ξ	$-0.17^{+0.17}_{-0.05}$	$-0.13^{+0.20}_{-0.05}$	$0.0010^{+0.0012}_{-0.0010}$	$0.0011^{+0.0010}_{-0.0011}$

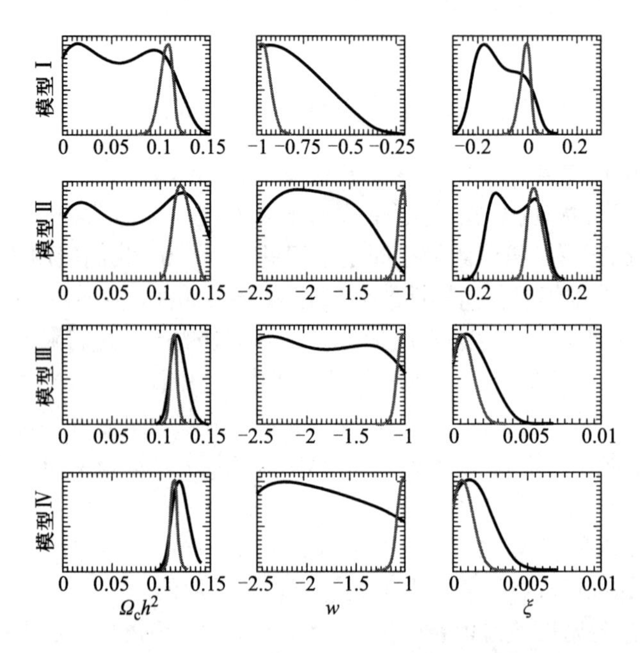

图 8–6 $\Omega_c h^2$, w, ξ 的一维似然函数

黑线代表 WMAP 七年数据的结果, 红线代表 WMAP + SN + BAO + H_0 数据组合的结果

为了进一步提高对 $\Omega_c h^2$ 的约束效果, 我们使用重子声子震荡 (BAO) 中对距离参数的测量[23]. BAO 可以对以下的距离参数比值给出很好的约束:

$$d_z = r_s(z_d)/D_v(z), \tag{2.8}$$

其中 $D_v(z) \equiv [(1+z)^2 D_A^2 z/H(z)]^{1/3}$ 是有效距离[24], D_A 是角直径距离, $H(z)$ 是 Hubble 参数. $r_s(z_d)$ 是重子与光子退耦时随动声子视界. 我们可以利用 [25] 中 z_d 的定义 $\int_{\tau_d}^{\tau_0} \dot{\tau}/R = 1, R = \frac{3}{4}\frac{\rho_b}{\rho_\gamma}$, 用数值的方法将 z_d 计算出来. 这样, χ^2_{BAO} 的计算公式为[23]

$$\chi^2_{BAO} = (\vec{d} - \vec{d}^{obs})^T C^{-1} (\vec{d} - \vec{d}^{obs}), \tag{2.9}$$

其中 $\vec{d} = (d_{z=0.2}, d_{z=0.35})^T$, $\vec{d}^{obs} = (0.1905, 0.1097)^T$, 而逆协方差矩阵为[23]

$$C^{-1} = \begin{pmatrix} 30124 & -17227 \\ -17227 & 86977 \end{pmatrix}. \tag{2.10}$$

除此之外, 我们添加 BAO 观测中的 A 参数[26],

$$\begin{aligned} A &= \frac{\sqrt{\Omega_m}}{E(0.35)^{1/3}} \left(\frac{1}{0.35} \int_0^{0.35} \frac{dz}{E(z)} \right)^{2/3} \\ &= 0.469(n_s/0.98)^{-0.35} \pm 0.017, \end{aligned} \tag{2.11}$$

其中 $E(z) = \frac{H(z)}{H_0}$, 而 n_s 是标量扰动谱因子.

为了提高对暗能量状态方程 w 的约束, 我们使用 397 颗超新星光度距离的观测数据[27]. χ^2_{SN} 由下式给出:

$$\chi^2_{SN} = \sum_i \frac{(\mu(z_i) - \mu_{obs}(z_i))^2}{\sigma_i^2}. \tag{2.12}$$

这个过程中, 我们将有害参数的影响利用积分消除. 最后我们添加现今时刻 Hubble 常数的观测数据[28],

$$H_0 = 74.2 \pm 3.6 \mathrm{km \cdot s^{-1} \cdot Mpc^{-1}}. \tag{2.13}$$

我们采用联合似然分析,

$$\chi^2 = \chi^2_{WMAP} + \chi^2_{SN} + \chi^2_{BAO} + \chi^2_{H_0}. \tag{2.14}$$

拟合的结果列在表 8-4 中. 我们可以看到, 所有宇宙学参数都得到了很好的约束. 对于耦合常数而言, 当相互作用项正比于暗能量能量密度, 耦合常数被约束到 1%

的量级; 而当相互作用项正比于暗物质能量密度或暗能量、暗物质总能量密度时, 耦合常数被约束到 10^{-4} 的量级, $\xi_1 = 0.0006^{+0.0006}_{-0.0005}$, $\xi = 0.0006^{+0.0005}_{-0.0006}$, 并且可以看到在 1σ 的范围内, 这些耦合常数为正值, 说明暗能量转化到暗物质. 与此同时, w 和 $\Omega_c h^2$ 与单独使用 WMAP 数据相比, 得到了非常好的约束.

表 8–4 WMAP + SN + BAO + H$_0$ 宇宙学参数拟合结果

参 数	模型 I	模型 Ⅱ	模型 Ⅲ	模型 Ⅳ
h	$0.699^{+0.012}_{-0.012}$	$0.709^{+0.013}_{-0.012}$	$0.700^{+0.013}_{-0.013}$	$0.699^{+0.013}_{-0.013}$
$\Omega_b h^2$	$0.0224^{+0.0006}_{-0.0006}$	$0.0222^{+0.0005}_{-0.0005}$	$0.0222^{+0.0006}_{-0.0006}$	$0.0222^{+0.0006}_{-0.0006}$
$\Omega_c h^2$	$0.107^{+0.006}_{-0.007}$	$0.120^{+0.010}_{-0.008}$	$0.113^{+0.003}_{-0.003}$	$0.114^{+0.003}_{-0.003}$
τ	$0.086^{+0.016}_{-0.015}$	$0.083^{+0.016}_{-0.014}$	$0.087^{+0.017}_{-0.015}$	$0.087^{+0.016}_{-0.015}$
n_s	$0.967^{+0.013}_{-0.013}$	$0.961^{+0.013}_{-0.013}$	$0.956^{+0.014}_{-0.014}$	$0.956^{+0.014}_{-0.014}$
$\ln(10^{10}A_s)$	$3.070^{+0.036}_{-0.034}$	$3.069^{+0.035}_{-0.033}$	$3.074^{+0.038}_{-0.036}$	$3.074^{+0.036}_{-0.034}$
w	< -0.938(68%CL)	$-1.03^{+0.03}_{-0.04}$	$-1.02^{+0.02}_{-0.05}$	$-1.03^{+0.03}_{-0.05}$
ξ	$-0.003^{+0.017}_{-0.024}$	$0.024^{+0.034}_{-0.027}$	$0.0006^{+0.0006}_{-0.0005}$	$0.0006^{+0.0005}_{-0.0006}$

8.2.3 巧合性问题

当相互作用项是正值, 也就是暗能量转化到暗物质的时候, 相互作用模型可以解决 "巧合性" 问题[12,14]. 从图 8–7 中, 我们可以看到, 在标准 ΛCDM 模型中, 暗能量能量密度和暗物质能量密度, 只有在现今这一时刻处于同一数量级, 并且 $\lg(\rho_c/\rho_d)$ 线性正比于 $\lg a$, 因而图中的黑线几乎严格地经过坐标系原点. 在宇宙早期这两种能量密度的数量级相差超过 10^{30}, 而如果宇宙的初始条件发生改变, 黑线将不再经过原点, 现今的能量密度将不再处于同一数量级. 这个问题可以通过引入暗能量、暗物质相互作用来解决. 比如, 在我们所讨论的模型当中, 如果相互作用正比于总能量密度 (模型Ⅳ), 暗能量、暗物质的能量比值 r 将存在吸引子解,

$$r_1 \sim \frac{1}{\xi}, \quad r_2 \sim \xi, \tag{2.15}$$

其中 r_1 发生在过去, 而 r_2 发生在将来, 那么如图 8–8 所示, 能量比值 r 将被约束在 r_1, r_2 之间并且与能量密度的初始条件无关, 巧合性问题可以得到解决. 根据实验数据在该模型中 $1/\xi \sim 10^4$, $\xi \sim 10^{-4}$, 因此在宇宙演化的整个历史过程中, r 的值将在 $10^{-4} \sim 10^4$ 之间.

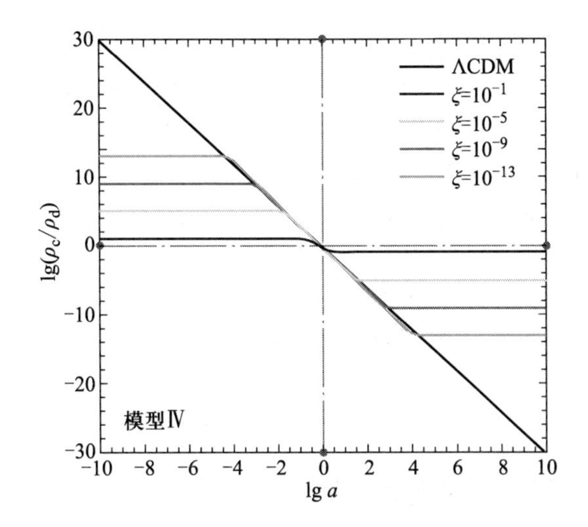

图 8–7 巧合性问题

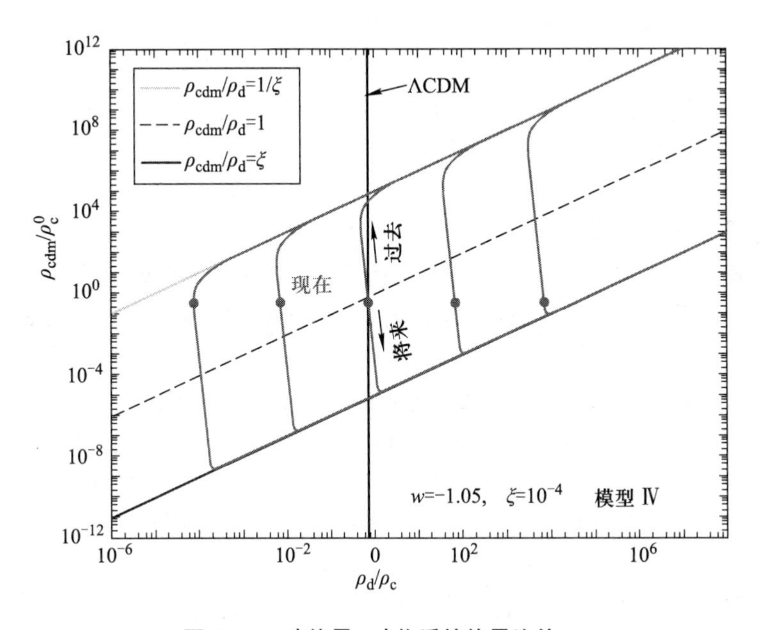

图 8–8 暗能量、暗物质的能量比值 r

ρ_c^0 是现今的临界能量密度. 从图中可以看到, 自治系统的吸引子解 r 并不依赖初始条件. 图中的紫色曲线代表不同初始条件下的宇宙演化过程, 红点代表现今 r 的值. 我们可以看到这些值被约束在 $\rho_c-\rho_d$ 平面上的两条渐进线 $r_1\sim\xi, r_2\sim 1/\xi$ 的范围之内

8.2.4 ISW-LSS 关联

在这一小节当中, 我们将讨论通过使用 ISW 效应和大尺度结构 LSS 关联来观

测暗能量、暗物质相互作用的可能性. 我们知道宇宙微波背景辐射光子在最后散射面上 (last scattering surface) 与电子退耦而形成初次各向异性后, 在到达探测器的过程中, 会在引力所形成的势井或势垒中穿梭. 当光子坠入势井时, 由于获得能量而发生蓝移; 而当光子爬出势井并且翻越势垒时, 由于失去能量而发生红移. 如果在宇宙当中这些势井或势垒不随时间变化, 红移和蓝移对光子产生的影响将相互抵消. 而当势井或势垒随时间变化时, 红移和蓝移对光子产生的影响将无法完全抵消, 宇宙微波背景辐射各向异性将再次发生改变. 习惯上, 我们将这种由引力势随时间变化而引起的效应称之为 ISW 效应. ISW 效应只对 CMB 温度谱小 l 部分产生影响. 自关联谱为

$$C_l^{\mathrm{ISW}} = 4\pi \int \frac{\mathrm{d}k}{k} \mathcal{P}_\chi(k) \mid \Delta_l^{\mathrm{ISW}}(k, \tau_0) \mid^2, \tag{2.16}$$

其中 $\mathcal{P}_\chi$ 是原初功率谱, τ_0 是现今的共形时间, $\Delta_l^{\mathrm{ISW}}(k,\tau_0)$ 是辐射转移方程

$$\Delta_l^{\mathrm{ISW}} = \int_{\tau_i}^{\tau_0} \mathrm{d}\tau j_l(k[\tau_0 - \tau]) \mathrm{e}^{\kappa(\tau)-\kappa(\tau_0)} (\Psi' - \Phi'), \tag{2.17}$$

从表达式中我们可以看出, ISW 效应的自关联谱由引力势的变化决定. 但遗憾的是, 实验上无法直接观测到 ISW 自关联谱, 而更多的是观测 ISW 和大尺度结构 LSS 的关联谱[30]. 随着技术的进步, 目前这一观测精度已经能够达到 3.8σ 的水平[31]. 而信噪比 S/N 有望通过不久的将来大尺度结构巡天的观测进一步提高.

相比于 ISW 自关联谱, ISW-LSS 关联谱有很多优点. 首先, 在宇宙早期的原初微波背景辐射各向异性并不与大尺度结构相关联, 因而不会影响到通过 ISW-LSS 关联谱得到的关于 ISW 的信息. 其次, 由关联信号强度正比于 ΔT_{ISW}, 而不像自关联谱中正比于 $\Delta T_{\mathrm{ISW}}^2$ 那样, 从信号强度的符号, 我们可以判断出引力势是处于增长还是衰减. 第三, 我们通过对大尺度结构中星系随红移的分布, 可以得到引力势的变化, 进而可以推断出暗能量、暗物质相互作用的细节. 正是由于具有以上的诸多优点, ISW-LSS 关联谱是观测暗能量、暗物质相互作用的, 潜在的, 非常有效的手段. 不过在现阶段, 由于现有的 ISW-LSS 关联测量, 信噪比 S/N 仍然非常低以及理论分析上的复杂性 (例如, 存在星系偏差问题), 我们在本小节中并不使用现有的实验数据对模型进行参数拟合, 而仅仅在理论上对观测上的特征进行预测.

ISW-LSS 关联谱以及星系自关联谱可以表示为

$$C_l^{\mathrm{gI}} = 4\pi \int \frac{\mathrm{d}k}{k} \mathcal{P}_\chi(k) I_l^{\mathrm{g}*}(k) \Delta_l^{\mathrm{ISW}}(k), \tag{2.18}$$

$$C_l^{\mathrm{gg}} = 4\pi \int \frac{\mathrm{d}k}{k} \mathcal{P}_\chi(k) I_l^{\mathrm{g}*}(k) I_l^{\mathrm{g}}(k), \tag{2.19}$$

其中 $I_l^{\mathrm{g}}(k)$ 为

$$I_l^{\mathrm{g}}(k) = \int \mathrm{d}z b_{\mathrm{g}}(z) \Pi(z) (D_{\mathrm{gc}} + D_{\mathrm{gb}}) j_l[k\chi(z)], \tag{2.20}$$

这里 $b_g(z)$ 是星系偏差, $\Pi(z)$ 是红移分布函数, $\chi(z)$ 是共形距离,

$$\chi(z)=\int_0^z\frac{\mathrm{d}z'}{H(z)}=\int_{\tau_i(z)}^{\tau_0}\mathrm{d}\tau=\tau_0-\tau_i(z). \tag{2.21}$$

为了方便起见, 我们假定 $b(z)\approx 1$, 对于归一的红移分布函数我们采用以下形式[32]:

$$\Pi(z)=\frac{3}{2}\frac{z^2}{z_0^3}\exp\left(-\left(\frac{z}{z_0}\right)^{3/2}\right), \tag{2.22}$$

其平均红移为 $z_{\mathrm{m}}=1.4z_0$. 为了起到说明性的目的, 对于 z_{m} 我们分别取 $z_{\mathrm{m}}=0.1$ 和 $z_{\mathrm{m}}=0.4$. 前者分布函数类似于 2MASS 观测中的星系红移分布, 后者类似于 SDSS photo-z 观测中的星系分布.

当相互作用正比于暗能量能量密度时, 如果暗能量状态方程 $w>-1$, ISW-LSS 关联谱以及星系自关联谱如图 8–9 所示. 对于低红移 $z_{\mathrm{m}}=0.1$, 相比 ΛCDM 模型, 我们可以看到相互作用对 ISW-LSS 关联谱和星系自关联谱都有影响. 负的相互作用将增加关联, 正的相互作用会减小关联. 如果暗能量状态方程 $w<-1$, 如图 8–10 所示, 情况与 $w>-1$ 时相似. 相互作用对 ISW-LSS 关联谱和星系自关联谱也都有影响, 并且负的相互作用将增加关联, 正的相互作用会减小关联. 而对于高红移 $z_{\mathrm{m}}=0.4$, 我们可以看到相互作用产生的影响并不明显.

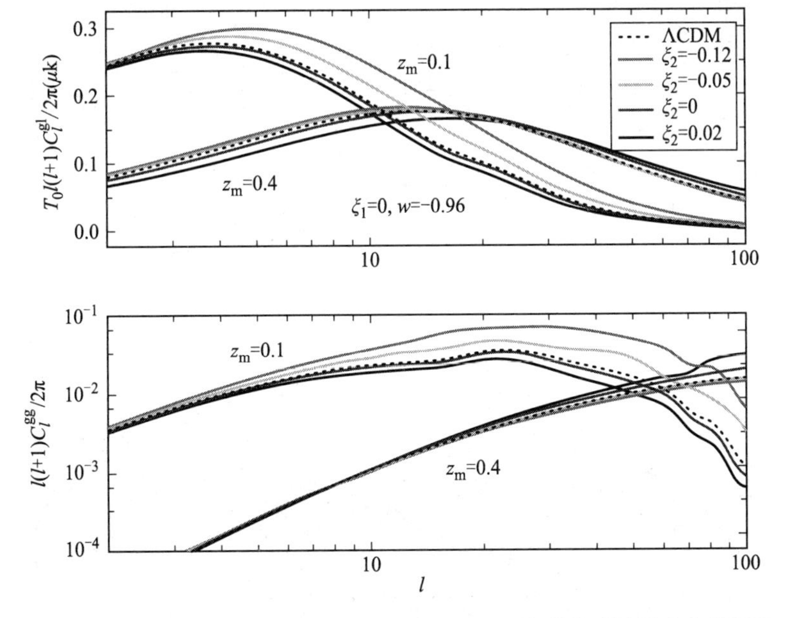

图 8–9　$Q=3\xi_1 H\rho_{\mathrm{d}}$, 且 $w>-1$, ISW-LSS 关联谱以及星系自关联谱

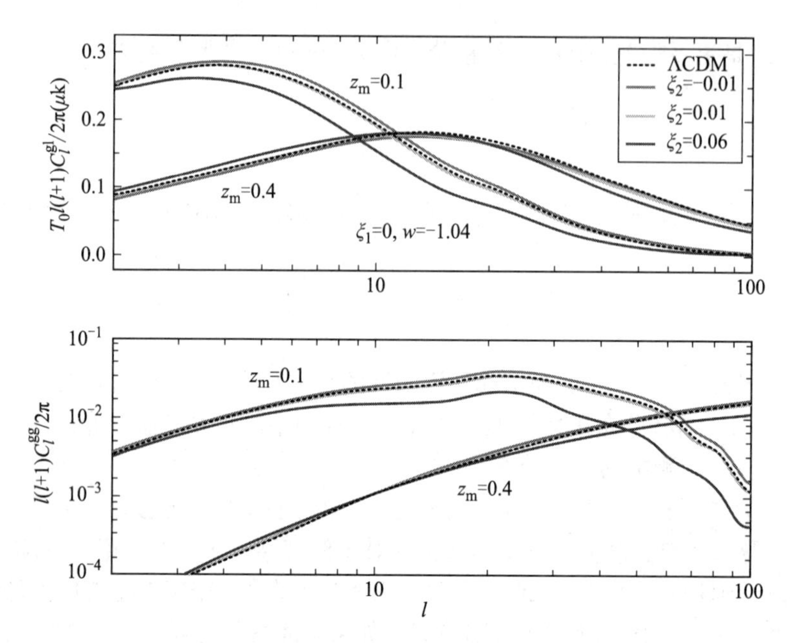

图 8–10　$Q = 3\xi_1 H\rho_d$, 且 $w < -1$, ISW-LSS 关联谱以及星系自关联谱

当相互作用正比于暗物质能量密度或暗能量、暗物质总能量密度时, 从图 8–11, 8–12 中我们可以看到, 在低红移 $z_m = 0.1$, 相互作用对小 l 部分的影响要

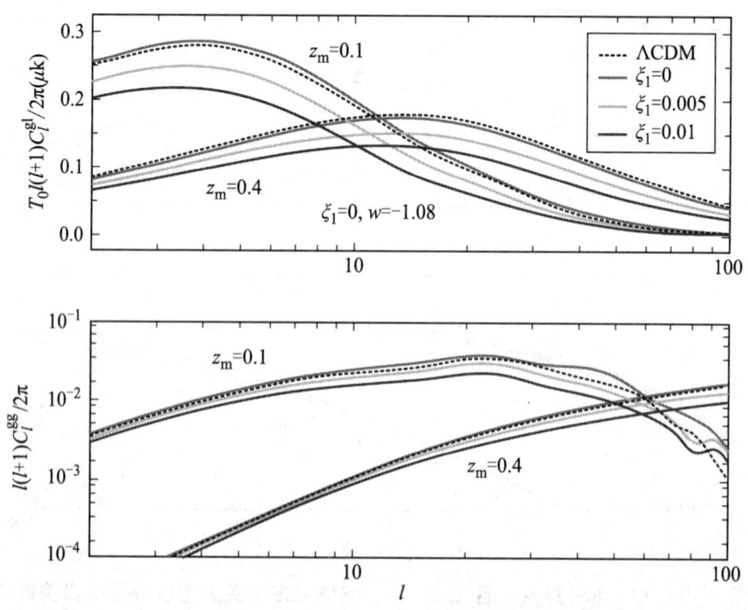

图 8–11　$Q = 3\xi_2 H\rho_m$, ISW-LSS 关联谱以及星系自关联谱

大于对大 l 部分的影响. 这一点和先前讨论的, 当相互作用正比于暗能量能量密度时, 图 8–9, 图 8–10 中所显示的特点有些不一样. 在高红移 $z_{\rm m}=0.4$, 相互作用对星系自关联谱没有十分明显的影响, 但对 ISW-LSS 关联谱有一定的影响. 通过以上定性的分析, 我们不难发现低红移观测能够对相互作用提供更好的测量.

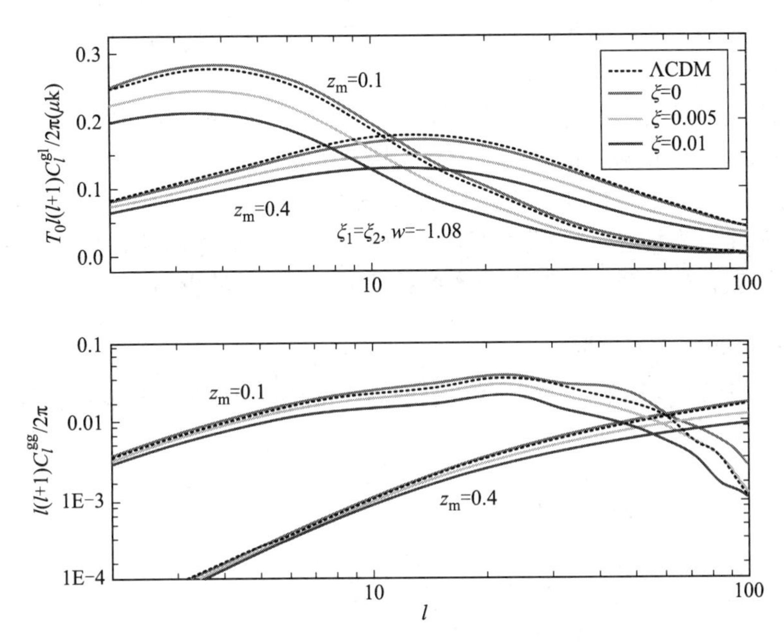

图 8–12　$Q=3\xi H(\rho_{\rm m}+\rho_{\rm d})$, ISW-LSS 关联谱以及星系自关联谱

8.2.5　总结

在这一节当中我们将暗能量、暗物质相互作用模型所预言的天文观测结果和 WMAP, BAO, SNeIa 等实验数据进行比较. 我们发现, 现有的实验数据并不能够排除暗能量、暗物质相互作用的存在. 特别地, 当相互作用正比于暗物质能量密度或暗能量、暗物质总能量密度时, 由于模型在背景演化过程中存在吸引子解, 因而早期暗能量密度以及暗能量涨落较大, 从而能够对微波背景辐射产生非常明显的影响. 从实验数据拟合的结果中, 我们发现在 1σ 范围内, 这两种模型的相互作用常数不为零, 而且是正数, 标志着有能量从暗能量流向暗物质.

由于背景辐射数据在大尺度范围受宇宙学方差的影响, 微波背景辐射对暗能量性质的观测非常有限, 因而对宇宙大尺度结构观测是研究暗能量性质的有效手段. 为此, 我们讨论了相互作用对 ISW 效应及 LSS 关联产生的影响. 通过分析我们发现, 对低红移星系结构观测可能是研究相互作用的有效手段.

8.3 暗能量、暗物质相互作用对结构形成的影响

8.3.1 引言

虽然宇宙微波背景辐射各向异性的高精度测量, 将人们带入精确宇宙学的时代, 但是由于背景辐射数据样本的特殊性, 它在大尺度范围存在着非常大的宇宙学方差. 背景辐射数据并不能够对暗能量状态方程给出非常精确的测量, 因而暗能量研究的重心逐渐转移到宇宙大尺度结构的研究上来. 通过对结构形成的观测, 有助于对暗能量本质的研究. 这方面已经有大量的研究与讨论[1,48].

在这里, 我们主要讨论暗能量、暗物质相互作用体系对宇宙大尺度结构形成的影响. 我们将首先推导结构形成的演化方程, 然后利用该方程对增长因子进行分析. 除此之外, 我们还将讨论相互作用体系对星系计数产生的影响.

8.3.2 sub 粒子视界近似

当我们讨论宇宙晚期大尺度结构形成时, 我们使用如下的规范不变量:

$$
\begin{aligned}
\Psi &= \psi - \frac{1}{k}\mathcal{H}\left(B + \frac{E'}{2k}\right) - \frac{1}{k}\left(B' + \frac{E''}{2k}\right),\\
\Phi &= \phi + \frac{1}{6}E - \frac{1}{k}\mathcal{H}\left(B + \frac{E'}{2k}\right),\\
\delta\rho_\lambda^I &= \delta\rho_\lambda - \rho_\lambda'\frac{v_\lambda + B}{k},\\
\delta p_\lambda^I &= \delta p_\lambda - p_\lambda'\frac{v_\lambda + B}{k},\\
\Delta_\lambda &= \delta_\lambda - \frac{\rho_\lambda'}{\rho_\lambda}\frac{v_\lambda + B}{k},\\
V_\lambda &= v_\lambda - \frac{E'}{2k},\\
\delta Q_\lambda^{0I} &= \delta Q_\lambda^0 - \frac{Q_\lambda^{0'}}{\mathcal{H}}\left(\phi + \frac{E}{6}\right) + Q_\lambda^0\left[\frac{1}{\mathcal{H}}\left(\phi + \frac{E}{6}\right)\right]',\\
\delta Q_{p\lambda}^I &= \delta Q_{p\lambda} - Q_\lambda^0\frac{E'}{2k}.
\end{aligned}
\tag{3.1}
$$

相应的规范不变 Einstein 方程为

$$
\begin{aligned}
\Phi &= 4\pi G\frac{a^2}{k^2}\sum_\lambda\left(\Delta_\lambda + \frac{a^2Q_\lambda^0}{\rho_\lambda}\frac{V_\lambda}{k}\right)\rho_\lambda,\\
k\left(\mathcal{H}\Psi - \Phi'\right) &= 4\pi G a^2\sum_\lambda\left(\rho_\lambda + p_\lambda\right)V_\lambda,\\
\Psi &= -\Phi,
\end{aligned}
\tag{3.2}
$$

这里我们忽略了各向异性压强 $\Pi^i_j=0$.

用 (3.1) 式中规范不变量构造的规范不变的暗物质演化方程为

$$
\begin{aligned}
\Delta'_{\rm m}+\left(\frac{\rho'_{\rm m}}{\rho_{\rm m}}\frac{V_{\rm m}}{k}\right)' = & -kV_{\rm m}-3\Phi'+2\Psi\frac{a^2Q^0_{\rm m}}{\rho_{\rm m}}-\Delta_{\rm m}\frac{a^2Q^0_{\rm m}}{\rho_{\rm m}}-\frac{\rho'_{\rm m}}{\rho_{\rm m}}\frac{V_{\rm m}}{k}\frac{a^2Q^0_{\rm m}}{\rho_{\rm m}}+ \\
& \frac{a^2Q^{0'}_{\rm m}}{\rho_{\rm m}\mathcal{H}}\Phi-\frac{a^2Q^0_{\rm m}}{\rho_{\rm m}}\left(\frac{\Phi}{\mathcal{H}}\right)'+\frac{a^2\delta Q^{0I}_{\rm m}}{\rho_{\rm m}}, \qquad (3.3)
\end{aligned}
$$

$$
V'_{\rm m}=-\mathcal{H}V_{\rm m}+k\Psi-\frac{a^2Q^0_{\rm m}}{\rho_{\rm m}}V_{\rm m}+\frac{a^2\delta Q^I_{p{\rm m}}}{\rho_{\rm m}}. \qquad (3.4)
$$

考虑暗能量压强的扰动[1,2]

$$
\frac{\delta P_{\rm d}}{\rho_{\rm d}}=C_{\rm e}^2\delta_{\rm d}-(C_{\rm e}^2-C_{\rm a}^2)\frac{\rho'_{\rm d}}{\rho_{\rm d}}\frac{v_{\rm d}+B}{k}, \qquad (3.5)
$$

我们得到规范不变的暗能量扰动方程

$$
\begin{aligned}
& \Delta'_{\rm d}+\left(\frac{\rho'_{\rm d}}{\rho_{\rm d}}\frac{V_{\rm d}}{k}\right)'+3\mathcal{H}C_{\rm e}^2\left(\Delta_{\rm d}+\frac{\rho'_{\rm d}}{\rho_{\rm d}}\frac{V_{\rm d}}{k}\right)-3\mathcal{H}(C_{\rm e}^2-C_{\rm a}^2)\frac{\rho'_{\rm d}}{\rho_{\rm d}}\frac{V_{\rm d}}{k}-3w\mathcal{H}\left(\Delta_{\rm d}+\frac{\rho_{\rm d}}{\rho_{\rm d}}\frac{V_{\rm d}}{k}\right) \\
& \quad =-k(1+w)V_{\rm d}-3(1+w)\Phi'+2\Psi\frac{a^2Q^0_{\rm d}}{\rho_{\rm d}}-\left(\Delta_{\rm d}+\frac{\rho'_{\rm d}}{\rho_{\rm d}}\frac{V_{\rm d}}{k}\right)\frac{a^2Q^0_{\rm d}}{\rho_{\rm d}}+\frac{a^2\delta Q^{0I}_{\rm d}}{\rho_{\rm d}}+ \\
& \quad \frac{a^2Q^{0'}_{\rm d}}{\rho_{\rm d}\mathcal{H}}\Phi-\frac{a^2Q^0_{\rm d}}{\rho_{\rm d}}\left(\frac{\Phi}{\mathcal{H}}\right)', \qquad (3.6)
\end{aligned}
$$

$$
\begin{aligned}
V'_{\rm d}+\mathcal{H}(1-3w)V_{\rm d}= & \frac{k}{1+w}\left[C_{\rm e}^2\left(\Delta_{\rm d}+\frac{\rho'_{\rm d}}{\rho_{\rm d}}\frac{V_{\rm d}}{k}\right)-(C_{\rm e}^2-C_{\rm a}^2)\frac{\rho'_{\rm d}}{\rho_{\rm d}}\frac{V_{\rm d}}{k}\right]-\frac{w'}{1+w}V_{\rm d}- \\
& \frac{a^2Q^0_{\rm d}}{\rho_{\rm d}}V_{\rm d}+\frac{a^2\delta Q^I_{p{\rm d}}}{(1+w)\rho_{\rm d}}+k\Psi. \qquad (3.7)
\end{aligned}
$$

利用 (3.4) 与 (3.3) 式消去 $V_{\rm m}$, 在 sub 粒子视界近似下 $k>>aH$, 我们得到暗物质演化的二阶微分方程

$$
\begin{aligned}
\Delta''_{\rm m}= & -\left(\mathcal{H}+\frac{2a^2Q^0_{\rm m}}{\rho_{\rm m}}\right)\Delta'_{\rm m}+\left(-\Delta_{\rm m}\frac{a^2Q^0_{\rm m}}{\rho_{\rm m}}+\frac{a^2\delta Q^{0I}_{\rm m}}{\rho_{\rm m}}\right)\left(\mathcal{H}+\frac{a^2Q^0_{\rm m}}{\rho_{\rm m}}\right)-\Delta_{\rm m}\left(\frac{a^2Q^0_{\rm m}}{\rho_{\rm m}}\right)'+ \\
& \left(\frac{a^2\delta Q^{0I}_{\rm m}}{\rho_{\rm m}}\right)'-\frac{a^2k\delta Q^I_{p{\rm m}}}{\rho_{\rm m}}-k^2\Psi. \qquad (3.8)
\end{aligned}
$$

类似地, 对于暗能量我们有,

$$\Delta_{\mathrm{d}}'' = \left[\mathcal{H}(1-3w) - \frac{w}{1+w}\frac{\rho_{\mathrm{d}}'}{\rho_{\mathrm{d}}} + \frac{a^2Q_{\mathrm{d}}^0}{\rho_{\mathrm{d}}}\right] \times \left[-3\mathcal{H}C_{\mathrm{e}}^2 + 3w\mathcal{H} - \frac{a^2Q_{\mathrm{d}}^0}{\rho_{\mathrm{d}}}\right]\Delta_{\mathrm{d}} - \left(\mathcal{H} + 3\mathcal{H}C_{\mathrm{e}}^2 - 6w\mathcal{H} + \frac{2a^2Q_{\mathrm{d}}^0}{\rho_{\mathrm{d}}} - \frac{w}{1+w}\frac{\rho_{\mathrm{d}}'}{\rho_{\mathrm{d}}}\right)\Delta_{\mathrm{d}}' - k\left(\frac{a^2\delta Q_{p\mathrm{d}}^I}{\rho_{\mathrm{d}}}\right) - k^2C_{\mathrm{e}}^2\Delta_{\mathrm{d}} + 3(w'\mathcal{H} + w\mathcal{H}')\Delta_{\mathrm{d}} + \frac{a^2\delta Q_{\mathrm{d}}^{0I}}{\rho_{\mathrm{d}}}\left[\mathcal{H}(1-3w) - \frac{w}{1+w}\frac{\rho_{\mathrm{d}}'}{\rho_{\mathrm{d}}} + \frac{a^2Q_{\mathrm{d}}^0}{\rho_{\mathrm{d}}}\right] + \left(\frac{a^2\delta Q_{\mathrm{d}}^{0I}}{\rho_{\mathrm{d}}}\right)' + k^2(1+w)\Psi - 3\mathcal{H}'C_{\mathrm{e}}^2\Delta_{\mathrm{d}} - \left(\frac{a^2Q_{\mathrm{d}}^0}{\rho_{\mathrm{d}}}\right)'\Delta_{\mathrm{d}}. \tag{3.9}$$

我们将演化方程中的共形时间换为宇宙原时,

$$\ddot{\Delta}_{\mathrm{m}} + 2\left(H + \frac{aQ_{\mathrm{m}}^0}{\rho_{\mathrm{m}}}\right)\dot{\Delta}_{\mathrm{m}} + \left[\frac{aQ_{\mathrm{m}}^0}{\rho_{\mathrm{m}}}H + \left(\frac{aQ_{\mathrm{m}}^0}{\rho_{\mathrm{m}}}\right)^2 + \frac{1}{a}\left(\frac{a^2\dot{Q}_{\mathrm{m}}^0}{\rho_{\mathrm{m}}}\right)\right]\Delta_{\mathrm{m}} = \left(H + \frac{aQ_{\mathrm{m}}^0}{\rho_{\mathrm{m}}}\right)\frac{a\delta Q_{\mathrm{m}}^{0I}}{\rho_{\mathrm{m}}} + \frac{1}{a}\left(\frac{a^2\delta\dot{Q}_{\mathrm{m}}^{0I}}{\rho_{\mathrm{m}}}\right) - k\left(\frac{\delta Q_{p\mathrm{m}}^I}{\rho_{\mathrm{m}}}\right) - \frac{k^2}{a^2}\Psi, \tag{3.10}$$

$$\ddot{\Delta}_{\mathrm{d}} + \left(2H + 3HC_{\mathrm{e}}^2 - 6wH + \frac{2aQ_{\mathrm{d}}^0}{\rho_{\mathrm{d}}} - \frac{w}{1+w}\frac{\dot{\rho}_{\mathrm{d}}}{\rho_{\mathrm{d}}}\right)\dot{\Delta}_{\mathrm{d}} = -3(\dot{H} + H^2)C_{\mathrm{e}}^2\Delta_{\mathrm{d}} + \left[H(1-3w) - \frac{w}{1+w}\frac{\dot{\rho}_{\mathrm{d}}}{\rho_{\mathrm{d}}} + \frac{aQ_{\mathrm{d}}^0}{\rho_{\mathrm{d}}}\right] \times \left(-3HC_{\mathrm{e}}^2 + 3wH - \frac{aQ_{\mathrm{d}}^0}{\rho_{\mathrm{d}}}\right)\Delta_{\mathrm{d}} - k\left(\frac{\delta Q_{p\mathrm{d}}^I}{\rho_{\mathrm{d}}}\right) + 3\left[\dot{w}H + w(\dot{H} + H^2)\right]\Delta_{\mathrm{d}} + \frac{a\delta Q_{\mathrm{d}}^{0I}}{\rho_{\mathrm{d}}}\left[H(1-3w) - \frac{w}{1+w}\frac{\dot{\rho}_{\mathrm{d}}}{\rho_{\mathrm{d}}} + \frac{aQ_{\mathrm{d}}^0}{\rho_{\mathrm{d}}}\right] - \frac{k^2}{a^2}C_{\mathrm{e}}^2\Delta_{\mathrm{d}} - k^2(1+w)\frac{\Psi}{a^2} + \frac{1}{a}\left(\frac{a^2\delta Q_{\mathrm{d}}^{0I}}{\rho_{\mathrm{d}}}\right) - \frac{1}{a}\left(\frac{a^2Q_{\mathrm{d}}^0}{\rho_{\mathrm{d}}}\right)\Delta_{\mathrm{d}}. \tag{3.11}$$

为了方便起见, 我们再将上式转化为无量纲方程,

$$\frac{\mathrm{d}^2\ln\Delta_{\mathrm{m}}}{\mathrm{d}\ln a^2} + \left[\frac{1}{2} - \frac{3}{2}w(1-\Omega_{\mathrm{m}})\right]\frac{\mathrm{d}\ln\Delta_{\mathrm{m}}}{\mathrm{d}\ln a} + \left(\frac{\mathrm{d}\ln\Delta_{\mathrm{m}}}{\mathrm{d}\ln a}\right)^2 = -\frac{1}{H^2}\left[\frac{aQ_{\mathrm{m}}^0}{\rho_{\mathrm{m}}}H + \left(\frac{aQ_{\mathrm{m}}^0}{\rho_{\mathrm{m}}}\right)^2 + \frac{H}{a}\frac{\mathrm{d}}{\mathrm{d}\ln a}\left(\frac{a^2Q_{\mathrm{m}}^0}{\rho_{\mathrm{m}}}\right)\right] - \frac{2}{H}\frac{aQ_{\mathrm{m}}^0}{\rho_{\mathrm{m}}}\frac{\mathrm{d}\ln\Delta_{\mathrm{m}}}{\mathrm{d}\ln a} + \left(H + \frac{aQ_{\mathrm{m}}^0}{\rho_{\mathrm{m}}}\right)\frac{a\delta Q_{\mathrm{m}}^{0I}}{H^2\rho_{\mathrm{m}}}\mathrm{e}^{-\ln\Delta_{\mathrm{m}}} + \frac{1}{aH}\frac{\mathrm{d}}{\mathrm{d}\ln a}\left(\frac{a\delta Q_{\mathrm{m}}^{0I}}{\rho_{\mathrm{m}}}\right)\mathrm{e}^{-\ln\Delta_{\mathrm{m}}} - \frac{k\delta Q_{p\mathrm{m}}^I}{H^2\rho_{\mathrm{m}}}\mathrm{e}^{-\ln\Delta_{\mathrm{m}}} + \frac{3}{2}\left[\Omega_{\mathrm{m}}\Delta_{\mathrm{m}} + (1-\Omega_{\mathrm{m}})\Delta_{\mathrm{d}}\right]\mathrm{e}^{-\ln\Delta_{\mathrm{m}}}, \tag{3.12}$$

$$\frac{\mathrm{d}^2\ln\Delta_{\mathrm{d}}}{\mathrm{d}\ln a^2} + \left(\frac{\mathrm{d}\ln\Delta_{\mathrm{d}}}{\mathrm{d}\ln a}\right)^2 + \left[\frac{1}{2} - \frac{3}{2}w(1-\Omega_{\mathrm{m}})\right]\frac{\mathrm{d}\ln\Delta_{\mathrm{d}}}{\mathrm{d}\ln a} = -\left(3C_{\mathrm{e}}^2 - 6w + \frac{2aQ_{\mathrm{d}}^0}{H\rho_{\mathrm{d}}} - \frac{w}{1+w}\frac{1}{\rho_{\mathrm{d}}}\frac{\mathrm{d}\rho_{\mathrm{d}}}{\mathrm{d}\ln a}\right)\frac{\mathrm{d}\ln\Delta_{\mathrm{d}}}{\mathrm{d}\ln a} - 3\left(\frac{1}{H}\frac{\mathrm{d}H}{\mathrm{d}\ln a} + 1\right)C_{\mathrm{e}}^2 +$$

$$\left(1-3w-\frac{w}{1+w}\frac{1}{\rho_{\rm d}}\frac{{\rm d}\rho_{\rm d}}{{\rm d}\ln a}+\frac{a}{H}\frac{Q_{\rm d}^{0}}{\rho_{\rm d}}\right)\times\left(-3C_{\rm e}^{2}+3w-\frac{a}{H}\frac{Q_{\rm d}^{0}}{\rho_{\rm d}}\right)+$$
$$(1+w)\frac{3}{2}\Big[\Omega_{\rm m}\Delta_{\rm m}+(1-\Omega_{\rm m})\Delta_{\rm d}\Big]{\rm e}^{-\ln\Delta_{\rm d}}+3\left[\frac{{\rm d}w}{{\rm d}\ln a}+w\left(\frac{1}{H}\frac{{\rm d}H}{{\rm d}\ln a}+1\right)\right]+$$
$$\frac{a\delta Q_{\rm d}^{0I}}{H\rho_{\rm d}}\left(1-3w-\frac{w}{1+w}\frac{1}{\rho_{\rm d}}\frac{{\rm d}\rho_{\rm d}}{{\rm d}\ln a}+\frac{aQ_{\rm d}^{0}}{H\rho_{\rm d}}\right){\rm e}^{-\ln\Delta_{\rm d}}+\frac{1}{aH}\frac{\rm d}{{\rm d}\ln a}\left(\frac{a^{2}\delta Q_{\rm d}^{0I}}{\rho_{\rm d}}\right)\times$$
$${\rm e}^{-\ln\Delta_{\rm d}}-\frac{1}{aH}\frac{\rm d}{{\rm d}\ln a}\left(\frac{a^{2}Q_{\rm d}^{0}}{\rho_{\rm d}}\right)-\frac{k\delta Q_{p{\rm d}}^{I}}{\rho_{\rm d}H^{2}}{\rm e}^{-\ln\Delta_{\rm d}}-\frac{k^{2}C_{\rm e}^{2}}{a^{2}H^{2}}. \tag{3.13}$$

sub 粒子视界近似下, 从 Einstein 方程 (3.2) 式, 我们可以得到 “泊松方程”,

$$-\frac{k^{2}}{a^{2}}\Psi=\frac{3}{2}H^{2}\Big[\Omega_{\rm m}\Delta_{\rm m}+(1-\Omega_{\rm m})\Delta_{\rm d}\Big]. \tag{3.14}$$

在上式中我们已经使用了 Friedmann 方程.

对于相互作用项, 我们使用与前几章相同的模型,

$$\boldsymbol{Q}_{\rm m}^{\nu}=\left[\frac{3\mathcal{H}}{a^{2}}(\xi_{1}\rho_{\rm m}+\xi_{2}\rho_{\rm d}),0,0,0\right]^{\rm T}$$
$$\boldsymbol{Q}_{\rm d}^{\nu}=\left[-\frac{3\mathcal{H}}{a^{2}}(\xi_{1}\rho_{\rm m}+\xi_{2}\rho_{\rm d}),0,0,0\right]^{\rm T}, \tag{3.15}$$

空间扰动项 δQ^{i} 是外界施加在系统上 3 力密度, 它由两部分组成: 一部分来自多普勒效应, 另一部分来自由外界粒子碰撞而产生的效应. 在这里我们忽略 $\delta Q^{i}=0$, 系统之间只有引力相互作用. 在 sub 粒子视界近似下, $k>>aH$, 有

$$\delta Q_{\rm m}^{0I}\simeq\frac{3\mathcal{H}}{a^{2}}(\xi_{1}\delta\rho_{\rm m}^{I}+\xi_{2}\delta\rho_{\rm d}^{I}),$$
$$\delta Q_{\rm d}^{0I}\simeq\frac{3\mathcal{H}}{a^{2}}(\xi_{1}\delta\rho_{\rm m}^{I}+\xi_{2}\delta\rho_{\rm d}^{I}),$$
$$\delta\rho_{\rm m}^{I}\simeq\delta\rho_{\rm m},$$
$$\delta\rho_{\rm d}^{I}\simeq\delta\rho_{\rm d},$$
$$\Delta_{\rm m}\simeq\delta_{\rm m},$$
$$\Delta_{\rm d}\simeq\delta_{\rm d}. \tag{3.16}$$

将这些相互作用的具体形式代入上面的扰动方程, 我们得到,

$$\begin{aligned}\frac{\mathrm{d}^2\ln\Delta_\mathrm{m}}{\mathrm{d}\ln a^2}=&-\left(\frac{\mathrm{d}\ln\Delta_\mathrm{m}}{\mathrm{d}\ln a}\right)^2-\left[\frac{1}{2}-\frac{3}{2}w(1-\Omega_\mathrm{m})\right]\frac{\mathrm{d}\ln\Delta_\mathrm{m}}{\mathrm{d}\ln a}-\left(3\xi_1+6\frac{\xi_2}{r}\right)\frac{\mathrm{d}\ln\Delta_\mathrm{m}}{\mathrm{d}\ln a}+\\&\frac{3\left[\exp\left(\ln\frac{\Delta_\mathrm{d}}{\Delta_\mathrm{m}}\right)-1\right]}{r}\left(\xi_2+3\xi_1\xi_2+3\xi_2^2/r+\xi_2\left(\frac{H'}{H}+1\right)-\xi_2\frac{r'}{r}\right)+\\&3\frac{\xi_2}{r}\frac{\mathrm{d}\ln\Delta_\mathrm{d}}{\mathrm{d}\ln a}\exp\left(\ln\frac{\Delta_\mathrm{d}}{\Delta_\mathrm{m}}\right)+\frac{3}{2}\left[\Omega_\mathrm{m}+(1-\Omega_\mathrm{m})\exp\left(\ln\frac{\Delta_\mathrm{d}}{\Delta_\mathrm{m}}\right)\right],\end{aligned}\tag{3.17}$$

$$\begin{aligned}\frac{\mathrm{d}^2\ln\Delta_\mathrm{d}}{\mathrm{d}\ln a^2}=&-\left(\frac{\mathrm{d}\ln\Delta_\mathrm{d}}{\mathrm{d}\ln a}\right)^2-\left[\frac{1}{2}-\frac{3}{2}w(1-\Omega_\mathrm{m})\right]\frac{\mathrm{d}\ln\Delta_\mathrm{d}}{\mathrm{d}\ln a}+\\&\left[3\xi_2+6\xi_1 r+6w-3C_\mathrm{a}^2+3(C_\mathrm{e}^2-C_\mathrm{a}^2)\frac{\xi_1 r+\xi_2}{1+w}+\frac{C_\mathrm{e}^2}{1+w}\frac{\rho_\mathrm{d}'}{\rho_\mathrm{d}}\right]\frac{\mathrm{d}\ln\Delta_\mathrm{d}}{\mathrm{d}\ln a}-\\&3\xi_1 r\exp\left(\ln\frac{\Delta_\mathrm{m}}{\Delta_\mathrm{d}}\right)\frac{\mathrm{d}\ln\Delta_\mathrm{m}}{\mathrm{d}\ln a}+3\left(\frac{H'}{H}+1\right)(w-C_\mathrm{e}^2)+3\xi_1\left(\frac{H'}{H}r+r+r'\right)+\\&3\left[w-C_\mathrm{e}^2+\xi_1 r\left(1-\exp\left(\ln\frac{\Delta_\mathrm{m}}{\Delta_\mathrm{d}}\right)\right)\right]\times\\&\left[(1-3w)-3\frac{C_\mathrm{e}^2-C_\mathrm{a}^2}{1+w}(1+w+\xi_1 r+\xi_2)-3(\xi_1 r+\xi_2)-\frac{C_\mathrm{e}^2}{1+w}\frac{\rho_\mathrm{d}'}{\rho_\mathrm{d}}\right]+\\&(1+w)\frac{3}{2}\left[\Omega_\mathrm{m}\exp\left(\ln\frac{\Delta_\mathrm{m}}{\Delta_\mathrm{d}}\right)+(1-\Omega_\mathrm{m})\right]-\frac{k^2C_\mathrm{e}^2}{a^2H^2}-\\&3\xi_1\left[\left(\frac{H'}{H}+1\right)r+r'\right]\exp\left(\ln\frac{\Delta_\mathrm{m}}{\Delta_\mathrm{d}}\right),\end{aligned}\tag{3.18}$$

其中 $r=\rho_\mathrm{m}/\rho_\mathrm{d}$,“$'$” 表示 $\mathrm{d}/\mathrm{d}\ln a$.

8.3.3 数值结果

在这一节中, 我们将利用数值方法, 讨论在上一节中所描述的演化方程的性质. 我们首先讨论稳定性. 在 [1] 中指出, 当暗能量、暗物质之间的相互作用正比于暗物质能量密度并且暗能量状态方程 $-1<w<-1/4$ 时, 体系会出现超粒子视界不稳定性. 从图 8–13 中, 我们可以看到, 不仅仅在超粒子视界范围内, 在 sub 粒子视界范围内体系也是不稳的, 并且是更加不稳定的. 扰动的增长速率比超粒子视界范围还要快. 而当相互作用正比于暗能量能量密度时, 从图 8–14 中, 我们可以看到暗能量扰动即使是在 sub 粒子视界范围, 它仍然是衰减的, 而此时体系是稳定的. 下面我们将集中讨论相互作用正比于暗能量能量密度这一稳定体系的情况. 我们将初始条件设置在 $z=3200$ 物质辐射平衡时期, 并采用绝热初始条件. 我们将讨论暗能量状态方程 $w>-1$ 时的情况. 在 Fourier 空间中, 选取 $k>0.01\mathrm{hMpc}^{-1}$ 模对扰动的贡献[3]. 对于暗能量有效声子速度 C_e^2, 我们讨论 $0<C_\mathrm{e}^2<1$ 的情况. 在图

8–14, 我们表示了暗物质、暗能量扰动演化过程随参数 $C_{\rm e}^2, w, k, \xi_2$ 的变化情况. 在没有相互作用的情况下, 我们看到只有当暗能量有效声子速度 $C_{\rm e}^2$ 非常接近于零时或暗能量状态方程非常偏离 -1 时, 暗能量扰动才有可能对暗物质扰动产生实质性的影响. 在图 8–14(a) 中, 当 $C_{\rm e}^2$ 逐渐变小时, 暗能量扰动变大. 在图 8–14(b) 中, 当暗能量状态方程越偏离 -1 时, 暗能量扰动越大. 从图 8–14(c) 中, 我们可以看到与物质扰动恰恰相反, 波矢 k 越大, 暗能量扰动反而衰减得越快. 当体系存在相互作用的时候, 从图 8–14(d) 中红色圆圈的部分, 我们可以发现相互作用在宇宙演化晚期会对暗物质扰动产生明显的影响.

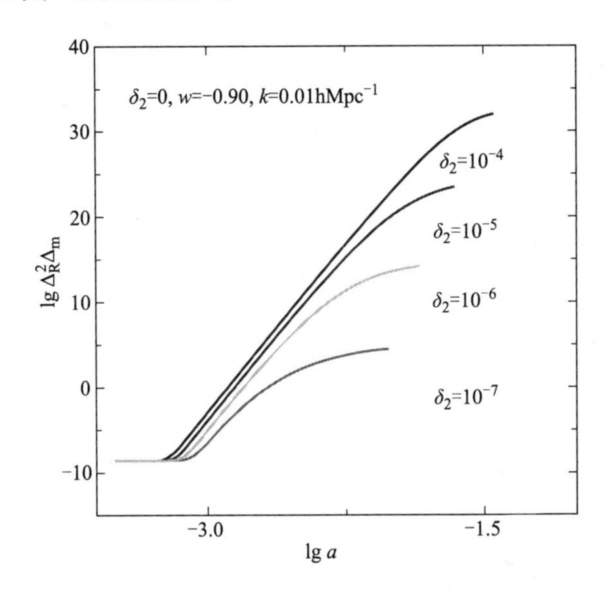

图 8–13　当相互作用正比于暗物质能量密度时, 体系不稳定

$\Delta_{\rm R}^2 = 2.41\times10^{-9}$ 是原初扰动幅. 图中 $\delta_2=\xi_2$

为了更好地描述暗物质扰动增长以及结构形成的过程, 我们引入增长指标 γ. 它的定义为

$$\gamma_{\rm m} = (\ln \varOmega_{\rm m})^{-1} \ln\left(\frac{a}{\Delta_{\rm m}}\frac{{\rm d}\Delta_{\rm m}}{{\rm d}a}\right). \tag{3.19}$$

一般来说, 增长指标并不是常数[16]. 利用增长指标可以区分暗能量模型和修改引力模型[17]. 在图 8–15 中, 我们展示了在没有相互作用的条件下, 暗能量扰动对暗物质增长指标 $\gamma_{\rm m}$ 的影响. 图中红色曲线是没有暗能量扰动的结果. 在图 8–15(a) 中, 对于固定的暗能量状态方程 w, 如果 $C_{\rm e}^2$ 减小, 暗物质增长指标 $\gamma_{\rm m}$ 将明显偏离没有暗能量扰动时的情况. 如图 8–15(b) 所示, 当状态方程远离 -1 时, 这种偏离将更加的明显, 并且 $\gamma_{\rm m}$ 的差别能达到 0.03. 这一点和我们的数值结果一致. 从

图 8–15(c,d) 中, 我们可以看到, 在 sub 粒子视界范围内, k 对 $\gamma_{\rm m}$ 的影响远不如 $w, C_{\rm e}^2$ 产生的影响显著. 在图 8–16 中, 我们展示了当暗能量、暗物质之间存在相互作用时, $\gamma_{\rm m}$ 指标的变化. 实线代表有暗能量扰动的情况, 虚线代表没有暗能量扰动的情况. 我们可以看到, 相互作用对 $\gamma_{\rm m}$ 的影响远大于暗能量扰动对其产生的影响, 并且相互作用对 $\gamma_{\rm m}$ 的这种影响有非常明显的特征. 利用这一点, 我们可以通过实验观测来检验相互作用的存在与否, 进而可以用来区分暗能量模型与修改引力模型.

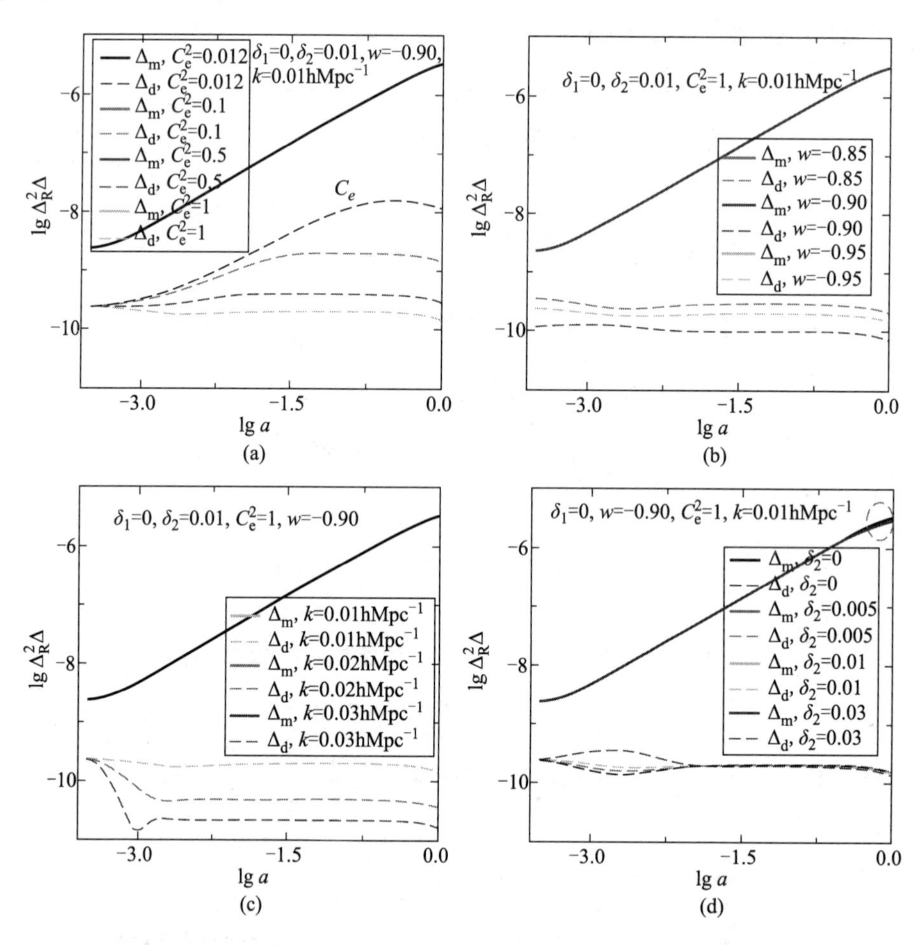

图 8–14 暗物质、暗能量扰动演化过程随参数 $C_{\rm e}^2, w, k, \xi_2$ 的变化情况

图中 $\delta_2 = \xi_2$

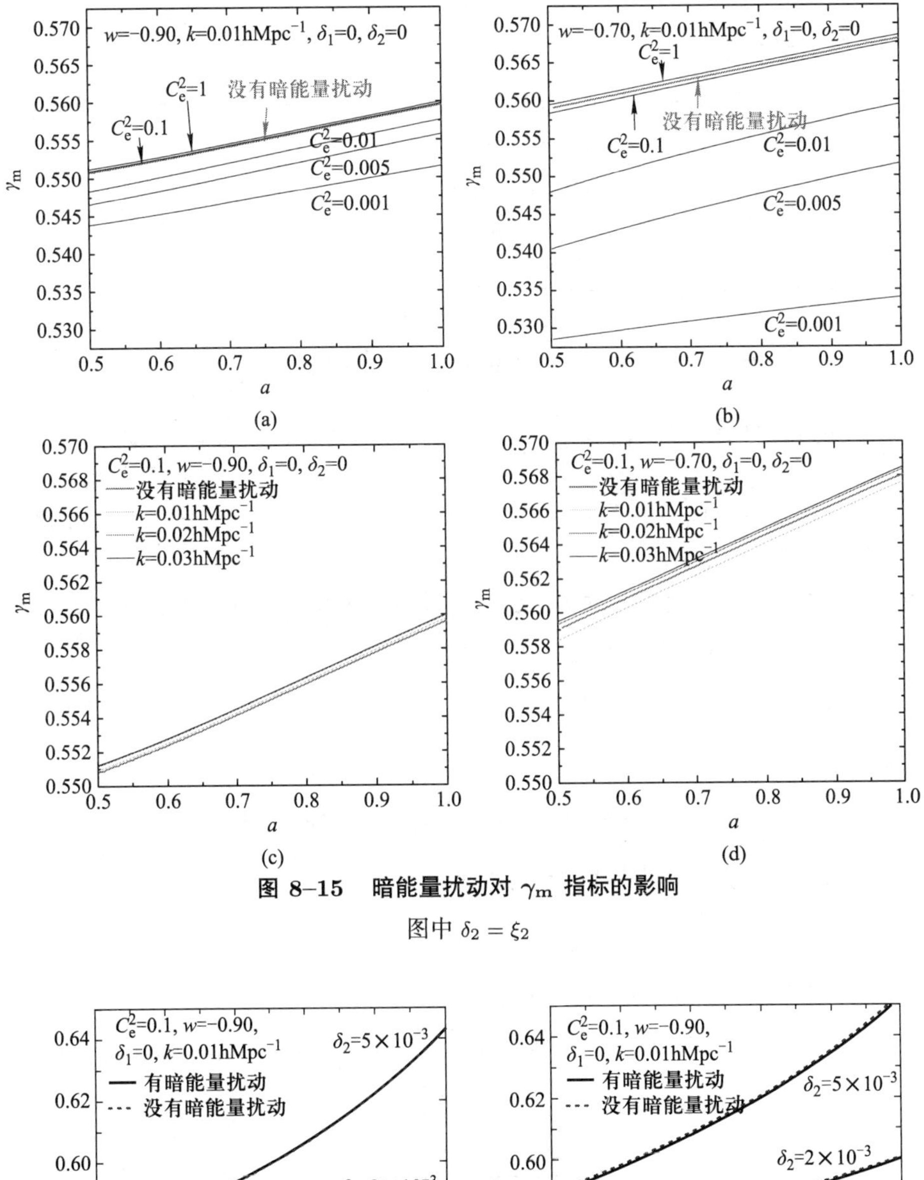

图 8–15 暗能量扰动对 γ_m 指标的影响

图中 $\delta_2 = \xi_2$

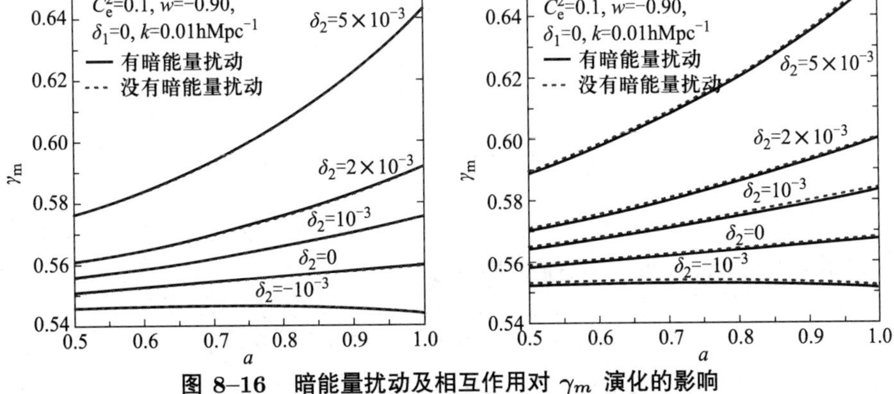

图 8–16 暗能量扰动及相互作用对 γ_m 演化的影响

实线代表有暗能量扰动时的情况, 虚线代表没有暗能量扰动时的情况. 图中 $\delta_2 = \xi_2$

8.3.4 后牛顿方程

在这一小节中, 我们讨论相互作用体系的后牛顿方程. 在 sub 粒子视界近似下, $k >> aH$, 暗物质、暗能量的运动方程为

$$\begin{aligned}
\Delta'_{\rm m} &= -kV_{\rm m} - \Delta_{\rm m}\frac{a^2Q^0_{\rm m}}{\rho_{\rm m}} + \frac{a^2\delta Q^{0I}_{\rm m}}{\rho_{\rm m}},\\
V'_{\rm m} &= -\mathcal{H}V_{\rm m} + k\varPsi - \frac{a^2Q^0_{\rm m}}{\rho_{\rm m}}V_{\rm m} + \frac{a^2\delta Q^I_{p\rm m}}{\rho_{\rm m}};
\end{aligned} \tag{3.20}$$

$$\begin{aligned}
\Delta'_{\rm d} &= 3\mathcal{H}(w - C^2_{\rm e})\Delta_{\rm d} - k(1+w)V_{\rm d} - \Delta_{\rm d}\frac{a^2Q^0_{\rm d}}{\rho_{\rm d}} + \frac{a^2\delta Q^{0I}_{\rm d}}{\rho_{\rm d}},\\
V'_{\rm d} &= -\mathcal{H}(1-3w)V_{\rm d} + \frac{kC^2_{\rm e}}{1+w}\Delta_{\rm d} + \frac{C^2_{\rm a}}{1+w}\frac{\rho'_{\rm d}}{\rho_{\rm d}}V_{\rm d} + k\varPsi - \frac{w'}{1+w}V_{\rm d} -\\
&\quad \frac{a^2Q^0_{\rm d}}{\rho_{\rm d}}V_{\rm d} + \frac{a^2\delta Q^I_{p\rm d}}{(1+w)\rho_{\rm d}};
\end{aligned} \tag{3.21}$$

其中 "$'$" 表示 $\dfrac{\rm d}{{\rm d}\tau}$, τ 为共形时间, $\Delta_{\rm m}, \Delta_{\rm d}$ 是能量密度扰动比率, $\Delta_{\rm m} \approx \delta\rho_{\rm m}/\rho_{\rm m} = \delta_{\rm m}$, $\Delta_{\rm d} \approx \delta\rho_{\rm d}/\rho_{\rm d} = \delta_{\rm d}$. 规范不变量可以近似表示为

$$\frac{a^2\delta Q^{0I}_{\rm m}}{\rho_{\rm m}} \approx 3\mathcal{H}(\xi_1\Delta_{\rm m} + \xi_2\Delta_{\rm d}/r),$$

$$\frac{a^2\delta Q^{0I}_{\rm d}}{\rho_{\rm d}} \approx -3\mathcal{H}(\xi_1\Delta_{\rm m}r + \xi_2\Delta_{\rm d}),$$

其中 $r = \rho_{\rm m}/\rho_{\rm d}$. 在实空间这些方程可以表示为

$$\begin{aligned}
\Delta'_{\rm m} &= -\nabla_{\bar{x}}\cdot V_{\rm m} + 3\mathcal{H}\xi_2(\Delta_{\rm d} - \Delta_{\rm m})/r,\\
V'_{\rm m} &= -\mathcal{H}V_{\rm m} - \nabla_{\bar{x}}\varPsi - 3\mathcal{H}(\xi_1 + \xi_2/r)V_{\rm m};
\end{aligned} \tag{3.22}$$

$$\begin{aligned}
\Delta'_{\rm d} &= -(1+w)\nabla_{\bar{x}}\cdot V_{\rm d} + 3\mathcal{H}(w - C^2_{\rm e})\Delta_{\rm d} + 3\mathcal{H}\xi_1 r(\Delta_{\rm d} - \Delta_{\rm m}),\\
V'_{\rm d} &= -\mathcal{H}V_{\rm d} - \nabla_{\bar{x}}\varPsi - \frac{C^2_{\rm e}}{1+w}\nabla_{\bar{x}}\Delta_{\rm d} - \frac{w'}{1+w}V_{\rm d} +\\
&\quad 3\mathcal{H}\left[(w - C^2_{\rm a}) + \frac{1+w-C^2_{\rm a}}{1+w}(\xi_1 r + \xi_2)\right]V_{\rm d};
\end{aligned} \tag{3.23}$$

其中 $\bar{x}$ 是共形坐标. 定义 $\sigma_{\rm m} = \delta\rho_{\rm m}$, $\sigma_{\rm d} = \delta\rho_{\rm d}$ 并且假定暗能量状态方程是常数 $w' = 0$, 我们可以将 (3.22), (3.23) 式变换为

$$\begin{aligned}
&\dot{\sigma}_{\rm m} + 3H\sigma_{\rm m} + \nabla_x(\rho_{\rm m}V_{\rm m}) = 3H(\xi_1\sigma_{\rm m} + \xi_2\sigma_{\rm d}),\\
&\frac{\partial}{\partial t}(aV_{\rm m}) = -\nabla_x(a\varPsi) - 3H(\xi_1 + \xi_2/r)(aV_{\rm m});
\end{aligned} \tag{3.24}$$

$$\dot{\sigma}_{\rm d} + 3H(1 + C^2_{\rm e})\sigma_{\rm d} + (1+w)\nabla_x(\rho_{\rm d}V_{\rm d}) = -3H(\xi_1\sigma_{\rm m} + \xi_2\sigma_{\rm d}),$$

$$\frac{\partial}{\partial t}(aV_{\mathrm{d}}) = 3H\left[(w - C_{\mathrm{a}}^2) + \frac{1+w-C_{\mathrm{a}}^2}{1+w}(\xi_1 r + \xi_2)\right](aV_{\mathrm{d}}) -$$

$$\nabla_x(a\Psi) - \frac{C_{\mathrm{e}}^2}{1+w}\nabla_x \cdot (a\Delta_{\mathrm{d}}); \tag{3.25}$$

其中, $\nabla_x = \frac{1}{a}\nabla_{\bar{x}}$, x 是固有长度空间坐标; "·" 表示对宇宙原时求导; Ψ 是引力势, 可以分解为 $\Psi = \psi_{\mathrm{m}} + \psi_{\mathrm{d}}$. 它们满足 "泊松方程"[32],

$$\nabla_\lambda^2 \psi_\lambda = 4\pi G(1+3w_\lambda)\sigma_\lambda, \tag{3.26}$$

其中 σ_λ 是能量密度扰动, 下标 "λ" 表示暗能量或暗物质. 在 (3.26) 式中我们考虑到广义相对论对暗能量的修正. 在均匀各向同性的空间中, 有 $\langle\psi_\lambda\rangle = 0$. 暗物质、暗能量分别产生的引力势为[32]

$$\psi_{\mathrm{m}} = -4\pi G \int \mathrm{d}V' \frac{\sigma_{\mathrm{m}}}{|\, x - x' \,|}, \tag{3.27}$$

$$\psi_{\mathrm{d}} = -4\pi G \int \mathrm{d}V' \frac{(1+3w)\sigma_{\mathrm{d}}}{|\, x - x' \,|}. \tag{3.28}$$

8.3.5 Press-Schechter 理论与球对称坍缩模型

在这一小节中, 我们将介绍暗能量、暗物质相互作用对星系计数的影响. 为此, 我们首先介绍 Press-Schechter[44] 理论. Press-Schechter 理论提供了一个能够直接依赖宇宙模型而计算出星系个数随红移分布的方法. 在该理论中, 星系在形成过程中存在着一个临界扰动 δ_{c}, 而宇宙中只有物质密度扰动 δ 大于临界扰动的区域, 才有可能最终通过坍缩而形成星系. 该理论定量地给出, 在红移为 z 时, 质量为 M, 间隔为 $\mathrm{d}M$ 内, 星系随动个数密度 $\mathrm{d}n$ 为[44]

$$\frac{\mathrm{d}n(M,z)}{\mathrm{d}M} = \sqrt{\frac{2}{\pi}}\frac{\overline{\rho}_{\mathrm{m}}}{3M^2}\frac{\delta_{\mathrm{c}}}{\sigma}\mathrm{e}^{-\delta_{\mathrm{c}}^2/2\sigma^2}\left(-\frac{R}{\sigma}\frac{\mathrm{d}\sigma}{\mathrm{d}R}\right), \tag{3.29}$$

式中 $\overline{\rho}_{\mathrm{m}}$ 是暗物质的随动密度. 在通常的情况下, 它是一个常数并且等于现今时刻暗物质的能量密度, 但是当暗物质与暗能量发生相互作用时, 它不再是常数[41]; 而 $\sigma = \sigma(R,z)$ 是在半径为 R 的球体内, 暗物质扰动的方差, 它可以表示为[46]

$$\sigma(R,z) = \sigma_8\left(\frac{R}{8\mathrm{h}^{-1}\mathrm{Mpc}}\right)^{-\gamma(R)} D(z), \tag{3.30}$$

其中 σ_8 是当 $R = 8\mathrm{h}^{-1}\mathrm{Mpc}$ 时的方差; $D(z)$ 是增长函数, 它的定义为 $D(z) = \delta_{\mathrm{m}}(z)/\delta_{\mathrm{m}}(0)$; 指标 γ 是暗物质尺度 R 和暗物质功率谱形状参数 Γ 的函数[46], 即

$$\gamma(R) = (0.3\Gamma + 0.2)\left[2.92 + \lg\left(\frac{R}{8\mathrm{h}^{-1}\mathrm{Mpc}}\right)\right]. \tag{3.31}$$

为了方便起见, 我们在整个分析过程中, 取 $\Gamma=0.3$. 而给定质量 M 的暗物质尺度 R 为[46]

$$R=0.951\mathrm{h}^{-1}\mathrm{Mpc}\left(\frac{Mh}{10^{12}\overline{\rho}_{\mathrm{m}}/\rho_{\mathrm{c}}^{0}M_{\odot}}\right)^{1/3}, \tag{3.32}$$

式中 ρ_{c}^{0} 是现今的临界密度. $M_{\odot}$ 太阳恒星质量. 这样, 我们通过 (3.29) 式可以计算出在不同红移区间内星系的个数,

$$\frac{\mathrm{d}N}{\mathrm{d}z}=\int\mathrm{d}\varOmega\frac{\mathrm{d}V}{\mathrm{d}z\mathrm{d}\varOmega}\int n(M)\mathrm{d}M, \tag{3.33}$$

其中单位红移共动体积元为 $\mathrm{d}V/\mathrm{d}z\mathrm{d}\varOmega=r^{2}(z)/H(z)$, $r(z)$ 是共动距离, 为

$$r(z)=\int_{0}^{z}\frac{\mathrm{d}z'}{H(z)}.$$

在 Press-Schechter 理论中, 我们不难看到, 利用该理论计算星系计数, 最为关键的便是给出临界密度 δ_{c}. 而给出 δ_{c} 最简单的方法便是利用球对称坍缩模型. 因此, 我们接下来介绍球对称塌缩模型.

球对称坍缩模型如图 8–17 所示. 我们假定在宇宙中有一球形区域, 并且在该区域内的物质密度略大于宇宙中其他地方的密度. 在宇宙初期, 球形区域和宇宙背景以相同的速率开始膨胀. 由于球形区域内的物质密度较大, 在膨胀之后不久, 它的速率便会小于宇宙背景的膨胀速率, 再之后便会停止膨胀, 并在引力的作用下开始坍缩. 如果球形区域内的初始物质密度越大, 这种坍缩会来临得越早并且坍缩过程将会进行得越快; 反之, 坍缩则来临得越晚, 坍缩过程则进行得越慢.

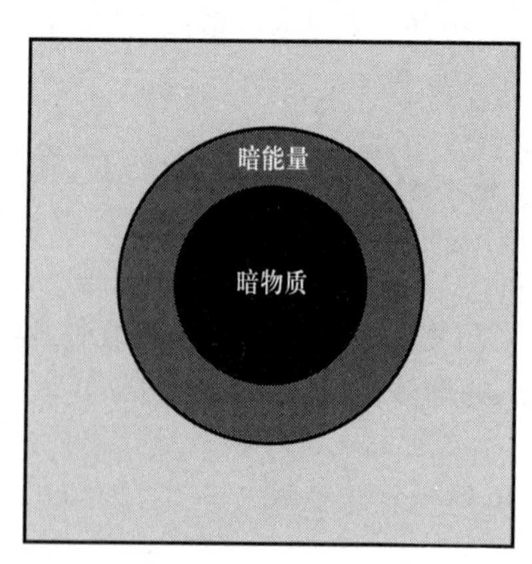

图 8–17 球对称坍缩模型

在宇宙晚期的某一时刻, 我们所观察到的星系, 可以近似地认为是由宇宙早期某个球形区域内的物质坍缩而来的. 由于观察到的星系, 应当在该时刻之前形成,

所以在宇宙早期, 球形区域存在一个临界密度, 大于临界密度的球形区域内的物质将会在该时刻之前坍缩而形成星系, 而小于临界密度的球形区域内的物质则不能够形成星系. (3.29) 式中的 δ_c 便是早期球形区域临界密度扰动 δ_i 在该时刻的线性扰动外推.

下面我们讨论暗能量、暗物质相互作用体系, 球对称坍缩模型的具体形式. 对于背景宇宙的演化, 我们有

$$\begin{aligned}&\dot{\rho}_\text{m}+3H\rho_\text{m}=3H(\xi_1\rho_\text{m}+\xi_2\rho_\text{d}),\\&\dot{\rho}_\text{d}+3H(1+w)\rho_\text{d}=-3H(\xi_1\rho_\text{m}+\xi_2\rho_\text{d}),\end{aligned}\tag{3.34}$$

其中 “·” 表示对宇宙原时求导.

而对于球形区域物质的演化, 我们分两种情况讨论. 首先讨论暗能量不参与坍缩的情况, 然后讨论暗能量参与坍缩的情况. 描述球形区域物质演化的方程是 Raychaudhuri 方程, 即

$$\dot{\theta}=-\frac{1}{3}\theta^2-4\pi G\sum_\lambda(\rho_\lambda+3p_\lambda),\tag{3.35}$$

其中 θ 是局部膨胀, 它可以写为 $\theta=3\frac{\dot{R}}{R}$, R 是局部尺度因子. Raychaudhuri 方程可以改写为

$$\frac{\ddot{R}}{R}=-\frac{4\pi G}{3}\sum_\lambda(\rho_\lambda+3p_\lambda).\tag{3.36}$$

如果在坍缩区域内物质分布是均匀的, 则局部尺度因子 R 在整个球形区域内具有相同的值. 由于坍缩区域是球对称的, 根据 Birkhoff 定理, R 的行为将只由坍缩区域内部物质密度决定, 而和外部物质分布无关. 下面我们讨论, 暗能量不参与坍缩时的情况, 即 $\sigma_\text{d}=0$. 球形区域内暗物质能量守恒方程为

$$\dot{\rho}_\text{m}^\text{cluster}+3h\rho_\text{m}^\text{cluster}=3H(\xi_1\rho_\text{m}^\text{cluster}+\xi_2\rho_\text{d}),\tag{3.37}$$

其中 $h=\dot{R}/R$, ρ_d 是背景暗能量密度. 此时, Raychaudhuri 方程为

$$\ddot{R}=-4\pi G\left[\frac{1}{3}\rho_\text{m}^\text{cluster}+\left(\frac{1}{3}+w\right)\rho_\text{d}\right]R.\tag{3.38}$$

为了计算方便, 我们将上式改写为背景尺度因子 a 的方程. 注意到,

$$\ddot{R}=(\dot{a})^2\frac{\mathrm{d}^2R}{\mathrm{d}a^2}+\ddot{a}\frac{\mathrm{d}R}{\mathrm{d}a},$$

Raychaudhuri 方程可以改写为

$$2a^2\left(1+\frac{1}{r}\right)R''-R'\Big[1+(3w+1)/r\Big]a=-R\Big[(3w+1)/r+\zeta\Big],\tag{3.39}$$

其中 $\zeta=\rho_{\rm m}^{\rm cluster}/\rho_{\rm m}$. 我们有

$$\zeta'=\frac{3}{a}(1-\xi_2/r)\zeta-3\frac{R'}{R}\zeta+\frac{3}{a}\xi_2/r, \tag{3.40}$$

其中 “ ′ ” 表示 $\dfrac{\rm d}{{\rm d}a}$.

在解上述方程时, 我们在 $z=3200$ 设定初始条件为 $R\sim a$, $R'=1$. 这样, 球形区域和背景宇宙具有相同的膨胀速度. 为了计算出 $\delta_{\rm c}$, 我们考查线性扰动演化方程[25]

$$\begin{aligned}\frac{{\rm d}^2\ln\Delta_{\rm m}}{{\rm d}\ln a^2}=&-\left[\frac{1}{2}-\frac{3}{2}w(1-\Omega_{\rm m})\right]\frac{{\rm d}\ln\Delta_{\rm m}}{{\rm d}\ln a}-\left(\frac{{\rm d}\ln\Delta_{\rm m}}{{\rm d}\ln a}\right)^2-\\&\frac{3}{r}\left[\xi_2+3\xi_1\xi_2+3\frac{\xi_2^2}{r}-\xi_2\frac{{\rm d}\ln r}{{\rm d}\ln a}+\xi_2\left(\frac{{\rm d}\ln H}{{\rm d}\ln a}+1\right)\right]-\\&\left(3\xi_1+6\frac{\xi_2}{r}\right)\frac{{\rm d}\ln\Delta_{\rm m}}{{\rm d}\ln a}+\frac{3}{2}\Omega_{\rm m}.\end{aligned} \tag{3.41}$$

让 (3.39), (3.40) 式具有相同的初始条件 $\zeta_i=\Delta_{{\rm m}i}+1$, 并且计算线性扰动至球形模型坍缩时刻, $R(a_{\rm coll})\approx 0$, 我们便可以计算出 $\delta_{\rm c}$.

下面我们考虑暗能量不均匀并且参与坍缩时的情况. 此时, 球形区域由多种流体组成. 从 (3.24), (3.25) 式中, 我们可以看到, 在线性扰动的情况下, 即使暗能量、暗物质流体初始扰动速率一样, 在演化过程中, 由于运动方程的不同, 暗能量、暗物质在演化过程中扰动速率也会不相同. 因此, 我们需要在球对称坍缩模型中, 考虑暗能量、暗物质坍缩速率不相同的情况.

设 $u^a_{\rm (d)}$ 是暗能量流体 4 速度, $u^a_{\rm (m)}$ 是暗物质流体 4 速度, 且 $u^a_{\rm (d)}\neq u^a_{\rm (m)}$. 我们将 $u^a_{\rm (d)}$ 按照 $u^a_{\rm (m)}$ 展开,

$$u^a_{\rm (d)}=\gamma(u^a_{\rm (m)}+v^a_{\rm d}), \tag{3.42}$$

其中 $\gamma=(1-v_{\rm d}^2)^{-1/2}$ Lorentz-boost 因子, $v^a_{\rm d}$ 是在相对于暗物质流体静止的参考系中观测到的暗能量流体的相对 3 速度. 如果暗能量、暗物质完全共动, 则 $v^a_{\rm d}=0$. 下面我们考虑非共动理想流体[26],

$$\begin{aligned}T^{ab}_{\rm (m)}&=\rho_{\rm m}u^a_{\rm (m)}u^b_{\rm (m)},\\T^{ab}_{\rm (d)}&=\rho_{\rm d}u^a_{\rm (d)}u^b_{\rm (d)}+p_{\rm d}h^{ab}_{\rm (d)},\end{aligned} \tag{3.43}$$

其中 $h^{ab}=g^{ab}+u^au^b$ 是投影算符[26]. 将 (3.42) 式代入到 (3.43) 式第二个关于暗能量的方程中, 同时为了简便起见, 我们将暗物质流体 4 速度 $u^a_{\rm (m)}$ 简记为 u^a, 则暗能量能冲张量可以表示为

$$T^{ab}_{\rm (d)}=\rho_{\rm d}u^au^b+p_{\rm d}h^{ab}+2u^aq^b_{\rm (d)}, \tag{3.44}$$

其中 $q^b=(\rho_{\rm d}+p_{\rm d})v_{\rm d}^b$ 是在暗物质坐标系中观测到的暗能量能流. 在上面的式子中我们忽略了 $v_{\rm d}^a$ 的二阶以上的项, 因为我们假定 $v_{\rm d}^a$ 远小于光速, $v_{\rm d}^a\ll 1,\gamma\sim 1$. 如图 8–17 所示, 在多流体球对称坍缩模型中, 我们定义暗物质的边界为 top-hat 半径. 如果暗能量并不和暗物质共动时, 暗能量在演化过程中将会进入或流出 top-hat 半径所在的球面. 我们假定 top-hat 半径外的暗能量仍然是球对称的. 那么根据 Birkhoff 定理, 在 top-hat 半径内的区域 Raychaudhuri 方程和 (3.36) 式形式一样. 在 top-hat 半径内的区域, 由能量守恒得,

$$\nabla_a T^{ab}_{(\lambda)}=Q^b_{(\lambda)}, \tag{3.45}$$

其中 Q^b 便是相互作用矢量, "λ" 表示暗能量或者暗物质. 上式的类时部分给出,

$$\begin{aligned}\dot{\rho}_{\rm m}^{\rm cluster}+3h\rho_{\rm m}^{\rm cluster}&=3H(\xi_1\rho_{\rm m}^{\rm cluster}+\xi_2\rho_{\rm d}^{\rm cluster}),\\ \dot{\rho}_{\rm d}^{\rm cluster}+3h(1+w)\rho_{\rm d}^{\rm cluster}&=-\vartheta(1+w)\rho_{\rm d}^{\rm cluster}-3H(\xi_1\rho_{\rm m}^{\rm cluster}+\xi_2\rho_{\rm d}^{\rm cluster}),\end{aligned} \tag{3.46}$$

其中 $\vartheta=\nabla_x v_{\rm d}$. 在暗能量演化方程中, 包含 ϑ 的项是由暗能量进入或流出 top-hat 半径所在的球面引起的, 方向取决于初始条件.

对于类空的部分, 只有暗能量有非零的分量, 可表示为

$$\dot{q}^a_{({\rm d})}+4hq^a_{({\rm d})}=0, \tag{3.47}$$

其中 $q^a_{({\rm d})}$ 是暗能量能流. 假定 top-hat 半径能量和压强分布是均匀的, 我们得到,

$$\dot{\vartheta}+h(1-3w)\vartheta=3H(\xi_1\Gamma+\xi_2)\vartheta. \tag{3.48}$$

其中 $\Gamma=\rho_{\rm m}^{\rm cluster}/\rho_{\rm d}^{\rm cluster}$, 上式中我们用到 (3.46) 式并且只保留 ϑ 的线性项. 从 (3.48) 式我们可以看到, 如果 ϑ 在初始的时候为零, 那么在整个演化的过程中 ϑ 都将保持零, 暗能量将和暗物质共动. 但是, 一般来说, 即使在线性演化区域, $v_{\rm d}$ 和 $v_{\rm m}$ 之间便存在差异, ϑ 的初始条件并不为零. 我们可以选择在 $z=3200$ 时, 线性演化方程的 ϑ 值 $\vartheta\sim k(v_{\rm d}-v_{\rm m})\sim-\delta_{\rm mi}/200<0$, $k=1{\rm Mpc}^{-1}$ 作为非线性方程的初始条件. 我们可以看到 ϑ 的初始远小于 1, $|\vartheta|<<1$, 负号是由于在宇宙早期暗物质扰动比暗能量扰动膨胀得快.

定义 $\zeta_{\rm m}=\rho_{\rm m}^{\rm cluster}/\rho_{\rm m}$, $\zeta_{\rm d}=\rho_{\rm d}^{\rm cluster}/\rho_{\rm d}$, 将时间导数 $\dfrac{\rm d}{{\rm d}t}$ 换为 $\dfrac{\rm d}{{\rm d}a}$, 我们得到暗物质、暗能量在球形区域内的演化方程:

$$\begin{aligned}&\vartheta'+\frac{R'}{R}(1-3w)\vartheta=\frac{3}{a}(\xi_1\Gamma+\xi_2)\vartheta,\\ &\zeta_{\rm m}'=\frac{3}{a}\left(1-\xi_2/r\right)\zeta_{\rm m}-3\frac{R'}{R}\zeta_{\rm m}+\frac{3}{a}\xi_2\zeta_{\rm d}/r,\\ &\zeta_{\rm d}'=\frac{3}{a}(1+w+\xi_1 r)\zeta_{\rm d}-3(1+w)\frac{R'}{R}\zeta_{\rm d}-\frac{3}{a}\xi_1\zeta_{\rm m}r-\vartheta(1+w)\zeta_{\rm d}.\end{aligned} \tag{3.49}$$

Raychaudhuri 方程为

$$2a^2\left(1+\frac{1}{r}\right)R''-R'\Big[1+(3w+1)/r\Big]a=-R\Big[(3w+1)\zeta_{\rm d}/r+\zeta_{\rm m}\Big]. \qquad (3.50)$$

我们使用绝热初始条件,

$$\delta_{{\rm d}i}=(1+w)\Delta_{{\rm m}i}\zeta_{{\rm m}i}=\delta_{{\rm m}i}+1,\quad \zeta_{{\rm d}i}=\Delta_{{\rm d}i}+1,\quad \zeta_{{\rm d}i}=(1+w)\zeta_{{\rm m}i}-w,$$

这样我们便可以研究有暗能量参与的球对称坍缩模型. 但是我们要指出, 由于相互作用项的存在, $\zeta_{\rm d}$ 可能变为负值. 为了避免这种非物理情况的发生, 我们采用截断的办法来确保 $\zeta_{\rm d}\geqslant 0$. 对于相应的线性演化方程, 我们有[25]

$$\begin{aligned}\frac{{\rm d}^2\ln\Delta_{\rm m}}{{\rm d}\ln a^2}=&-\left(\frac{{\rm d}\ln\Delta_{\rm m}}{{\rm d}\ln a}\right)^2-\left[\frac{1}{2}-\frac{3}{2}w(1-\Omega_{\rm m})\right]\frac{{\rm d}\ln\Delta_{\rm m}}{{\rm d}\ln a}-(3\xi_1+6\frac{\xi_2}{r})\frac{{\rm d}\ln\Delta_{\rm m}}{{\rm d}\ln a}+\\&\frac{3\left(\exp\left(\ln\dfrac{\Delta_{\rm d}}{\Delta_{\rm m}}\right)-1\right)}{r}\left[\xi_2+3\xi_1\xi_2+3\xi_2^2/r+\xi_2\left(\frac{{\rm d}\ln H}{{\rm d}\ln a}+1\right)-\xi_2\frac{{\rm d}\ln r}{{\rm d}\ln a}\right]+\\&3\frac{\xi_2}{r}\frac{{\rm d}\ln\Delta_{\rm d}}{{\rm d}\ln a}\exp\left(\ln\frac{\Delta_{\rm d}}{\Delta_{\rm m}}\right)+\frac{3}{2}\left[\Omega_{\rm m}+(1-\Omega_{\rm m})\exp\left(\ln\frac{\Delta_{\rm d}}{\Delta_{\rm m}}\right)\right],\end{aligned} \qquad (3.51)$$

$$\begin{aligned}\frac{{\rm d}^2\ln\Delta_{\rm d}}{{\rm d}\ln a^2}=&-\left(\frac{{\rm d}\ln\Delta_{\rm d}}{{\rm d}\ln a}\right)^2+(1+w)\frac{3}{2}\left[\Omega_{\rm m}\exp\left(\ln\frac{\Delta_{\rm m}}{\Delta_{\rm d}}\right)+(1-\Omega_{\rm m})\right]-\frac{k^2C_{\rm e}^2}{a^2H^2}+\\&\left[3\xi_2+6\xi_1 r+6w-3C_{\rm a}^2+3(C_{\rm e}^2-C_{\rm a}^2)\frac{\xi_1 r+\xi_2}{1+w}+\frac{C_{\rm e}^2}{1+w}\frac{{\rm d}\ln\rho_{\rm d}}{{\rm d}\ln a}\right]\times\\&\frac{{\rm d}\ln\Delta_{\rm d}}{{\rm d}\ln a}-3r\xi_1\exp\left(\ln\frac{\Delta_{\rm m}}{\Delta_{\rm d}}\right)\frac{{\rm d}\ln\Delta_{\rm m}}{{\rm d}\ln a}+3\left(\frac{{\rm d}\ln H}{{\rm d}\ln a}+1\right)(w-C_{\rm e}^2)+\\&3\xi_1\left(\frac{{\rm d}\ln H}{{\rm d}\ln a}r+r+\frac{{\rm d}r}{{\rm d}\ln a}\right)+3\left[w-C_{\rm e}^2+\xi_1 r\left(1-\exp\left(\ln\frac{\Delta_{\rm m}}{\Delta_{\rm d}}\right)\right)\right]\times\\&\left[(1-3w)-3\frac{C_{\rm e}^2-C_{\rm a}^2}{1+w}(1+w+\xi_1 r+\xi_2)-3(\xi_1 r+\xi_2)-\frac{C_{\rm e}^2}{1+w}\frac{{\rm d}\ln\rho_{\rm d}}{{\rm d}\ln a}\right]-\\&\left[\frac{1}{2}-\frac{3}{2}w(1-\Omega_{\rm m})\right]\frac{{\rm d}\ln\Delta_{\rm d}}{{\rm d}\ln a}-3\xi_1\left[\left(\frac{{\rm d}\ln H}{{\rm d}\ln a}+1\right)r+\frac{{\rm d}r}{{\rm d}\ln a}\right]\exp\left(\ln\frac{\Delta_{\rm m}}{\Delta_{\rm d}}\right).\end{aligned} \qquad (3.52)$$

我们可以看到暗能量、暗物质的扰动相互纠缠在一起. 使用 (3.51), (3.52) 式和 (3.49), (3.50) 式, 我们通过线性方程可以得到临界密度扰动,

$$\delta_{\rm c}(z)=\delta_{\rm m}(z=z_{\rm coll}).$$

8.3.6 星系计数

在这一小节中, 我们将介绍数值研究的结果. 我们将利用数值方法, 在给定初始条件的情况下, 求解在上一小节中所介绍的演化方程. 为了方便起见, 我们在数值求解过程中, 将 σ_8 取为 0.8.

我们首先讨论相互作用正比于暗能量密度, $(\xi_1 = 0, \xi_2 \neq 0)$, 并且暗能量状态方程 $w > -1$ 时的情况. 理论计算的结果如图 8–18 所示. 图中实线代表暗能量均匀分布, 也就是暗能量不参与引力坍缩时的情况. 而虚线则代表暗能量分布不均匀, 并且参与引力坍缩时的情况. 从数值结果中, 我们可以看出, 当 $\xi_2 > 0$ 暗能量转化为暗物质, 有相互作用体系的临界密度, 要小于没有相互作用标准 ΛCDM 模型时的临界密度 (见图 8–18(a)). 临界密度越小, 说明星系越容易形成, 形成的星系个数就会越多, 因而星系计数值越大. 从图 8–18(a)~(d) 中的不同红移分段内的计数结果, 我们可以非常清楚地看到这一点. 有相互作用体系的星系计数要大于没有相互作用体系的

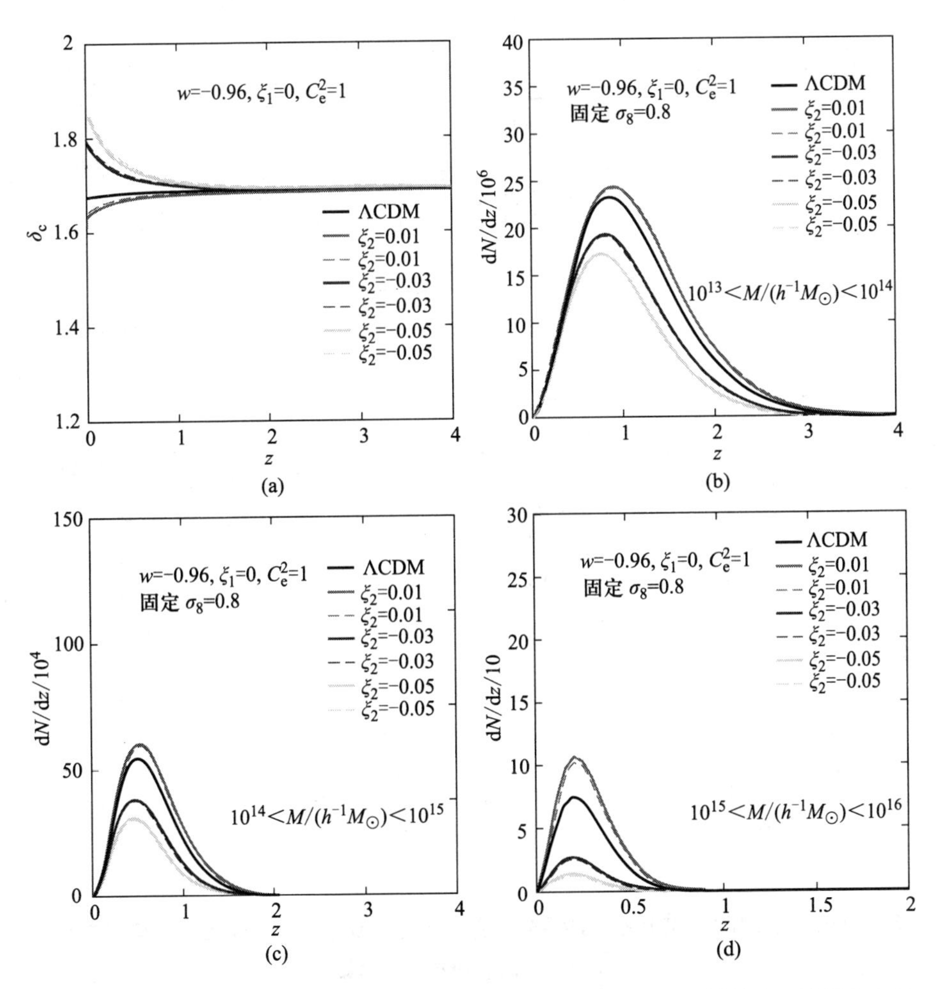

图 8–18　当相互作用正比于暗能量能量密度, $(\xi_1 = 0, \xi_2 \neq 0)$, 并且暗能量状态方程 $w > -1$ 时的理论计算结果

图中实线代表暗能量均匀分布的情况, 虚线代表暗能量不均匀分布的情况

计数, 并且相互作用越强, 体系的计数越大. 这一点从物理上理解起来非常自然, 当暗能量转化为暗物质时, 暗物质能量密度变大, 就会产生出更强的自引力, 从而加速体系的坍缩, 进而增加星系形成的个数. 当 $\xi_2 < 0$ 时, 情况相反. 而在另一方面, 从图 8–18 中我们可以看到, 暗能量分布不均匀, 且参与引力坍缩时对星系计数影响不大. 当暗能量状态方程 $w < -1$ 时, 图 8–19 中数值结果的特点与 $w > -1$ 时非常类似. 同样, 暗能量扰动对星系计数影响非常小.

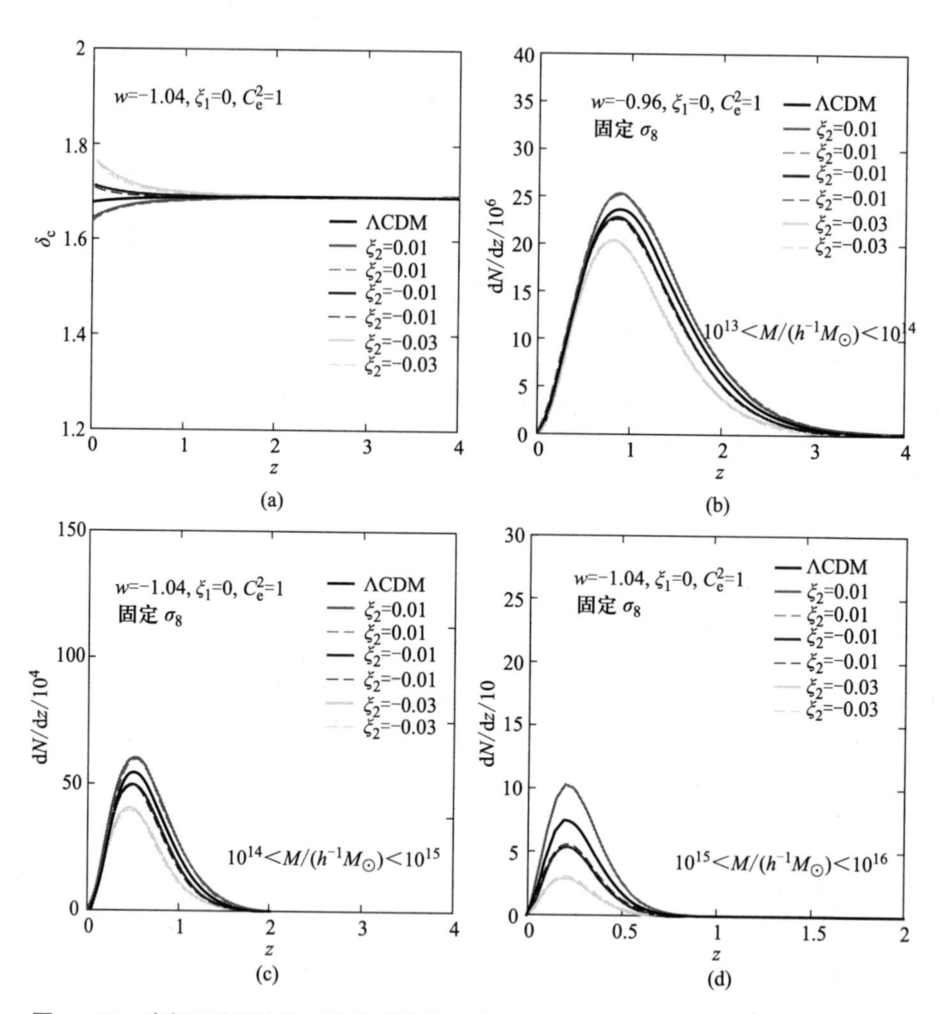

图 8–19　当相互作用正比于暗能量能量密度, $(\xi_1 = 0, \xi_2 \neq 0)$, 并且暗能量状态方程 $w < -1$ 时的理论计算结果

图中实线代表暗能量均匀分布的情况, 虚线代表暗能量不均匀分布的情况

下面我们讨论当相互作用正比于暗物质能量密度时的情况, $(\xi_1 \neq 0, \xi_2 = 0)$.

理论计算结果如图 8–20 所示. 相同地, 图中实线代表暗能量均匀分布, 也就是暗能量不参与引力坍缩时的情况. 而虚线则代表暗能量分布不均匀, 并且参与引力坍缩时的情况. 与刚才讨论的结果类似, 正的相互作用, 也就是暗能量转化为暗物质的时候, 相互作用越强, 临界密度越小 (见图 8–19(a)), 因而星系计数值越大 (见图 8–20(c, d). 同样地, 这也可以从 $\delta_c(z)/\sigma_8 D(z)$ 值的变化中看出 (见图 8–19(b)). 而与先前相互作用正比于暗能量密度时的情况有所不同, 如图中虚线所示, 当暗能量不均匀并且参与引力坍缩时, 暗能量对星系计数会产生非常明显的影响. 利用这一点, 我们可以区分该模型与先前所讨论的模型. 下面我们讨论当相互作用正比于暗能量、暗物质总能量密度时的情况, ($\xi_1 = \xi_2$). 理论计算结果如图 8–21 所示, 结果的特征与相互作用正比于暗物质能量密度时的情况非常类似. 当暗能量不均匀并且参与引力坍缩时, 暗能量对星系计数会产生非常明显的影响.

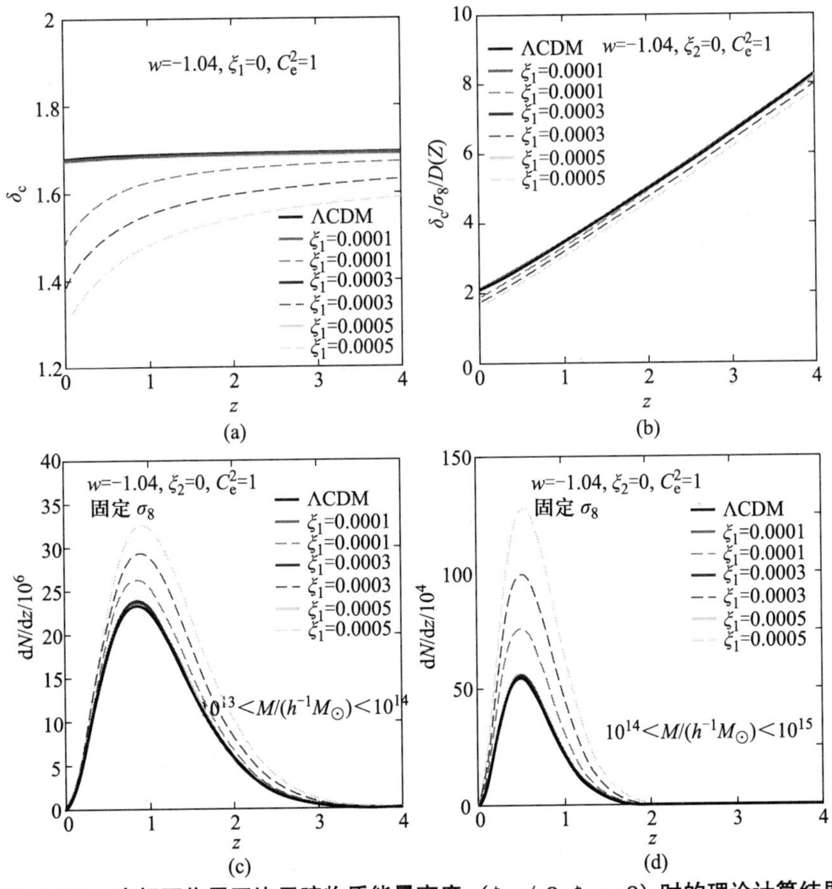

图 8–20　当相互作用正比于暗物质能量密度, ($\xi_1 \neq 0, \xi_2 = 0$) 时的理论计算结果

图中实线代表暗能量均匀分布的情况, 虚线代表暗能量不均匀分布的情况

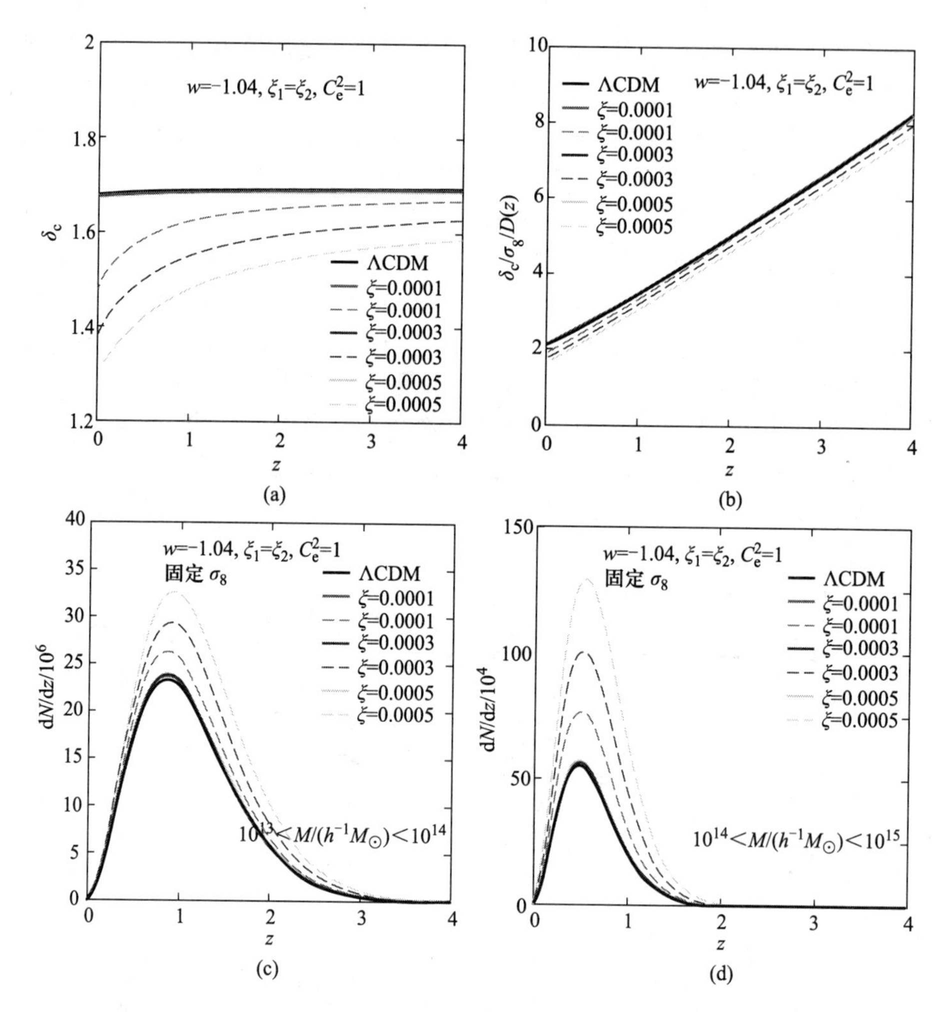

图 8–21 当相互作用正比于总能量密度, ($\xi_1 = \xi_2$) 时的理论计算结果

图中实线代表暗能量均匀分布的情况, 虚线代表暗能量不均匀分布的情况

下面我们讨论归一化的问题. 在前面的讨论中, 我们固定了 $\sigma_8 = 0.8$[47]. 而考虑到以下事实, 由于在现今时刻, 宇宙中星系个数的密度是一定的, 因而在比较宇宙模型时, 我们应当使之在现今时刻所预测的星系密度是一样的. 因而, 我们在各个模型中调节 σ_8 的大小, 使 δ_c/σ_8 等于当 $\sigma_8 = 0.8$ 时 ΛCDM 模型的大小, 即

$$\sigma^0_{8,\mathrm{model}} = \frac{\delta_{\mathrm{c,model}}(z=0)}{\delta_{\mathrm{c},\Lambda}(z=0)}\sigma^0_{8,\Lambda}. \tag{3.53}$$

归一化后的结果如图 8–22, 8–23 所示. 当相互作用正比于暗能量密度时, 我们发现相互作用会对大质量星系个数产生明显的影响, 而对小质量星系个数影响不大 (见

图 8–22(b)). 当相互作用正比于暗物质能量密度时, 存在暗能量扰动会明显减少所观测到的星系的数量.

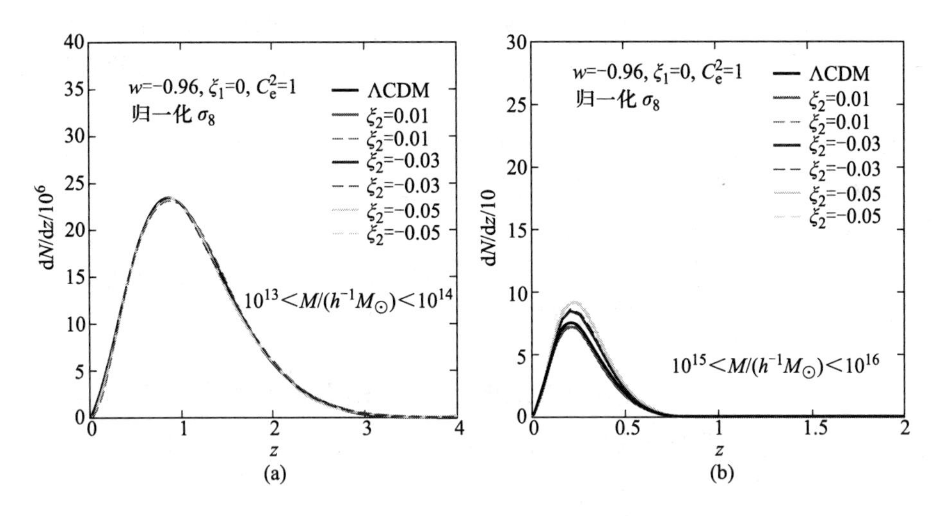

图 8–22　使用归一化星系丰度, 当相互作用正比于暗能量密度时的理论计算结果

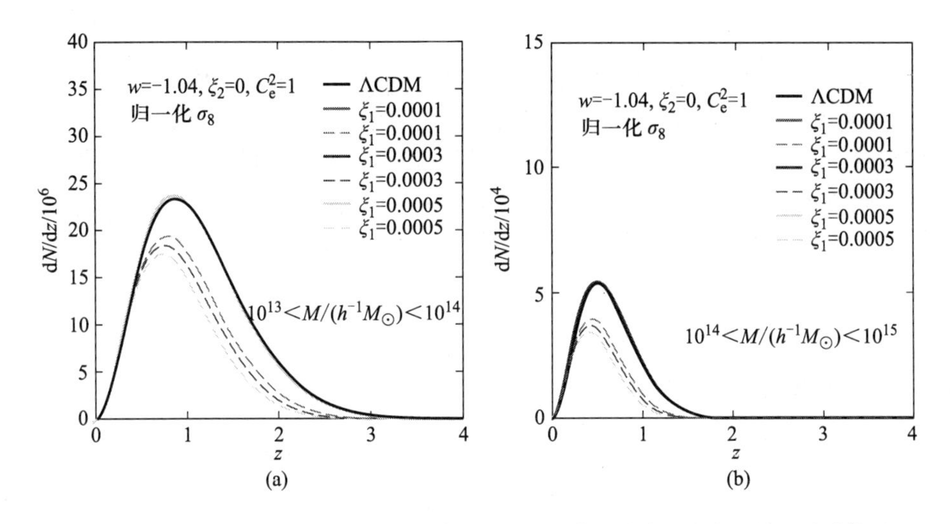

图 8–23　使用归一化星系丰度, 当相互作用正比于暗物质能量密度时的理论计算结果

8.3.7　总结

在这一节中, 我们研究了暗能量、暗物质相互作用体系对宇宙大尺度结构形成的影响. 我们首先推导了 sub 粒子视界相互作用体现的扰动方程, 利用该扰动方程, 分析了相互作用对增长指标的影响. 我们发现, 相互作用对增长指标的影响远大于暗能量扰动对其产生的影响. 我们还发现, 相互作用对增长指标的影响具有非常特别的特征, 它随时间变化非常明显. 而标准模型 $\gamma \approx 0.55$, 以及修改引力模型, 例如 GDP, $\gamma \approx 0.68$, 增长指标趋近于常数而随时间变化缓慢. 因此, 利用相互作用对增长指标影响有明显时间依赖这一特征, 可以非常有效地将相互作用模型和修改引力模型区别开来.

除此之外, 我们研究了暗能量、暗物质相互作用体系对星系计数的影响. 我们提出了多流体球对称坍缩模型的自洽计算方法. 我们利用多流体球对称坍缩模型以及 Press-Schechter 理论, 从理论上计算了, 相互作用体系中星系相对于红移的丰度. 我们发现相互作用对大质量星系形成的影响大于对小质量星系形成的影响. 这一特征可以在将来的观测中作为鉴别相互作用的依据.

8.4 暗物质和暗能量相互作用在动力学 SUNYAEV-ZEL'DOVICH 效应中的印迹

8.4.1 简介

暗物质和暗能量分别占宇宙组分的 25% 和 70%, 从场论角度考虑两者之间如果没有任何联系, 那是很特殊的假设, 更一般地思考是暗物质和暗能量之间有某种相互作用. 暗物质和暗能量的相互作用是目前国际上宇宙学领域研究的一个热点问题, 最近几年已经有近 500 篇文章讨论这个主题. 作者在理论物理高级研讨班里已经对这个问题做了两次详细的报告. 最近我们试图从更多的天文观测出发, 寻找更多的暗物质和暗能量相互作用的观测证据.

宇宙再电离以后, 在星系团里有许多自由的电子. 电子的运动类似于重子物质, 由下列方程主宰:

$$v_{\mathrm{b}}' = -Hv_{\mathrm{b}} + k\Psi, \tag{4.1}$$

其中 Ψ 为重力势

$$\Psi = \frac{4\pi Ga^2 \sum_i \rho_i (D_g^i - \rho_i' U_i/(1+w_i)\rho_i k)}{k^2 - 4\pi Ga^2 \sum_i \rho_i'/H}, \tag{4.2}$$

它包括各种物质密度和扰动的贡献. 暗物质和暗能量相互作用会影响暗物质和暗能量的密度以及它们的扰动行为, 从而对重力势会产生变化. 由于这个原因, 暗物质和暗能量的相互作用会影响电子的运动, 影响电子的运动速度.

图 8–24(a) 和图 8–25(a) 反映了暗能量和暗物质相互作用后, 电子的运动速度可以增加, 也可以减少, 取决于暗物质和暗能量相互作用时能量在它们之间流动的

方向. 从图 8–24(b) 和图 8–25(b) 里也能看到重力势对电子速度的影响. 由于暗物质和暗能量的相互作用, 电子运动速度和标准的 LCDM 模型比较, 会大或者小 $2 \sim 5$ 倍. 这个速度的变化是可以通过天文观测测出来的. 如果测出了电子速度的变化, 那么也就可以找出背后暗物质和暗能量相互作用的印记. 星系团中如果电子运动的速度很大, 那么经过这里的微波辐射光子必然会和这些电子发生碰撞, 发生逆康普顿散射. 这个过程必然会对微波背景谱产生影响, 在小尺度改变原来的微波背景谱线. 这种现象叫做动力学 SUNYAEV-ZEL'DOVICH 效应. 通过计算, 我们发现由于暗物质和暗能量相互作用产生的动力学 SUNYAEV-ZEL'DOVICH 效应反映如下.

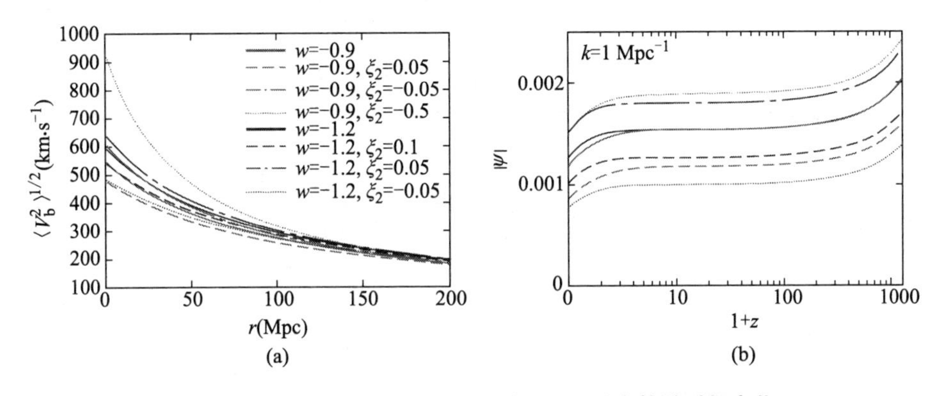

图 8–24　(a) rms 重子速度分布, (b) 重力势随时间变化

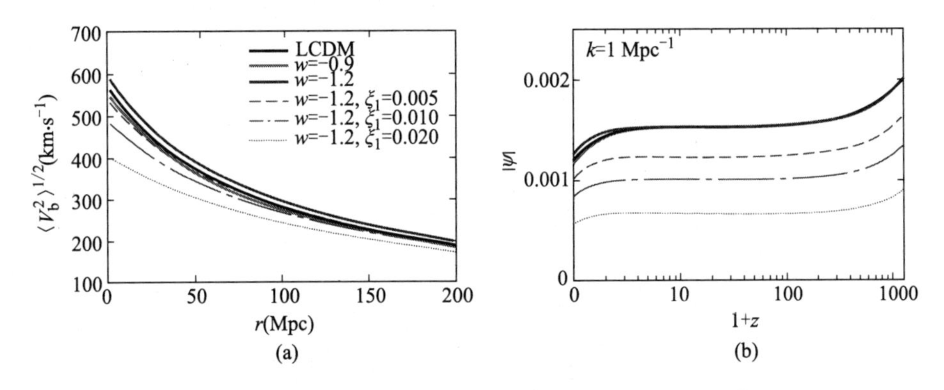

图 8–25　(a) rms 重子速度分布, (b) 重力势随时间变化

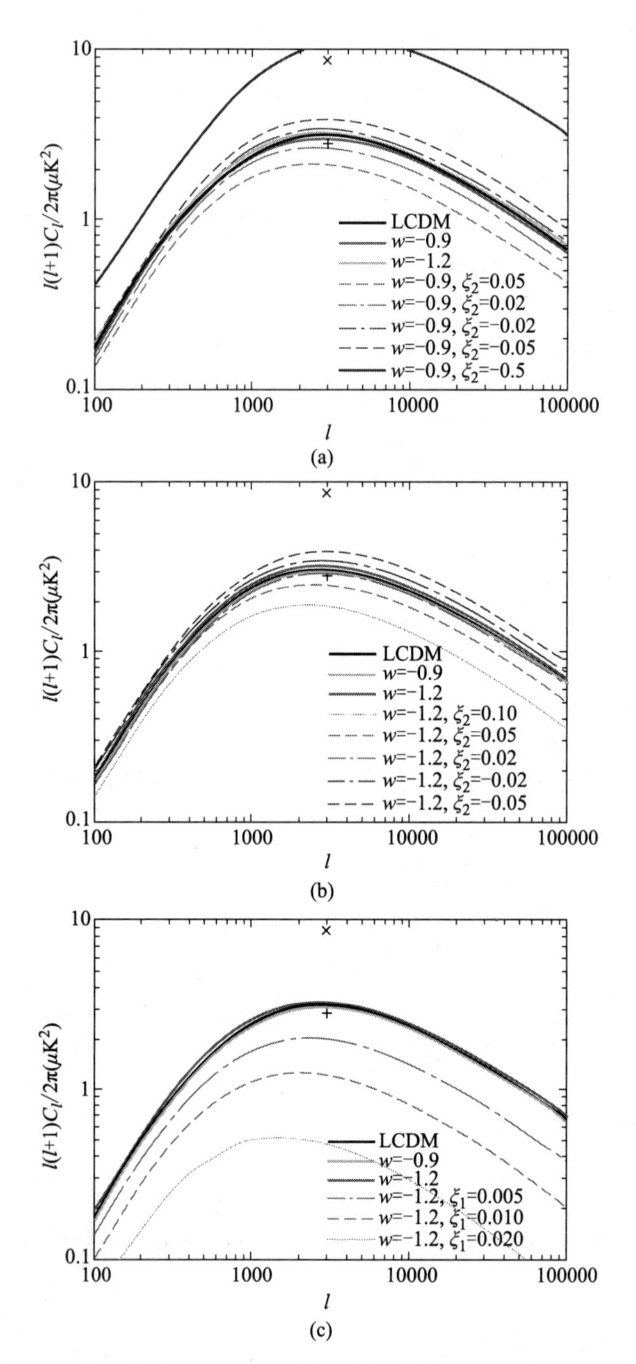

图 8–26 动力学 Sunyaev-Zel'dovich 效应对微波背景辐射的影响

(a) $\xi_1 = 0, w > -1$; (b) $\xi_1 = 0, w < -1$, (c) $\xi_2 = 0,\ w < -1$. 实线对应没有相互作用情形, 虚线对应有暗能量和暗物质相互作用

从中我们可以看到和标准 LCDM 模型比较, 考虑暗物质和暗能量相互作用以后, 小尺度的微波背景辐射谱发生了变化. 压低和增大取决于暗物质和暗能量之间能量的流动方向. 图 8-26 中的两个点分别是两个天文观测给出的能够测到的动力学 SUNYAEV-ZEL'DOVICH 效应的上限数值. 从这两个数据我们已经能够对暗物质和暗能量相互作用的模型给出限制. 期待今后更多的有关动力学 SUNYAEV-ZEL'DOVICH 效应的精确数据, 依靠这些数据我们能更精准地对暗物质和暗能量相互作用进行研究.

参 考 文 献

8.1

[1] S. J. Perlmutter et al., Nature **391** (1998)51;
A. G. Riess et al.,Astron. J. **116** (1998), 1009; S. J. Perlmutter et al., Astroph. J. **517** (1999), 565;
J. L. Tonry et al., Astroph. J. **594** (2003) 1;
A. G. Riess et al., Astroph. J. **607** (2005) 665;
P. Astier et al., Astron. Astroph. **447** (2005) 31;
A. G. Riess et al., Astroph. J. **659** (2007) 98.

[2] W. Fang, W. Hu, A. Lewis Phys. Rev. **D78** (2008) 087303 ;

[3] T. Padmanabhan, Phys. Rept. **380** (2003) 235;
P. J. E. Peebles and B. Ratra, Rev. Mod. Phys. **75** (2003) 559 ;
V. Sahni, Lect Notes Phys.**653** (2004) 141 and references therein.

[4] L. Amendola, Phys. Rev. **D62** (2000) 043511 ;
L. Amendola and C. Quercellini, Phys. Rev.**D68** (2003) 023514;
L. Amendola, S. Tsujikawa, and M. Sami, Phys. Lett. **B632** (2006) 155.

[5] D. Pavón and W. Zimdahl, Phys. Lett. **B628** (2005) 206.

[6] S. Campo, R. Herrera, G. Olivares, and D. Pavón, Phys. Rev. **D74** (2006) 023501;
S. Campo, R. Herrera,and D. Pavón, Phys. Rev. **D71** (2005) 123529;
G. Olivares, F. Atrio Barandela, and D. Pavón, Phys. Rev. **D71** (2005) 063523;
S. Campo, R. Herrera and D. Pavon, Phys. Rev. **D78** (2008) 021302(R).

[7] G. Olivares, F. Atrio Barandela, and D. Pavón, Phys. Rev. **D74** (2006) 043521.

[8] C. G. Boehmer, G. Caldera Cabral, R. Lazkoz and R. Maartens, Phys. Rev. **D78** (2008) 023505.

[9] B. Wang, Y. G. Gong, and E. Abdalla, Phys. Lett. **B624** (2005) 141.

[10] B. Wang, C. Y. Lin, and E. Abdalla, Phys. Lett. **B637** (2006) 357.

[11] B. Wang, J. Zang, C. Y. Lin, E. Abdalla, and S. Micheletti, Nucl. Phys. **B778** (2007) 69.

[12] S. Das, P. S. Corasaniti, and J. Khoury, Phys. Rev.**D73** (2006) 083509.

[13] W. Zimdahl, Int. J. Mod. Phys. **D14** (2005) 2319.

[14] E. Abdalla and B. Wang, Phys. Lett. **B651** (2007) 89.

[15] O. Bertolami, F. Gil Pedro, and M. Le Delliou, Phys. Lett.**B654** (2007) 165;
O. Bertolami, F. Gil Pedro, and M. Le Delliou, arXiv: 0705. 3118v1.

[16] L. Amendola, D. Tocchini Valentini, Phys. Rev. **D64** (2001) 043509;
G. W. Anderson and S. M. Carroll, astro-ph/9711288.

[17] W. Zimdahl, D. Pavón, and L. P. Chimento, Phys. Lett. **B521** (2001) 133;
L.P. Chimento, A.S. Jakubi, D. Pavón and W. Zimdahl, Phys. Rev. **D67** (2003) 083513;
S. del Campo, R. Herrera,and D. Pavón, Phys. Rev. **D70** (2004) 043540.

[18] Z. K. Guo, N. Ohta, and S. Tsujikawa, Phys. Rev. **D76** (2007) 023508.

[19] L. Amendola, G. Campos, and R. Rosenfeld, Phys. Rev. **D75** (2007) 083506.

[20] D. Pavón and B. Wang, arXiv:0712.0565;
B. Wang, C. Y. Lin, D. Pavon,and E. Abdalla, Phys. Lett. **B662** (2008) 1.

[21] J. Valiviita, E. Majerotto, and R. Maartens, JCAP **07** (2008) 020, arXiv: 0804. 0232.

[22] G. Mangano, G. Miele, and V. Pettorino, Mod. Phys. Lett. **A18** (2003) 831.

[23] B. Wang, C. Y. Lin, D. Pavón,and E. Abdalla, Phys. Lett. **B662** (2008) 1.

[24] Chang Feng, Bin Wang, Yungui Gong, Ru Keng Su, JCAP **09** (2007) 005.

[25] E. Abdalla, L. Raul, W. Abramo, L. Sodre Jr.,and B. Wang, arXiv: 0710. 1198 [astro-ph].

[26] J. H. He and B. Wang, JCAP **06** (2008) 010, arXiv:0801.4233.

[27] C. Feng, B. Wang, E. Abdalla, and R. K. Su, Phys. Lett. **B665** (2008) 111, arXiv: 0804.0110.

[28] M. R. Setare and Elias C. Vagenas Phys. Lett. **B666** (2008) 111;
M. R. Setare Phys. Lett. **B654** (2007) 1.

[29] B. Schaefer, G. A. Caldera Cabral, and R. Maartens, arXiv:0803.2154.

[30] V. Mukhanov, Physical foundation of Cosmology, Cambridge University Press (2005).

[31] M. Quartin, M. O. Calvao, S. E. Joras, R. R. R. Reis,and I. Waga, JCAP **05** (2008) 007.

[32] Xiao Dong Xu, Jian Hua He, and Bin Wang, arXiv: 1103. 2632.

8.2

[1] J. Valiviita, E. Majerotto,and R. Maartens, JCAP **07** (2008) 020, arXiv: 0804. 0232.

[2] J. H. He, B. Wang,and E. Abdalla, Phys. Lett. **B671** (2009) 139, arXiv: 0807. 3471.

[3] P. Corasaniti, Phys. Rev. **D78** (2008) 083538;
B. Jackson, A. Taylor,and A. Berera, Phys. Rev. **D79** (2009) 043526.

[4] D. Pavon and B. Wang, Gen. Relav. Grav. **41** (2009) 1;
B. Wang, C.Y. Lin, D. Pavon,and E. Abdalla, Phys. Lett. **B662** (2008) 1.

[5] B. Wang, J. Zang, C. Y. Lin, E. Abdalla, and S. Micheletti, Nucl. Phys. **B778** (2007) 69.

[6] F. Simpson, B. M. Jackson, and J. A. Peacock, arXiv: 1004. 1920.

[7] W. Zimdahl, Int. J. Mod. Phys. **D14** (2005) 2319.

[8] Z. K. Guo, N. Ohta, and S. Tsujikawa, Phys. Rev. **D76** (2007) 023508.

[9] C. Feng, B. Wang, E. Abdalla, and R. K. Su, Phys. Lett. **B665** (2008) 111, arXiv: 0804. 0110.

[10] J. Valiviita, R. Maartens,and E. Majerotto, Mon. Not. Roy. Astron. Soc. **402** (2010) 2355-2368, arXiv: 0907. 4987.

[11] J. Q. Xia, Phys.Rev. **D80** (2009) 103514, arXiv: 0911. 4820.

[12] J. H. He, B. Wang, and P. Zhang, Phys. Rev. **D80** (2009) 063530, arXiv: 0906. 0677.

[13] M. Martinelli, L. Honorez, A. Melchiorri, and O. Mena Phys. Rev. **D81** (2010) 103534, arXiv: 1004. 2410;
L. Honorez, B. Reid, O. Mena, L. Verde,and R. Jimenez, JCAP **1009** (2010) 029, arXiv: 1006. 0877.

[14] J. H. He and B. Wang, JCAP **06** (2008) 010, arXiv: 0801. 4233.

[15] J. H. He, B. Wang, and Y. P. Jing, JCAP **07** (2009) 030, arXiv: 0902. 0660.

[16] G. Caldera Cabral, R. Maartens,and B. Schaefer, JCAP **0907** (2009) 027.

[17] F. Simpson, B. Jackson, and J. A. Peacock, arXiv: 1004.1920.

[18] J. H. He, B. Wang, E. Abdalla,and D. Pavon, JCAP, in press, arXiv: 1001.0079.

[19] O. Bertolami, F. Gil Pedro, and M. Le Delliou, Phys. Lett. **B654** (2007) 165;
O. Bertolami, F. Gil Pedro, and M. Le Delliou, Gen. Rel. Grav. **41** (2009) 2839-2846, arXiv: 0705. 3118.

[20] E. Abdalla, L.Raul, W. Abramo, L. Sodre Jr., and B. Wang, Phys. Lett. **B673** (2009) 107;
E. Abdalla, L. Abramo, and J. Souza, Phys. Rev. **D82** (2010) 023508, arXiv: 0910. 5236.

[21] H. Kodama and M. Sasaki, Prog. Theor. Phys. Suppl. **78** (1984) 1.

[22] M. Doran, JCAP **05** (2005) 011.

[23] W. J. Percival et al., Mon. Not. Roy. Astron. Soc. **401** (2010) 2148, arXiv: 0907. 1660.

[24] D. J. Eisenstein et al., Astrophys. J. **633** (2005) 560.

[25] W. Hu, N. Sugiyama, Astrophys. J. **471** (1996) 542.

[26] D. J. Eisenstein et al., Astrophys. J. **633** (2005) 560.

[27] A. G. Riess et al., Astrophys. J. **659** (2007) 98, arXiv: astro-ph/0611572.

[28] A. G. Riess et al., Astrophys. J. **699** (2009) 539.

[29] C. G. Tsagas, A. Challinor,and R. Maartens, Phys. Rept. **465** (2008) 61, arXiv: 0705. 4397.

[30] G. Robert, R. Crittenden,and Neil Turok, Phys. Rev. Lett. **76** (1996) 575;
Uros Seljak and Matias Zaldarriaga, Phys. Rev. **D60** (1999) 043504;
A. Cooray, Phys. Rev. **D65** (2002) 103510.

[31] S. Boughn and R. Crittenden, Nature **427** (2004) 45–47;
M. R. Nolta et al., Astrophys. J. **608** (2004) 10–15;
P. Fosalba and E. Gaztanaga, Mon. Not. Roy. Astron. Soc. **350** (2004) L37–L41;
P. Fosalba et al., Astrophys. J. **597** (2003) L89–92;
R. Scranton et al. (2003), astro-ph/0307335;
P. Vielva, E. Martinez Gonzalez,and M. Tucci, astro-ph/0408252;
N. Afshordi, Y. S. Loh,and M. Strauss, Phys. Rev. **D69** (2004) 083524;
Nikhil Padmanabhan et al. Phys. Rev. **D72** (2005) 043525;
A. Cabre et al., MNRAS **381** (2007) 1347;
G. Olivares et al., Phys. Rev. **D77** (2008) 103520;
B. M. Schaefer, MNRAS **388** (2008) 1403.

[32] J. Lesgourgues, W. Valkenburg,and E. Gaztanaga, Phys, Rev. **D77** (2008) 063505.

8.3

[1] J. Valiviita, E. Majerotto, R. Maartens, JCAP **07** (2008) 020, arXiv: 0804. 0232.

[2] J. H. He, B. Wang and E. Abdalla, Phys. Lett. **B671** (2009) 139, arXiv: 0807. 3471

[3] G. Ballesteros and A. Riotto, Phys. Lett. **B668** (2008) 171.

[4] M. Tegmark et al., Phys. Rev. **D74** (2006) 123507.

[5] W. Zimdahl, D. Pavon and L. P. Chimento, Phys. Lett. **B521** (2001) 133;
L. P. Chimento, A. S. Jakubi, D. Pavon, and W. Zimdahl, Phys. Rev. **D67** (2003) 083513.

[6] E. Abdalla, L. Raul, W. Abramo, L. Sodre Jr.,and B. Wang, arXiv: 0710. 1198 [astro-ph].

[7] J. H. He and B. Wang, JCAP **06** (2008) 010, arXiv: 0801. 4233.

[8] B. Jackson, A. Taylor, and A. Berera, arXiv: 0901. 3272.

[9] A. Refrefier et al, ArXiv: 0802. 2522.

[10] S. Das, P. S. Corasaniti, and J. Khoury, Phys. Rev. **D73** (2006) 083509.

[11] V. Mukhanov, Physical Foundation of Cosmology, Cambridge Univ. Press (2005); H. Kodama and M. Sasaki, Prog. Theor. Phys. Suppl. **78** (1984) 1.

[12] N. Afshordi, M. Zaldarriaga, and K. Kohri, Phys. Rev. **D72** (2005) 065024, astro-ph/0506663; M. Kaplinghat and A. Rajaraman, Phys. Rev. **D75** (2007) 103504, astro-ph/0601517;
O. E. Bjaelde et al.JCAP **0801** (2008) 026, 0705.2018;
R. Bean, E. E. Flanagan, and M. Trodden, New J. Phys. **10** (2008), 033006, 0709. 1124; R. Bean, E. E. Flanagan, and M. Trodden, Phys. Rev. **D78** (2008) 023009, 0709. 1128;
L. Vergani, L. P. L. Colombo, G. La Vacca, and S. A. Bonometto (2008), 0804. 0285.

[13] G. Caldera Cabral, R. Maartens, and B. M. Schaefer, arXiv: 0905. 0492.

[14] D. Pavon and W. Zimdahl, Phys. Lett. **B628** (2005) 206;
S. Campo, R. Herrera, and D. Pavon, Phys. Rev. **D78** (2008) 021302(R).

[15] C. G. Boehmer, G. Caldera-Cabral, R. Lazkoz, and R. Maartens, Phys. Rev. **D78** (2008) 023505.

[16] D. Polarski and R. Gannouji, Phys. Lett. **B660** (2008)439.

[17] R. Gannouji and D. Polarski JCAP **0805** (2008) 018;
R. Gannouji, B. Moraes, and D. Polarski, arXiv:0809.3374.

[18] G. Olivares, F. Atrio-Barandela, and D. Pavon, Phys. Rev. **D74** (2006) 043521.

[19] P. Corasaniti, Phys. Rev. **D78** (2008) 083538;
B. Jackson, A. Taylor, and A. Berera, Phys. Rev. **D79** (2009) 043526.

[20] D. Pavon and B. Wang, Gen. Relav. Grav. **41** (2009) 1;
B. Wang, C. Y. Lin, D. Pavon, and E. Abdalla, Phys. Lett. **B662** (2008) 1.

[21] B. Wang, J. Zang, C. Y. Lin, E. Abdalla, and S. Micheletti, Nucl. Phys. **B778** (2007) 69.

[22] W. Zimdahl, Int. J. Mod. Phys. **D14** (2005) 2319.

[23] Z. K. Guo, N. Ohta, and S. Tsujikawa, Phys. Rev. **D76** (2007) 023508.

[24] J. H. He and B. Wang, JCAP **06** (2008) 010, arXiv: 0801. 4233.

[25] J. H. He, B. Wang, and Y. P. Jing, JCAP **07** (2009), 030, arXiv: 0902. 0660.

[26] C. G. Tsagas, A. Challinor, and R. Maartens, Phys. Rept. **465** (2008) 61, arXiv: 0705.4397.

[27] G. Caldera Cabral, R. Maartens, and B. Schaefer, JCAP **07** (2009) 027.

[28] O. Bertolami, F. Gil Pedro, and M. Le Delliou, Phys. Lett. **B654** (2007) 165;
O. Bertolami, F. Gil Pedro, and M. Le Delliou, arXiv: 0705. 3118.

[29] E. Abdalla, L. Raul W. Abramo, L. Sodre Jr., and B. Wang, Phys. Lett. **B673** (2009) 107;
E. Abdalla, L. Abramo,and J. Souza, arXiv: 0910. 5236.

[30] T. Multamaki, M. Manera, and E. Gaztanaga, MNRAS **344** (2003) 761.

[31] P. Solevi, R. Mainini, S. A. Bonometto, A. V. Macci, A. Klypin, and S. Gottlber, arXiv:astro-ph/0504124.

[32] D. F. Mota and C. van de Bruck, Astron. Astrophys. **421** (2004) 71, arXiv: astro-ph/0401504.

[33] N. J. Nunes, A. C. da Silva, and N. Aghanim, Astron. Astrophys. **450** (2006) 899.

[34] Q. Wang, and Z. Fan, Phys. Rev. **D79** (2009) 123012, arXiv: 0906. 3349.

[35] Ph. Brax, R. Rosenfeld, and D. A. Steer, JCAP **08033** (2010), arXiv: 1005. 2051.

[36] N. Wintergerst and V. Pettorino, arXiv: 1005. 1278.

[37] L. R. Abramo, R. C. Batista, L. Liberato, and R. Rosenfeld, JCAP **11** (2007) 012.

[38] L. R. Abramo, R. C. Batista, L. Liberato, and R. Rosenfeld, JCAP **07** (2009).

[39] S. Micheletti, E. Abdalla, and B. Wang, Phys. Rev. **D79** (2009) 123506, arXiv: 0902. 0318.

[40] N. J. Nunes and D. F. Mota, Mon. Not. Roy. Astron. Soc. **368** (2006) 751, arXiv: astro-ph/0409481.

[41] M. Manera and D. F. Mota, Mon. Not. Roy. Astron. Soc. **371** (2006)1 373, arXiv: astro-ph/0504519.

[42] D. F. Mota, JCAP **09** (2008) 06, arXiv: 0812. 4493.

[43] P. Creminelli, G. D' Amico, J. Norena, L. Senatore, and F. Vernizzi, JCAP **03** (2010) 027, arXiv: 0911. 2701.

[44] W. H. Press and P. Schechter, Astroph. J. **187** (1974) 425.

[45] A. Jenkins, C. Frenk, and S. White, Mon. Not. Roy. Astron. Soc. **321** (2001) 372.

[46] P. T. P. Viana and A. R. Liddle, Mon. Not. Roy. Astron. Soc. **281** (1996) 323.

[47] D. N. Spergel et al., Astrophys. J. Suppl. **148** (2003) 175.

[48] S. Basilakos, J. Sanchez, and L. Perivolaropoulos, arXiv: 0908. 1333;
I. Maor and O. Lahav, JCAP **07** (2005) 3.

第九章　弦/M–理论中黑膜热力学及相变①

卢建新

中国科学技术大学交叉学科理论研究中心

宏观引力系统, 比如黑洞与非引力系统, 在热力学方面很不一样, 其态函数熵与温度本质上是量子的, 没有经典对应, 因此对应的热力学在一定意义上来说本质上也是量子的, 这为探讨量子引力提供了一个重要窗口. 本章综述讨论作者及其合作者近期一系列有关黑洞的高维推广黑膜 (超弦/M–理论中基本的动力学客体) 的热力学相、相变及相关的临界现象, 尤其是探讨正则系综下球对称带电黑洞/黑膜系统的热力学相行为. 我们发现这种引力系统具有与通常范德瓦尔斯–麦克斯韦气–液系统同样的普适相结构, 并且与对应黑洞/黑膜系统的具体渐进时空无关 (可以是 AdS, dS 或平坦闵氏时空). 这种普适特性也许暗示了一般情况下的引力的全息特性. 我们还探讨了出现这种普适相结构的物理起因. 本系列研究的目的是为建立一般情况下引力/场论对偶提供依据, 希望为建立 M–理论的完整理论框架提供重要的非微扰信息.

9.1　引　　言

无论是认识和理解黑洞奇点、宇宙学奇点以及为宇宙学暴胀模型提供理论基础, 还是去认识超标准模型的新物理以及 Planck 尺度上的物理行为, 特别是认识近期发现的占宇宙中物质组分约 68% 的暗能量本质, 都需要一个包括引力在内的基本量子引力理论. 超弦/M–理论, 尽管还有很多不完善之处, 但目前仍是量子引力和统一四种相互作用最理想的候选者.

弦理论经历了两次革命, 第二次革命主要是基于该理论的一些非微扰态称为 BPS 态及其相应的性质[1–5]. 二次革命的重要发现是原有的五种微扰弦理论并不基本, 存在一个更大的 M–理论, 它不仅包括五种弦作为其不同的极限理论, 同时也包括十一维超引力作为其低能极限, 从而解决了人们有关十维弦理论和十一维超引力之间不相容的长期困惑. 弦二次革命还取得了一些巨大成功, 如首次为一些黑洞

① 感谢国家自然科学基金的资助, 项目批准号: 11235010.

熵提供了微观解释、预言了 M–理论的存在性及一些对偶关系, 特别是 AdS/CFT 对应, 具体实现了引力系统的全息性质[6]. 这一对应或其变种对很多强相互作用系统, 如夸克–胶子等离子体、强子物理、凝聚态物理中的量子相变、冷原子系统以及流体力学等的广泛应用[5], 一方面为研究这些系统提供了新的思路和方法, 另一方面对这些具体系统物理行为的刻画也有可能反馈给我们有关基本理论的一些启示. 另外, 弦/M–理论的研究揭示了时空、相互作用以及在非微扰意义下经典和量子的模糊性或非基本性, 预示着在新的基本理论中我们目前习惯的很多概念需要新的内涵或革新. 弦/M–理论的完整理论框架还有待于建立. 在缺少该理论完整框架的前提下, 获得对上述基本问题的深刻认识以及该理论更多的信息只能基于我们对该理论一些局限的了解, 比如已建立的各种对偶关系、其低能有效理论以及从研究中获得的一些思想和启发.

众所周知, 黑洞是我们了解量子引力性质和行为的理想系统, 一方面黑洞为我们研究经典引力 (广义相对论意义下) 的各种有趣行为提供了理想模型; 另一方面它又可以看成为一个宏观量子系统, 其特有的热力学性质, 如熵、温度以及引力的全息性质, 本质上又是量子的, 因此为我们研究量子引力提供了一个重要窗口. 弦/M–理论中基本动力学客体 p-膜所对应的黑膜可视为黑洞的高维推广. 我们期待着对这些黑膜相关的动力学, 比如热力学相、相变以及可能存在的普适性等特性的研究可提供更多的有关该理论的非微扰信息, 有助于我们对该理论中揭示的一些基本问题的了解和认识.

9.2 黑洞 (膜) 系统的热力学特性

四维时空最一般的稳态黑洞是由其所拥有的 ADM 质量 (M), 角动量 (J) 和所带的电荷 (Q) 完全确定. 早期对黑洞相关特性的研究发现, 这三个黑洞参量以及黑洞的视界面积 (A) 和视界上的表面引力 (κ) 遵从如下所谓的黑洞力学四定律:

第零定律表述为黑洞视界上的表面引力 κ 是一个常数, 与视界面上的具体位置无关;

第一定律描述的是当 M, J, Q 和视界面积 A 变化时, 它们的变化满足如下关系:

$$\mathrm{d}M = \frac{\kappa}{8\pi}\mathrm{d}A + \Omega\mathrm{d}J + \Phi\mathrm{d}Q, \tag{2.1}$$

这里 Ω 是黑洞的角速度, Φ 是对应的电势 (视界两极处);

第二定律是黑洞视界的面积永不减少, 即

$$\frac{\mathrm{d}A}{\mathrm{d}t} \geqslant 0; \tag{2.2}$$

第三定律表述为黑洞的表面引力 $\kappa \neq 0$ (也许应该理解为一个 $\kappa \neq 0$ 的黑洞不可能通过有限的物理过程使其表面引力为零).

在上面的公式中, 我们已取了基本常数 k (Boltzmann 常数) $= \hbar = c = G$ (牛顿引力常数) $= 1$.

Bekenstein[7] 1972 年注意到, 上述黑洞力学四定律与已知的热力学四定律有着极其类似的关系. 如果把黑洞视界的表面引力 (κ) 认为正比于一个热力学系统的温度 (T) 和黑洞视界面积正比于该热力学系统的熵, 其他的量完全对应过去, 那么黑洞力学四定律就完全成为热力学四定律. 这种特有的关系使得 Bekenstein 进一步认为黑洞本身很有可能就是一个热力学系统, 而黑洞力学四定律其实就是对应的热力学四定律. 这一大胆假设与当时人们对黑洞的理解如此的不同, 立即遭到了黑洞领域的一些大家比如 Hawking 等人的反对. 四维稳态黑洞完全由其质量、角动量和所带的电荷确定 (只有三根毛), 很难理解这样的系统具有温度和熵, 按通常的理解不可能对应一个宏观热力学系统. Hawking 起初激烈反对 Bekenstein 这种建议, 但 Bekenstein 的这种对应似乎很美妙, 要完全证明 Bekenstein 是错的, 必须要有坚实的物理证据. 另外, 如果这种对应存在的话那一定是在量子意义上的, 经典框架下几乎不可能理解这种对应. 基于这一考虑,Hawking 采用半经典手段在 1975 年本希望证伪 Bekenstein 的对应, 但却发现黑洞不像原有想象的那样只吸收物质, 它还辐射粒子, 且等价于一个具有温度

$$T_{\rm BH} = \frac{\kappa}{2\pi} \tag{2.3}$$

的黑体一样向外辐射粒子[8]. 这一发现为 Bekenstein 的对应提供了物理图像和证据, 同时也确定了黑洞的确具有熵

$$S_{\rm BH} = \frac{A}{4}, \tag{2.4}$$

也为 Bekenstein 后来推广的第二定律提供了理论基础[9].

要清楚地认识黑洞温度和熵的量子本质, 我们恢复上述黑洞温度和熵公式中的基本常数如下:

$$T_{\rm BH} = \frac{\hbar c \kappa}{2\pi k}, \quad S_{\rm BH} = \frac{k c^3 A}{4 G \hbar}. \tag{2.5}$$

通常的经典极限是取 $\hbar \to 0$. 如果我们对上述温度公式取这样的极限, 我们会得到黑洞的经典温度 $T_{\rm BH} = 0$. 从表面上看, 这似乎很自然. 如果采用对温度的常规认识, 一个自然的问题就是: 一个绝对温度为零的系统还能是经典的吗? 我们至少会认为这种极限应该是反直觉的. 进一步考查黑洞熵的经典极限, 对于任何宏观意义下的黑洞, 我们得到一个发散的结果, 表明这种经典极限是不可取的, 这也与上述经典极限下得到反直觉绝对零温的结果类似. 换句话说, 宏观黑洞与宏观的普通物

质系统很不一样, 至少从温度和熵的角度它没有从量子到经典的过渡, 其本质是量子的. 这从宏观黑洞温度和熵的公式中出现 Planck 常数 $\hbar$ 已有所暗示.

从这种意义上来说, 虽然黑洞与普通物质一样服从热力学四定律, 但黑洞的热力学本质上是量子的, 没有经典对应, 反映的是一种宏观量子效应. 由于黑洞是由引力相互作用所支配, 因此其热力学的量子本质在一定的意义上也反映了引力的量子特性, 因此研究黑洞的热力学为我们了解量子引力打开了一个窗口.

黑洞不可避免地有所谓的 Hawking 辐射, 因此渐进平坦的黑洞不可能具有热力学稳定性. 这可以简单地从比如史瓦西 (Schwarzschild) 黑洞的如下反直觉关系判断. 该黑洞的熵和温度与其所谓的 ADM 能量 M 关系如下:

$$S_{\mathrm{BH}} = 4\pi M^2, \quad T_{\mathrm{BH}} = \frac{1}{8\pi M}. \tag{2.6}$$

当其 ADM 能量 M 增大时, 其温度反而减小, 从而给出对应的比热小于零 ($C < 0$), 因此其热力学不稳定. 要正确地研究黑洞的热力学及相关的相和相变, 我们首先应保证黑洞在热力学意义达到稳定.

York 等的工作告诉我们, 实现黑洞系统热力学的稳定性需要考虑系综[10,11]. 换句话说, 我们不仅要考虑黑洞, 还要考虑黑洞所处的环境. 与普通系统不同的是自引力系统在空间上具有不均匀性, 确定对应的系综不仅要给定相应的热力学量还要标定这些量在空间何处取确定的值. 为简单起见, 本章的讨论将局限于具有球对称的黑洞 (膜) 情形. 对这种情形, 建立相应的系综可把黑洞放入一个半径大于黑洞视界半径且与其同心的空腔内. 该空腔具有确定的半径和温度. 当黑洞在空腔壁处的局域温度与空腔的温度达到一致时, 这时黑洞就与外热源达到热平衡 (见图 9–1). 当空腔内的电荷给定时, 我们就定义了所谓的正则系综, 而当空腔壁上的电势给定时, 那定义的就是巨正则系综.

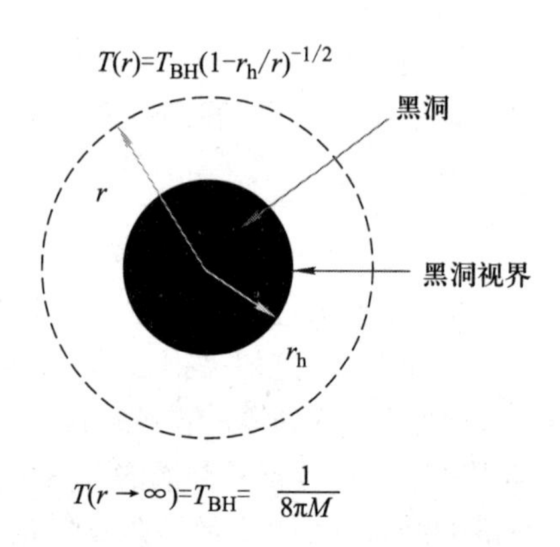

图 9–1 半径为 r 和温度为 T 的空腔内的黑洞 (其视界半径 $r_{\mathrm{h}} \leqslant r$)

对自引力系统, 一方面描述其稳定的热力学相, 我们需要考虑系综, 而另一方面, 不同的系综并不等价[12], 一般来说, 描述的是不同的相行为. 这为研究引力系统完整的热力学相及相变造成了一种困难局面, 如何理解这种困局还有待于进一步的认识. 过去的研究表明, 引力系统的正则系综具有更有趣的相行为. 比如在一定条件下, 有可能存在多于一个稳定相, 因此可以有相变发生以及与此有关的临界现象. 我们在本章中也将局限于考虑这种系综下的黑洞 (膜) 的相的稳定性、相变及可能的临界现象①.

分析自引力系统的热力学 (局域) 稳定性可以通过考虑该系统的亥姆霍兹 (Helmholz) 自由能的极值情况. 当其取极小值时, 对应的系统至少是局域稳定的. 要确定该系综下系统的整体稳定性并不容易, 需要知道该系统在给定条件下所有可能的局域稳定的相, 通过比较这些相的自由能, 具有整体最小自由能的相才是该系统的整体稳定相, 否则仅仅为局域或亚稳定相. 一般情况下, 我们几乎不可能确定系统的整体稳定相.

对自引力系统如黑洞, 如果我们知道其作用量 I, 可以采用 Gibbons-Hawking 欧氏化作用量的方法计算零级近似下系统的配分函数[13]

$$Z \approx \mathrm{e}^{-I_E}. \tag{2.7}$$

由此我们通过关系 $Z = \mathrm{e}^{-\beta F}$ 计算对应的亥姆霍兹自由能 F 为

$$I_E(r, T, Q; r_h) = \beta F = \beta E(r, Q; r_\mathrm{h}) - S(r_\mathrm{h}), \tag{2.8}$$

其中 r, T, Q 分别是空腔的半径、温度和其内所带的电荷, r_h 是黑洞视界半径, $E(r, Q; r_\mathrm{h})$ 是黑洞在空腔内的内能, $S(r_\mathrm{h})$ 是其熵以及 $\beta = 1/T$. 对给定 r, T, Q, 该系统的唯一变量是 r_h. 黑洞与环境达到热平衡, 由

$$\left.\frac{\mathrm{d}I_E}{\mathrm{d}r_\mathrm{h}}\right|_{r_\mathrm{h}=\bar{r}_\mathrm{h}} = 0 \tag{2.9}$$

确定. 自由能取极小值的条件, 即达到局域平衡, 是在达到热平衡处满足如下条件:

$$\left.\frac{\mathrm{d}^2 I_E}{\mathrm{d}\, r_\mathrm{h}^2}\right|_{r_\mathrm{h}=\bar{r}_\mathrm{h}} > 0. \tag{2.10}$$

① 本文的考虑局限于渐进平坦黑洞或黑膜 (或为 T^p 环面紧致的黑膜). 对沿膜延展方向其他拓扑结构也有可能, 但只要垂直于膜方向的空间是球形对称, 本文的讨论仍然适用 (比如对应黑膜的泡泡位形, 具体见本文最后一节的讨论), 其原因是在我们的系综讨论中沿膜延展方向空间是固定的. 但一般来说, 如果沿膜的延展方向的拓扑结构非平庸, 它会影响到垂直膜方向的拓扑结构, 这在弦/M-理论或高维引力理论中已很常见, 比如近年来发现的各种有趣的非球形对称的拓扑位形. 如何合理地考虑这一类位形的热力学相及相变仍然是一个有待探讨的问题.

9.3 零电荷黑洞的热力学稳定性

本节的讨论主要基于已有的工作[10,14,15]. 利用上节给出的判据, 首先分析给定空腔半径 $r = r_{\rm B}$ 和温度 $T = T_{\rm B}$, 但固定电荷 $Q = 0$ 时空腔内的热力学稳定相. 这与史瓦西 (Schwarzschild) 黑洞的热力学稳定性相关. 首先考虑史瓦西黑洞的欧氏度规:

$$ {\rm d}s^2 = \left(1 - \frac{2M}{r}\right){\rm d}t^2 + \frac{{\rm d}r^2}{\left(1 - \dfrac{2M}{r}\right)} + r^2({\rm d}\theta^2 + \sin^2\theta{\rm d}\phi^2). \tag{3.1} $$

这里视界半径 $r_{\rm h} = 2M$, 其中 M 是黑洞的质量. 把该黑洞放入同心的上述空腔内 $(r_{\rm B} > r_{\rm h})$, 对应正则系综下的作用量可以直接从其 Hilbert-Einstein 作用量算出, 如下:

$$ I_E(r_{\rm B}, T_{\rm B}; r_{\rm h}) = \beta_{\rm B}F = \beta_{\rm B}E(r_{\rm B}; r_{\rm h}) - S(r_{\rm h}), \tag{3.2} $$

这里

$$ E(r_{\rm B}; r_{\rm h}) = r_{\rm B}(1 - (1 - x)^{1/2}) \tag{3.3} $$

和

$$ S(r_{\rm h}) = \pi r_{\rm h}^2 = 4\pi M^2 = \pi r_{\rm B}^2 x^2 \tag{3.4} $$

分别是该系统在空腔内的内能和熵. 上面无量纲约化视界半径 x 定义如下:

$$ x \equiv \frac{r_{\rm h}}{r_{\rm B}} = \frac{2M}{r_{\rm B}}, \quad r_{\rm B} > r_{\rm h}. \tag{3.5} $$

我们有

$$ 0 < x < 1. \tag{3.6} $$

与常规做法一样[10,13], 上述作用量的计算是相对所谓 “热平坦时空” 背景, 即为该系综下欧氏史瓦西黑洞作用量减去同样系综条件下欧氏平坦时空的作用量, 其目的在于去掉作用量中源于背景对作用量的发散贡献, 从而获得有限的, 对热力学有真正影响的部分. 我们一般总是这样做减除, 后面不再强调.

对固定空腔温度 $T_{\rm B} = 1/\beta_{\rm B}$, 上述欧氏作用量与该系统的自由能没有本质区别. 因此在同样系综条件下, 如果存在多个局域稳定的相, 其中具有最小欧氏作用量的相应该是在所能考虑的相中最稳定. 比如在目前的情况下, 我们将看到当温度 $T_{\rm B}$ 大于一极小值时, 可以有局域稳定的黑洞相. 如果对应黑洞相的欧氏作用量大于零, 该黑洞相的自由能就高于同样条件下的 “热平坦时空” 相的零自由能, 该局域稳定的黑洞相就要通过所谓的 Hawking-Page 相变[16] 成为 “热平坦时空” 相. 只有那些具有负欧氏作用量的黑洞相才可能成为整体稳定相. 下面来看具体的稳定性分析. 为简单起见, 定义约化作用量和约化温度倒数分别为

$$\bar{I}_E \equiv \frac{I_E}{4\pi r_{\rm B}^2}, \quad \bar{b} = \frac{\beta_{\rm B}}{4\pi r_{\rm B}}. \tag{3.7}$$

这样,

$$\bar{I}_E = \bar{b}\left[1 - (1-x)^{1/2}\right] - \frac{1}{4}x^2. \tag{3.8}$$

注意 $x = 0$, 即 "热平坦时空", $\bar{I}_E = 0$. 我们一般有

$$\frac{{\rm d}\bar{I}_E}{{\rm d}x} = \frac{1}{2(1-x)^{1/2}}(\bar{b} - b(x)), \tag{3.9}$$

这里约化温度倒数函数为

$$b(x) = x(1-x)^{1/2} > 0. \tag{3.10}$$

注意到,

$$b(x \to 0) \to 0, \quad b(x \to 1) \to 0, \tag{3.11}$$

$b(x)$ 在 $0 < x < 1$ 范围内一定有极大值. 腔内黑洞与空腔达到热平衡由上述作用量取极值确定, 即

$$\bar{b} = b(\bar{x}) = \bar{x}(1-\bar{x})^{1/2}. \tag{3.12}$$

局域稳定性由下面条件决定:

$$\left.\frac{{\rm d}^2\bar{I}_E}{{\rm d}x^2}\right|_{x=\bar{x}} \sim -\frac{{\rm d}b(\bar{x})}{{\rm d}\bar{x}} > 0. \tag{3.13}$$

换句话说, 当黑洞与空腔达到热平衡时, 只有函数 $b(x)$ 在该处的斜率为负时黑洞, 才是局域稳定的. 温度倒数函数 $b(x)$ 的特征行为如图 9–2 所示, 这也可以由方程 (3.10) 和 (3.11) 看出.

$b(x)$ 的最大值由下列极值确定出:

$$\left.\frac{{\rm d}b(x)}{{\rm d}x}\right|_{x=x_{\max}} = 0, \tag{3.14}$$

即为

$$x_{\max} = \frac{2}{3} \Rightarrow r_{\rm h} = \frac{2r_{\rm B}}{3}. \tag{3.15}$$

对应的最大 $b_{\max}$ 或最小温度 $T_{\min}$ 为

$$b_{\max} = \frac{2}{3\sqrt{3}} \Rightarrow T_{\min} = \frac{1}{4\pi r_{\rm B} b_{\max}} = \frac{\sqrt{27}}{8\pi r_{\rm B}}. \tag{3.16}$$

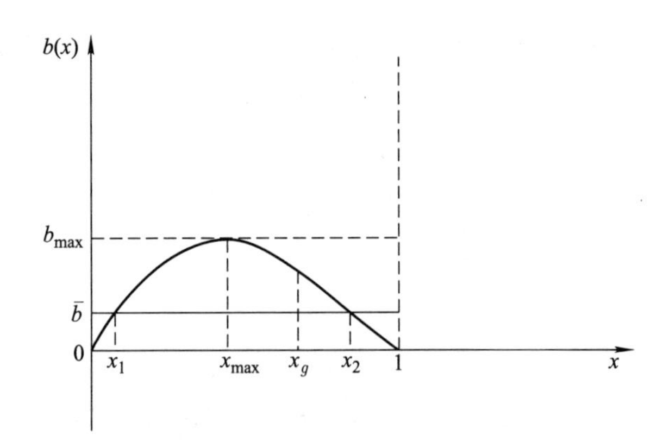

图 9–2 零电荷情况下 $b(x)$ 对 x 的特征行为

这与 York 用不同的方式在文献 [10] 中得出的结果完全一样. 从图 9–2 或函数 $b(x)$ 的行为 ((3.11) 式或其唯一的极值为极大) 可知, 当 $0<\bar{b}<b_{\max}$ 时, 状态方程 (3.12) 总有两个解 x_1 和 x_2, 其中 $0<x_1<x_{\max}$ 对应一个小黑洞, 而 $x_{\max}<x_2<1$ 对应的是一个大黑洞. 由局域稳定性判据 (3.13) 式, x_1 对应的小黑洞不稳定, 而 x_2 对应的大黑洞至少局域稳定. 换句话, 当温度大于上述最小温度时, 存在一小一大两个黑洞, 只有大黑洞稳定而小黑洞不稳定, 通常的 (前述热力学意义上不稳定的) 史瓦西黑洞可认为对应这里的小黑洞.

上面所定的大黑洞尽管局域稳定, 但不一定是整体稳定, 至少这里还有一个自由能为零的 "热平坦时空" 相没有考虑. 如果局域稳定的大黑洞的自由能大于零, 那么它仅仅是亚稳定, 将通过所谓的 Hawking-Page 相变转为更为稳定的 "热平坦时空". 只有当自由能小于零时, 它才有可能成为整体稳定. 利用状态方程 (3.12), 我们可以把处于局域稳定的黑洞作用量 (等价于自由能) 改写为

$$\bar{I}_E(y)=-\frac{3\bar{b}}{4y}(1-y)\left(\frac{1}{3}-y\right), \tag{3.17}$$

这里

$$y\equiv\sqrt{1-x_2}. \tag{3.18}$$

给定 $2/3<x_2<1$, 我们有 $0<y<1/\sqrt{3}$. 要保证局域稳定的作用量小于零, 由 (3.17) 式我们必须要有 $0<y<1/3$. 由此定出整体稳定的黑洞相的条件为

$$1>x_2>x_g=\frac{8}{9}>x_{\max}=\frac{2}{3}. \tag{3.19}$$

当 $x_2=x_g=8/9$ 时, 黑洞和 "热平坦时空" 可以共存. 当 $\bar{b}>b_{\max}$ 时, 不可能有黑洞存在. 如果没有其他自由能小于零的相存在, 那 "热平坦时空" 相将是整体稳定相.

9.4 非零电荷黑洞的热力学稳定性

我们在本节描述球对称带电黑洞, 即 R-N 黑洞的热力学稳定性问题、相变及临界现象[10,14,15]. 对应空腔中带电黑洞的欧氏作用量的计算基本思路与不带电情形一致, 但这里还要考虑电磁场对作用量的贡献, 具体可以参看 York 等的讨论[10,11]. 带电 R-N 黑洞的欧氏度规和电势分别为

$$ds_E^2 = V(r)\mathrm{d}t^2 + \frac{\mathrm{d}r^2}{V(r)} + r^2\mathrm{d}\Omega^2, \tag{4.1}$$

$$\varPhi(r) = \frac{Q}{r}, \tag{4.2}$$

这里

$$V(r) = 1 - \frac{2M}{r} + \frac{Q^2}{r^2}. \tag{4.3}$$

R-N 黑洞有两个视界 (由 $V(r) = 0$ 确定), 即

$$r_\pm = M \pm \sqrt{M^2 - Q^2}. \tag{4.4}$$

BPS 界告诉我们有 $M \geqslant Q$. 外视界与我们考虑的热力学相关, 计算相应的作用量给出

$$\begin{aligned} I_E(r_{\mathrm{B}}, T_{\mathrm{B}}, Q; r_+) &= \beta_{\mathrm{B}} E(r_{\mathrm{B}}, Q; r_+) - S(r_+) \\ &= \beta_{\mathrm{B}} r_{\mathrm{B}} \left[1 - \sqrt{\left(1 - \frac{r_+}{r_{\mathrm{B}}}\right)\left(1 - \frac{Q^2}{r_{\mathrm{B}} r_+}\right)}\right] - \pi r_+^2. \end{aligned} \tag{4.5}$$

同样定义相应的约化量,

$$\bar{I}_E = \frac{I_E}{4\pi r_{\mathrm{B}}^2}, \quad x = \frac{r_+}{r_{\mathrm{B}}}, \quad q = \frac{Q}{r_{\mathrm{B}}}, \quad \bar{b} = \frac{\beta_{\mathrm{B}}}{4\pi r_{\mathrm{B}}}. \tag{4.6}$$

因 $r_+ > Q, r_{\mathrm{B}} > r_+$, 我们有

$$q < x < 1. \tag{4.7}$$

约化作用量为

$$\bar{I}_E(\bar{b}, q; x) = \bar{b}\left[1 - \sqrt{(1 - x)\left(1 - \frac{q^2}{x}\right)}\right] - \frac{1}{4}x^2. \tag{4.8}$$

由此我们有

$$\frac{\mathrm{d}\bar{I}_E}{\mathrm{d}x} = \frac{1 - \dfrac{q^2}{x^2}}{2(1 - x)^{1/2}\left(1 - \dfrac{q^2}{x}\right)^{1/2}}(\bar{b} - b_q(x)), \tag{4.9}$$

这里约化温度倒数函数为

$$b_q(x) = \frac{x(1-x)^{1/2}\left(1-\dfrac{q^2}{x}\right)^{1/2}}{1-\dfrac{q^2}{x^2}}. \tag{4.10}$$

考查如下极限:

$$b_q(x \to q) \to \infty, \quad b_q(x \to 1) \to 0. \tag{4.11}$$

注意到, 当 $x \to q$ 时, $b_q(x)$ 的极限与零电荷情形有本质的区别. 正是这种差别使得目前的稳定相结构变得丰富多彩. R-N 黑洞与空腔达到热平衡的条件是

$$\frac{\mathrm{d}\bar{I}_E}{\mathrm{d}x} = 0 \quad \Rightarrow \quad \bar{b} = b_q(\bar{x}). \tag{4.12}$$

我们同样有

$$\left.\frac{\mathrm{d}^2\bar{I}_E}{\mathrm{d}x^2}\right|_{x=\bar{x}} \sim -\frac{\mathrm{d}b_q(\bar{x})}{\mathrm{d}\bar{x}}, \tag{4.13}$$

因此局域稳定性要求

$$\frac{\mathrm{d}b_q(\bar{x})}{\mathrm{d}\bar{x}} < 0. \tag{4.14}$$

由于极限 (4.11) 式, 存在一个临界电荷 $q_c = \sqrt{5} - 2$, 根据电荷 $q > q_c$ 或 $q = q_c$ 或 $q < q_c$, $b_q(x)$ 在区间 $q < x < 1$ 中的行为可以有三种情况, 具体见图 9–3.

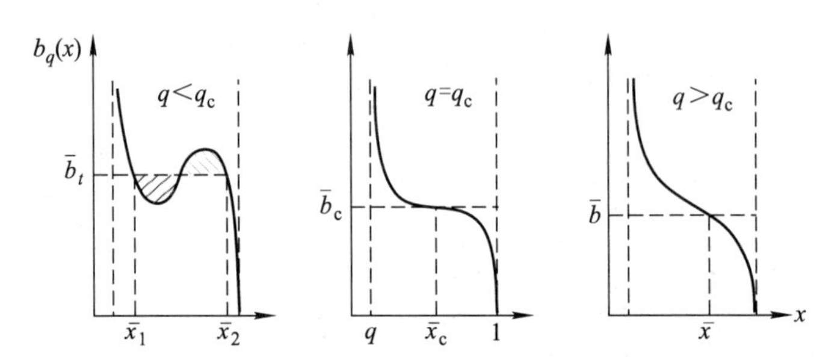

图 9–3 当 $q < q_c, q = q_c, q > q_c$ 时, 函数 $b_q(x)$ 对 x 的特征行为

临界电荷以及临界黑洞半径可由如下条件决定:

$$\left.\frac{\mathrm{d}b_q(x)}{\mathrm{d}x}\right|_{x=x_c} = 0, \quad \left.\frac{\mathrm{d}^2 b_q(x)}{\mathrm{d}x^2}\right|_{x=x_c} = 0. \tag{4.15}$$

$b_q(x)$ ((4.10) 式) 只依赖变量 x 和电荷参数 q, 因此上面的两个方程可以完全确定临界电荷 $q_c = \sqrt{5} - 2$ 和黑洞临界半径 $x_c = 5 - 2\sqrt{5}$. 由状态方程 (4.12), 我们可以确定对应的临界 $b_c = 0.429$. 具体求解这些量的过程参见文献 [15].

我们就这三种情况分别进行讨论. 当 $q > q_c$, 给定任何 $\bar{b} > 0$, 状态方程 (4.12) 只有唯一解且 $b_q(\bar{x})$ 达到热平衡处的斜率也是负的, 因此是局域稳定的, 后面我们将说明这也可能是整体稳定的. 当 $q < q_c$, $b_q(x)$ 在 $q < x < 1$ 区间有一极小和极大.

当 $\bar{b}$ 取值在这极大和极小之间时, 状态方程 (4.12) 将有三个解, 其中只有最小的解 $\bar{x}_1$ 和最大的解 $\bar{x}_2$ ($\bar{x}_1 < \bar{x}_2$) 对应局域稳定黑洞而中间的解是非稳定的 (因那里的 $b_q(\bar{x})$ 的斜率是正的). $\bar{x}_1$ 对应的是局域稳定小黑洞, 而 $\bar{x}_2$ 对应的是局域稳定大黑洞. 对一给定 q, 存在一个仅为电荷 q 的函数的温度 $T_t(q)$ (或 $\bar{b}_t(q)$), 它由图中标示的两面积相等确定 (一个是在水平线 $\bar{b} = \bar{b}_t(q)$ 之上, 由 $b_q(x)$ 与其所围的面积; 另一个是在水平线下所围的面积, 详细讨论见文献 [15]). 这时具有半径 $\bar{x}_1$ 的小黑洞与半径为 $\bar{x}_2$ 的大黑洞的自由能完全一样, 因此两者在这种情况下可以共存和互相转化. 由于该相变涉及熵的变化 (由黑洞半径确定), 因此是一级相变. 利用上述面积可以证明 (见文献 [10]), 当 $\bar{b} > \bar{b}_t(q)$, 局域稳定的小黑洞具有更小的自由能, 因此最稳定; 而当 $\bar{b} < \bar{b}_t(q)$, 局域稳定的大黑洞具有更小的自由能, 因此更稳定. 对 $q < q_c$, $\bar{b}_t(q)$ 是电荷的函数, 代表一条线, 因此我们具有一条一级相变线. 它终结在 $q = q_c$ 处, 这时局域稳定的大小黑洞已没有分别, 两者间转化已没有熵的变化, 因此是一个二级相变临界点. 这里 q_c, x_c 和 b_c 完全确定.

这里的情形完全类似于范德瓦尔斯–麦克斯韦气–液相变情形, 只要把这里的 b_q 看成那里的压强, x 看成那里的体积, q 看成那里的温度. 这里局域稳定的小黑洞类似那里的液相, 而局域稳定的大黑洞看成那里的气相. 在临界点, 我们可以计算相应的临界指数, 比如比热 $c_v \sim (T - T_c)^{-2/3}$, 给出临界指数 2/3. 这些临界指数满足对应的标度关系. 无论是 AdS 黑洞、稳定化的渐进平坦黑洞, 还是我们后面讨论的渐进平坦黑膜, 这些临界指数都是普适常数, 反映了这些不同渐进时空具有同样的普适相结构.

9.5 黑膜的热力学稳定性

我们在本节中采用类似的方法讨论弦/M–理论中黑膜的热力学稳定性、相变和临界现象. 类似粒子物理标准模型中的轻子和夸克, BPS 膜是弦/M–理论中基本的动力学客体. 与轻子、夸克的不同之处在如下的几个方面:

(1) 这些膜在空间上一般都有延展, 而不是没有几何大小的几何点;

(2) 弦理论中的其他膜相对基本弦来说都是非微扰的, 即它们的膜张力与弦耦合常数成某种反比关系, 更类似于通常的孤子.

弦/M–理论最大时空维数可到十一维, 这里我们局限讨论十和十一维中的膜. 在十维, 除基本弦外, 我们有各种 Dp-膜, 其中 $p = 0, 1, \cdots, 9$. 另外, 我们还有所谓的 NSNS 5-膜. 在十一维, 我们有 M2 和 M5 膜. 这里的数, 比如 Dp-膜中的 p, 代表对应膜的空间维数. 膜上的时空维数为 $d = p + 1$, 垂直膜方向上的空间维数为 $D - d = \tilde{d} + 2$ (见图 9–4). p-膜可以带类似电荷的 $(d + 1)$-形式的荷 e_d 或类似磁荷

的 $(\tilde{d}+1)$-形式的荷 $g_{\tilde{d}}$, 分别由下面公式给出:

$$e_d \sim \int {}^*F_{d+1}, \tag{5.1}$$

$$g_{\tilde{d}} \sim \int F_{\tilde{d}+1}, \tag{5.2}$$

这里 * 标记的是时空 Hodge-对偶, $\tilde{d} = D - d - 2$, D 为时空维数. BPS 膜的特性是其具有质量 (张力) 和荷, 在适当单位制下这两者相等, 对其他与之平行放置的同类膜不仅具有起源于它们质量的相互吸引的引力, 同时还有起源于它们所带荷的相互排斥的斥力, 但这两者大小相等, 因此总的相互作用为零. 换句话说, 静止的 BPS 膜本身是 (动力学) 稳定的, 且保持一半时空超对称, 如图 9–4 所示.

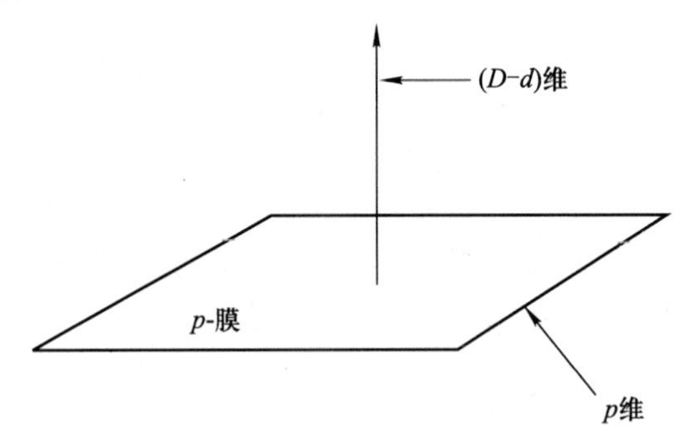

图 9–4　无限延展的 p-膜

当把这种膜放在时空中, 其质量和荷的存在会引起其周围时空弯曲, 并在其周围产生类似电荷产生的静电场的 $(d+1)$-形式的静场. 但当 $p > 6$ 时, 我们无法描述对应的引力位形, 因此下面的讨论局限 $0 \leqslant p \leqslant 6$ 或 $1 \leqslant \tilde{d} \leqslant 7$. 当这种膜的质量大于其所带的荷时, 对应的膜称为黑膜, 其热力学是本节讨论的内容.

对不带电的黑膜, 其热力学的讨论与不带电的黑洞没有区别, 且结论也没有本质区别, 由图 9–2 确定, 这里不再重复. 从不带电黑洞到带电黑洞相结构的改变, 我们由此很自然地期待着带电黑膜的相结构应该类似带电黑洞的情形, 具有类似于范德瓦尔斯–麦克斯韦气–液相结构. 下面我们讨论带电黑膜的情况, 看结果到底如何.

欧氏时间带电黑 p-膜的时空度规, dilaton 场, $(p+1)$-形式势和对应的场强分别为

$$\begin{aligned} \mathrm{d}s^2 = {} & \Delta_+\Delta_-^{-\frac{d}{D-2}}\mathrm{d}t^2 + \Delta_-^{\frac{\tilde{d}}{D-2}}(\mathrm{d}x^1)^2 + \Delta_-^{\frac{\tilde{d}}{D-2}}\sum_{i=2}^{p}(\mathrm{d}x^i)^2 + \\ & \Delta_+^{-1}\Delta_-^{\frac{a^2}{2\tilde{d}}-1}\mathrm{d}\rho^2 + \rho^2\Delta_-^{\frac{a^2}{2\tilde{d}}}\mathrm{d}\Omega_{\tilde{d}+1}^2, \\ \mathrm{e}^{\phi} = {} & g_s\Delta_-^{a/2}, \quad g_s \equiv \mathrm{e}^{\phi_0}, \end{aligned} \tag{5.3}$$

及

$$
\begin{aligned}
A_{t1\cdots p} &= -\mathrm{i}\left[\left(\frac{r_-}{r_+}\right)^{\tilde{d}/2} - \left(\frac{r_- r_+}{\rho^2}\right)^{\tilde{d}/2}\right], \\
F_{\rho t1\cdots p} &\equiv \partial_\rho A_{t1\cdots p} = -\mathrm{i}\,\tilde{d}\,\frac{(r_- r_+)^{\tilde{d}/2}}{\rho^{\tilde{d}+1}},
\end{aligned} \tag{5.4}
$$

这里 $\Delta_\pm = 1 - \dfrac{r_\pm^{\tilde{d}}}{\rho^{\tilde{d}}}$, r_+ 和 r_- 分别是黑膜视界和奇点的位置 $(r_+ > r_-)$. dilaton 耦合常数 a 由下式给定:

$$
a^2 = 4 - \frac{2d\tilde{d}}{D-2}. \tag{5.5}
$$

对十一维 M-膜, $a = 0$; 对十维 Dp-膜, $a(p) = (p-3)/2$; 而对 NSNS p-膜, $a(p) = (3-p)/2$. g_s 为弦耦合常数. 该膜所带的荷与参数 $r_\pm$ 和 g_s 相关, 可由下式算出为:

$$
Q_d = \frac{\mathrm{i}}{\sqrt{2}\kappa}\int \mathrm{e}^{-a(d)\phi} * F_{[p+2]} = \frac{\Omega_{\tilde{d}+1}}{\sqrt{2}\kappa}\mathrm{e}^{-a\phi_0/2}\tilde{d}(r_+ r_-)^{\tilde{d}/2}. \tag{5.6}
$$

该黑膜的空间延展方向为 $1, 2, \cdots, p$, r 为垂直膜方向上的径向坐标, $\mathrm{d}\Omega_{\tilde{d}+1}$ 为膜横向方向上的 $(\tilde{d}+1)$ 维单位球上的度规. 要使作用量有限, 膜的每一个延展空间坐标必须是紧致的. 由上述度规可以看出, ρ 仅仅是 $(\tilde{d}+1)$-球的坐标半径, 而对应的物理半径为

$$
\bar{\rho} = \Delta_-^{\frac{a^2}{4\tilde{d}}}\rho. \tag{5.7}
$$

为研究正则系综下平衡态热力学, 我们同样要把黑膜放入一个沿膜横向方向且与膜同心的球形空腔内. 这时空腔的物理半径 $\bar{\rho}_{\mathrm{B}}$, 温度 $T_{\mathrm{B}} = 1/\beta_{\mathrm{B}}$, 在 $\bar{\rho}_{\mathrm{B}}$ 处的 dilaton 场值 ϕ_{B} 以及空腔内的电荷 Q_d^{B} 都完全固定. 另外, 该系综沿膜空间方向每一紧致物理半径也都固定.

在平衡状态下, 空腔内稳定相在空腔壁处的上述对应量取值应与上述空腔固定值完全一样. 比如,

$$
Q_d^{\mathrm{B}} = Q_d \equiv \frac{\Omega_{\tilde{d}+1}\tilde{d}}{\sqrt{2}\kappa}\mathrm{e}^{-a\phi_{\mathrm{B}}/2}(\bar{r}_+\bar{r}_-)^{\tilde{d}/2} \tag{5.8}
$$

和

$$
\mathrm{e}^{\phi_{\mathrm{B}}} = \mathrm{e}^{\phi(\bar{\rho}_{\mathrm{B}})} \equiv g_s\Delta_-^{a/2}(\bar{\rho}_{\mathrm{B}}). \tag{5.9}
$$

上面我们已将 Q_d 中的 ϕ_0, $r_\pm$ 参数分别换成 $\bar{\rho} = \bar{\rho}_B$ 处的 ϕ_{B} 及

$$
\bar{r}_\pm = \Delta_-^{\frac{a^2}{4\tilde{d}}} r_\pm. \tag{5.10}
$$

注意, $\Delta_\pm$ 可以用坐标参数, 也可以用物理参数表示, 结果一样. 这可以从下列表达式看出:

$$\Delta_\pm = 1 - \frac{r_\pm^{\tilde{d}}}{\rho_{\rm B}^{\tilde{d}}} = 1 - \frac{\bar{r}_\pm^{\tilde{d}}}{\bar{\rho}_{\rm B}^{\tilde{d}}}. \tag{5.11}$$

有了这些准备, 我们就可以按前面带电黑洞类似的方式具体计算相应的欧氏作用量. 因涉及的场多一些, 具体计算会复杂一些, 我们在 [17] 的附录中给了详细的讨论和计算, 这里不再重复, 直接引用那里的结果. 因热力学稳定相的讨论只与对应的约化作用量相关, 我们这里只给出该约化作用量. 为此, 我们先对一些相关量给出定义. 注意到,

$$\bar{r}_- = \left(\frac{\sqrt{2}\kappa Q_d^{\rm B}}{\Omega_{\tilde{d}+1}\tilde{d}}{\rm e}^{a\phi_{\rm B}/2}\right)^{\frac{2}{\tilde{d}}}\frac{1}{\bar{r}_+} \equiv \frac{(Q_d^*)^2}{\bar{r}_+}. \tag{5.12}$$

我们定义

$$x = \left(\frac{\bar{r}_+}{\bar{\rho}_{\rm B}}\right)^{\tilde{d}} < 1, \quad \bar{b} = \frac{\beta_{\rm B}}{4\pi\bar{\rho}_{\rm B}}, \quad q = \left(\frac{Q_d^*}{\bar{\rho}_{\rm B}}\right)^{\tilde{d}} \leqslant x. \tag{5.13}$$

相应的约化作用量为

$$\begin{aligned}\bar{I}_E(x) = -\bar{b}\left[(\tilde{d}+2)\sqrt{\frac{1-x}{1-\dfrac{q^2}{x}}} + \tilde{d}\sqrt{(1-x)\left(1-\frac{q^2}{x}\right)}\right] + \\ 2\bar{b}(\tilde{d}+1) - x^{1+1/\tilde{d}}\left(\frac{1-\dfrac{q^2}{x^2}}{1-\dfrac{q^2}{x}}\right)^{1/2+1/\tilde{d}}\end{aligned}. \tag{5.14}$$

热平衡状态方程由下式给出:

$$\left.\frac{{\rm d}\bar{I}_E(x)}{{\rm d}x}\right|_{x=\bar{x}} = 0 \Rightarrow \bar{b} = b_q(\bar{x}), \tag{5.15}$$

这里

$$b_q(x) = \frac{1}{\tilde{d}}\frac{x^{1/\tilde{d}}(1-x)^{1/2}}{\left(1-\dfrac{q^2}{x^2}\right)^{1/2-1/\tilde{d}}\left(1-\dfrac{q^2}{x}\right)^{1/\tilde{d}}}. \tag{5.16}$$

由上面 $b_q(x)$ 的表达式不难看出, 当 $\tilde{d} > 2$ 时,

$$b_q(x \to q) \to \infty, \quad b_q(x \to 1) \to 0. \tag{5.17}$$

这一特征告诉我们, $\tilde{d} > 2$ 时的相结构应与上节讨论的带电黑洞情形一致. 我们在文献 [17] 中给予了仔细地分析, 除临界参数与横向维数 $\tilde{d}$ 相关外, 其他特征与带电

黑洞的确一致, 这里不再重复. 比如, 比热 $c_v \sim (T-T_{\rm c})^{-2/3}$, 其临界指数仍为 2/3, 且不依赖 $\tilde{d}$. 临界参数 $q_{\rm c}, x_{\rm c}, b_{\rm c}$ 与 $\tilde{d}$ 的关系见下表.

$\tilde{d}$	$q_{\rm c}$	$x_{\rm c}$	$b_{\rm c}$
3	0.141626	0.292656	0.199253
4	0.090672	0.238800	0.159921
5	0.064944	0.202012	0.134632
6	0.049599	0.175176	0.116698
7	0.039529	0.154691	0.103210

由此表我们看出, 所有 3 个参数随 $\tilde{d}$ 的增大而减小. 在结束这部分讨论之前, 我们来分析一下极端黑膜是否可以成为稳定相. 极端黑膜与极端黑洞一样与其非极端对应有着本质的区别, 它可以与外界任意给定的热源达到热平衡[19–21]. 至少从热力学角度来说, 极端黑膜 (洞) 不能简单地从非极端黑膜取极端极限获得, 两者之间可能要通过相变才能联系起来.

由于极端黑膜可以与任何热源达到热平衡, 其欧氏作用量可以从 (5.14) 中取 $x=q$ 获得为

$$\bar{I}_E^{\rm ext.} = \bar{b}\tilde{d}q, \tag{5.18}$$

对应的自由能

$$F^{\rm ext.} = \bar{I}^{\rm ext.}/\bar{b} = \tilde{d}q. \tag{5.19}$$

对一般黑膜, 满足热平衡状态方程 (5.15) 的在壳欧氏作用量为

$$\bar{I}_E = -\bar{b}F_q(\bar{x}), \tag{5.20}$$

这里

$$F_q(x) = 2\left(\frac{1-x}{1-\dfrac{q^2}{x}}\right)^{1/2} + \tilde{d}\left(\frac{1-\dfrac{q^2}{x}}{1-x}\right)^{1/2} + \tilde{d}(1-x)^{1/2}\left(1-\frac{q^2}{x}\right)^{1/2} - 2(\tilde{d}+1), \tag{5.21}$$

对应的在壳自由能为

$$\bar{F}(\bar{x}) = \bar{I}_E(\bar{x})/\bar{b} = -F_q(\bar{x}). \tag{5.22}$$

注意到, $F_q(q) = -\tilde{d}q$, $F_q(1) = \infty$, 我们有 $\bar{F}(q) = \tilde{d}q$ 和 $\bar{F}(1) = -\infty$. 因此, 在壳非极端黑膜的自由能的极端极限下 $(\bar{x} \to q)$ 的取值与极端黑膜的自由能 (5.19) 一致 (注意, 极端黑膜的自由能不需要在壳, 这两者一致的原因是非极端黑膜在壳自由能

中源于对应欧氏作用量 (5.14) 式中的最后一项, 在取 $\bar{x} \to q$ 极限时没有贡献). 另外, 我们有

$$\frac{\mathrm{d}\bar{F}(\bar{x})}{\mathrm{d}\bar{x}} = \frac{\tilde{d}^2 \bar{x}^{1-1/\tilde{d}}(1-q^2/\bar{x})^{1+1/\tilde{d}}}{(1-\bar{x})(1-q^2/\bar{x}^2)^{1/\tilde{d}}} \frac{\mathrm{d}b_q(\bar{x})}{\mathrm{d}\bar{x}}. \tag{5.23}$$

在区间 $q < x < 1$, 局域稳定的黑膜对应 $\mathrm{d}b_q(x)/\mathrm{d}x < 0$, 由此可知对在壳稳定黑膜有 $\mathrm{d}\bar{F}(\bar{x})/\mathrm{d}\bar{x} < 0$, 即为一递减函数, 因此对 $\tilde{d} > 2$ 的极端黑膜, 在任何给定的空腔条件下, 其自由能总是最大 (对 $q > q_{\mathrm{c}}, q = q_{\mathrm{c}}, q < q_{\mathrm{c}}$ 任一情况都对), 因此不可能是一稳定相 (更仔细的讨论参见文献 [18]).

当 $\tilde{d} \leqslant 2$, $b_q(x \to q)$ 分别给出的是一个有限值 (尽管我们仍然有 $b_q(x \to 1) \to 0$), 因此对应的相结构不可能是范德瓦尔斯 - 麦克斯韦气 - 液类的, 出乎了我们前面的预料. 下面我们分别对 $\tilde{d} = 2, 1$ 两种情形下的相结构给予较仔细的描述.

9.5.1 $\tilde{d} = 2$ 情形

当 $\tilde{d} = 2$ 时, (5.16) 式给出

$$b_q(x) = \frac{1}{2}\sqrt{\frac{x(1-x)}{1-\dfrac{q^2}{x}}}. \tag{5.24}$$

我们注意到,

$$b_q(x \to q) \to \frac{\sqrt{q}}{2}, \quad b_q(x \to 1) \to 0. \tag{5.25}$$

它在 $x \to q$ 的极限有限且不为零, 不同于零荷情形和 $\tilde{d} > 2$ 时的非零荷情形. 后面我们将看到, $\tilde{d} = 2$ 情形是一种介于 $\tilde{d} > 2$ 和 $\tilde{d} = 1$ 之间的过渡情形, 而后者的行为更类似于零荷情形. 换句话说, $\tilde{d} = 2$ 在某些方面类似 $\tilde{d} > 2$ 情形, 比如它有临界参数但没有临界现象出现, 而其相结构等又类似后面描述的 $\tilde{d} = 1$ 情形.

为更进一步了解 $b_q(x)$ 行为, 我们来分析一下 $b_q(x)$ 的极值情况. 由

$$\frac{\mathrm{d}b_q(x)}{\mathrm{d}x} = 0, \tag{5.26}$$

我们有

$$2x^2 - (1+3q^2)x + 2q^2 = 0. \tag{5.27}$$

该方程可分解为

$$(x - x_+)(x - x_-) = 0, \tag{5.28}$$

其中

$$x_\pm = \frac{1}{4}(1 + 3q^2 \pm \sqrt{\Delta}), \tag{5.29}$$

这里 $\Delta = (1-q^2)(1-9q^2)$. 要使 x_- 和 x_+ 是上述方程的实根, 要求

$$\Delta = (1-q^2)(1-9q^2) \geqslant 0. \tag{5.30}$$

因 $0<q<1$, 这要求 $0<q\leqslant 1/3$. 当 $q=q_{\mathrm{c}}=1/3$, $\Delta=0$, 我们有 $x_+=x_-=q_{\mathrm{c}}=1/3=q$. 也就是说, 这时极值发生在边界 $x=q$. 在这里我们有,

$$\left.\frac{\mathrm{d}^2 b_q(x)}{\mathrm{d}x^2}\right|_{x=q=1/3} \sim x-q=0. \tag{5.31}$$

因此, 边界 $x_{\mathrm{c}}=q_{\mathrm{c}}=1/3$ 是一个拐点. 按常规判断临界点来说, 这对应的似乎是一个临界点. 由于局限在区域 $x\geqslant q$, 而 $x=q$ 在边界上, 我们没有像 $\tilde{d}>2$ 时那样具有两稳定相之间的相变而终结在该临界点 (下面 $q<q_{\mathrm{c}}=1/3$ 的讨论会明确说明这一点). 也就是说, 我们有类似的临界参数 $x_{\mathrm{c}}=q_{\mathrm{c}}=1/3, b_{\mathrm{c}}=1/(2\sqrt{3})$, 但没有临界现象. 根据 $q>q_{\mathrm{c}}, q=q_{\mathrm{c}}$ 和 $q<q_{\mathrm{c}}$, 我们也有三种 $b_q(x)$ 行为如图 9–5 所示.

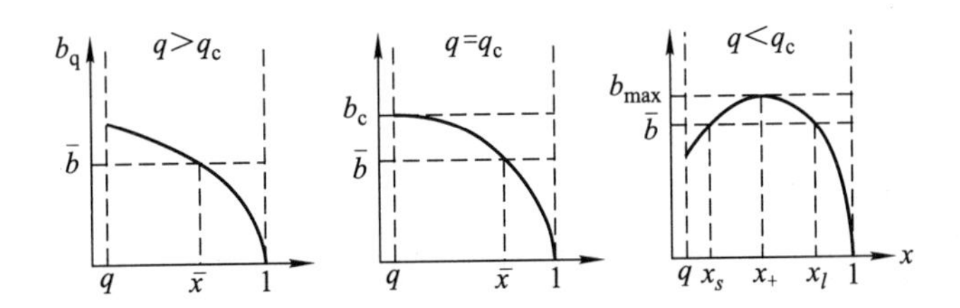

图 9–5　$\tilde{d}=2$ 时 $b_q(x)$ 对 x 的特征行为

我们分别就上述三种情况讨论. 当 $1>q\geqslant q_{\mathrm{c}}=1/3$ 时, 因 $\Delta\leqslant 0$, $b_q(x)$ 在 $q<x<1$ 区间上没有极值存在. 注意到,

$$\frac{\mathrm{d}b_q(x)}{\mathrm{d}x} = -\frac{b_q(x)}{2}\left[\frac{2x^2-x(1+3q^2)+2q^2}{x(1-x)(x-q^2)}\right] < 0, \tag{5.32}$$

$b_q(x)$ 在该区间是递减函数, 在 $x=q$ 处取最大值为 $b_q(x=q)=\sqrt{q}/2$. 对 $0<\bar{b}<\sqrt{q}/2$, 状态方程 $\bar{b}=b_q(\bar{x})$ 有唯一解 $\bar{x}$ 且在该处系统的自由能取局域最小, 因此是局域稳定. 对这种情形, 类似 $\tilde{d}>2$, 极端黑洞这时自由能取最大值, 因此任何局域稳定的黑膜很可能也是整体稳定. 当 $\bar{b}\geqslant b_q(q)=\sqrt{q}/2$, 黑膜不可能存在, 这时极端黑膜起到零荷时的 “热平坦时空” 的作用成为稳定相. 当非极端黑膜接近极端极限时, 非极端黑膜应通过类似 Hawking-Page 相变变为极端黑膜.

对 $0<q<q_{\mathrm{c}}=1/3$ (见图 9–5 中的第三图), $\Delta>0$. 这时方程 (5.26) 给出两个实解 (5.29), 其中 $q<x_+<1$ 但 $x_-<q$. 在区间 $q<x<1$, 我们只有实解 x_+, 这

时 $b_q(x)$ 取其最大值

$$b_{\max} = \frac{(1+3q^2+\sqrt{(1-q^2)(1-9q^2)})^{1/2}}{8\sqrt{2}} \times (3\sqrt{1-q^2}-\sqrt{1-9q^2})$$
$$> b_q(q) = \frac{\sqrt{q}}{2}. \tag{5.33}$$

由式 (5.22) 和 (5.21), 我们算出 $\tilde{d}=2, \bar{x}=x_+$ 时在壳自由能为

$$\bar{F}(x_+) = 6-4\sqrt{2(1-q^2)} > F^{\text{ext.}} = 2q, \tag{5.34}$$

这里最后的不等式用了 (5.19) 式并取 $\tilde{d}=2$. 因此, 在 $x_+<\bar{x}<1$ 区间的局域稳定态中, 存在一个 x_g 使得在壳自由能 $\bar{F}(x_g)=F^{\text{ext.}}=2q$. 这样在 $x_+<\bar{x}<x_g$, 在壳自由能 $\bar{F}(\bar{x})>F^{\text{ext.}}=2q$, 因此这些局域稳定的非极端黑膜只是亚稳定的, 通过类似的 Hawking-Page 相变转变为极端黑膜. 只有当 $x_g<\bar{x}<1$ 时, 非极端在壳黑膜的自由能 (一个递减函数) 小于对应极端黑膜的自由能, 因此可为整体稳定相. 另外, 当 $\bar{b}>b_{\max}$, 只有极端黑膜相存在. 因此这里的讨论很类似零荷情形, 极端黑膜取代了那里的 “热平坦时空”. 下面我们来决定 x_g, 对应的方程为

$$\left(\frac{1-x_g}{1-q^2/x_g}\right)^{\frac{1}{2}} + \left(\frac{1-q^2/x_g}{1-x_g}\right)^{\frac{1}{2}} + \left[(1-x_g)\left(1-q^2/x_g\right)\right]^{\frac{1}{2}} = 3-q. \tag{5.35}$$

该方程尽管看上去复杂, 但可以约化成如下可解二次方程:

$$x_g^2 - \frac{3-2q+3q^2}{2}x_g + q^2 = 0, \tag{5.36}$$

其解为

$$x_g^{\pm} = \frac{3-2q+3q^2 \pm (1+q)\sqrt{3(3-q)(1-3q)}}{8}. \tag{5.37}$$

我们可以验证只有 x_g^+ 解满足 $x_+<x_g^+<x_q$, 而 $x_g^-<q$. 这里 x_q 是方程 $b_q(x_q)=\sqrt{q}/2$ 除 $x=q$ 外的另外一个解, 其为

$$x_q = \frac{1-q+\sqrt{(1-3q)(1+q)}}{2} < 1. \tag{5.38}$$

在 $\bar{x}=x_g$ 处, 非极端黑膜的自由能与极端黑膜在

$$\bar{b} = b_g = \frac{5-3q-\sqrt{3(3-q)(1-3q)}}{16\sqrt{2}} \times$$
$$\left[3-2q+3q^2+(1+q)\sqrt{3(3-q)(1-3q)}\right]^{\frac{1}{2}} \tag{5.39}$$

时一样, 因此两者可以共存, 相互转化.

9.5.2　$\tilde{d}=1$ 情形

对该情形, (5.16) 式给出

$$b_q(x)=\frac{x(1-x)^{1/2}\left(1-q^2/x^2\right)^{\frac{1}{2}}}{1-q^2/x}>0. \tag{5.40}$$

注意到, 这里

$$b_q(x\to q)\to 0,\quad b_q(x\to 1)\to 0. \tag{5.41}$$

与零荷时的行为一样, 只是这里 $x\to q$ 取代了那里的 $x\to 0$, $b_q(x)$ 的行为见图 9–6.

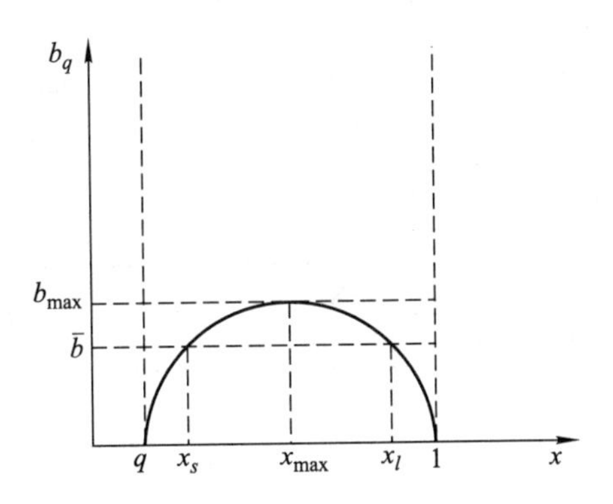

图 9–6　$\tilde{d}=1$ 时, $b_q(x)$ 对 x 的特征行为

由

$$\frac{\mathrm{d}b_q(x)}{\mathrm{d}x}=0\Rightarrow \tag{5.42}$$

$$\frac{3}{2}x^4-\left(1+\frac{5}{2}q^2\right)x^3+\frac{3}{2}q^2x^2+\frac{3}{2}q^4x-q^4=0, \tag{5.43}$$

在区间 $q<x<1$ 有唯一解 $x_{\max}$, 对应 $b_q(x)$ 取最大值 $b_{\max}$ (详细讨论见文献 [17, 18]). 基于上述事实和前面 $\tilde{d}=2$ 的讨论, 我们期待着这里的相结构与前面零荷下黑洞 (膜) 一样. 我们在 [18] 中对该情形做了仔细研究, 发现情况的确如所料, 唯一的区别是用这里的 $q<x<1$ 取代零荷时的 $0<x<1$ 以及这里的极端黑膜取代那里的 "热平坦时空". 在 $x_{\max}<\bar{x}<1$ 区间, 同样存在一个 x_g 使得在壳自由能与对应极端黑膜的自由能一致, 其由下列方程确定:

$$4-q=2\left(\frac{1-x_g}{1-q^2/x_g}\right)^{\frac{1}{2}}+\left(\frac{1-q^2/x_g}{1-x_g}\right)^{\frac{1}{2}}+(1-x_g)^{\frac{1}{2}}\left(1-\frac{q^2}{x_g}\right)^{\frac{1}{2}}. \tag{5.44}$$

该方程约化成一个 x_g 的四次方程, 但从前面有关非极端黑膜在壳自由能与对应极端黑膜自由能的关系知, $x_g=q$ 一定是该方程的一个解 (这也不难从方程 (5.44) 直

接得到验证). 这样, 上述方程可以约化成如下三次方程:

$$9x_g^3 + (-8 + q - 5q^2)x_g^2 + q^2(4 + 3q)x_g - 4q^3 = 0. \tag{5.45}$$

我们在文献 [18] 中讨论了该方程存在一个正实解, 其解析形式可以从上述方程直接给出. 但由于其表达式过于复杂, 我们下面列出了电荷 $q = 0.1, 0.2, \cdots, 0.9$ 时对应的数值解以及对应的 b_g 值 (下表中也列出了相应 q 值对应的 $x_{\max}$ 和 $b_{\max}$):

q	x_g	$\bar{b}_g$	$x_{\max}$	$b_{\max}$
0.1	0.878471	0.307757	0.668371	0.386344
0.2	0.870088	0.319918	0.673943	0.390683
0.3	0.864945	0.332758	0.673943	0.397903
0.4	0.864458	0.346219	0.684781	0.407890
0.5	0.870015	0.360200	0.731065	0.420323
0.6	0.882600	0.374565	0.769645	0.434666
0.7	0.902505	0.389161	0.817842	0.450290
0.8	0.929316	0.403845	0.873604	0.466636
0.9	0.962160	0.418491	0.934861	0.483295

该情形的相结构及相变与零荷时类似, 具体参考文献 [18], 这里不再重复.

因此, $\tilde{d} \leqslant 2$ 时的相结构更类似不带电的情形. 一个自然的问题是: 为何这些带荷系统的相结构基本保持与不带荷时类似, 其后面的物理起因是什么? 进一步, 是否存在手段使这些 $\tilde{d} \leqslant 2$ 系统的相结构具有期待的范德瓦尔斯–麦克斯韦气–液类? 下面我们就这些问题分别做具体的回答.

9.6 D5/D1(NSNS5/F) 系统的相结构

为回答上节最后提出的问题, 我们在本节及下节就 $\tilde{d} = 2$ 和 $\tilde{d} = 1$ 的情况分别做具体的讨论. 为方便讨论, 我们考虑 $D = 10$. 这样 $\tilde{d} = 2$ 对应的是 D5 或 NSNS5-膜, 而 $\tilde{d} = 1$ 对应的是 D6-膜.

由于 $\tilde{d} = 2$ 的相结构, 相对于 $\tilde{d} = 1$ 来说, 更接近 $\tilde{d} > 2$ 的情形, 因此改变其相结构使其成为具有期待的范德瓦尔斯–麦克斯韦气–液类, 如果可能的话, 应该更容易一些. 所以我们先讨论这种情形, 也希望由此找到能改变这类系统相结构的途径.

显然, 我们不能再通过对该系统加对应膜荷的方式. 但弦/M–理论还存在其他不同维度的膜, 特别地我们可以对一种膜加上比其空间维度低偶数维的膜, 比如可以形成相应的膜束缚态. 这至少为我们探讨希望获得的相结构提供了一种可能的尝试.

对 D5-膜, 我们可以考虑对其加带电的 D3-膜或 D1-膜. 获得相应引力位型的简单方式是考虑所加的低维膜以非局域的形式出现. 比如对其加 D1-膜, 如果 D5-膜的放置方向是沿着 $x^1, x^2, \cdots, x^5$, 那非局域的 D1-膜就沿着 D5 的一个空间方向, 比如 x^1, 而在 D5 的其他四个空间方向上是均匀分布的.

研究发现, 对 D5-膜加非局域的 D3-膜所形成的束缚态 D5/D3 的相结构与 D5-膜的完全一样, 没有任何改变[23]. 这在一定程度上也可以从不带电黑洞到带电黑洞 (或不带电黑膜到带电黑膜) 这两种系统的相互作用与相结构的关联所预料. 不带电的黑洞 (黑膜) 仅有质量, 因此只有吸引的引力相互作用, 这样系统的相结构, 如前所述, 都具有同样的特征, 但不具备范德瓦尔斯 – 麦克斯韦气 – 液结构. 当对这样的系统加荷后, 由于荷间的相互作用是排斥的, 这时系统就有了吸引和排斥两种相互作用的竞争, 这似乎使得该系统在一定情况下可以存在两个稳定相以及它们之间的相变, 从而形成类似范德瓦尔斯 – 麦克斯韦气 – 液相结构. 基于此就不难理解为何对带荷的 D5 系统加入带荷 D3-膜没有起到应有的效果. 这是因为 D3-膜与 D5 间的相互作用是吸引的, 但我们需要的是附加的排斥相互作用. 这种初步的判断似乎解释了 D5/D3 系统的相结构.

我们现在来看对带荷 D5 系统加上带荷的非局域 D1-膜. 对应的欧氏化带电 D5/D1-黑膜位型为[23,24]

$$\begin{aligned}
\mathrm{d}s^2 =& \Delta_-^{1/4} G_1^{-3/4}\left(\frac{\Delta_+}{\Delta_-}\mathrm{d}t^2 + \mathrm{d}x_1^2\right) + \Delta_-^{1/4} G_1^{1/4}\sum_{i=2}^{5}\mathrm{d}x_i^2 + \\
& \Delta_-^{1/4} G_1^{1/4}\left(\frac{\mathrm{d}r^2}{\Delta_+\Delta_-} + r^2\mathrm{d}\Omega_3^2\right), \\
A_{[2]} =& -\mathrm{i}\mathrm{e}^{-\phi_0/2}\left[\tanh\theta_1 - (1 - G_1^{-1})\coth\theta_1\right]\mathrm{d}t\wedge\mathrm{d}x^1, \\
A_{[6]} =& -\mathrm{i}\mathrm{e}^{\phi_0/2}\left[\tanh\theta_5 - (1-\Delta_-)\coth\theta_5\right]\mathrm{d}t\wedge\cdots\wedge\mathrm{d}x^5, \\
\mathrm{e}^{2\phi} =& g_s^2 G_1 \Delta_-.
\end{aligned} \tag{6.1}$$

这里的度规是爱因斯坦度规, 每一个形式场都按照 [11, 17] 中的要求得到, 即它们在视界位置都为零 (这样可以保证它们在局域惯性系中定义没有问题), 且 ϕ_0 是 dilaton 场的渐近值. 在上面, 我们有

$$\Delta_\pm = 1 - \frac{r_\pm^2}{r^2}, \quad G_1 = 1 + \left(1 - \frac{\Delta_+}{\Delta_-}\right)\sinh^2\theta_1. \tag{6.2}$$

注意, 这里视界的位置在 $r = r_+$, 而曲率奇点发生在 $r = r_- < r_+$, 其中 $r_-/r_+ =$

$\tanh\theta_5 < 1$ (假定 $\theta_5 > 0$). 由上面的度规, 我们知道 r 仅仅是横向三维球的坐标半径, 而对应的物理半径是 $\bar{r} = r(\Delta_- G_1)^{1/8}$, 由此相关的物理参数 $\bar{r}_\pm = r_\pm(\Delta_- G_1)^{1/8}$. 与前面简单 p-膜情形一样, 用物理半径和相应的参数, $\Delta_\pm = 1 - r_\pm^2/r^2 = 1 - \bar{r}_\pm/\bar{r}$. 利用前面荷的定义 (5.6) 式, 我们可以由上面位型的势算出对应的场强, 从而给出 D1 和 D5 荷分别为

$$\begin{aligned} Q_1 &= \frac{\Omega_3 \bar{V}_4}{\sqrt{2}\kappa} \mathrm{e}^{\bar{\phi}/2} \frac{(\bar{r}_+^2 - \bar{r}_-^2)\sinh 2\theta_1}{\Delta_- G_1}, \\ Q_5 &= \frac{\Omega_3}{\sqrt{2}\kappa} \mathrm{e}^{-\bar{\phi}/2}\, 2\,\bar{r}_+\bar{r}_-. \end{aligned} \tag{6.3}$$

与前面考虑的情形一样, 这里荷表达式中使用的都是对应的相关物理量或在空腔位置处固定的量. 比如 Q_1 表达式中, 物理体积 $\bar{V}_4 = (\Delta_- G_1)^{1/2} V_4^*$, 而 $V_4^* = \int \mathrm{d}x^2\mathrm{d}x^3\mathrm{d}x^4\mathrm{d}x^5$ 是对应的坐标体积. 其他的相关量在前面考虑的情形中都有所涉及, 这里不再一一说明. 利用 (6.2) 式中的第二式, 我们将 θ_1 (假定 $\theta_1 > 0$) 表达为

$$\sinh\theta_1 = \left(\frac{G_1 - 1}{1 - \dfrac{\Delta_+}{\Delta_-}} \right)^{1/2}. \tag{6.4}$$

对正则系综, 腔内荷 $Q_1 = \bar{Q}_1, Q_5 = \bar{Q}_5$ 固定. 利用 (6.3), 我们可以定义两个新的固定荷 $\tilde{Q}_1, \tilde{Q}_5$ 分别为

$$\begin{aligned} \tilde{Q}_1 &= \frac{\sqrt{2}\kappa \bar{Q}_1 \mathrm{e}^{-\bar{\phi}/2}}{2\bar{V}_4 \bar{r}_{\mathrm{B}}^2 \Omega_3} \\ &= (1 - G_1^{-1})^{\frac{1}{2}} \left[1 - \frac{\Delta_+}{\Delta_-} + \frac{\Delta_+}{\Delta_-}(1 - G_1^{-1}) \right]^{\frac{1}{2}} < 1, \\ \tilde{Q}_5^2 &= \frac{\sqrt{2}\kappa \bar{Q}_5 \mathrm{e}^{\bar{\phi}/2}}{2\Omega} = \bar{r}_+\bar{r}_-. \end{aligned} \tag{6.5}$$

由上面第一式, 我们有 (注意, $1 - G_1^{-1} > 0$, $\tilde{Q}_1 < 1$ 且无量纲)

$$1 - G_1^{-1} = \frac{1}{2} \left[\sqrt{\left(\frac{\Delta_-}{\Delta_+} - 1 \right)^2 + 4\tilde{Q}_1^2 \frac{\Delta_-}{\Delta_+}} - \left(\frac{\Delta_-}{\Delta_+} - 1 \right) \right]. \tag{6.6}$$

除固定的参数外, 这里唯一的变量就是物理视界半径 $\bar{r}_+$, 其他量或参数都可以表达该变量的函数. 对本系统, 与前面情形一样, 重要的是对应的约化欧氏作用量, 其可

以参照前面提到的类似方法获得为 (尽管这里的计算会复杂一些)

$$\bar{I}_E = -\frac{\beta}{2\pi\bar{r}_{\rm B}}\left[2\left(\frac{\Delta_+}{\Delta_-}\right)^{1/2} + (\Delta_+\Delta_-)^{1/2} - 3 - \left(\frac{\Delta_+}{\Delta_-}\right)^{1/2}(1-G_1^{-1})\right] - \frac{\bar{r}_+}{\bar{r}_{\rm B}}\left(1-\frac{\Delta_+}{\Delta_-}\right)\left(1+\frac{1-G_1^{-1}}{\dfrac{\Delta_-}{\Delta_+}-1}\right)^{1/2}. \tag{6.7}$$

我们定义如下约化量:

$$x \equiv \left(\frac{\bar{r}_+}{\bar{r}_{\rm B}}\right)^2 < 1, \quad \bar{b} \equiv \frac{\beta}{4\pi\bar{r}_{\rm B}},$$
$$q_5 = \left(\frac{\tilde{Q}_5}{\bar{r}_{\rm B}}\right)^2 < x, \quad q_1 = \tilde{Q}_1 < 1. \tag{6.8}$$

由此,

$$\Delta_+ = 1 - \frac{\bar{r}_+^2}{\bar{r}_{\rm B}^2} = 1 - x, \quad \Delta_- = 1 - \frac{\bar{r}_-^2}{\bar{r}_{\rm B}^2} = 1 - \frac{q_5^2}{x}. \tag{6.9}$$

对 Δ_-, 我们在上面用了 (6.5) 中的第二个关系 $\bar{r}_- = \tilde{Q}_5^2/\bar{r}_+$. 注意, 在上面我们有 $0 < q_5 < 1$ (因 $x < 1$) 和 $0 < q_1 < 1$.

用上述定义的约化量, 约化作用量 (6.6) 可以更简洁地表达为

$$\bar{I}_E = -2\,\bar{b}\left[2\left(\frac{\Delta_+}{\Delta_-}\right)^{1/2} + (\Delta_+\Delta_-)^{1/2} - 3 - \left(\frac{\Delta_+}{\Delta_-}\right)^{1/2}(1-G_1^{-1})\right] - x^{1/2}\left(1-\frac{\Delta_+}{\Delta_-}\right)\left[1+\frac{1-G_1^{-1}}{\dfrac{\Delta_-}{\Delta_+}-1}\right]^{1/2}. \tag{6.10}$$

与前面讨论的情形一样, 带电 D5/D1 黑膜系统与空腔达到热平衡可以由 $\mathrm{d}\bar{I}_E/\mathrm{d}x = 0$ 确定为

$$\bar{b} = b_{q_1,q_5}(\bar{x}), \tag{6.11}$$

而 $\bar{I}_E$ 的局域最小值 (也是该系统的自由能最小值) 可由

$$\left.\frac{\mathrm{d}^2\bar{I}_E}{\mathrm{d}x^2}\right|_{x=\bar{x}} \sim -\frac{\mathrm{d}b_{q_1,q_5}(\bar{x})}{\mathrm{d}\bar{x}} > 0 \tag{6.12}$$

确定. 也就是说, 由局域约化温度倒数函数 $b_{q_1,q_5}(x)$ 在热平衡 $(x = \bar{x})$ 处的负斜率

决定. 该函数的具体表达式为

$$b_{q_1,q_5}(x)=\frac{1}{2}x^{1/2}\left(\frac{\Delta_+}{\Delta_-}\right)^{1/2}\left(1+\frac{1-G_1^{-1}}{\dfrac{\Delta_-}{\Delta_+}-1}\right)^{1/2}, \tag{6.13}$$

其行为决定了对应系统的相结构. 首先让我们来考查该函数的行为. 若取 $q_1=0$, $q_5\neq 0$, 因 $\Delta_-/\Delta_+=(1-q_5^2/x)/(1-x)>1$, 我们从 (6.6) 式有 $1-G_1^{-1}=0$. 将该结果代入 (6.13), 我们获得的 b_{0,q_5} 与前面给出的 D5-膜的 $b_q(x)$ (5.24) 完全一样, 因此对应的相结构也一样.

其次我们来看 $q_5=0, q_1\neq 0$ 情形. 对这种情形, 我们会自然地联想到已研究过的十维时空下的 F-弦或 D1-弦, 即 $D=10, p=1$ 情形, 由此会得出该情形应该具有类似范德瓦尔斯–麦克斯韦气–液相结构. 我们来考查实际的情况如何. 由 (6.13), 我们有

$$b_{q_1,0}(x)=\frac{1}{2}(1-x)^{1/2}\left(\frac{x+\sqrt{x^2+4q_1^2(1-x)}}{2}\right)^{1/2}. \tag{6.14}$$

在上面我们分别用了 $\Delta_-=1$ 和 Δ_+ 在 (6.9) 中的表达式以及 (6.6) 中的 $1-G_1^{-1}$ 表达式. 注意, 这时变量 x 的取值范围是 $0<x<1$ (因 $q_5=0$). 我们来看 $b_{q_1,0}(x)$ 在 x 取值两端的行为. 由上式, 我们不难有

$$b_{q_1,0}(x\to 0)\to\sqrt{q_1}/2,\quad b_{q_1,0}(x\to 1)\to 0. \tag{6.15}$$

这里 $b_{q_1,0}(x\to 0)$ 趋于一个有限值而不是无穷的结果, 与 (5.17) 给出的包括 $p=1$ 行为完全不同, 因此说明非局域的 D1-膜的相结构与局域的 D1-膜的完全不一样, 不具有类似范德瓦尔斯–麦克斯韦气–液相结构. 与带电 D5-膜的 $b_q(x)$ 行为 (5.25) 比较, 我们不难发现只要把 q_1 换成 D5 的荷 q, 它们的行为完全一样. 但至少从表面上, $b_{q_1,0}(x)$ 的表达式看上去与 $b_q(x)$ (5.24) 式完全不一样. 其实这是源于 $b_{q_1,q_5}(x)$ 中的变量 x 取法上更倾向 D5-膜造成的. 如果我们按如下方式重新定义一个适合非局域 D1-膜的变量 y,

$$y=\frac{x+\sqrt{x^2+4q_1^2(1-x)}}{2}, \tag{6.16}$$

由此, 我们得到 $q_1<y<1$ 且

$$b_{q_1,0}(y)=\frac{1}{2}y^{1/2}\left(\frac{1-y}{1-q_1^2/y}\right)^{1/2}. \tag{6.17}$$

该表达式, 除用不同的变量外, 与 D5-膜的 (5.24) 式完全一样 (注意, 变量的下限都对应相应膜的荷). 换句话说, 这里非局域的 D1-膜与 D5-膜具有同样的相结构, 因

此都不具有类似范德瓦尔斯–麦克斯韦气–液相结构. 这一结论一方面超出了我们的预料, 同时也让我们担心对 D5-膜加上非局域的 D1-膜能否起到我们希望的结果. 为确认这一点, 我们要分析 $q_1 \neq 0, q_5 \neq 0$ 时一般 $b_{q_1,q_5}(x)$ 表达式 (6.13) 的行为. 上面两种特殊情况的分析至少暗示着如果变量取得合适的话, 在对应的 b_{q_1,q_5} 表达式中应该存在对 q_1 和 q_5 的对称性. 探讨发现的确如此, 应该取的变量 f 为

$$x = \frac{1 - f + \sqrt{(1-f)^2 + 4q_5^2 f}}{2}. \tag{6.18}$$

注意, 原变量 $q_5 < x < 1$ 给出 $0 < f < 1$, 这里 $x \to q_5$ 对应 $f \to 1$, 而 $x \to 1$ 对应 $f \to 0$. 采用变量 f, 我们有

$$\begin{aligned} b_{q_1,q_5}(f) = \frac{f^{1/2}}{4(1-f)^{1/2}} & \sqrt{1 - f + \sqrt{(1-f)^2 + 4q_1^2 f}} \times \\ & \sqrt{1 - f + \sqrt{(1-f)^2 + 4q_5^2 f}}. \end{aligned} \tag{6.19}$$

考查其在变量两端的行为

$$b_{q_1,q_2}(f \to 1) \to \infty, \quad b_{q_1,q_5}(f \to 0) \to 0. \tag{6.20}$$

这种行为出乎我们的预料, 与 $p < 5$ 系统一样, 因此具有类似范德瓦尔斯–麦克斯韦气–液相结构. 由于我们这里有两个电荷参数 q_1, q_5, 因此对应的相结构其实更丰富, 具有一个一级相变面, 终结在一个二级相变临界线上. 具体细节的讨论, 请参考文献 [23]. 为何对 D5 加上非局域 D1 能改变 D5 的相结构, 从而使 D5/D1 系统具有类似范德瓦尔斯–麦克斯韦气–液相结构的物理缘故将在后面章节讨论.

9.7　D6/D0 系统的相结构

我们的研究发现无论对带电黑 D6 系统加上非局域的带电 D4-膜或 D2-膜都无法使其相结构具有范德瓦尔斯–麦克斯韦气–液相的特点[23,25,26]. 这里 D6/D2 的相行为虽然有所改变, 但仅仅变为类似带电黑 D5 系统的行为[23]. 只有当对带电黑 D6 系统加上非局域的带电 D0-膜时, D6/D0 系统的相行为才变为具有类似范德瓦尔斯–麦克斯韦气–液相结构[25,26]. 下面我们就 D6/D0 系统的情况做较详细的讨论, 具体的更细节的讨论请参考原文 [25, 26]. 带电黑 D6/D0 位型已在 20 世纪 90

年代末给出[27,28], 其欧氏形式可用我们前面类似的方式获得, 如下①:

$$
\begin{aligned}
\mathrm{d}s^2 &= FA^{-\frac{1}{8}}B^{-\frac{7}{8}}\mathrm{d}t^2 + (B/A)^{\frac{1}{8}}\sum_{i=1}^{6}\mathrm{d}x_i^2 + A^{\frac{7}{8}}B^{\frac{1}{8}}(F^{-1}\mathrm{d}\rho^2 + \rho^2\mathrm{d}\Omega_2^2),\\
A_{[1]} &= \mathrm{i}\mathrm{e}^{-3\phi_0/4}\,Q\left(\frac{1-\dfrac{\Sigma}{\rho_+\sqrt{3}}}{\rho_+ B(\rho_+)} - \frac{1-\dfrac{\Sigma}{\rho\sqrt{3}}}{\rho B(\rho)}\right)\mathrm{d}t,\\
A_{[7]} &= \mathrm{i}\mathrm{e}^{3\phi_0/4}\,P\left(\frac{1+\dfrac{\Sigma}{\rho_+\sqrt{3}}}{\rho_+ A(\rho_+)} - \frac{1+\dfrac{\Sigma}{\rho\sqrt{3}}}{\rho A(\rho)}\right)\mathrm{d}t\wedge\cdots\wedge\mathrm{d}x^6,\\
\mathrm{e}^{2\phi} &= g_s^2(B(\rho)/A(\rho))^{3/2}.
\end{aligned}\tag{7.1}
$$

这里一些熟知的量与前面的定义一样, 不再重复. 其他的量定义如下:

$$
\begin{aligned}
F(\rho) &= \left(1-\frac{\rho_+}{\rho}\right)\left(1-\frac{\rho_-}{\rho}\right),\\
A(\rho) &= \left(1-\frac{\rho_{A+}}{\rho}\right)\left(1-\frac{\rho_{A-}}{\rho}\right),\\
B(\rho) &= \left(1-\frac{\rho_{B+}}{\rho}\right)\left(1-\frac{\rho_{B-}}{\rho}\right),
\end{aligned}\tag{7.2}
$$

其中

$$
\begin{aligned}
\rho_\pm &= M \pm \sqrt{M^2+\Sigma^2-P^2/4-Q^2/4},\\
\rho_{A\pm} &= \frac{\Sigma}{\sqrt{3}} \pm \sqrt{\frac{P^2\Sigma/2}{\Sigma-\sqrt{3}M}},\\
\rho_{B\pm} &= -\frac{\Sigma}{\sqrt{3}} \pm \sqrt{\frac{Q^2\Sigma/2}{\Sigma+\sqrt{3}M}}.
\end{aligned}\tag{7.3}
$$

上述位型由 3 个参数表征: 质量参数 M, D0-膜荷 Q 以及 D6-膜荷 P. dilaton 荷 Σ 并不独立, 它由上述 3 个参数通过如下关系确定:

$$
\frac{8}{3}\Sigma = \frac{Q^2}{\Sigma+\sqrt{3}M} + \frac{P^2}{\Sigma-\sqrt{3}M}.\tag{7.4}
$$

① 我们在下面采用的是文献 [27] 给出的位型但做了如下改动. 我们把 1-形式 A_1 的磁部分通过电磁对偶转换成电类的 7-形式 A_7, 代表 D6-膜. 在 $D=10$ 维, D0 和 D6 互为电磁对偶. 我们已采用爱因斯坦度规. 另外, 为方便起见, 我们将文中荷参数 Q, P 变为对应 $-Q, -P$, 不失一般性假定 $Q>0, P>0$. 我们纠正了原文 [27] 电类 1-形式势表达式中 dilaton 荷 Σ 为 $\Sigma/\sqrt{3}$.

文献 [27] 已指出, 上述位型在电磁对偶变换下, 这些参数变换如下:

$$Q \leftrightarrow P, \quad \Sigma \leftrightarrow -\Sigma, \quad M \leftrightarrow M. \tag{7.5}$$

尽管上述位型由 3 个参数 M, Q, P 刻画, 但这并不表明对任意一组 M, Q, P, 即使满足方程 (7.5), 对应的位型有很好的定义, 比如可能有裸奇点, 不适合其热力学的讨论. 我们最近在 [26] 中完全确定了没有裸奇点且有一个视界的参数空间, 并发现对由这种参数空间决定的 D6/D0 位型其热力学相结构本质上与在此之前研究的 $Q = P$ (这时 $\Sigma = 0$)[25] 特殊情形一样, 都具有类似范德瓦尔斯–麦克斯韦气–液相结构. 这里也有类似 D5/D1 系统同样的现象, 即非局域的带电黑 D0-膜系统与带电黑 D6-膜的相行为完全一样, 不具有类似范德瓦尔斯–麦克斯韦气–液相结构.

为简单起见, 我们下面局限讨论这种 $Q = P \equiv K, \Sigma = 0$ 情形, 而对于一般的情形的讨论请参考文献 [26]. 当 $Q = P$, 由方程 (7.4), 我们得出没有裸奇点且有视界的解是 $\Sigma = 0$. 这时由 (7.2) 式以及 (7.3) 式, 我们不难有

$$F(r) = \Delta_- \Delta_+, \quad A(r) = 1, \quad B(r) = 1. \tag{7.6}$$

这里我们取了 $r = \rho$, 而 $\Delta_\pm$ 与前面定义的完全一样, 但其

$$r_\pm = M \pm \sqrt{M^2 - K^2/2}. \tag{7.7}$$

由此我们有

$$r_+ r_- = K^2/2. \tag{7.8}$$

这时位型 (7.1) 表现的特别简单, 为

$$\begin{aligned}
&\mathrm{d}s^2 = \Delta_- \Delta_+ \mathrm{d}t^2 + \sum_{i=1}^{6} \mathrm{d}x_i^2 + \frac{\mathrm{d}r^2}{\Delta_- \Delta_+} + r^2 \mathrm{d}\Omega_2^2, \\
&A_{[1]} = \mathrm{i}\mathrm{e}^{-3\phi_0/4} K \left(\frac{1}{r_+} - \frac{1}{r}\right) \mathrm{d}t, \\
&A_{[7]} = \mathrm{i}\mathrm{e}^{3\phi_0/4} K \left(\frac{1}{r_+} - \frac{1}{r}\right) \mathrm{d}t \wedge \mathrm{d}x^1 \wedge \cdots \wedge \mathrm{d}x^6, \\
&\mathrm{e}^{2(\phi - \phi_0)} = 1.
\end{aligned} \tag{7.9}$$

对该位型 dilaton 为常数, 它非常类似四维的 R-N 黑洞, 具有一个在 $r = r_+$ 处的外视界和一个在 $r = r_-$ 处的内视界, 而曲率奇点在 $r = 0$ 处. 我们可用荷的一般表达式 (5.6) 计算这里相应的荷分别为

$$Q_0 = \frac{\Omega_2 \bar{V}_6}{\sqrt{2}\kappa} \mathrm{e}^{3\bar{\phi}/4} (2\bar{r}_- \bar{r}_+)^{1/2}, \quad Q_6 = \frac{\Omega_2}{\sqrt{2}\kappa} \mathrm{e}^{-3\bar{\phi}/4} (2\bar{r}_- \bar{r}_+)^{1/2}, \tag{7.10}$$

这里我们有 $\bar{\phi} = \phi_0$, $\bar{V}_6 = V_6^*$ (D6-膜的六维空间体积) 且用方程 (7.8) 的 $\bar{r}_\pm$ 取代了 $P = Q = K$ (注意, 这里 $\bar{r}_\pm = r_\pm$). 对正则系综, 空腔内的电荷 $\bar{Q}_p$ $(p = 0, 6)$ 固定并有 $\bar{Q}_p = Q_p$. 由 (7.10), 固定的 $\bar{Q}_0$ 与固定的 Q_6 对目前考虑的情形 $(Q = P = K)$ 并不独立, 满足如下关系:

$$\frac{\bar{Q}_0}{\bar{V}_6} = \bar{Q}_6 \, \mathrm{e}^{3\bar{\phi}/2}. \tag{7.11}$$

注意到在该系综下, $\bar{V}_6$ 和 $\bar{\phi}$ 也是确定的, 因此这些量间应满足上式 (主要是源于 $Q = P$ 这一特殊条件). 我们定义如下约化固定电荷 (具有长度量纲):

$$\tilde{Q} = \frac{\kappa \bar{Q}_6 \, \mathrm{e}^{3\bar{\phi}/4}}{\Omega_2} = \frac{\kappa \bar{Q}_0 \, \mathrm{e}^{-3\bar{\phi}/4}}{\bar{V}_6 \, \Omega_2}. \tag{7.12}$$

由 (7.10), 我们有

$$\bar{r}_- = \frac{\tilde{Q}^2}{\bar{r}_+} k. \tag{7.13}$$

所以在该系综下, 唯一的变量可取 $\bar{r}_+$, 其他的量都可以表达为 $\bar{r}_+$ 的函数. 与前面一样, 为简单起见, 我们在空腔固定位置 $\bar{r} = \bar{r}_\mathrm{B}$ 定义如下的约化量 $\bar{r} = \bar{r}_\mathrm{B}$:

$$x \equiv \frac{\bar{r}_+}{\bar{r}_\mathrm{B}} < 1, \quad \bar{b} \equiv \frac{\beta}{4\pi \bar{r}_\mathrm{B}}, \quad q \equiv \frac{\tilde{Q}}{\bar{r}_\mathrm{B}} < x, \tag{7.14}$$

这里我们有 $0 < q < 1$ 和 $q < x < 1$. 由此,

$$\Delta_- = 1 - \frac{\bar{r}_-}{\bar{r}_\mathrm{B}} = 1 - \frac{q^2}{x}, \quad \Delta_+ = 1 - \frac{\bar{r}_+}{\bar{r}_\mathrm{B}} = 1 - x. \tag{7.15}$$

有了上述准备, 依据 [17, 23] 的方法, 我们获得如下约化欧氏作用量为:

$$\begin{aligned}
\bar{I}_E &\equiv \frac{2\kappa^2 I_E}{4\pi \Omega_2 \bar{V}_6 \bar{r}_\mathrm{B}^2} \\
&= -4\frac{\beta}{4\pi \bar{r}_\mathrm{B}}(\sqrt{\Delta_- \Delta_+} - 1) - \left(\frac{\bar{r}_+}{\bar{r}_\mathrm{B}}\right)^2 \\
&= -4\bar{b}\left(\sqrt{(1-x)\left(1 - \frac{q^2}{x}\right)} - 1\right) - x^2.
\end{aligned} \tag{7.16}$$

与前面其他情形讨论一样, $\mathrm{d}\bar{I}_E/\mathrm{d}x = 0$ 给出状态方程 $\bar{b} = b_q(\bar{x})$, 而 $\mathrm{d}^2\bar{I}_E/\mathrm{d}x^2|_{x=\bar{x}} \sim -\mathrm{d}b_q(x)/\mathrm{d}x|_{x=\bar{x}} > 0$, 即 $b_q(x)$ 在 $x = \bar{x}$ 处的负斜率决定对应的自由能局域最小, 即局域稳定性. 这里的局域约化温度倒数函数为

$$b_q(x) = \frac{x(1-x)^{1/2}\left(1 - q^2/x\right)^{1/2}}{1 - q^2/x^2}, \tag{7.17}$$

与前面一样决定了对应系统的相结构. 如果我们留心一下就会发现该函数与前面讨论的 R-N 黑洞的局域约化温度倒数函数 (4.10) 完全一样, 因此对应的相结构也完全一样, 具有类似范德瓦尔斯 – 麦克斯韦气 – 液类相结构, 这里不再重新分析. 这两系统初看起来不一样, 其实如果把 $Q = P$ 下的 D6/D0 通过所谓双维度紧化 (即 D6 的空间维度和时空同样方向的维度同时紧化[1]) 到四维时空的话, 我们得到的就是 R-N 黑洞. 因此, 理解这两者之间的联系也不难. 这同时也说明, 通过紧化联系的两种位型的相结构一样. 另外, 在 [25] 中我们也发现, 如果两个位型 T-对偶等价, 对应的相结构也一样, 比如带电非局域黑 D0 系统与带电黑 D6 系统的相结构一样, 类似的带电非局域黑 D1 与带电黑 D5 系统具有相同相结构. 总之, 对带电黑 D6-膜加上非局域的带电 D0-膜完全改变了 D6-膜的相行为, 使其具有类似范德瓦尔斯 – 麦克斯韦气 – 液相结构.

9.8　普适相结构及其起源

当对不带电的史瓦西 (Schwarzschild) 黑洞加上电荷成为 R-N 黑洞, 对应的相结构发生了本质的变化, 决定对应相结构的局域约化温度倒数函数行为由图 9–2 变成了图 9–3. 这两者在相结构上发生如此巨大的变化就是因为引入了电荷. 不带电的史瓦西 (Schwarzschild) 黑洞唯一的荷或参数就是其质量. 从相互作用来说, 这里只有相互吸引的引力相互作用. 当对其加上电荷时, 我们就引入了排斥作用. 这似乎暗示着类似范德瓦尔斯 – 麦克斯韦气 – 液相结构的出现是这种吸引和排斥相互作用竞争的结果. 当我们考虑弦/M–理论中黑 p-膜时, 不带电的黑 p-膜的相结构本质上与不带电的史瓦西 (Schwarzschild) 黑洞完全一样. 因此, 一个自然的期待就是对这些 p-膜加上对应的荷时, 其相行为应该与 R-N 黑洞一样, 具有类似范德瓦尔斯 – 麦克斯韦气 – 液类相结构. 但结果并不是我们所完全期待的那样, 只有当 $\tilde{d} > 2$ 时 (对应 $D = 10, p < 5$), 得到的结果与期待一致. 但对 $\tilde{d} = 2, 1$, 对应的相行为基本与不带电时一样. 这似乎表明至少对 $\tilde{d} = 2, 1$ 情形, 对应荷提供的排斥力不足以用来克服引力对相结构的影响. 幸运的是在弦/M–理论中, 我们有更多的选择, 还可以考虑对其加上低维的其他膜. 对 $D = 10$, $\tilde{d} = 2$ 对应的是 D5-膜; 而 $\tilde{d} = 1$ 对应的是 D6-膜. 我们的研究发现对带电黑 D5 系统 (或 NSNS5 系统) 加上非局域的带电 D1 (或 F-弦), 对应的 D5/D1 (或 NSNS5/F) 的相行为变成具有类似范德瓦尔斯 – 麦克斯韦气 – 液类相结构. 类似的情况对 D6 系统也发生了, 但要加上非局域的带电 D0-膜.

从前面的讨论我们发现了一个特点, 就是范德瓦尔斯 – 麦克斯韦气 – 液类相结构的出现总是伴随着局域约化温度倒数函数在其变量取下限时出现发散行为. 而这一极限恰恰对应的是对应带电黑膜系统的极端极限. 在此极限下, 对应的膜都成为

BPS-膜, 因此更有利于我们考虑膜间的相互作用行为. 仅仅从相互作用角度, 我们似乎能定性理解为何对带电黑 D6 系统加上非局域的带电 D0 而改变其相结构. 这是因 D0 与 D6 间的相互作用是排斥的. 换句话说, 对带电 D6 加上 D0 又对该系统加上了附加的排斥相互作用, 这样似乎符合前面的定性理解. 但是这种理解似乎对带电黑 D5 系统加上 D1 不适用. 因至少在极端极限下, 我们知道 D5 与 D1 间是没有相互作用的, 仅仅提高了该系统的简并度. 换句话说, 这样做仅仅增加了系统的熵. 这似乎提醒我们也许该系统熵的改变因素需要考虑. 我们知道在弦/M–理论中, 对一个黑膜系统增加荷, 不仅会提高其相互作用能, 同时也会增加该系统的自由度, 因此也会增加系统的熵. 这是因添加荷本身也是添加膜个数的量度. 由此不难看出, 系统熵的确有可能变化.

从热力学角度, 在正则系综下, 决定对应相结构的是亥姆霍兹 (Helmholz) 自由能, 它是由系统的内能和熵决定: $F = E - TS$. 由此不难理解, 决定系统的相行为不仅仅是系统的相互作用能, 熵的重要性也不可忽视. 下面我们来对已研究过的具体系统逐一考查, 了解范德瓦尔斯–麦克斯韦气–液类相结构到底与哪些因素相关.

为此, 我们先来考查范德瓦尔斯–麦克斯韦气–液系统本身. 描述该系统的状态方程是

$$\left(p + \frac{a}{v^2}\right)(v - b) = kT, \tag{8.1}$$

这里参数 a 与分子间相互吸引关联, 而 b 与分子间排斥力相关. 当取 $b = 0$, 即取消分子间的排斥, 这时状态方程成为

$$p = \frac{kTv - a}{v^2}, \tag{8.2}$$

其行为由图 9–7 所示, 注意图中 v_0 由 $p = 0$ 确定 ($p \geqslant 0$). 与决定不带电的黑洞或黑膜相结构的 $b_0(x)$ 的行为相比 (即图 9–2), 特征行为完全相似 (两端都趋于零). 当 $b \neq 0$, 我们有通常的范德瓦尔斯–麦克斯韦气–液系统的相结构. 由 (8.1) 可知, $b \neq 0$ 的典型特点 (与 $b = 0$ 相比) 是 $p(v \to b) \to \infty$. 这与具有范德瓦尔斯–麦克斯韦气–液类相结构的带电黑洞/黑膜的特性类似, 比如带电黑洞的行为 $b_q(x \to q) \to \infty$. 因此无论对气–液系统还是对具有范德瓦尔斯–麦克斯韦气–液类相结构的带电黑洞/黑膜系统, 决定相结构的函数在其变量取其下限时总是发散的, 与具体的系统无关. 下面我们来考查引起这种发散的起源是什么.

首先我们来考查范德瓦尔斯–麦克斯韦气–液系统. 决定该系统相结构的是其自由能 $F = E - TS$, 其中

$$E = \frac{3}{2}NkT - \frac{aN}{v}, \quad S = Nk\left[\ln\frac{(v-b)T^{3/2}}{\Phi} + \frac{5}{2}\right],$$

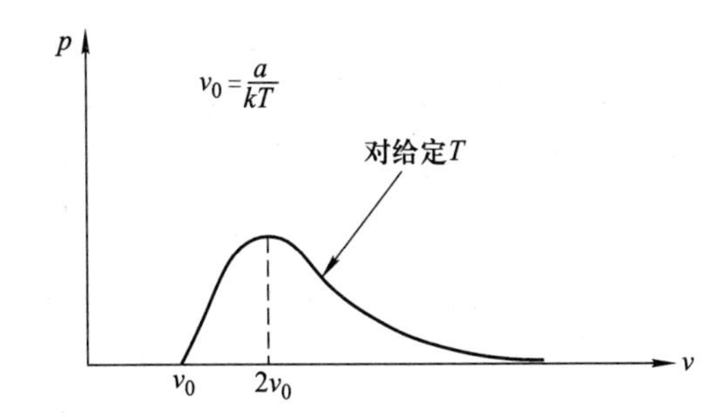

图 9–7　当 $b=0$ 时, 范德瓦尔斯状态方程 p 对 v 的特征行为

$$
\begin{aligned}
p &= -\frac{1}{N}\left(\frac{\partial F}{\partial v}\right)_{T,N} = \frac{T}{N}\left(\frac{\partial S}{\partial v}\right)_{T,N} - \frac{1}{N}\left(\frac{\partial E}{\partial v}\right)_{T,N} \\
&= \frac{kT}{v-b} - \frac{a}{v^2}.
\end{aligned} \tag{8.3}
$$

上面 E 和 S 分别对应的是该系统的内能和熵 (注意, Φ 仅仅是一常数). 由上述表达式不难看出, 当 $v\to b$ 时, $p\to\infty$ 的发散行为源于熵对体积的变化率的发散 (熵本身也是发散的), 而基本与内能无关 (内能及其变化率在该极限下都是有限的). 所以当 $a\neq 0, b\neq 0$ 时, 范德瓦尔斯–麦克斯韦气–液系统的相结构是源于其熵对体积的变化率在 $v\to b$ 极限下的剧烈 (发散) 变化所致. 这里不仅熵本身在 $v\to b$ 时发散, 其对体积的增长率也是发散的.

我们再来看 R-N 黑洞的情况. 从 (3.8) 式及关系①,

$$
4\bar{I}_E = 4\bar{b}\bar{F} = \bar{b}\bar{E}_q(x) - \bar{S}_q(x),
$$

我们有

$$
\begin{aligned}
\bar{E}_q(x) &= 4\left[1-\sqrt{(1-x)\left(1-\frac{q^2}{x}\right)}\right], \quad \bar{S}_q(x) = x^2, \\
b_q(x) &= \frac{(\partial\bar{S}_q/\partial x)_q}{(\partial\bar{E}_q/\partial x)_q} = \frac{x(1-x)^{1/2}\left(1-q^2/x\right)^{1/2}}{1-q^2/x^2}.
\end{aligned} \tag{8.4}
$$

上面 $\bar{F}, \bar{E}_q$ 和 $\bar{S}_q$ 分别对应的是该系统的约化自由能, 约化内能和约化熵. 当约化荷 $q\neq 0$, 在极限 $x\to q$ 下, $\bar{S}_q(x)$ 和 $(\partial\bar{S}_q(x)/\partial x)_q$ 都是有限的, 因此 $b_q(x\to q)\to\infty$ 是源于在该极限下 $(\partial\bar{E}_q(x)/\partial x)_q\to 0$. 我们由 (8.4) 式给出的 $\bar{E}_q(x)$ 表达式很容易验证, $\bar{E}_q(x\to q)\to q$, 且的确 $(\partial\bar{E}_q(x)/\partial x)_q|_{x\to q}\to 0$, 即在极端极限下, 约化内能接近 BPS 界而其对 x 的变化率接近零. 换句话说, 系统的内能在 $x\gtrsim q$ 有

① 这里我们定义的约化内能和熵是通常的 4 倍, 主要是为后面讨论 D6/D0 情形比较.

$E_q(x) = q + \mathcal{O}((x-q)^2)$. 由此看出, R-N 黑洞具有范德瓦尔斯–麦克斯韦气–液类相结构的起源与范德瓦尔斯–麦克斯韦气–液系统不同, 主要是相互作用的行为引起的 (熵对 x 的变化率在极端极限下有限且不为零也很重要).

我们来看带电黑 p-膜的情况. 对简单的带电黑膜, 我们有[17]

$$\begin{aligned}
\bar{E}_q(x) &= 2\left[(8-p) - \frac{7-p}{2}\sqrt{\Delta_+\Delta_-} - \frac{9-p}{2}\sqrt{\frac{\Delta_+}{\Delta_-}}\right], \\
\bar{S}_q(x) &= x^{1/2}\left(1-\frac{\Delta_+}{\Delta_-}\right)^{\frac{9-p}{2(7-p)}}, \\
b_q(x) &= \frac{(\partial\bar{S}_q/\partial x)_q}{(\partial\bar{E}_q/\partial x)_q} = \frac{x^{1/2}}{7-p}\sqrt{\frac{\Delta_+}{\Delta_-}}\left(1-\frac{\Delta_+}{\Delta_-}\right)^{\frac{p-5}{2(7-p)}}.
\end{aligned} \tag{8.5}$$

这里有些量前面已说明, 不再重复, 变量 x 的范围为 $q < x < 1$, 且

$$\Delta_+ = 1 - x, \quad \Delta_- = 1 - \frac{q^2}{x}. \tag{8.6}$$

我们来考查相关量在取变量低端极限下的行为. 我们发现对 $p < 7$, 无论对不带荷情形 $(x \to 0)$, 还是对带荷情形 $(x \to q)$, 对应的约化熵都趋于零. 进一步, 对不带荷情形, 对所有 $p < 7$, $(\partial\bar{S}_q(x)/\partial x)_q$ 在对应极限下仍趋于零; 但对带荷情形, 在对应极端极限下, 对 $p < 5$, $(\partial\bar{S}_q(x)/\partial x)_q \to \infty$, 对 $p = 5$, 其趋于一个有限但不为零的值, 对 $p = 6$, 它仍为零. 另外, 我们有

$$\bar{E}_q(x \to q) \to (7-p)q, \quad (\partial\bar{E}_q/\partial x)_q|_{x\to q} \to (9-p)/(1-q).$$

由此可以看出, 对 $p < 7$, 在不带电极限 $(x \to 0)$ 及带电极限下 $(x \to q)$, 对应的约化内能从零变成了一个大于零的值, 而内能对 x 的变化率在两种情况下都不为零. 因此, 对带电 $p < 5$ 情形, $b_q(x \to q) \to \infty$ 完全是对应熵变化率的发散所引起. 所以该情形与 R-N 黑洞不同, 但与范德瓦尔斯–麦克斯韦气–液系统类似, 对应的范德瓦尔斯–麦克斯韦气–液类相结构是熵的行为所主导.

考虑 D5/D1 (或 NSNS5/F) 系统. 对此系统, 我们有[23]

$$\begin{aligned}
\bar{E}(x) &= 2\left[3 - \sqrt{\frac{\Delta_+}{\Delta_-}}(1+G_1^{-1}) - \sqrt{\Delta_+\Delta_-}\right], \\
\bar{S}(x) &= x^{1/2}\left(1-\frac{\Delta_+}{\Delta_-}\right)\left(1+\frac{1-G_1^{-1}}{\dfrac{\Delta_-}{\Delta_+}-1}\right)^{1/2},
\end{aligned} \tag{8.7}$$

及

$$
\begin{aligned}
b_{q_1,q_5}(x) &= \frac{(\partial \bar{S}/\partial x)_{q_1,q_5}}{(\partial \bar{E}/\partial x)_{q_1,q_5}} \\
&= \frac{x^{1/2}}{2}\left(\frac{\Delta_+}{\Delta_-}\right)^{\frac{1}{2}}\left(1+\frac{1-G_1^{-1}}{\dfrac{\Delta_-}{\Delta_+}-1}\right)^{\frac{1}{2}}.
\end{aligned} \tag{8.8}
$$

这里 $q_5 < x < 1$, 且

$$
\begin{aligned}
\frac{\Delta_+}{\Delta_-} &= \frac{1-x}{1-q_5^2/x}, \\
1-G_1^{-1} &= \frac{1}{2}\left[\sqrt{\left(\frac{\Delta_-}{\Delta_+}-1\right)^2+4q_1^2\frac{\Delta_-}{\Delta_+}}-\left(\frac{\Delta_-}{\Delta_+}-1\right)\right].
\end{aligned} \tag{8.9}
$$

由上当 $x \to q_5$, 我们不难有 $b_{q_1,q_5}(x) \to \infty$. 注意到在该极端极限下, $\bar{S}$ 仍为零, 但 $(\partial \bar{S}/\partial x)_{q_1,q_5}$ 发散. 在同样极限下约化内能 $\bar{E}$ 及其变化率 $(\partial \bar{E}/\partial x)_{q_1,q_5}$ 都保持非零有限. 因此在该极端极限下 $b_{q_1,q_5}(x)$ 发散还是缘于熵变化率的发散, 与范德瓦尔斯–麦克斯韦气–液系统类似, 对应的范德瓦尔斯–麦克斯韦气–液类相结构是熵的行为所主导.

考虑 D6/D0 系统. 在 9.7 节中已提及, 我们的研究表明[26] 对一般容许的参数空间该系统的相结构与 $P = Q$ 这一特殊情形的相结构[25] 本质上一致. 为简单起见, 下面我们将局限于此简单情形. 对这一特殊的 D6/D0 系统, 对应的约化荷 $q_0 = q_6 = q$, 且

$$
\begin{aligned}
\bar{E}(x) &= 4\left[1-\sqrt{(1-x)\left(1-\frac{q^2}{x}\right)}\right], \\
\bar{S}(x) &= x^2 \quad (q < x < 1), \\
b_q(x) &= \frac{(\partial \bar{S}/\partial x)_q}{(\partial \bar{E}/\partial x)_q} = \frac{x(1-x)^{1/2}\left(1-q^2/x\right)^{1/2}}{1-q^2/x^2}.
\end{aligned} \tag{8.10}
$$

显然 $b_q(x \to q) \to \infty$. 如果比较一下这里的情形与前面讨论的带电 R-N 黑洞 (8.4), 我们发现这两种情形具有同样的 $\bar{E}, \bar{S}, b_q(x)$. 这也不难理解, 当把该 D6/D0 系统维数约化到四维时, 我们得到的就是带电 R-N 黑洞. 所以对带电 R-N 黑洞的讨论这里仍然适用. 换句话说, 这里相结构的定性改变源于所加的 "排斥相互作用". 从弦/M–理论的角度, 我们可以有更深层次的理解. 我们知道 D6 和 D0 间的相互作用是排斥的, 因此对带电 D6 加上非局域的带电 D0 恰恰就是对带电 D6 系统加上额外的排斥相互作用, 由此改变了其相结构.

对上述各种情况的分析, 我们在一定程度上理解了这种普适范德瓦尔斯–麦克斯韦气–液类相结构出现的缘由. 研究表明, 与这种普适相结构直接关联是对应局

域温度导数 $b_q(x)$ 在极端极限下的发散行为. 由于所考虑的是正则系综, 相关的热力学函数是亥姆霍兹 (Helmholz) 自由能

$$F_q = E_q(x) - TS_q(x),$$

这里 $E_q(x)$ 和 $S_q(x)$ 分别是所考虑系统的内能和熵, 而 T 是预设的空腔温度. 局域温度导数

$$b_q(x) \equiv (\partial S_q(x)/\partial x)/(\partial E_q(x)/\partial x),$$

它由熵和内能对 x 的变化率确定. 该函数在极端极限下的发散行为也由这两者在该极限下的行为所定. 对黑洞 (膜) 系统, 当 $q = 0$, $E_q(x)$, $S_q(x)$ 和 $b_q(x)$ 在 $x \to 0$ 极限下都为零, 该情形与范德瓦尔斯–麦克斯韦系统去掉分子间的排斥类似. 对 $q = 0$, 类似去掉分子间的排斥相互作用, 对应的黑膜系统只有质量, 因此仅有的相互作用是相互吸引的引力. 在弦/M–理论中, 对应的黑膜系统是由等数目的膜与反膜组成, 所以净相互作用是吸引的. 然而, 当加上非零的 q 时, 我们其实对所考虑的系统添加了两种特性:

(1) 对系统添加了排斥相互作用 (在原有的吸引相互作用的基础上);

(2) 增加了系统的简并度, 因而系统的熵 (加上荷增加了系统的自由度).

这两种效应在弦/M–理论中特别明显和容易理解. 相对于不带电黑系统, 带电系统相结构的改变也正是源于加入电荷后这两种效应所致. 这是因相结构本身是由对应自由能所定, 而自由能由系统的内能和熵决定. 在弦/M–理论中, 由于各种膜的存在, 因此对已有的系统有更多的选择来添加这两种效应. 比如, 我们可以考虑对不带荷的膜系统加上荷, 从而提供排斥相互作用和更多的熵或者添加不同的膜提供更多的排斥相互作用 (如对 D6 加 D0) 或增加系统的熵 (如对 D5 加 D1). 这也正是我们对 D5 和 D6 系统所做的且达到了预想的成功.

9.9 讨论与总结

在本章的讨论中, 对 $p > 0$ 黑膜, 为简单起见, 我们没有考虑在 [18] 中发现的一个新的热力学相泡泡 (bubble of nothing). 该泡泡相无论对 $\tilde{d} > 2$ 还是 $\tilde{d} \leqslant 2$ 都可以成为稳定相, 具体见文献 [18] 的讨论. 由于泡泡相的存在, 使得每一种 $\tilde{d}$ 情况下的相结构和对应的相变变得非常丰富.

在对黑膜的热力学研究取合适的框架下, 我们的系列研究[17,18,22] 揭示了正则系综下以前忽视的两个新的热力学相: 极端黑膜相和泡泡相, 每一个都起到零荷情况下 “热平坦时空” 的作用. 只有考虑这两新相, 尤其是极端黑膜相, 我们才能在 $\tilde{d} \leqslant 2$ 时得到非零荷情况下完整的稳定相结构. 在非零荷情况下, 我们还发现了很多有趣的相结构, 比如最多可以达到四相共存, 以及相关的相变, 包括类似的

Hawking-Page 相变. 我们要指出的是除在临界点外 (二级相变), 其他的相变都是一级. 我们发现对 $\tilde{d} > 2$ 极端黑膜不能成为热力学稳定相, 但在 $\tilde{d} \leqslant 2$ 时极端黑膜是给出完整相结构所必不可少的. 我们对热力学稳定性的分析完全基于自由能判据 (零级引力作用量近似).

本研究表明非极端黑膜和极端黑膜之间不是简单地取极端极限, 至少在热力学下不可能如此, 因为那样很可能与热力学第三定律有不一致的地方, 这两者的自旋结构也不一样[18]. 在热力学意义下, 它们之间的联系可能要通过相关的拓扑相变 (类似 Hawking-Page 相变). 一般情况下, 如何理解这两者之间的关联可能仍然是一个没有解决的问题, 尤其是相关的动力学.

另外, 空腔中渐进平坦黑洞 (膜) 热力学的稳定相和相变与 AdS 空间下的黑洞特性的一致性[14,15], 比如都呈现普适的范德瓦尔斯–麦克斯韦气–液类相结构, 似乎表明有更深刻的内涵. 空腔和 AdS 空间起的作用之一是保证系统内的自由度在某种意义下守恒或禁闭作用, 自然的问题是我们在空腔设置下也有类似的一个引力理论和一个非引力理论的对偶关系吗? 如何从动力学角度去理解相关的相变以及各种相变实际发生的几率大小也是一个现实和有意义的问题.

参 考 文 献

[1] M. J. Duff, R. Khuri, and J . X. Lu, String Solitons, Phys Rept, **259** (1995) 213–326.

[2] E. Witten, String theory dynamics in various dimensions, Nucl Phys, **B443** (1995) 85–126.

[3] P. Townsend, Four lectures on M- theory, hep-th/9612121.

[4] J. Polchinski, String duality: a colloquium, Rev Mod Phys, **68** (1996) 1245–1258.

[5] J. H. Schwarz, Status of superstring and M-theory, arXiv: 0812. 1372.

[6] J. M. Maldacena, The large N limit of superconformal field theories and Supergravity, Adv Theor Math Phys, **2** (1998), 231.

[7] J. D. Bekenstein, Black holes and entropy, Phys Rev, **D7** (1973)2333.

[8] S. W. Hawking,Particle Creation By Black Holes, Commun Math Phys, **43** (1975) 199 [Erratum-ibid.**46** (1976) 206].

[9] J. D. Bekenstein, Generalized second law of thermodynamics in black hole physics, Phys Rev, **D9** (1974) 3292.

[10] J. W. York,Black hole thermodynamics and the Euclidean Einstein action, Phys Rev, **D33** (1986) 2092.

[11] H. W. Braden, J. D. Brown, B. F. Whiting, and J. W. York, Charged black hole in a grand canonical ensemble, Phys Rev, **D42** (1990) 3376.

[12] I. Okamoto, J. Katz, and R. Parentani, Class Quantum Grav, **12** (1995) 443; O. Kaburaki, Phys Lett, **A185** (1994) 21, Gen Rel Grav, **28** (1996) 843.

[13] G. W. Gibbons and S. W. Hawking, Action Integrals And Partition Functions In Quantum Gravity, Phys Rev, **D15** (1977) 2752.

[14] S. Carlip and S. Vaidya. Phase transitions and critical behavior for charged black holes. Class Quant Grav, **20** (2003) 3827.

[15] A. P. Lundgren, Charged black hole in a canonical ensemble, Phys Rev, **D77** (2008) 044014.

[16] S. W. Hawking and D. N. Page, Commun. Math. Phys. **87** (1983) 577.

[17] J . X. Lu, S. Roy, and Z. Xiao, Phase transitions and critical behavior of black branes in canonical ensemble, JHEP **1101** (2011) 133.

[18] J. X. Lu, S. Roy, and Z. Xiao,The enriched phase structure of black branes in canonical ensemble, Nucl Phys, **B854** (2012) 913.

[19] G. M. Gibbons and R. E. Kallosh, Topology, entropy and Witten index of dilaton black holes, Phys Rev, **D51** (1995) 2839.

[20] S. W. Hawking, G. T. Horowitz,and S. F. Ross,Entropy, Area, and black hole pairs, Phys Rev, **D51** (1995) 4302.

[21] C. Teitelboim,Action and entropy of extreme and nonextreme black Holes, Phys Rev,**D51** (1995) 4315 [Erratum-ibid, **D52** (1995) 6201]

[22] J. X. Lu, S. Roy,and Z. Xiao, Phase structure of black branes in grand canonical ensemble. JHEP **1105** (2011) 091.

[23] J. X. Lu, R. Wei, and J. Xu, The phase structure of black D1/D5 (F/NS5) system in canonical ensemble, JHEP **1212** (2012) 012, arXiv: 1210. 0708 [hep-th].

[24] J. X. Lu, S. Roy, Z. L. Wang, and R. J. Wu, Non-supersymmetric D1/D5, F/NS5 and closed string tachyon condensation. Nucl. Phys. **B819** (2009) 282, arXiv: 0903. 3310 [hep-th].

[25] J. X. Lu and R. Wei, Modulating the phase structure of black D6 branes in canonical ensemble. JHEP **1304** (2013)100, arXiv: 1301. 1780 [hep-th].

[26] J. X. Lu, J. Ouyang, and S. Roy, On the modification of phase structure of black D6 branes in canonical ensemble and its origin, arXiv: 1401. 4343 [hep-th].

[27] A. Brandhuber, N. Itzhaki, J. Sonnenschein, S. Yankielowicz, More on probing branes with branes. Phys. Lett. **B423** (1998) 238 [hep-th/9711010].

[28] A. Dhar and G. Mandal,Probing four-dimensional nonsupersymmetric black holes carrying D0-brane and D6-brane charges, Nucl. Phys. **B531** (1998) 256 [hep-th/ 9803004].

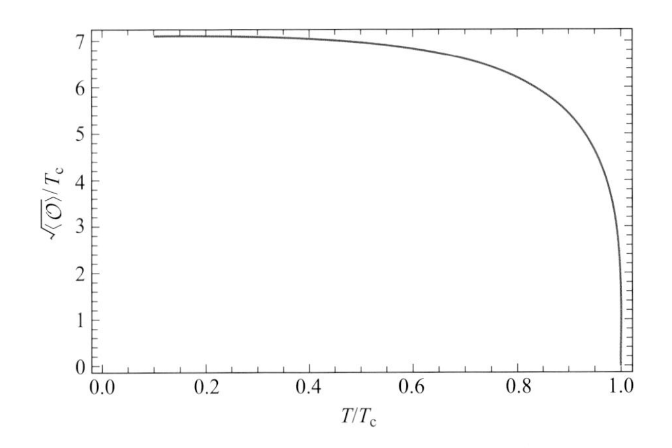

图 6–1　凝聚 $\langle\mathcal{O}\rangle = \psi_+$ 随温度的变化图

这里取 $m^2 = -2$, $L = 1$ 和 $q = 1$; 临界温度 $T_c \simeq 0.118\sqrt{\rho}$

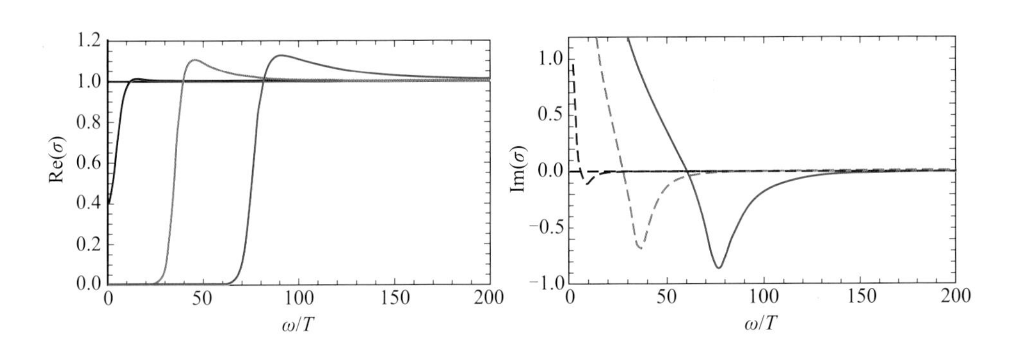

图 6–2　电导率的实部 (左图实线) 和虚部 (右图虚线) 随频率的变化

这里取 $m^2 = -2$, $L = q = 1$. 水平横线代表高于临界温度 T_c 时的情况. 其他曲线从左往右分别代表 $T/T_c \simeq 0.888$ (蓝线), $T/T_c \simeq 0.222$ (绿线) 和 $T/T_c \simeq 0.105$ (红线). 电导率实部在 $\omega = 0$ 处有一个 δ 函数

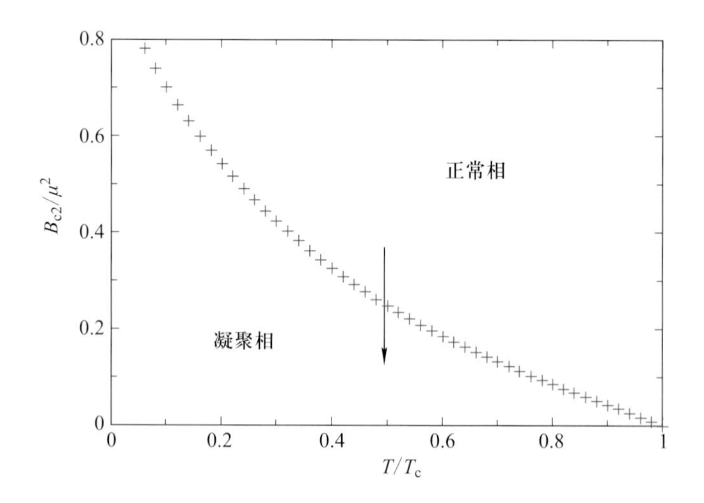

图 6–3　超导相变温度随磁场的变化图

T_c 是没有外磁场时的临界温度. 这里取 $m^2 = -2$, $L = 1$ 和 $q = 1$

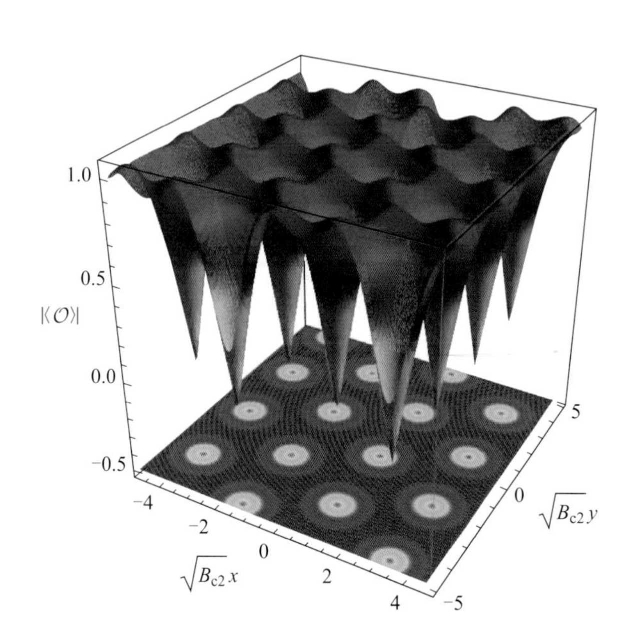

图 6–4　凝聚的模在 $(\boldsymbol{x}, \boldsymbol{y})$ 平面所形成的三角格点结构

底平面是其投影. 因为我们是通过线性叠加构造的格点解, 凝聚模的绝对大小没有意义, 重要的是其随空间的相对变化, 图中凝聚模的最大值的取值是为了画图方便

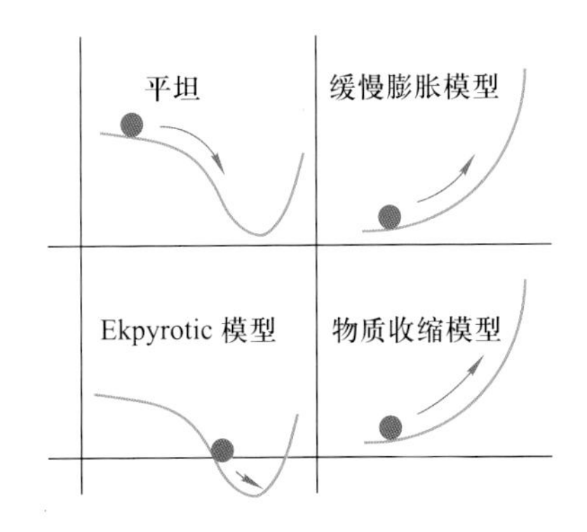

图 7–2　四个模型在有效场论框架内的实现方式

在 "重加热" 之前, 迄今人们知道有四个代表性模型可以产生标度不变的绝热扰动. 暴胀模型的最简单实现方式是标量场沿着它的有效势缓慢地向下滚动, 这个有效势必须非常平坦; Ekpyrotic 模型也是标量场沿着它的有效势缓慢地向下滚动, 只不过这个有效势必须是负的, 且非常陡; 缓慢膨胀模型是标量场沿着它的有效势向上滚动, 向上的滚动意味着相应的标量场必须违反零能条件; 物质收缩模型也是标量场沿着它的有效势向上滚动, 不同的是其向上的滚动是由标度因子的收缩驱动的

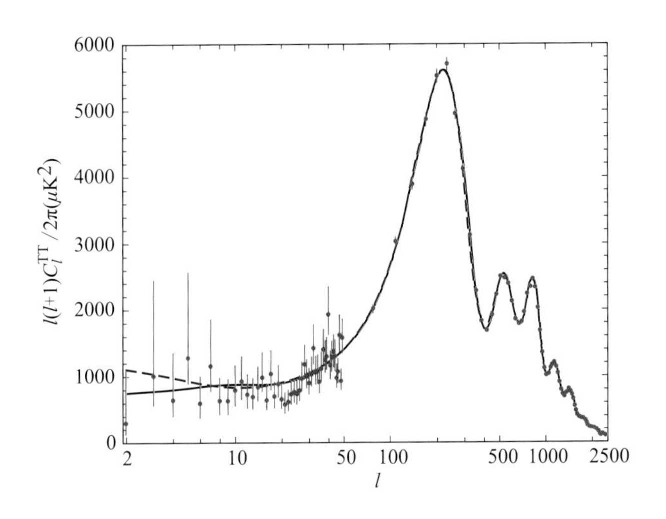

图 7–3　基于反弹暴胀模型, 拟合了宇宙微波背景辐射的温度功率谱

虚线是暴胀模型的幂律功率谱的结果, 实线是反弹暴胀模型的结果

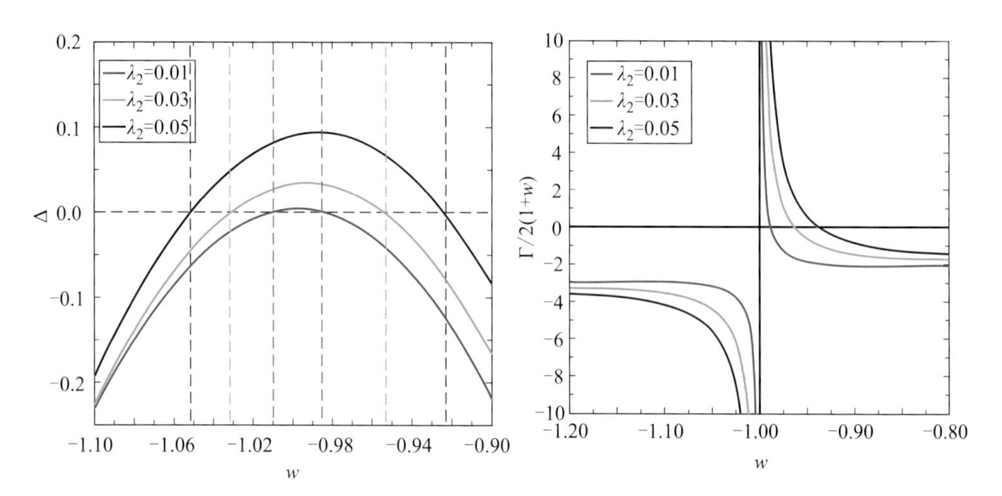

图 8–3　Δ, Γ 随暗能量状态方程 w 的行为

图中 $\lambda_2 = \xi_2$

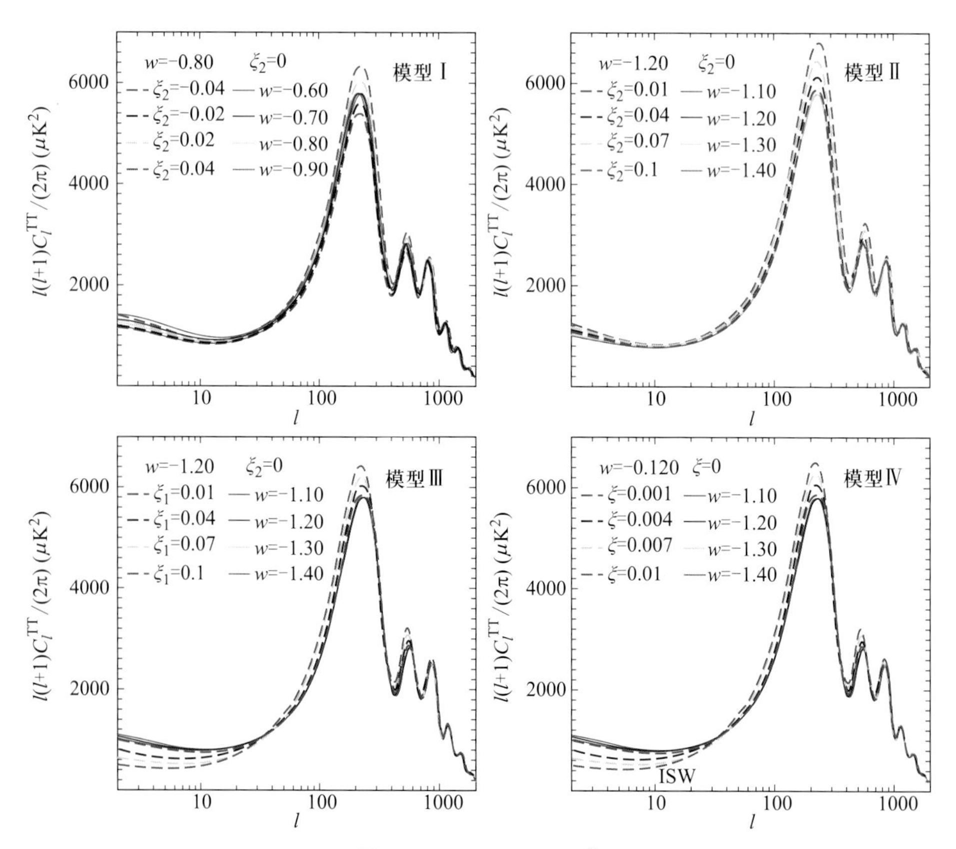

图 8–4　CMB TT 谱

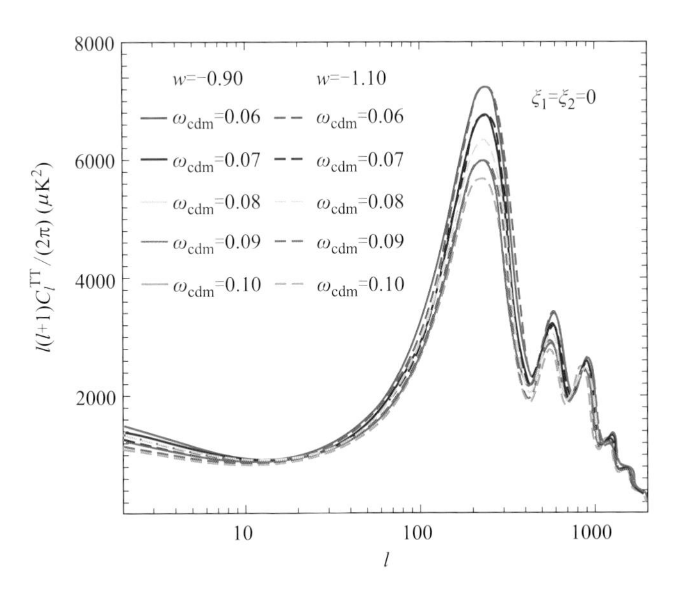

图 8–5　随 $\omega_c = \Omega_c h^2$ 变化的 CMB TT 谱

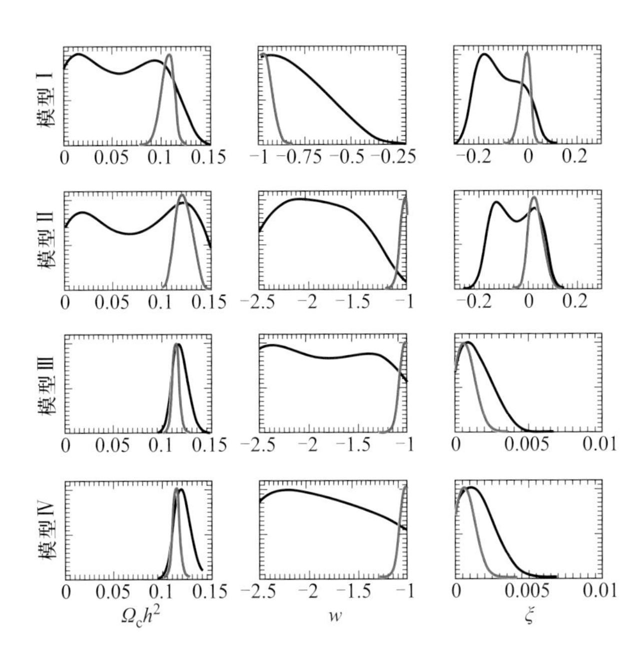

图 8–6　$\Omega_c h^2$, w, ξ 的一维似然函数

黑线代表 WMAP 七年数据的结果, 红线代表 WMAP + SN + BAO + H_0 数据组合的结果

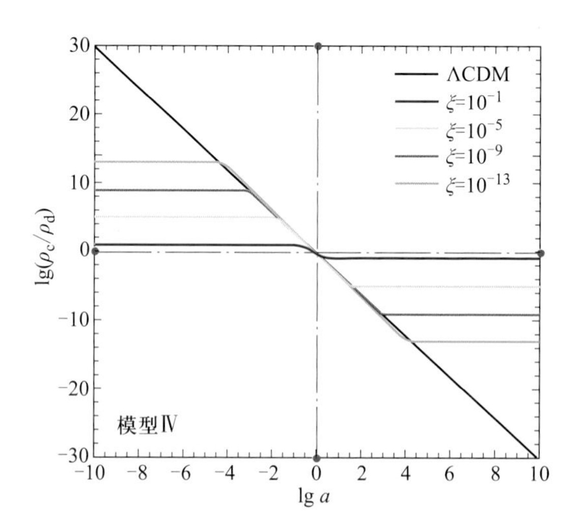

图 8–7 巧合性问题

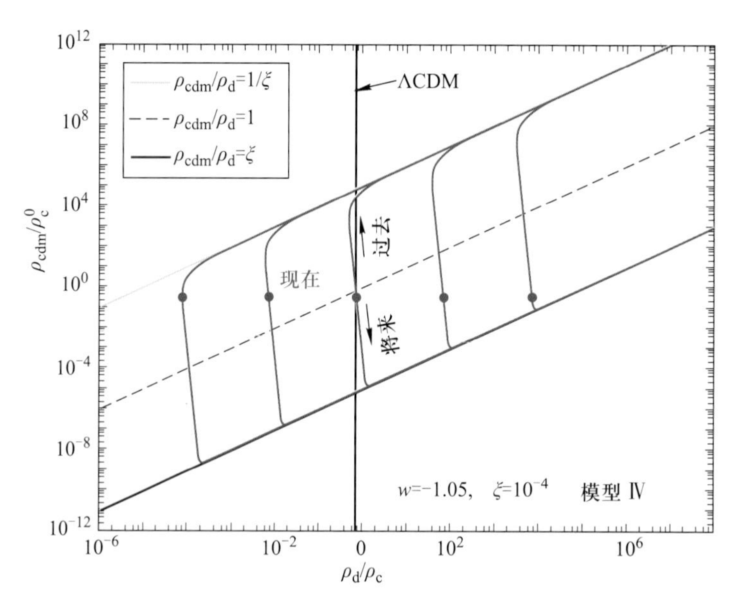

图 8–8 暗能量、暗物质的能量比值 r

ρ_c^0 是现今的临界能量密度. 从图中可以看到, 自洽系统的吸引子解 r 并不依赖初始条件. 图中的紫色曲线代表不同初始条件下的宇宙演化过程, 红点代表现今 r 的值. 我们可以看到这些值被约束在 $\rho_c-\rho_d$ 平面上的两条渐进线 $r_1\sim\xi, r_2\sim 1/\xi$ 的范围之内

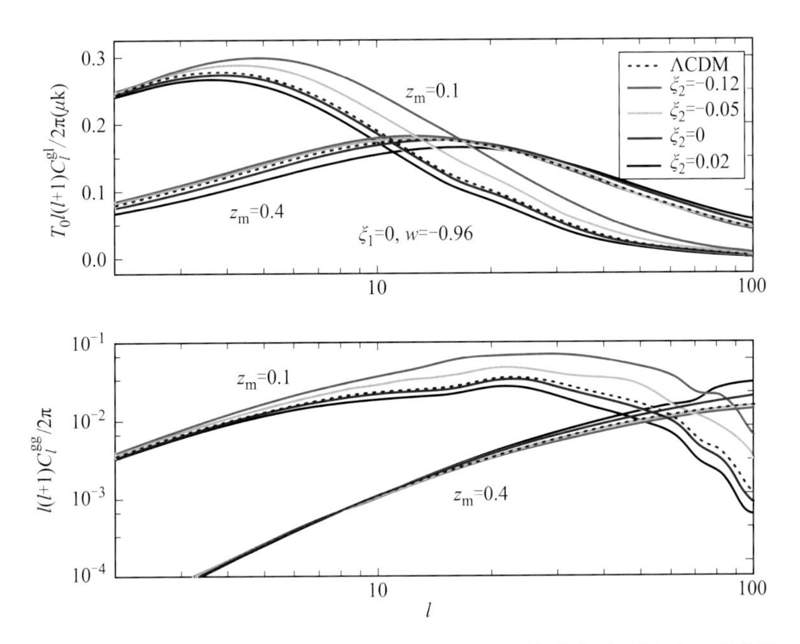

图 8–9　$Q=3\xi_1 H\rho_d$, 且 $w>-1$, ISW-LSS 关联谱以及星系自关联谱

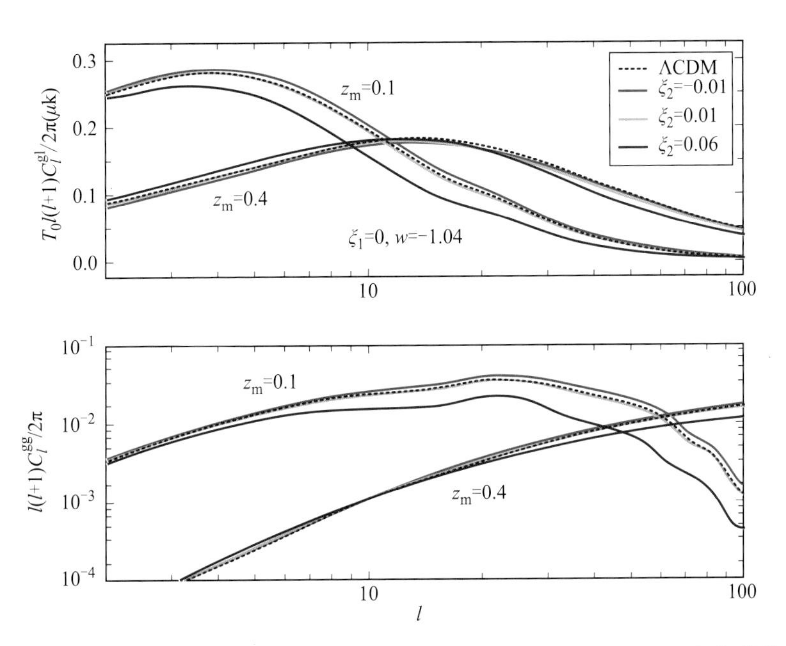

图 8–10　$Q=3\xi_1 H\rho_d$, 且 $w<-1$, ISW-LSS 关联谱以及星系自关联谱

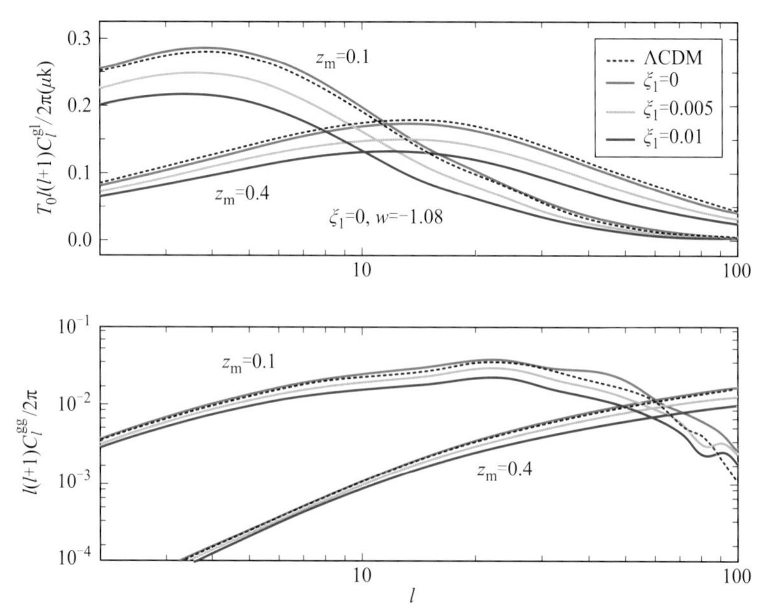

图 8–11 $Q = 3\xi_2 H\rho_m$, ISW-LSS 关联谱以及星系自关联谱

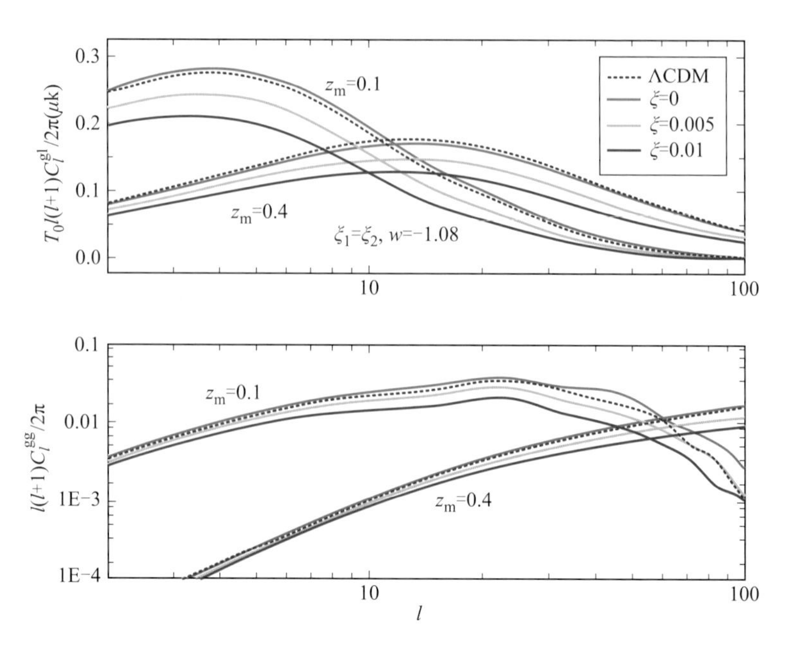

图 8–12 $Q = 3\xi H(\rho_m + \rho_d)$, ISW-LSS 关联谱以及星系自关联谱

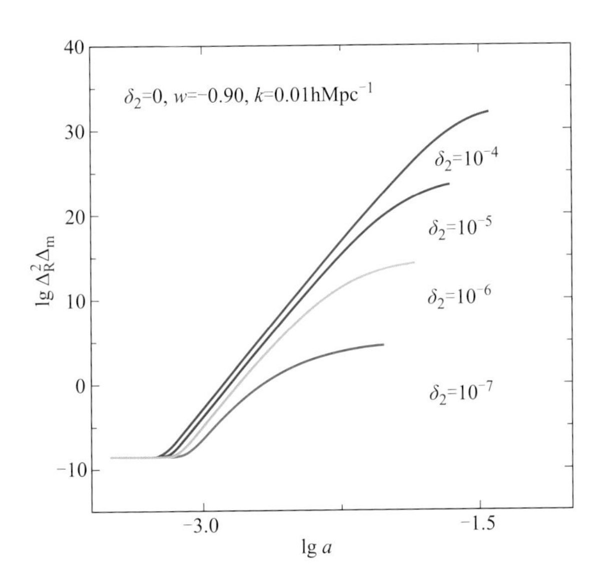

图 8–13　当相互作用正比于暗物质能量密度时, 体系不稳定

$\Delta_R^2 = 2.41 \times 10^{-9}$ 是原初扰动幅. 图中 $\delta_2 = \xi_2$

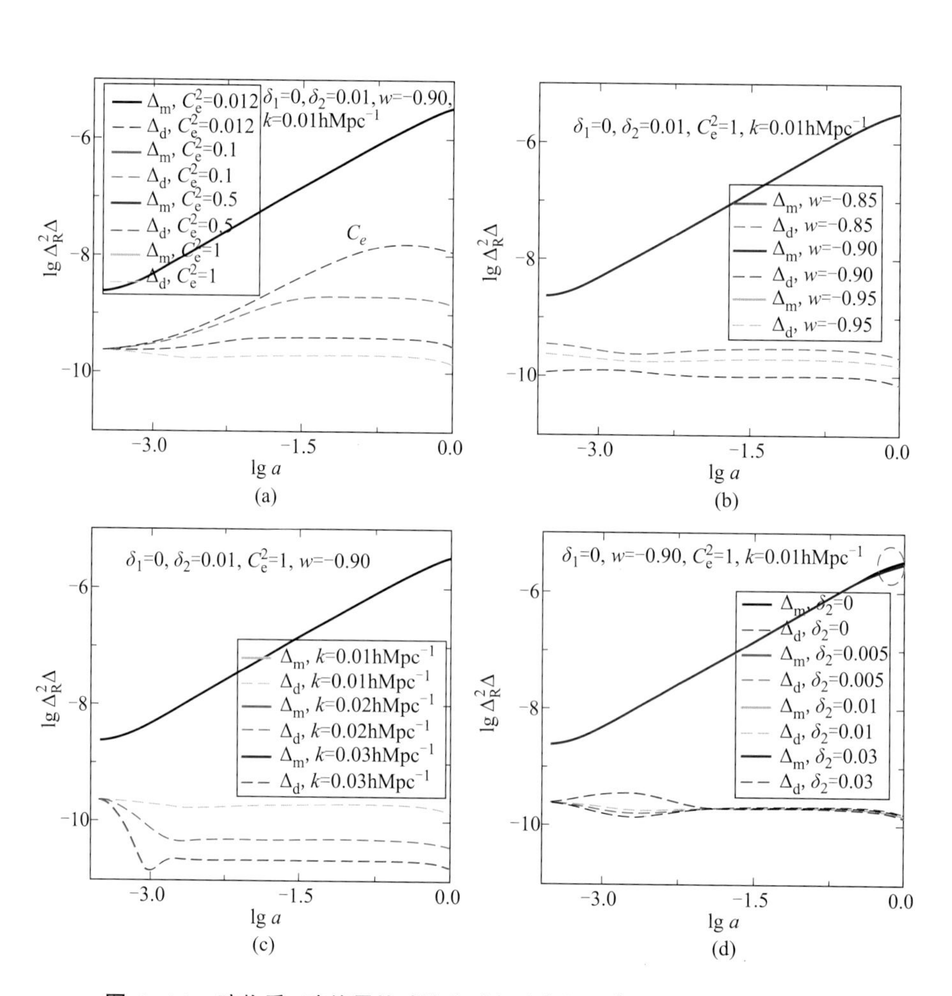

图 8–14　暗物质、暗能量扰动演化过程随参数 C_e^2, w, k, ξ_2 的变化情况

图中 $\delta_2 = \xi_2$

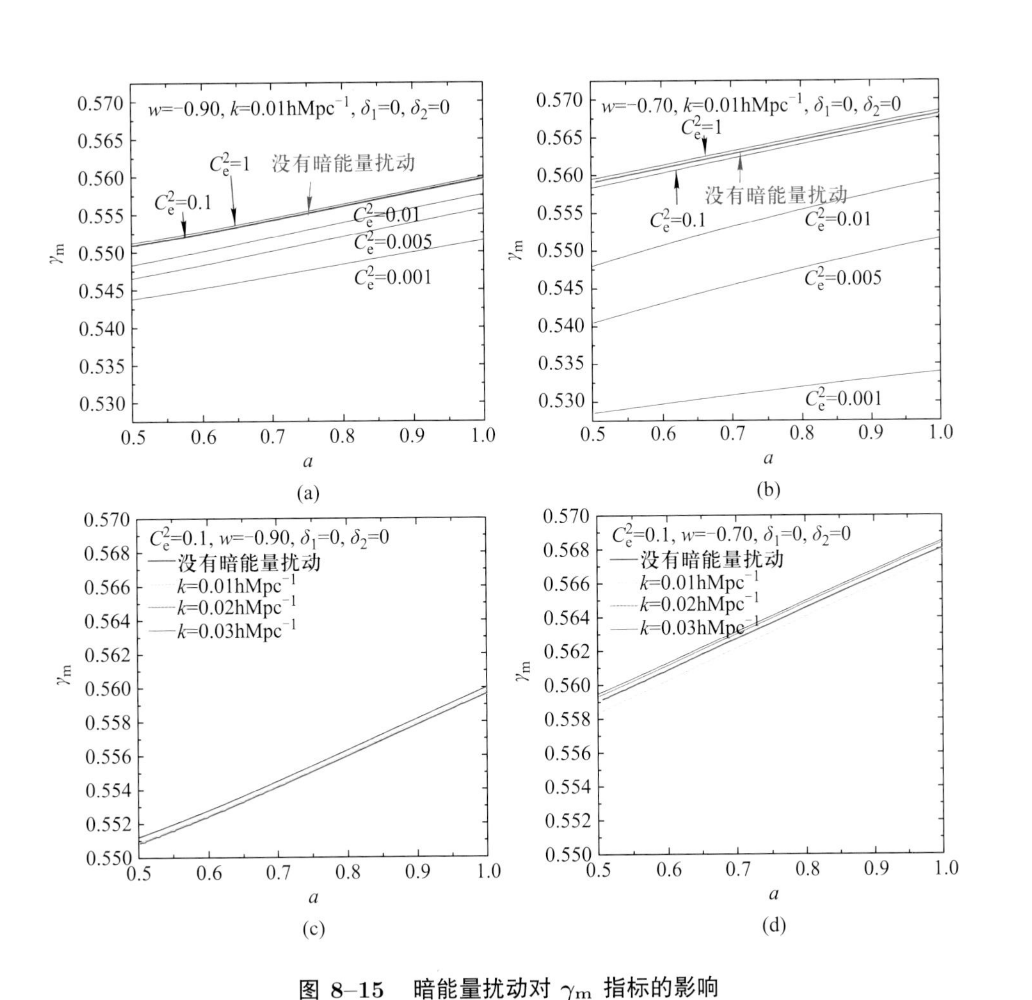

图 8–15　暗能量扰动对 γ_m 指标的影响

图中 $\delta_2 = \xi_2$

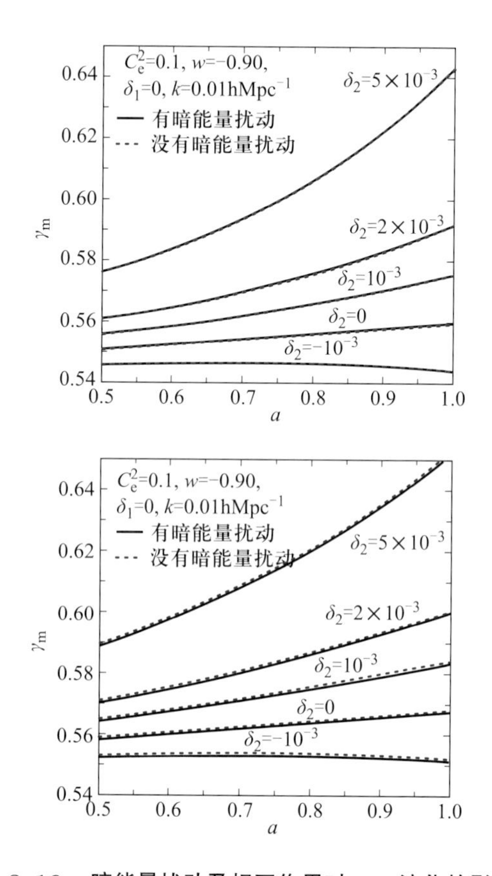

图 8–16　暗能量扰动及相互作用对 γ_m 演化的影响

实线代表有暗能量扰动时的情况, 虚线代表没有暗能量扰动时的情况. 图中 $\delta_2 = \xi_2$

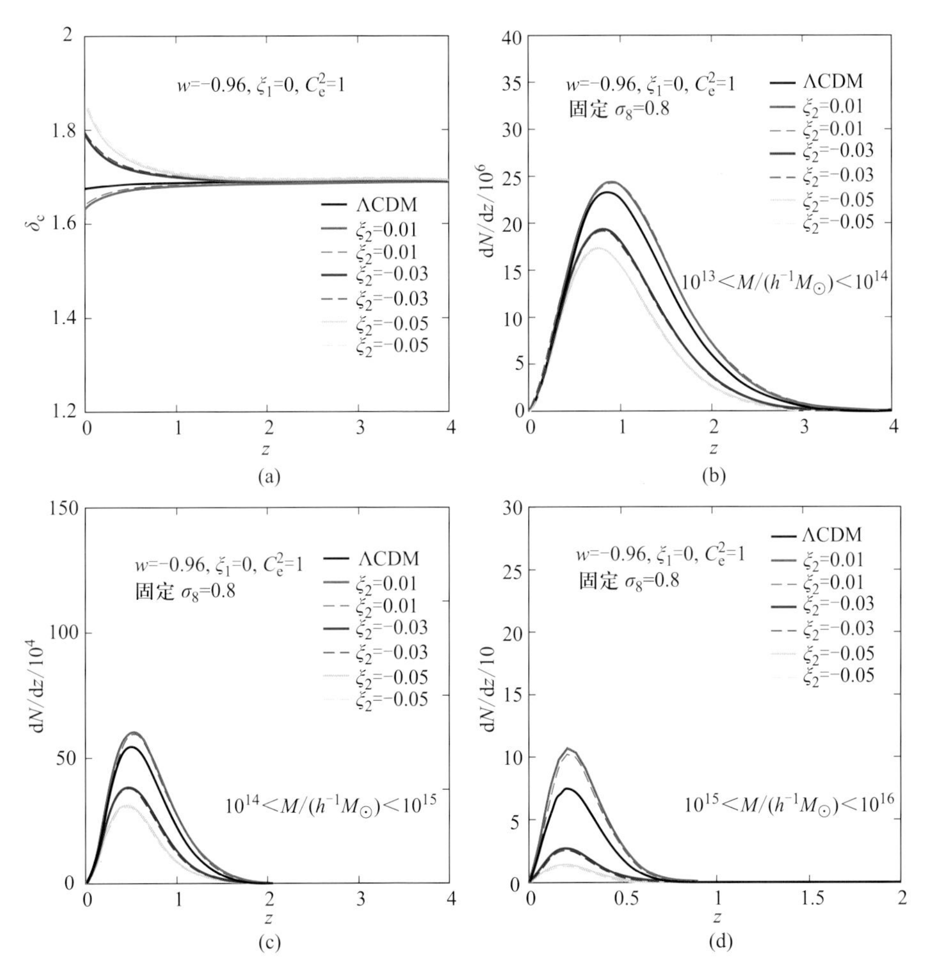

图 8–18　当相互作用正比于暗能量能量密度, ($\xi_1 = 0, \xi_2 \neq 0$), 并且暗能量状态方程 $w > -1$ 时的理论计算结果

图中实线代表暗能量均匀分布的情况, 虚线代表暗能量不均匀分布的情况

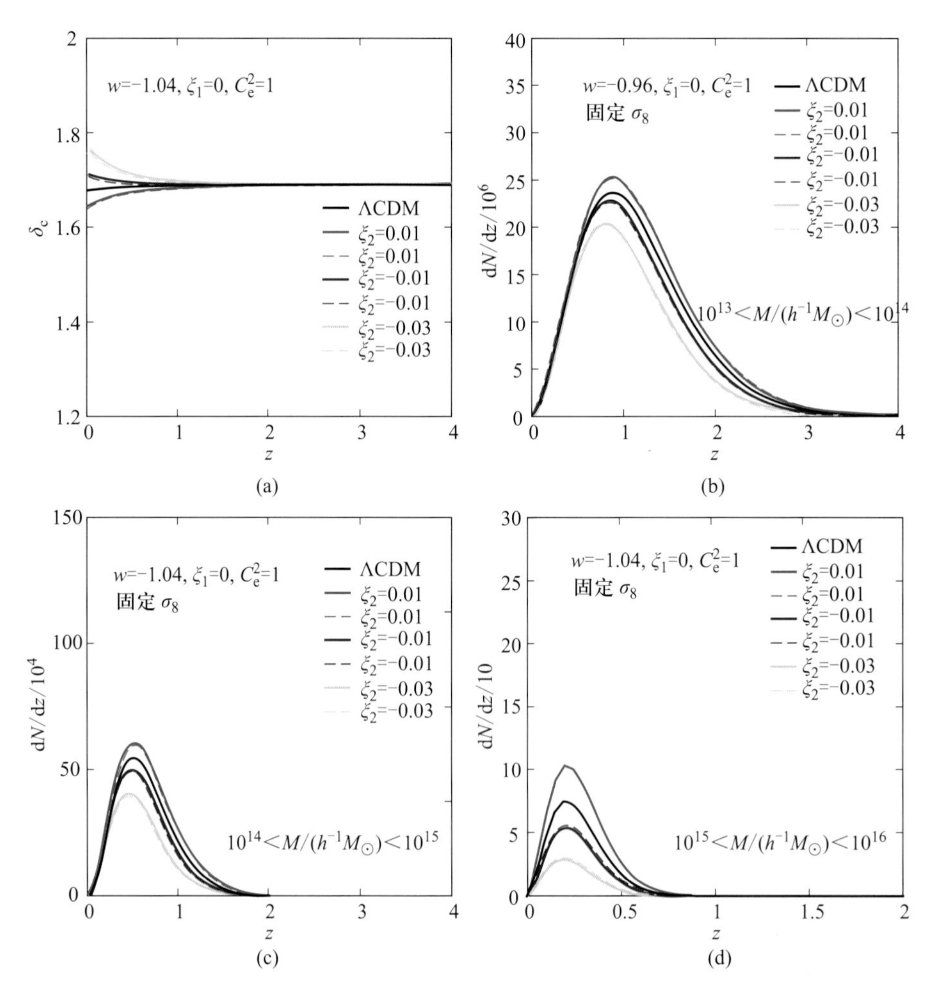

图 8–19　当相互作用正比于暗能量能量密度, $(\xi_1 = 0, \xi_2 \neq 0)$, 并且暗能量状态方程 $w < -1$ 时的理论计算结果

图中实线代表暗能量均匀分布的情况, 虚线代表暗能量不均匀分布的情况

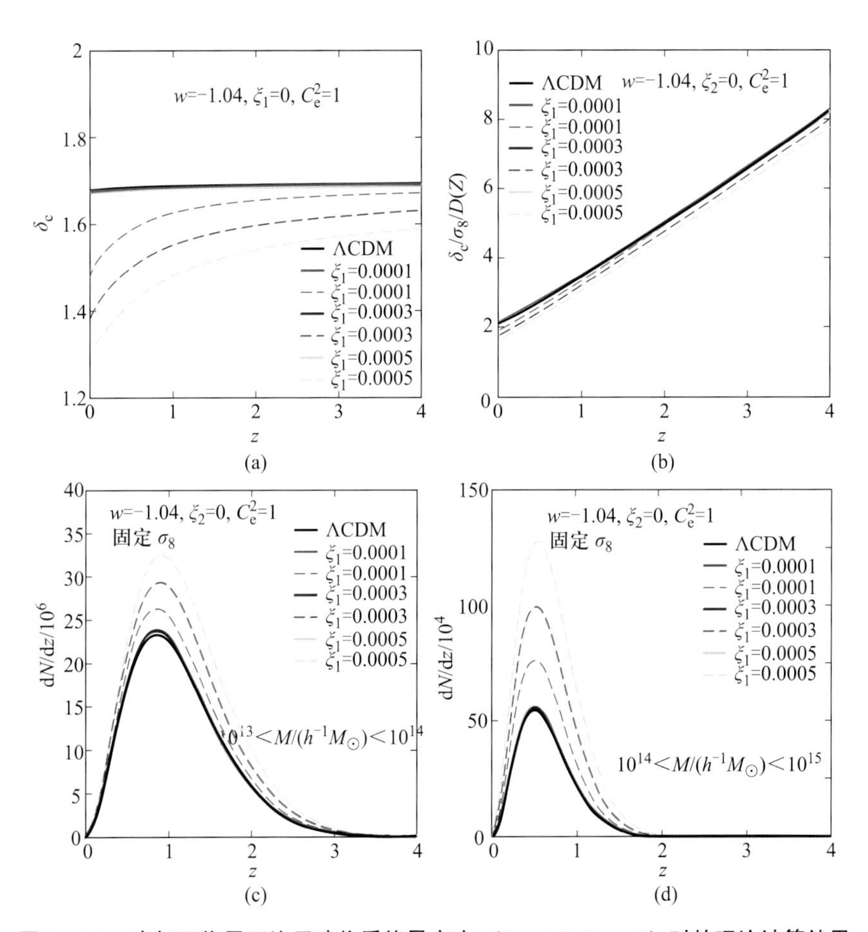

图 8–20　当相互作用正比于暗物质能量密度, $(\xi_1 \neq 0, \xi_2 = 0)$ 时的理论计算结果

图中实线代表暗能量均匀分布的情况, 虚线代表暗能量不均匀分布的情况

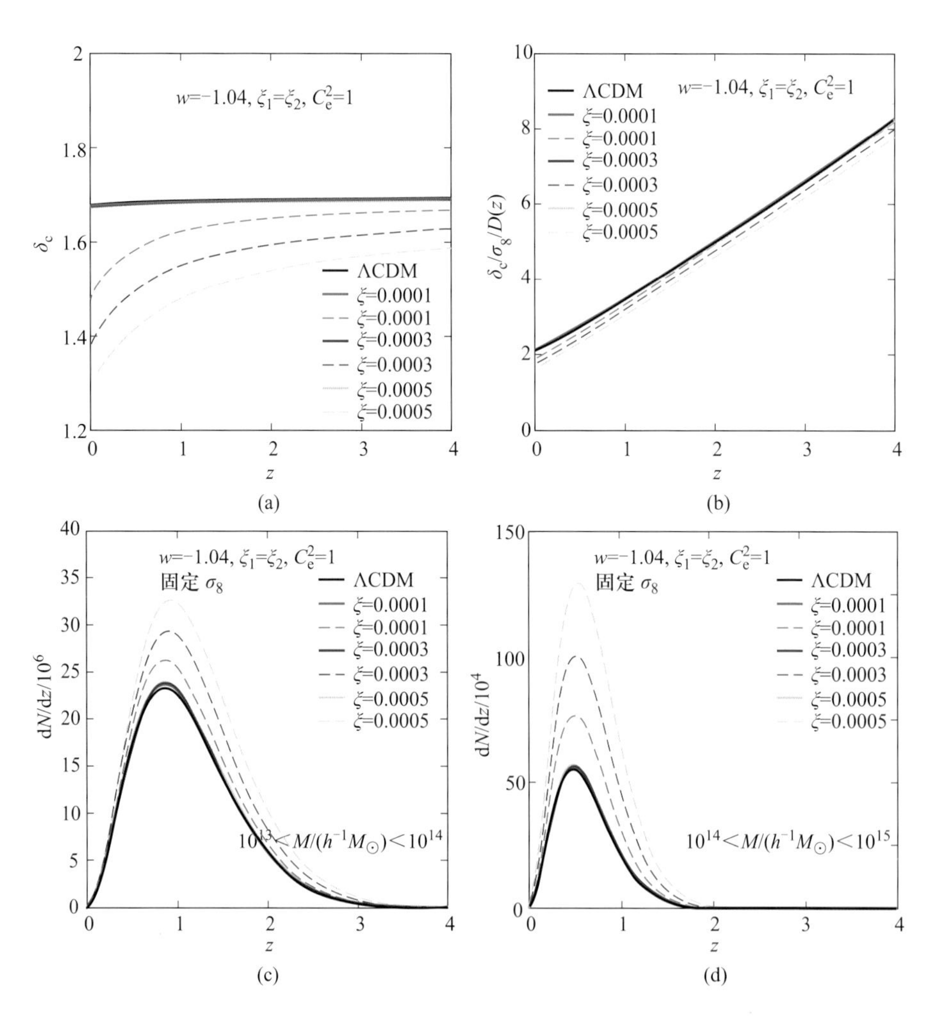

图 8–21　当相互作用正比于总能量密度，($\xi_1=\xi_2$) 时的理论计算结果

图中实线代表暗能量均匀分布的情况，虚线代表暗能量不均匀分布的情况

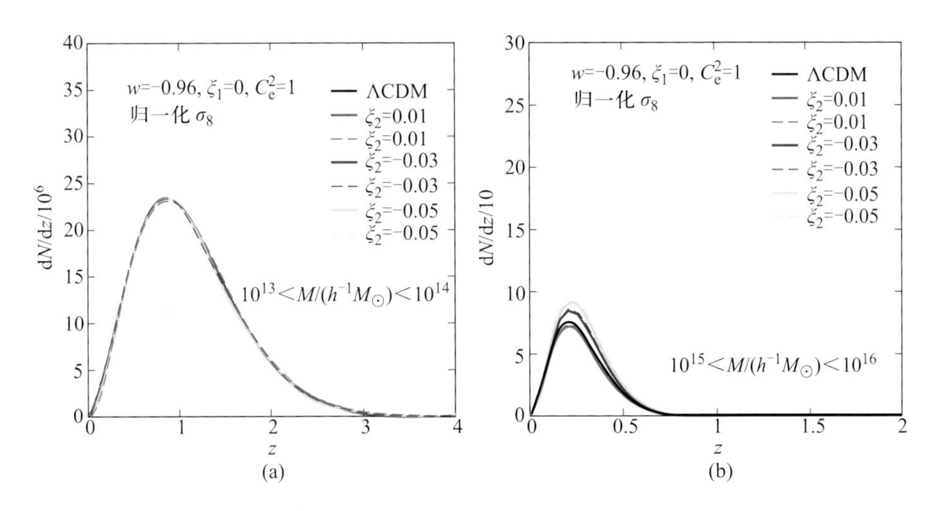

图 8–22　使用归一化星系丰度, 当相互作用正比于暗能量密度时的理论计算结果

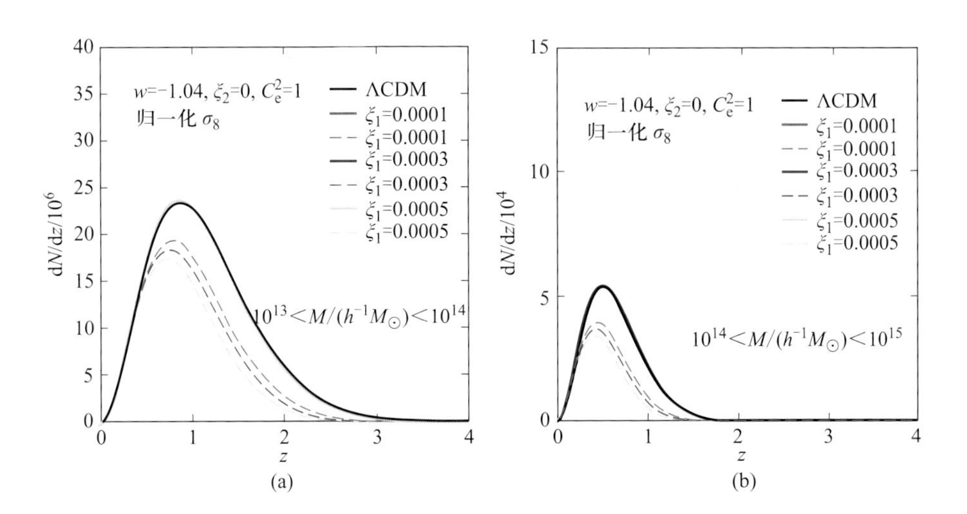

图 8–23　使用归一化星系丰度, 当相互作用正比于暗物质能量密度时的理论计算结果

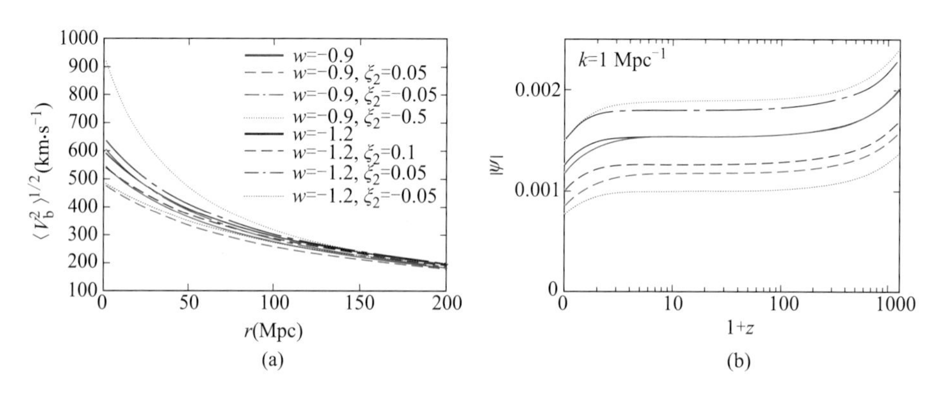

图 8–24 (a) rms 重子速度分布, (b) 重力势随时间变化

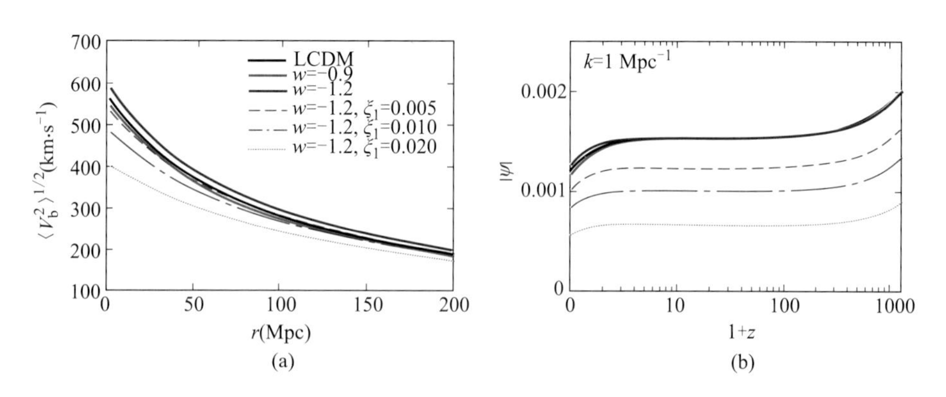

图 8–25 (a) rms 重子速度分布, (b) 重力势随时间变化

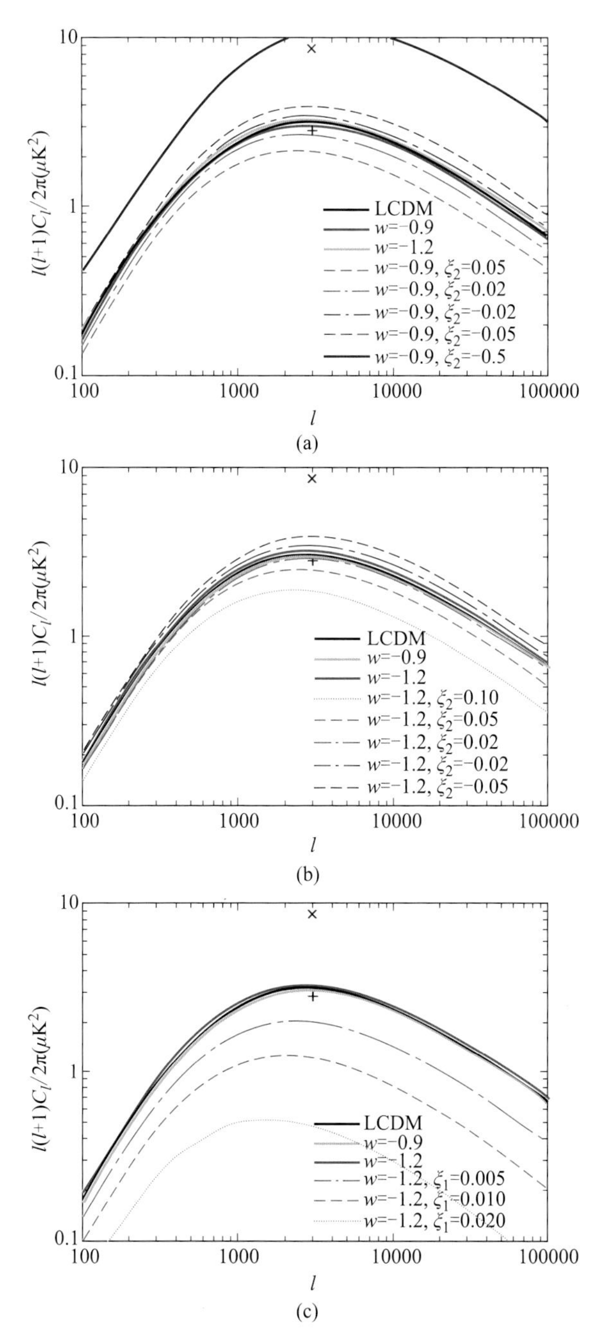

图 8–26　动力学 Sunyaev-Zel'dovich 效应对微波背景辐射的影响

(a) $\xi_1 = 0, w > -1$; (b) $\xi_1 = 0, w < -1$, (c) $\xi_2 = 0,\ w < -1$. 实线对应没有相互作用情形, 虚线对应有暗能量和暗物质相互作用

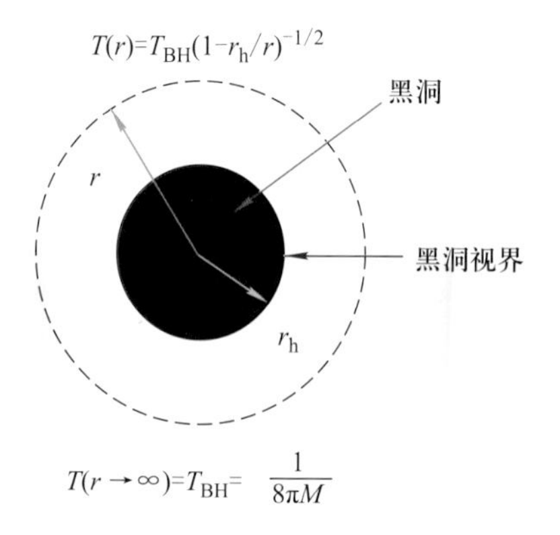

图 9–1　半径为 r 和温度为 T 的空腔内的黑洞 (其视界半径 $r_{\mathrm{h}} \leqslant r$)

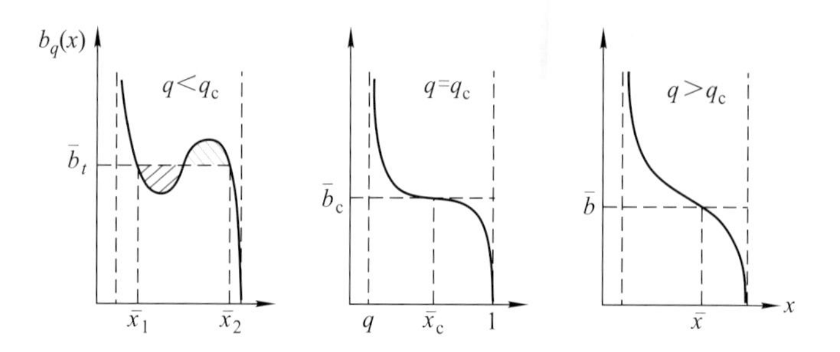

图 9–3　当 $q < q_{\mathrm{c}}, q = q_{\mathrm{c}}, q > q_{\mathrm{c}}$ 时, 函数 $b_q(x)$ 对 x 的特征行为